# GO Web编程

## 实战派

## 从入门到精通

廖显东◎著

U0256390

电子工业出版社·

Publishing House of Electronics Industry

北京·BEIJING

## 内 容 简 介

本书涵盖从Go语言入门到Go Web开发高手所需的核心知识、方法和技巧，共分4篇。

第1篇"Go语言入门"，介绍Go语言的基础语法，既使没有Go语言基础的读者也可以学习本书。

第2篇"Go Web基础入门"，包括3章：Go Web开发基础、接收和处理Go Web请求、用Go访问数据库。本篇能使读者快速掌握用Go语言进行Web开发的基础知识。

第3篇"Go Web高级应用"，包括4章：Go高级网络编程、Go文件处理、Go并发编程、Go RESTful API接口开发。本篇能使读者用Go语言快速开发各种Web应用。

第4篇"Go Web项目实战"，包括2章：【实战】开发一个B2C电子商务系统、【实战】用Docker部署Go Web应用。本篇通过实例介绍了开发一个B2C电子商务系统的全过程，包括开发商品展示、购物车、结算、支付等模块的详细讲解，让读者真正了解大型B2C电子商务系统的架构原理及实现方法，并开放了源代码；用Docker实战部署Go Web应用，帮助读者向Go Web开发"精通"级别迈进。

本书可作为Go语言初学者、Web开发工程师的自学用书，也可作为培训机构和相关院校的教材。

**图书在版编目（CIP）数据**

Go Web 编程实战派：从入门到精通 / 廖显东著. —北京：电子工业出版社，2021.4

ISBN 978-7-121-40800-7

Ⅰ. ①G⋯ Ⅱ. ①廖⋯ Ⅲ. ①程序语言－程序设计 Ⅳ. ①TP312

中国版本图书馆 CIP 数据核字(2021)第 048259 号

责任编辑：吴宏伟

印　　刷：北京盛通数码印刷有限公司

装　　订：北京盛通数码印刷有限公司

出版发行：电子工业出版社

　　　　　北京市海淀区万寿路 173 信箱　　邮编：100036

开　　本：787×980　　1/16　　印张：33.5　　字数：804 千字

版　　次：2021 年 4 月第 1 版

印　　次：2025 年 1 月第 11 次印刷

定　　价：128.00 元

凡所购买电子工业出版社图书有缺损问题，请向购买书店调换。若书店售缺，请与本社发行部联系，联系及邮购电话：（010）88254888，88258888。

质量投诉请发邮件至 zlts@phei.com.cn，盗版侵权举报请发邮件至 dbqq@phei.com.cn。

本书咨询联系方式：（010）51260888-819，faq@phei.com.cn。

# 序

## 一

回望时光，从 2009 年 11 月 Go 语言第一个版本发布时起，我就开始持续关注 Go 语言。当时是因为 Go 语言是 Google 公司开发的一门语言，所以我便格外关注。结果，从看到 Go 语言的第一天起，我就被这门语言深深吸引了。

毕业后我进入苏宁易购从事软件开发，在平时工作中，使用 Java 和 PHP 编程居多。后来公司的一些项目开发也陆续使用过 Python、C#等开发语言。对比之下，Go 语言更加简洁、高效、优雅。所以在工作之余，我一直在学习研究 Go 语言，并尝试开发了一些小项目。

2015 年 8 月 Go 1.5 发布，这个版本被认为是历史性的。完全移除 C 语言部分，实现 Go 语言自举，这让我真正地意识到 Go 语言在未来有可能取代 C 语言。恰好公司的项目开始尝试用 Go 语言进行重构，从此我开始深度使用 Go 语言进行项目实战开发。在使用 Go 语言重构之后，我们公司的开发效率得到了极大的提升。

## 二

由于喜欢开源，从 2009 年至今，我研究了大量的开源代码，其中包括 Java、PHP、Python、Go、Rust、Docker、Vue、Spring、Flutter 等各种流行的源码，并将一些心得在我的个人博客上面发表。后来我也创立了个人公众号"源码大数据"来将好的算法、流行的框架和代码进行分享。遗憾的是由于这几年平时比较忙，公众号很少打理。（之后我会花更多时间来分享精品知识和源码，感兴趣的读者可以关注一下。）

近几年我在工作之余编写了大量 Go 语言开源项目，并发布其中一小部分到码云和 GitHub 上，其中有代表性的是：（1）Go 支付合集；（2）Go 汉语拼音合集包；（3）Go 验证码合集；（4）PHP 微信支付合集；（5）Go-WiFi 智能插头。读者可以去 Gitee 或者 GitHub 网站上按名称搜索。

## 三

由于我的部分 Go 语言开源项目深受 Go 语言社区的欢迎，加上市场上关于 Go Web 开发的书很少，且书中很少有实战的知识。所以我想写一本 Go 语言实战方面的书来回馈 Go 语言社区的朋友们，也希望给更多的人以帮助。于是，2019 年下半年我便在工作之余开启了本书的写作之旅。

到了 2020 年，由于公司项目比较紧，写书的事便一直搁浅。直到 2020 年 7 月，电子工业出版社的吴宏伟编辑找到我，邀请我写书。恰好正在写第 2 章，我想这应该是和吴宏伟编辑有缘吧，便欣然答应。从此我开始舍弃业余时间，全力写作。

特别感谢吴宏伟编辑，在我写书过程中他提出了许多宝贵的意见和建议，并和我反复沟通、修改。经过反复修改打磨，咬文嚼字，本书才得以完稿。

# 四

特别感谢 Go 语言社区的所有的贡献者，没有他们的无私奉献，就没有 Go 语言社区的繁荣。谨以此书献给所有喜欢 Go 语言的朋友们。

感谢我的爸爸秀刚、妈妈克平。生为农民的他们，有着中国农民最朴质的勤劳精神。他们生我养我，20 年如一日，送我读完大学，在我心中他们很伟大。

感谢我的妻子清荷，我的知音知己。学汉语言文学的她让我熟读各种文学著作，也因此爱上写作。在她的影响下，我熟读《道德经》等经典文学著作，让我在展翅翱翔的同时懂得保持谦卑和知进退。在我写作期间，是她在背后默默地支持和付出，才使得这本书能够顺利完稿。

廖显东

2021.01.15 于成都

# 前言

Go 语言是 Google 于 2009 年开源的一门编程语言。它可以在不损失应用程序性能的情况下极大地降低代码的复杂性。相比于其他编程语言，简洁、快速、安全、并行、有趣、开源、内存管理、数组安全、编译迅速是其特色。

Go 语言在设计之初就被定位为"运行在 Web 服务器、存储集群或类似用途的巨型中央服务器中的系统编程语言"，在云计算、Web 高并发开发领域中具有无可比拟的优势。Go 语言在高性能分布式系统、服务器编程、分布式系统开发、云平台开发、区块链开发等领域有着广泛使用。

近几年，很多公司（特别是云计算公司）开始用 Go 重构他们的基础架构，也有很多公司直接采用 Go 进行业务开发。Docker、Kubernetes 等重量级应用的持续火热，更是让 Go 语言成为当下最热门编程语言之一。

## 1. 本书特色

本书聚焦 Go Web 开发领域，对 Go Web 知识进行全面深入地讲解。本书有如下特色：

（1）一线技术，突出实战。

本书中穿插了大量的实战内容，且所有代码采用目前的 Go 最新版本（1.15.3）编写。

（2）精雕细琢，阅读性强。

全书的语言经过多次打磨，力求精确。同时注重阅读体验，让没有任何基础的读者也可以很轻松地读懂本书。

（3）零基础入门，循序渐进，让读者快速从菜鸟向实战高手迈进。

本书以 Go 入门级程序员为主要对象，初级、中级、高级程序员都可以从书中学到干货。先介绍 Go 的基础，然后介绍 Go Web 的基础，介绍 Go Web 的高级应用，介绍 B2C 电子商务系统实战开发，最后介绍应用的 Docker 实战部署，真正帮助读者从基础入门向开发高手迈进。

（4）极客思维，极致效率；

本书以极客思维深入 Go 语言底层进行探究，帮助读者了解底层的原理。全书言简意赅，以帮助读者提升开发效率为导向，同时尽可能帮助读者缩短阅读本书的时间。

（5）由易到难，重点和难点标注并重点解析。

本书编排由易到难，内容基本覆盖 Go Web 的主流前沿技术。同时对重点和难点进行重点讲解，对易错点和注意点进行了提示说明，帮助读者克服学习过程中的困难。

（6）突出实战，快速突击。

本书的实例代码绝大部分都是来自于最新的企业实战项目。购买本书的读者可以通过网络下载书中的所有的源代码，下载后即可运行，通过实践来加深理解。

（7）实战方案，可直接二次开发进行实战部署。

本书以实战为主，所有的示例代码拿来即可运行。特别是第 9 章，购买本书的读者可以直接获得 B2C 电子商务系统的全部源代码。可以直接对其进行二次开发，用于自己的项目。读者购买本书不仅可以学习本书的各种知识，也相当于购买一个最新版的 Go 语言电商系统解决方案及项目源码。

2. 阅读本书，您能学到什么

- 系统学习 Go 语言基础语法；
- 掌握 HTTP 基本原理；
- 掌握 Go Web 底层原理；
- 掌握 Go 访问 MySQL、Redis、MongoDB 的方法和技巧；
- 掌握 Gorm、Beego ORM 的使用方法和技巧；
- 掌握 Go Socket 编程的方法和技巧；
- 掌握用 gRPC 实现微服务调用；
- 掌握 Go 文件处理的方法和技巧；
- 掌握 Go 生成与解析 JSON、XML 文件的方法和技巧；
- 掌握 Go 正则表达式的处理方法和技巧；
- 掌握 Go 日志处理的方法和技巧；
- 掌握从数据库中导出一个 CSV 文件的实战法；
- 掌握 Go 并发编程的底层原理；
- 掌握常见 Go 并发 Web 应用的实战开发方法和技巧；
- 掌握 Go 开发并发的 Web 爬虫的方法和技巧；
- 掌握 Gin 框架、Beego 框架的使用方法和技巧；
- 掌握流行架构风格 RESTful API 接口的开发；
- 掌握用 Go 开发 OAuth2.0 接口的技巧；
- 掌握 Elasticsearch 的使用方法；
- 掌握微信支付、支付宝支付的接口对接方法；
- 掌握用 Go 语言开发 B2C 电子商务系统的整个流程方案及源码；

- 掌握 Docker 实战部署方法；
- 掌握 Docker Compose 实战部署方法。

希望通过本书的学习，能够让读者快速、系统地掌握 Go Web 开发的各种方法和技巧，帮助读者在 Go 语言 Web 开发中，快速从基础入门向精通级的实战派高手迈进。

### 3. 读者对象

本书既适合 Go 语言初学者，也适合想进一步提升的中高级 Go 语言开发者。初级、中级、高级开发人员都能从本书学到干货。

本书读者对象如下：

◎ 初学编程的自学者；　　　　　　　　◎ 培训机构的老师和学员；

◎ Go 语言初学者；　　　　　　　　　　◎ 相关专业的大学毕业学生；

◎ Go 语言中高级开发人员；　　　　　　◎ Web 前端开发人员；

◎ Web 开发工程师；　　　　　　　　　◎ 测试工程师；

◎ 编程爱好者；　　　　　　　　　　　◎ DevOps 运维人员；

◎ 高等院校的老师和学生；　　　　　　◎ Web 中高级开发人员。

### 4. 技术交流

如果读者在阅读本书的过程中有任何疑问，请用手机微信扫描右侧的二维码，关注"源码大数据"公众号，输入读者遇到的问题，作者会尽快与读者进行交流及回复。

关注"源码大数据"公众号后输入"go web 源码"，即可获得本书源代码、学习资源、面试题库等。

读者也可以加入 QQ 群（QQ 群号码：771844527）进行交流沟通，作者会尽快进行回复。

尽管作者在本书写作过程中尽可能地追求严谨，但仍难免有纰漏之处，欢迎读者通过"源码大数据"公众号或者 QQ 群等方式批评与指正。

廖显东

# 目录

# 第 1 篇　Go 语言入门

# 第2篇 Go Web 基础入门

# 第 3 篇　Go Web 高级应用

# 第 4 篇　Go Web 项目实战

# 第 1 篇　Go 语言入门

本篇介绍 Go 语言的语法基础。没有 Go 语言基础的读者可以从这里开始学习，已有 Go 语言基础的读者可以从第 2 篇开始学习。

# 第 1 章
## Go 基础入门

水之积也不厚，则其负大舟也无力。

——庄子

就算你是特别聪明，也要学习，从头学起！

——屠格涅夫

旦旦而学之，久而不怠焉，迄乎成，而亦不知其昏与庸也。

——彭端淑

本章将系统地介绍 Go 语言基础知识，让读者快速入门，为进行 Web 开发做好准备。

## 1.1  安装 Go

Go 语言的安装方法非常简单：直接访问 Go 语言的官网，选择相应操作系统的安装包文件，然后按照提示逐步进行安装即可。

### 1. 在 Windows 系统中安装

（1）打开浏览器，输入 Go 语言官方网址，单击左下角的 Microsoft Windows 安装包镜像进行下载，如图 1-1 所示。

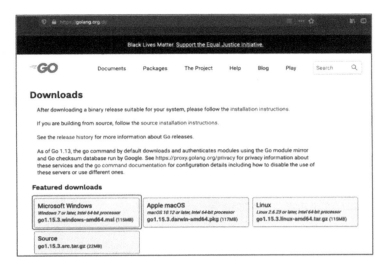

图 1-1

（2）下载完成后，进入下载文件所在的目录，选择安装包，单击"Install"按钮，然后按照提示单击"Next"按钮即可。系统推荐安装到默认路径（C:\Go\），也可以自己选择安装目录。这里直接单击"Next"按钮按照系统默认路径安装，如图 1-2 所示。

（3）依次单击"Next"按钮，直到安装完成。安装成功后打开命令行终端，输入"go"，会返回 Go 语言相关提示信息，如图 1-3 所示。

图 1-2

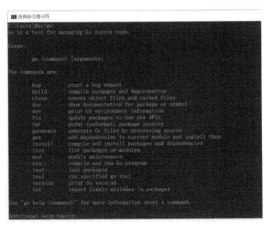

图 1-3

注意：如果想要在任意目录打开命令行终端运行"go"命令，则需要配置 PATH 环境变量。由于篇幅关系，本书不做介绍，请读者自行查阅相关的配置方法。

### 2. 在 Mac OS X 系统中安装

（1）访问 Go 语言官方网站，单击页面下方的 Apple macOS 安装包进行下载，如图 1-4 所示。

（2）下载完安装包后，按照提示依次单击"Next"按钮直到安装完成。

安装完成后，在命令行终端中输入"go version"来检验是否安装成功。如果安装成功，则返回 Go 语言版本信息，如图 1-5 所示。

图 1-4                               图 1-5

### 3. 在 Linux 系统中安装

（1）访问 Go 语言官方网站，单击页面右下方的 Linux 安装包进行下载，如图 1-6 所示。

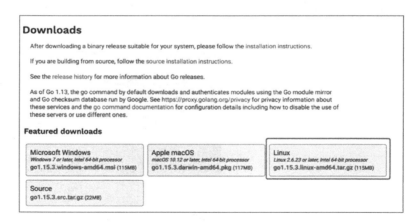

图 1-6

当然，也可以直接用 wget 命令下载。在命令行终端中输入如下命令：

```
$ wget https://golang.org/dl/go1.15.3.linux-amd64.tar.gz
```

（2）在当前目录下运行解压命令：

```
$ tar -zvxf go1.15.3.linux-amd64.tar.gz
```

（3）解压完成后，在当前目录下会有一个名为"go"的文件夹。移动文件夹到你常用的目录下
（比如/usr/local），命令如下：

```
$ mv ./go /usr/local
```

（4）配置 Go 环境变量，命令如下：

```
$ sudo vim /etc/profile
```

（5）加入如下命令：

```
export GOROOT=/usr/local/go
export GOPATH=/usr/share/nginx/go
export PATH=$PATH:$GOROOT/bin:$GOPATH/bin
```

（6）运行如下命令让环境变量生效：

```
$ source /etc/profile
```

（7）输入"go version"检测是否安装成功，如果成功则返回如下版本信息：

```
go version go1.15.3 linux/amd64
```

## 1.2　【实战】开启 Go 的第一个程序

在安装完 Go 语言环境后，我们从 Hello World 开启 Go 语言的第一个程序。

代码 1.2-helloWorld.go　　Go 语言的第一个程序

```
package main

import "fmt"

func main() {
    fmt.Println("Hello World~")
}
```

在源文件所在目录下输入如下命令：

```
$ go run 1.2-helloWorld.go
```

输出如下：

```
Hello World~
```

■ 提示

也可以运行"go build"命令编译：

```
$ go build 1.2-helloWorld.go
```

编译成功后，运行如下命令：

```
$ ./1.2-helloWorld
Hello World~
```

通过上面 Go 语言的第一个程序可以看到，Go 语言程序的结构非常简单，只需要短短几行代码就能跑起来。接下来简单分析一下上面这几行代码的结构。

### 1. 包的声明

Go 语言以"包"作为程序项目的管理单位。如果要正常运行 Go 语言的源文件，则必须先声明它所属的包。每一个 Go 源文件的开头都是一个 package 声明，格式如下：

```
package xxx
```

其中，package 是声明包名的关键字，xxx 是包的名字。

一般来说，Go 语言的包与源文件所在文件夹有一一对应的关系。

Go 语言的包具有以下几点特性：

- 一个目录下的同级文件属于同一个包。
- 包名可以与其目录名不同。
- main 包是 Go 语言应用程序的入口包。一个 Go 语言应用程序必须有且仅有一个 main 包。如果一个程序没有 main 包，则编译时将会报错，无法生成可执行文件。

### 2. 包的导入

在声明了包之后，如果需要调用其他包的变量或者方法，则需要使用 import 语句。import 语句用于导入程序中所依赖的包，导入的包名使用英文双引号（""）包围，格式如下：

```
import "package_name"
```

其中，import 是导入包的关键字，package_name 是所导入包的名字。例如，代码 1.2-helloWorld.go 程序中的 import "fmt"语句表示导入了 fmt 包,这行代码会告诉 Go 编译器——我们需要用到 fmt 包中的变量或者函数等。

> 💡 **提示**
>
> fmt 包是 Go 语言标准库为我们提供的、用于格式化输入输出的内容，在开发调试的过程中会经常用到。
>
> 在实际编码中，为了看起来直观，一般会在 package 和 import 之间空一行。当然这个空行不是必需的，有没有都不影响程序执行。

在导入包的过程中要注意：如果导入的包没有被使用，则 Go 编译器会报编译错误。在实际编码中，集成开发环境（Integrated Development Environment，IDE）类编辑器（比如 Goland

等）会自动提示哪些包没有被使用，并自动提示没有使用的 import 语句。

可以用一个 import 关键字同时导入多个包。此时需要用括号"( )"将包的名字包围起来，并且每个包名占用一行，形式如下：

```
import(
    "os"
    "fmt"
)
```

也可以给导入的包设置自定义别名，形式如下：

```
import(
    alias1 "os"
    alias2 "fmt"
)
```

这样就可以用别名"alias1"来代替 os，用别名"alias2"来代替 fmt 了。

如果只想初始化某个包，不使用导入包中的变量或者函数，则可以直接以下画线（ _ ）代替别名：

```
import(
    _ "os"
    alias2 "fmt"
)
```

📝 **提示**

如果已经用下画线（ _ ）代替了别名，继续再调用这个包，则会在编译时返回形如"undefined:包名"的错误。比如上面这段代码在编译时会返回"undefined: os"的错误。

### 3. main()函数

代码 1.2-helloWorld.go 中的 func main()就是一个 main()函数。main()函数是 Go 语言应用程序的入口函数。main()函数只能声明在 main 包中，不能声明在其他包中，并且一个 main 包中必须有且仅有一个 main()函数。这和 C/C++类似，一个程序有且只能有一个 main()函数。

main()函数是自定义函数的一种。在 Go 语言中，所有函数都是以关键字 func 开头的。定义格式如下所示：

```
func 函数名 (参数列表) (返回值列表){
    函数体
}
```

具体说明如下。

- 函数名：由字母、数字、下画线（ _ ）组成。其中第 1 个字母不能为数字，并且在同一个包内函数名称不能重复。

- 参数列表：一个参数由参数变量和参数类型组成，例如 func foo( name string, age int)。
- 返回值列表：可以是返回值类型列表，也可以是参数列表那样的变量名与类型的组合列表。函数有返回值时，必须在函数体中使用 return 语句返回。
- 函数体：函数体是用大括号"{ }"括起来的若干语句，它们完成了一个函数的具体功能。

> **提示**
> Go 语言函数的左大括号"{"必须和函数名称在同一行，否则会报错。

下面再分析一下代码 1.2-helloWorld.go 中的 fmt.Println("Hello World ~ ") 这行代码。Println()是 fmt 包中的一个函数，用于格式化输出数据，比如字符串、整数、小数等，类似于 C 语言中的 printf()函数。这里使用 Println()函数来打印字符串（即()里面使用双引号""包裹的部分）。

> **提示**
> Println()函数打印完成后会自动换行。ln 是 line 的缩写。

和 Java 类似，fmt.Println()中的点号"."表示调用 fmt 包中的 Println()函数。

在函数体中，每一行语句的结尾处不需要英文分号";"来作为结束符，Go 编译器会自动帮我们添加。当然，在这里加上分号";"也是可以的。

## 1.3 Go 基础语法与使用

### 1.3.1 基础语法

#### 1. Go 语言标记

Go 程序由关键字、标识符、常量、字符串、符号等多种标记组成。例如，Go 语句 fmt.Println("Hi, Go Web ~ ") 由 6 个标记组成，如图 1-7 所示。

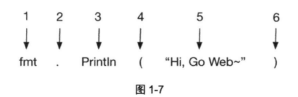

图 1-7

#### 2. 行分隔符

在 Go 程序中，一般来说一行就是一个语句，不用像 Java、PHP 等其他语言那样需要在一行的最后用英文分号（；）结尾，因为这些工作都将由 Go 编译器自动完成。但如果多个语句写在同一行，则必须使用分号（；）将它们隔开。但在实际开发中并不鼓励这种写法。

如下的写法是两个语句：

```
fmt.Println("Hello, Let's Go!")
fmt.Println("Go Web 编程实战派从入门到精通")
```

### 3. 注释

在 Go 程序中，注释分为单行注释和多行注释。

（1）单行注释。单行注释是最常见的注释形式，以双斜线 "//" 开头的单行注释，可以在任何地方使用。形如：

```
// 单行注释
```

（2）多行注释。也被称为 "块注释"，通常以 "/*" 开头，并以 "*/" 结尾。形如：

```
/*
 多行注释
 多行注释
*/
```

### 4. 标识符

标识符通常用来对变量、类型等程序实体进行命名。一个标识符实际上就是一个或是多个字母（A~Z 和 a~z）、数字（0~9）、下画线（_）组成的字符串序列。第 1 个字符不能是数字或 Go 程序的关键字。

以下是正确命名的标识符：

```
product  user  add  user_name  abc_123
resultValue  name1  _tmp  k
```

以下是错误命名的标识符：

```
switch   （错误命名：Go 语言的关键字）
3ab      （错误命名：以数字开头）
c-d      （错误命名：运算符是不允许的）
```

### 5. 字符串连接

Go 语言的字符串可以通过 "+" 号实现字符串连接，示例如下。

代码 1.3-goWeb.go　　字符串连接的示例

```
package main

import "fmt"

func main() {
    fmt.Println("Go Web 编程实战派" + "——从入门到精通")
}
```

以上代码的运行结果如下：

Go Web 编程实战派——从入门到精通

### 6. 关键字

在 Go 语言中有 25 个关键字或保留字，见表 1-1。

表 1-1

| continue | for | import | return | var |
|----------|-----|--------|--------|-----|
| const | fallthrough | if | range | type |
| chan | else | goto | package | switch |
| case | defer | go | map | struct |
| break | default | func | interface | select |

除以上介绍的这些关键字外，最新版本的 Go 语言中有 30 几个预定义标识符，它们可以分为如下 3 类。

（1）常量相关预定义标识符：true、false、iota、nil。

（2）类型相关预定义标识符：int、int8、int16、int32、int64、uint、uint8、uint16、uint32、uint64、uintptr、float32、float64、complex128、complex64、bool、byte、rune、string、error。

（3）函数相关预定义标识符：make、len、cap、new、append、copy、close、delete、complex、real、imag、panic、recover。

### 7. Go 语言的空格

在 Go 语言中，变量的声明必须使用空格隔开，如：

```
var name string
```

在函数体语句中，适当使用空格能让代码更易阅读。如下语句无空格，看起来不直观：

```
name=shirdon+liao
```

在变量与运算符间加入空格，可以让代码看起来更加直观，如：

```
name = shirdon + liao
```

一般在开发过程中，我们会用编辑器的格式化命令进行快速格式化，让程序的变量与运算符之间加入空格。例如作者使用的是 Goland 编辑器，可以使用"Ctrl+Alt+L"命令进行快速格式化。

**提示**

其他编辑器一般也有相关的快捷键，在开发的过程中，我们可以先专注开发程序的逻辑，最后通过快捷键快速格式化，这样可以显著提升开发效率和代码的可阅读性。

## 1.3.2　变量

#### 1. 声明

变量来源于数学，是计算机语言中储存计算结果或表示值的抽象概念。

在数学中，变量表示没有固定值且可改变的数。但从计算机系统实现角度来看，变量是一段或多段用来存储数据的内存。

Go 语言是静态类型语言，因此变量（variable）是有明确类型的，编译器也会检查变量类型的正确性。声明变量一般使用 var 关键字：

```
var name type
```

其中，var 是声明变量的关键字，name 是变量名，type 是变量的类型。

> **提示**
>
> 和许多其他编程语言不同，Go 语言在声明变量时需将变量的类型放在变量的名称之后。

例如在 Go 语言中声明整型指针类型的变量，格式如下：

```
var c, d *int
```

当一个变量被声明后，系统自动赋予它该类型的零值或空值：例如 int 类型为 0，float 类型为 0.0，bool 类型为 false，string 类型为空字符串，指针类型为 nil 等。

变量的命名规则遵循 "骆驼" 命名法，即首个单词小写，每个新单词的首字母大写，例如：stockCount 和 totalPrice。当然，命名规则不是强制性的，开发者可以按照自己的习惯制定自己的命名规则。

变量的声明形式可以分为标准格式、批量格式、简短格式这 3 种形式。

（1）标准格式。

Go 语言变量声明的标准格式如下：

```
var 变量名 变量类型
```

变量声明以关键字 var 开头，中间是变量名，后面是变量类型，行尾无须有分号。

（2）批量格式。

Go 语言还提供了一个更加高效的批量声明变量的方法——使用关键字 var 和括号将一组变量定义放在一起，形如下方代码：

```
var (
    age int
    name string
    balance float32
)
```

（3）简短格式。

除 var 关键字外，还可使用更加简短的变量定义和初始化语法，格式如下：

```
名字 := 表达式
```

需要注意的是，简短模式（short variable declaration）有以下限制：

- 只能用来定义变量，同时会显式初始化。
- 不能提供数据类型。
- 只能用在函数内部，即不能用来声明全局变量。

和 var 形式声明语句一样，简短格式变量声明语句也可以用来声明和初始化一组变量：

```
name ,goodAt := "Shirdon", "Programming"
```

因为具有简洁和灵活的特点，简短格式变量声明被广泛用于局部变量的声明和初始化。var 形式的声明语句往往用于需要显式指定变量类型的地方，或者用于声明在初始值不太重要的变量。

### 2. 赋值

（1）给单个变量赋值。

给变量赋值的标准方式为：

```
var 变量名 [类型] = 变量值
```

这时如果不想声明变量类型，可以省略，编译器会自动识别变量值的类型。例如：

```
var language string = "Go"
var language = "Go"
language := "Go"
```

以上 3 种方式都可以进行变量的声明。

（2）给多个变量赋值。

给多个变量赋值的标准方式为：

```
var (
    变量名 1 （变量类型 1） = 变量值 1
    变量名 2 （变量类型 2） = 变量值 2
    //...省略多个变量
)
```

或者，多个变量和变量值在同一行，中间用英文逗号","隔开，形如：

```
var 变量名 1,变量名 2,变量名 3 = 变量值 1,变量值 2,变量值 3
```

例如，声明一个用户的年龄（age）、名字（name）、余额（balance），可以通过如下方式批量赋值：

```
var (
    age     int = 18
    name    string = "shirdon"
    balance float32 = 999999.99
)
```

或者另外一种形式：

```
var age,name,balance = 18,"shirdon",999999.99
```

最简单的形式是：

```
age,name,balance := 18,"shirdon",999999.99
```

以上三者是等价的。当交换两个变量时，可以直接采用如下格式：

```
d, c := "D","C"
c, d = d, c
```

### 3. 变量的作用域

Go 语言中的变量可以分为局部变量和全局变量。

（1）局部变量。

在函数体内声明的变量被称为"局部变量"，它们的作用域只在函数体内，参数和返回值变量也是局部变量。以下示例中 main()函数使用了局部变量 local1、local2、local3。

代码　chapter1/1.3-varScope1.go　　局部变量声明的示例

```
package main

import "fmt"

func main() {
    //声明局部变量
    var local1, local2, local3 int

    //初始化参数
    local1 = 8
    local2 = 10
    local3 = local1 * local2

    fmt.Printf (" local1 = %d, local2 = %d and local3 = %d\n", local1, local2,
local3)
}
```

以上代码的运行结果如下：

```
local1 = 8, local2 = 10 and local3 = 80
```

（2）全局变量。

在函数体外声明的变量被称为"全局变量"。全局变量可以在整个包甚至外部包（被导出后）中使用，也可以在任何函数中使用。以下示例演示了如何使用全局变量。

**代码 chapter1/1.3-varScope2.go　　全局变量声明及使用示例**

```go
package main

import "fmt"

// 声明全局变量
var global int

func main() {

    // 声明局部变量
    var local1, local2 int

    // 初始化参数
    local1 = 8
    local2 = 10
    global = local1 * local2

    fmt.Printf("local1 = %d, local2 = %d and g = %d\n", local1, local2, global)
}
```

以上代码的运行结果如下：

```
local1 = 8, local2 = 10 and g = 80
```

在 Go 语言应用程序中，全局变量与局部变量名称可以相同，但是函数内的局部变量会被优先考虑，示例如下。

**代码 chapter1/1.3-varScope3.go　　全局变量与局部变量的声明**

```go
package main

import "fmt"

// 声明全局变量
var global int = 8

func main() {
    // 声明局部变量
```

```
    var global int = 999

    fmt.Printf ("global = %d\n", global)
}
```

以上代码的运行结果如下：

```
global = 999
```

### 1.3.3　常量

#### 1. 常量的声明

Go 语言的常量使用关键字 const 声明。常量用于存储不会改变的数据。常量是在编译时被创建的，即使声明在函数内部也是如此，并且只能是布尔型、数字型（整数型、浮点型和复数）和字符串型。由于编译时有限制，声明常量的表达式必须为"能被编译器求值的常量表达式"。

常量的声明格式和变量的声明格式类似，如下：

```
const 常量名 [类型] = 常量值
```

例如，声明一个常量 pi 的方法如下：

```
const pi = 3.14159
```

在 Go 语言中，可以省略类型说明符"[类型]"，因为编译器可以根据变量的值来推断其类型。

- 显式类型声明： const e float32= 2.7182818
- 隐式类型声明： const e = 2.7182818

常量的值必须是能够在编译时可被确定的，可以在其赋值表达式中涉及计算过程，但是所有用于计算的值必须在编译期间就能获得。

- 正确的做法：const c1 = 5/2
- 错误的做法：const url= os.GetEnv("url")

上面这个声明会导致编译报错，因为 os.GetEnv("url")只有在运行期才能知道返回结果，在编译期并不能知道结果，所以无法作为常量声明的值。

可以批量声明多个常量：

```
const (
    e = 2.7182818
    pi = 3.1415926
)
```

所有常量的运算是在编译期间完成的，这样不仅可以减少运行时的工作量，也可以方便其他代码的编译优化。当被操作的数是常量时，一些运行时的错误也可以在编译时被发现，例如整数除零、字符串索引越界、任何导致无效浮点数的操作等。

常量间的所有算术运算、逻辑运算和比较运算的结果也是常量。对常量进行类型转换，或对 len()、cap()、real()、imag()、complex() 和 unsafe.Sizeof()等函数进行调用，都返回常量结果。因为它们的值在编译期就是确定的，因此常量可以是构成类型的一部分，例如用于指定数组类型的长度。如下示例用常量 IPv4Len 来指定数组 p 的长度：

```
const IPv4Len = 4
// parseIPv4 解析一个 IP v4 地址 (addr.addr.addr.addr).
func parseIPv4(s string) IP {
    var p [IPv4Len]byte
    // ...
}
```

### 2. 常量生成器 iota

常量声明可以使用常量生成器 iota 初始化。iota 用于生成一组以相似规则初始化的常量，但是不用每行都写一遍初始化表达式。

在一个 const 声明语句中，在第 1 个声明的常量所在的行，iota 会被置为 0，之后的每一个有常量声明的行会被加 1。

例如我们常用的东西南北 4 个方向，可以首先定义一个 Direction 命名类型，然后为东南西北各定义了一个常量，从北方 0 开始。在其他编程语言中，这种类型一般被称为"枚举类型"。

在 Go 语言中，iota 的用法如下：

```
type Direction int
const (
    North Direction = iota
    East
    South
    West
)
```

在以上声明中，North 的值为 0、East 的值为 1，其余以此类推。

### 3. 延迟明确常量的具体类型

Go 语言的常量有一个不同寻常之处：虽然一个常量可以有任意一个确定的基础类型（例如 int 或 float64，或者是类似 time.Duration 这样的基础类型），但是许多常量并没有一个明确的基础类型。编译器为这些没有明确的基础类型的数字常量，提供比基础类型更高精度的算术运算。

Go 语言有 6 种未明确类型的常量类型：无类型的布尔型、无类型的整数、无类型的字符、无类型的浮点数、无类型的复数、无类型的字符串。

延迟明确常量的具体类型，不仅可以提供更高的运算精度，还可以直接用于更多的表达式而不需要显式的类型转换。

例如，无类型的浮点数常量 math.Pi，可以直接用于任何需要浮点数或复数的地方：

```
var a float32 = math.Pi
var b float64 = math.Pi
var c complex128 = math.Pi
```

如果 math.Pi 被确定为特定类型（比如 float64），则结果精度可能会不一样。同时在需要 float32 或 complex128 类型值的地方，需要对其进行一个明确的强制类型转换：

```
const Pi64 float64 = math.Pi
var a float32 = float32(Pi64)
var b float64 = Pi64
var c complex128 = complex128(Pi64)
```

对于常量面值，不同的写法会对应不同的类型。例如 0、0.0、0i 和 \u0000 虽然有着相同的常量值，但是它们分别对应无类型的整数、无类型的浮点数、无类型的复数和无类型的字符等不同的常量类型。同样，true 和 false 也是无类型的布尔类型，字符串面值常量是无类型的字符串类型。

## 1.3.4  运算符

运算符是用来在程序运行时执行数学运算或逻辑运算的符号。在 Go 语言中，一个表达式可以包含多个运算符。如果表达式中存在多个运算符，则会遇到优先级的问题。这个就由 Go 语言运算符的优先级来决定。

比如表达式：

```
var a, b, c int = 3, 6, 9
d := a + b*c
```

对于表达式 a + b * c，按照数学规则，应该先计算乘法，再计算加法。b * c 的结果为 54，a + 54 的结果为 57，所以 d 最终的值是 57。

实际上 Go 语言也是这样处理的——先计算乘法再计算加法，和数学中的规则一样，读者可以亲自验证一下。

先计算乘法后计算加法，说明乘法运算符的优先级比加法运算符的优先级高。所谓优先级是指，当多个运算符出现在同一个表达式中时，先执行哪个运算符。

Go 语言有几十种运算符，被分成十几个级别，有一些运算符的优先级不同，有一些运算符的优先级相同。Go 语言运算符优先级和结合性见表 1-2。

表 1-2

| 优先级 | 分 类 | 运算符 | 结合性 |
|---|---|---|---|
| 1 | 逗号运算符 | , | 从左到右 |
| 2 | 赋值运算符 | =、+=、-=、*=、/=、%=、>=、<<=、&=、^=、\|= | 从右到左 |
| 3 | 逻辑"或" | \|\| | 从左到右 |
| 4 | 逻辑"与" | && | 从左到右 |
| 5 | 按位"或" | \| | 从左到右 |
| 6 | 按位"异或" | ^ | 从左到右 |
| 7 | 按位"与" | & | 从左到右 |
| 8 | 相等/不等 | ==、!= | 从左到右 |
| 9 | 关系运算符 | <、<=、>、>= | 从左到右 |
| 10 | 位移运算符 | <<、>> | 从左到右 |
| 11 | 加法/减法 | +、- | 从左到右 |
| 12 | 乘法/除法/取余 | *（乘号）、/、% | 从左到右 |
| 13 | 单目运算符 | !、*（指针）、& 、++、--、+（正号）、-（负号） | 从右到左 |
| 14 | 后缀运算符 | ()、[] | 从左到右 |

📌 **提示**

在表 1-2 中，优先级的值越大，表示优先级越高。

以上表格初看起来内容有点多，读者不必死记硬背，只要知道数学运算的优先级即可。Go 语言中大部分运算符的优先级和数学中的是一样的，大家在以后的编程过程中也会逐渐熟悉。

📌 **提示**

有一个诀窍——加括号的最优先，就像在下面的表达式中，(a +b)最优先。

d := (a +b) * c

如果有多个括号，则最内层的括号最优先。

运算符的结合性是指，当相同优先级的运算符在同一个表达式中，且没有括号时，操作数计算的顺序通常有"从左到右"和"从右到左"两种。例如，加法运算符（+）的结合性是从左到右，那么表达式 a + b + c 可以被理解为(a + b) + c。

## 1.3.5　流程控制语句

### 1. if-else（分支结构）

在 Go 语言中，关键字 if 用于判断某个条件（布尔型或逻辑型）。如果该条件成立，则会执行 if 后面由大括号（{}）括起来的代码块，否则就忽略该代码块继续执行后续的代码。

```
if b > 10 {
    return 1
}
```

如果存在第 2 个分支，则可以在上面代码的基础上添加 else 关键字及另一代码块，见下方代码。这个代码块中的代码只有在 if 条件不满足时才会执行。if{}和 else{}中的两个代码块是相互独立的分支，两者只能执行其中一个。

```
if b > 10 {
    return 1
} else {
    return 2.
}
```

如果存在第 3 个分支，则可以使用下面这种 3 个独立分支的形式：

```
if b > 10 {
    return 1
} else if b == 10 {
    return 2
} else {
    return 3
}
```

一般来说，else-if 分支的数量是没有限制的。但是为了代码的可读性，最好不要在 if 后面加入太多的 else-if 结构。如果必须使用这种形式，则尽可能把先满足的条件放在前面。

关键字 if 和 else 之后的左大括号"{"必须和关键字在同一行。如果使用了 else-if 结构，则前段代码块的右大括号"}"必须和 else if 语句在同一行。这两条规则都是被编译器强制规定的，如果不满足，则编译不能通过。

### 2. for 循环

与多数语言不同的是，Go 语言中的循环语句只支持 for 关键字，不支持 while 和 do-while 结构。关键字 for 的基本使用方法与 C 语言和 C++语言中的非常接近：

```
product := 1
for i := 1; i < 5; i++ {
    product *= i
}
```

可以看到比较大的不同是：for 后面的条件表达式不需要用圆括号（()）括起来，Go 语言还进一步考虑到无限循环的场景，让开发者不用写 for(;;){}和 do{}-while()，而是直接简化为如下的写法：

```
i := 0
for {
    i++
```

```
    if i > 50 {
        break
    }
}
```

在使用循环语句时，需要注意以下几点：

- 左花括号（{）必须与 for 处于同一行。
- Go 语言中的 for 循环与 C 语言一样，都允许在循环条件中定义和初始化变量。唯一的区别是，Go 语言不支持以逗号为间隔的多个赋值语句，必须使用平行赋值的方式来初始化多个变量。
- Go 语言的 for 循环同样支持用 continue 和 break 来控制循环，但它提供了一个更高级的 break——可以选择中断哪一个循环，如下例：

```
JumpLoop:
    for j := 0; j < 5; j++ {
        for i := 0; i < 5; i++ {
            if i > 2 {
                break JumpLoop
            }
            fmt.Println(i)
        }
    }
```

在上述代码中，break 语句终止的是 JumpLoop 标签对应的 for 循环。for 中的初始语句是在第 1 次循环前执行的语句。一般使用初始语句进行变量初始化，但如果变量在 for 循环中被声明，则其作用域只是这个 for 的范围。初始语句可以被忽略，但是初始语句之后的分号必须要写，代码如下：

```
j:= 2
for ; j > 0; j-- {
    fmt.Println(j)
}
```

在上面这段代码中，将 j 放在 for 的前面进行初始化，for 中没有初始语句，此时 j 的作用域比在初始语句中声明的 j 的作用域要大。

for 中的条件表达式是控制是否循环的开关。在每次循环开始前，都会判断条件表达式，如果表达式为 true，则循环继续；否则结束循环。条件表达式可以被忽略，忽略条件表达式后默认形成无限循环。

下面代码会忽略条件表达式，但是保留结束语句：

```
1 var i int
2 JumpLoop:
```

```
3 for ; ; i++ {
4    if i > 10 {
5        //println(i)
6        break JumpLoop
7    }
8 }
```

在以上代码的第 3 行中，for 语句没有设置 i 的初始值，两个英文分号 "; ;" 之间的条件表达式也被忽略。此时循环会一直持续下去，for 的结束语句为 i++，每次结束循环前都会调用。

在第 4 行中，如果判断 i 大于 10，则通过 break 语句跳出 JumpLoop 标签对应的 for 循环。

上面的代码还可以改写为更美观的写法，如下：

```
1 var i int
2 for {
3    if i > 10 {
4        break
5    }
6    i++
7 }
```

在以上代码中，第 2 行，忽略 for 后面的变量和分号，此时 for 执行无限循环。

第 6 行，将 i++ 从 for 的结束语句放置到函数体的末尾，这两者是等效的，这样编写的代码更具有可读性。无限循环在收发处理中较为常见，但无限循环需要有可以控制其退出的方式。

在上面代码的基础上进一步简化，将 if 判断整合到 for 中，则变为下面的代码：

```
1 var i int
2 for i <= 10 {
3    i++
4 }
```

在上面代码第 2 行中，将之前使用 if i>10{}判断的表达式进行取反，变为当 i 小于或等于 10 时持续进行循环。

上面这段代码其实类似于其他编程语言中的 while 语句：在 while 后添加一个条件表达式，如果满足条件表达式，则持续循环，否则结束循环。

在 for 循环中，如果循环被 break、goto、return、panic 等语句强制退出，则之后的语句不会被执行。

### 3. for-range 循环

for-range 循环结构是 Go 语言特有的一种的迭代结构，其应用十分广泛。for-range 可以遍历数组、切片、字符串、map 及通道（channel）。

for-range 语法上类似于 PHP 中的 foreach 语句，一般形式为：

```
for key, val := range 复合变量值 {
    //...逻辑语句
}
```

需要注意的是，val 始终为集合中对应索引值的一个复制值。因此，它一般只具有"只读"属性，对它所做的任何修改都不会影响集合中原有的值。一个字符串是 Unicode 编码的字符（或称之为 rune）集合，因此也可以用它来迭代字符串：

```
for position, char := range str {
    //...逻辑语句
}
```

每个 rune 字符和索引在 for-range 循环中的值是一一对应的，它能够自动根据 UTF-8 规则识别 Unicode 编码的字符。

通过 for range 遍历的返回值有一定的规律：

- 数组、切片、字符串返回索引和值。
- map 返回键和值。
- 通道（channel）只返回通道内的值。

（1）遍历数组、切片。

在遍历代码中，key 和 value 分别代表切片的下标及下标对应的值。

下面的代码展示如何遍历切片，数组也是类似的遍历方法：

```
for key, value := range []int{0, 1, -1, -2} {
    fmt.Printf("key:%d  value:%d\n", key, value)
}
```

以上代码的运行结果如下：

```
key:0  value:0
key:1  value:1
key:2  value:-1
key:3  value:-2
```

（2）遍历字符串。

Go 语言和其他语言类似：可以通过 for range 的组合对字符串进行遍历。在遍历时，key 和 value 分别代表字符串的索引和字符串中的一个字符。

下面这段代码展示了如何遍历字符串：

```
var str = "hi 加油"
for key, value := range str {
```

```
    fmt.Printf("key:%d value:0x%x\n", key, value)
}
```

以上代码的运行结果如下：

```
key:0 value:0x68
key:1 value:0x69
key:2 value:0x20
key:3 value:0x52a0
key:6 value:0x6cb9
```

代码中的变量 value 的实际类型是 rune 类型，以十六进制打印出来就是字符的编码。

（3）遍历 map。

对于 map 类型，for-range 在遍历时，key 和 value 分别代表 map 的索引键 key 和索引键对应的值。下面的代码演示了如何遍历 map：

```
m := map[string]int{
    "go": 100,
    "web": 100,
}
for key, value := range m {
    fmt.Println(key, value)
}
```

以上代码的运行结果如下：

```
web 100
go 100
```

🖝 提示

在对 map 遍历时，输出的键值是无序的，如果需要输出有序的键值对，则需要对结果进行排序。

（4）遍历通道（channel）。

通道可以通过 for range 进行遍历。不同于 slice 和 map，在遍历通道时只输出一个值，即通道内的类型对应的数据。（通道会在 7.4.2 节中详细讲解。）

下面代码展示了通道的遍历方法：

```
c := make(chan int) //创建了一个整型类型的通道
go func() {         //启动了一个goroutine
    c <- 7          //将数据推送进通道
    c <- 8
    c <- 9
    close(c)
} ()
```

```
for v := range c {
    fmt.Println(v)
}
```

以上代码的运行结果如下：

```
7
8
9
```

以上代码的逻辑如下：

① 创建一个整型类型的通道并实例化；

② 通过关键字 go 启动了一个 goroutine；

③ 将数字传入通道，实现的功能是往通道中推送数据 7、8、9；

④ 结束并关闭通道（这段 goroutine 在声明结束后马上被执行）；

⑤ 用 for-range 语句对通道 c 进行遍历，即不断地从通道中接收数据直到通道被关闭。

在使用 for-range 循环遍历某个对象时，往往不会同时使用 key 和 value 的值，而是只需要其中一个的值。这时可以采用一些技巧让代码变得更简单。

将前面的例子修改一下，见下面的代码：

```
m := map[string]int{
    "shirdon": 100,
    "ronger": 98,
}
for _, value := range m {
    fmt.Println(value)
}
```

以上代码的运行结果如下：

```
100
98
```

在上面的例子中，将 key 变成了下画线（ _ ）。这个下画线就是"**匿名变量**"，可以将其理解为一种占位符。匿名变量本身不参与空间分配，也不会占用一个变量的名字。

在 for-range 中，可以对 key 使用匿名变量，也可以对 value 使用匿名变量。

下面看一个匿名变量的例子：

```
for key, _ := range []int{9, 8, 7, 6} {
    fmt.Printf("key:%d \n", key)
}
```

以上代码的运行结果如下：

```
key:0
key:1
key:2
key:3
```

在该例子中，value 被设置为匿名变量，只使用了 key。而 key 本身就是切片的索引，所以例子输出的是索引的值。

**4. switch-case 语句**

Go 语言中的 switch-case 语句要比 C 语言的 switch-case 语句更加通用，表达式的值不必为常量，甚至不必为整数。case 按照从上往下的顺序进行求值，直到找到匹配的项。可以将多个 if-else 语句改写成一个 switch-case 语句。Go 语言中的 switch-case 语句使用比较灵活，语法设计以使用方便为主。

Go 语言改进了传统的 switch-case 语句的语法设计：case 与 case 之间是独立的代码块，不需要通过 break 语句跳出当前 case 代码块，以避免执行到下一行。示例代码如下。

```
var a = "love"
switch a {
case "love":
    fmt.Println("love")
case "programming":
    fmt.Println("programming")
default:
    fmt.Println("none")
}
```

以上代码的运行结果如下：

```
love
```

在上面例子中，每一个 case 都是字符串格式，且使用了 default 分支。Go 语言规定每个 switch 只能有一个 default 分支。

同时，Go 语言还支持一些新的写法，比如一个分支多个值、分支表达式。

（1）一个分支多个值。

当需要将多个 case 放在一起时，可以写成下面这样：

```
var language = "golang"
switch language {
case "golang", "java":
    fmt.Println("popular languages")
}
```

以上代码的运行结果如下：

```
popular languages
```

在一个分支多个值的 case 表达式中，使用逗号分隔值。

（2）分支表达式。

case 语句后既可以是常量，也可以和 if 一样添加表达式。示例如下：

```
var r int = 6
switch {
case r > 1 && r < 10:
    fmt.Println(r)
}
```

在这种情况下，switch 后面不再需要加用于判断的变量。

### 5. goto 语句

在 Go 语言中，可以通过 goto 语句跳转到标签，进行代码间的无条件跳转。另外，goto 语句在快速跳出循环、避免重复退出方面也有一定的帮助。使用 goto 语句能简化一些代码的实现过程。

在满足条件时，如果需要连续退出两层循环，则传统的编码方式如下：

```
func main() {
    var isBreak bool
    for x := 0; x < 20; x++ {        // 外循环
        for y := 0; y < 20; y++ {    // 内循环
            if y == 2 {              // 满足某个条件时退出循环
                isBreak = true       // 设置退出标记
                break                // 退出本次循环
            }
        }
        if isBreak {  // 根据标记，还需要退出一次循环
            break
        }
    }
    fmt.Println("over")
}
```

将上面的代码使用 Go 语言的 goto 语句进行优化：

```
func main() {
    for x := 0; x < 20; x++ {
        for y := 0; y < 20; y++ {
            if y == 2 {
                goto breakTag    // 跳转到标签
            }
```

```
    }
    }
    return
breakTag:    // 标签
    fmt.Println("done")
}
```

在以上代码中，使用 goto 语句"goto breakTag"来跳转到指明的标签处。breakTag 是自定义的标签。

在以上代码中，标签只能被 goto 使用，不影响代码执行流程。在定义 breakTag 标签之前有一个 return 语句，此处如果不手动返回，则在不满足条件时也会执行 breakTag 代码。

在日常开发中，经常会遇到"多错误处理"问题，在"多错误处理"中往往存在代码重复的问题。例如：

```
func main() {
    // 省略前面代码
    err := getUserInfo()
    if err != nil {
        fmt.Println(err)
        exitProcess()
        return
    }
    err = getEmail()
    if err != nil {
        fmt.Println(err)
        exitProcess()
        return
    }
    fmt.Println("over")
}
```

在上面代码中，有一部分是重复的代码。如果后期需要在这些代码中添加更多的判断条件，则需要在这些雷同的代码中重复修改，极易造成疏忽和错误。这时可以通过使用 goto 语句来处理：

```
func main() {
    // 省略前面代码
    err := getUserInfo()
    if err != nil {
        goto doExit    //将跳转至错误标签 doExit
    }
    err = getEmail()
    if err != nil {
        goto doExit    //将跳转至错误标签 doExit
    }
```

```
    fmt.Println("over")
    return
doExit:    //汇总所有流程，进行错误打印并退出进程
    fmt.Println(err)
    exitProcess()
}
```

以上代码在发生错误时，将统一跳转至错误标签 doExit，汇总所有流程，进行错误打印并退出进程。

### 6. break 语句

Go 语言中的 break 语句可以结束 for、switch 和 select 的代码块。另外，还可以在 break 语句后面添加标签，表示退出某个标签对应的代码块。添加的标签必须定义在对应的 for、switch 和 select 的代码块上。

通过指定标签跳出循环的示例如下。

代码 chapter1/1.3-break.go    通过指定标签跳出循环

```
package main

import "fmt"

func main() {
OuterLoop:    //外层循环的标签
    for i := 0; i < 2; i++ {    //双层循环
        for j := 0; j < 5; j++ {
            switch j {    // 用 switch 进行数值分支判断
            case 1:
                fmt.Println(i, j)
                break OuterLoop
            case 2:
                fmt.Println(i, j)
                break OuterLoop    //退出 OuterLoop 对应的循环之外
            }
        }
    }
}
```

以上代码的运行结果如下：

```
0 1
```

### 7. continue 语句

在 Go 语言中，continue 语句用于结束当前循环，并开始下一次的循环迭代过程。它仅限在 for 循环内使用。在 continue 语句后添加标签，表示结束标签对应语句的当前循环，并开启下一次的外

层循环。continue 语句的使用示例如下。

代码 chapter1/1.3-continue.go　　continue 语句的使用示例

```go
package main

import "fmt"

func main() {
OuterLoop:
    for i := 0; i < 2; i++ {
        for j := 0; j < 5; j++ {
            switch j {
            case 3:
                fmt.Println(i, j)
                continue OuterLoop    //结束当前循环，开启下一次的外层循环
            }
        }
    }
}
```

以上代码的运行结果如下：

```
0 3
1 3
```

在以上代码中，"continue OuterLoop" 语句将结束当前循环，开启下一次的外层循环。

## 1.4　Go 数据类型

Go 语言的基本数据类型分为布尔型、数字类型、字符串类型、复合类型这 4 种。其中复合类型又分为：数组类型、切片类型、Map 类型、结构体类型。Go 语言常见基本数据类型见表 1-3。

表 1-3

| 类　　型 | 说　　明 |
| --- | --- |
| 布尔型 | 布尔型的值只可以是常量 true 或者 false。一个简单的例子：var b bool = true |
| 数字类型 | 包含以下类型。<br>uint8：无符号 8 位整型（0~255）。<br>uint16：无符号 16 位整型（0~65535）。<br>uint32：无符号 32 位整型（0~4294967295）。<br>uint64：无符号 64 位整型（0~18446744073709551615）。<br>int8：有符号 8 位整型（−128~127）。<br>int16：有符号 16 位整型（−32768~32767）。 |

| 类　　型 | 说　　明 |
|---|---|
| | int32：有符号 32 位整型（-2147483648～2147483647）。<br>int64：有符号 64 位整型（-9223372036854775808～9223372036854775807）。<br>float32：IEEE-754 32 位浮点型数。<br>float64：IEEE-754 64 位浮点型数。<br>complex64：32 位实数和虚数。<br>complex128：64 位实数和虚数。<br>byte：和 uint8 等价，另外一种名称。<br>rune：和 int32 等价，另外一种名称。<br>uint：32 或 64 位的无符号整型。<br>int：32 或 64 位的有符号整型。<br>uintptr：无符号整型，用于存放一个指针 |
| 字符串类型 | 字符串就是一串固定长度的字符连接起来的字符序列。Go 的字符串是由单个字节连接起来的。<br>Go 语言的字符串的字节使用 UTF-8 编码标识 Unicode 文本 |
| 复合类型 | 包含数组类型、切片类型、Map 类型、结构体类型 |

## 1.4.1　布尔型

布尔型的值只可以是常量 true 或者 false。一个简单的例子：var b bool = true。if 和 for 语句的条件部分都是布尔类型的值，并且==和<等比较操作也会产生布尔型的值。

一元操作符(！)对应逻辑"非"操作，因此!true 的值为 false。更复杂一些的写法是(!true==false)==true。在实际开发中，应尽量采用比较简洁的布尔表达式。

```
var aVar = 100
fmt.Println(aVar == 50)  //false
fmt.Println(aVar == 100)  //true
fmt.Println(aVar != 50)  //true
fmt.Println(aVar != 100)  //false
```

📰 提示

Go 语言对于值之间的比较有非常严格的限制，只有两个相同类型的值才可以进行比较。

• 如果值的类型是接口（interface），则它们必须都实现了相同的接口。

• 如果其中一个值是常量，则另外一个值可以不是常量，但是类型必须和该常量类型相同。

• 如果以上条件都不满足，则必须在将其中一个值的类型转换为和另外一个值的类型相同时，之后才可以进行比较。

布尔值可以和&&（AND）和||（OR）操作符结合。如果运算符左边的值已经可以确定整个布尔表达式的值，则运算符右边的值将不再被求值，因此下面的表达式总是安全的：

```
str1 == "java" && str2 =="golang"
```

因为 && 的优先级比 || 高（ && 对应逻辑"且"，|| 对应逻辑"或"，"且"比"或"优先级要高），所以下面的布尔表达式可以不加小括号：

```
var c int
if 1 <= c && c <= 9 ||
    10 <= c && c <= 19 ||
    20 <= c && c <= 30 {
    //...
}
```

布尔值并不会隐式转换为数字值 0 或 1，反之亦然，必须使用 if 语句显式地进行转换：

```
i := 0
b := true
if b {
    i = 1
}
```

如果需要经常做类似的转换，则可以将转换的代码封装成一个函数，如下所示：

```
// 如果 b 为真，则 boolToInt() 函数返回 1；如果为假，则 boolToInt() 函数返回 0
// 将布尔型转换为整型
func boolToInt(b bool) int {
    if b {
        return 1
    }
    return 0
}
```

数字到布尔型的逆转换非常简单，不过为了保持对称，也可将转换过程封装成一个函数：

```
// intToBool() 函数用于报告是否为非零。
func intToBool(i int) bool { return i != 0 }
```

Go 语言中不允许将布尔型强制转换为整型，代码如下：

```
var d bool
fmt.Println(int(d) * 5)
```

编译错误，输出如下：

```
cannot convert d (type bool) to type int
```

布尔型无法参与数值运算，也无法与其他类型进行转换。

## 1.4.2　数字类型

Go 语言支持整型和浮点型数字，并且原生支持复数，其中位的运算采用补码。

Go 语言也有基于架构的类型，例如：int、uint 和 uintptr。这些类型的长度都是根据运行程序所在的操作系统类型所决定的。在 32 位操作系统上，int 和 uint 均使用 32 位（4 个字节）；在 64 位操作系统上，它们均使用 64 位（8 个字节）。

Go 语言数字类型的符号和描述见表 1-4。

表 1-4

| 符　　号 | 类型和描述 |
| --- | --- |
| uint8 | 无符号 8 位整型（0～255） |
| uint16 | 无符号 16 位整型（0～65535） |
| uint32 | 无符号 32 位整型（0～4294967295） |
| uint64 | 无符号 64 位整型（0～18446744073709551615） |
| int8 | 有符号 8 位整型（−128～127） |
| int16 | 有符号 16 位整型（−32768～32767） |
| int32 | 有符号 32 位整型（−2147483648～2147483647） |
| int64 | 有符号 64 位整型（−9223372036854775808～9223372036854775807） |
| float32 | IEEE−754 32 位浮点型数 |
| float64 | IEEE−754 64 位浮点型数 |
| complex64 | 32 位实数和虚数 |
| complex128 | 64 位实数和虚数 |
| byte | 和 uint8 等价，另外一种名称 |
| rune | 和 int32 等价，另外一种名称 |
| uint | 32 或 64 位的无符号整型 |
| int | 32 或 64 位的有符号整型 |
| uintptr | 无符号整型，用于存放一个指针 |

## 1.4.3　字符串类型

字符串是由一串固定长度的字符连接起来的字符序列。Go 语言中的字符串是由单个字节连接起来的。Go 语言中的字符串的字节使用 UTF-8 编码来表示 Unicode 文本。UTF−8 是一种被广泛使用的编码格式，是文本文件的标准编码。包括 XML 和 JSON 在内都使用该编码。

由于该编码占用字节长度的不定性，所以在 Go 语言中，字符串也可能根据需要占用 1～4 byte，这与其他编程语言如 C++、Java 或者 Python 不同（Java 始终使用 2 byte）。Go 语言这样做，不仅减少了内存和硬盘空间占用，而且也不用像其他语言那样需要对使用 UTF−8 字符集的文本进行编码和解码。

字符串是一种值类型。更深入地讲，字符串是字节的定长数组。

## 1. 字符串的声明和初始化

声明和初始化字符串非常容易：

```
str := "hello string!"
```

上面的代码声明了字符串变量 str，其内容为"hello string!"。

## 2. 字符串的转义

在 Go 语言中，字符串字面量使用英文双引号（"）或者反引号（`）来创建。

- 双引号用来创建可解析的字符串，支持转义，但不能用来引用多行；
- 反引号用来创建原生的字符串字面量，可能由多行组成，但不支持转义，并且可以包含除反引号外的其他所有字符。

用双引号来创建可解析的字符串应用很广泛，用反引号来创建原生的字符串则多用于书写多行消息、HTML 及正则表达式。

使用示例如下。

```
str1 := "\"Go Web\",I love you \n"      //支持转义，但不能用来引用多行
str2 :=`"Go Web",
I love you \n`          //支持多行组成，但不支持转义
println(str1)
println(str2)
```

以上代码的运行结果如下：

```
"Go Web",I love you

"Go Web",
I love you \n
```

## 3. 字符串的连接

虽然 Go 语言中的字符串是不可变的，但是字符串支持级联操作（+）和追加操作（+=），比如下面这个例子：

```
str := "I love" + " Go Web"
str += " programming"
fmt.Println(str) // I love Go Web programming
```

## 4. 字符串的操作符

字符串的内容（纯字节）可以通过标准索引法来获取：在方括号[]内写入索引，索引从 0 开始计数。

假设我们定义了一个字符串 str := "programming"，则可以通过 str[0]来获取字符串 str 的第 1

个字节，通过 str[i − 1]来获取第 i 个字节，通过 str[len(str)−1]来获取最后 1 个字节。

通过下面具体的示例，可以理解字符串的常用方法：

```
str := "programming"
fmt.Println(str[1])     //获取字符串索引位置为 1 的原始字节，比如 r 为 114
fmt.Println(str[1:3])   //截取字符串索引位置为 1 和 2 的字符串（不包含最后一个）
fmt.Println(str[1:])    //截取字符串索引位置为 1 到 len(s)−1 的字符串
fmt.Println(str[:3])    //截取字符串索引位置为 0 到 2 的字符串（不包含 3）
fmt.Println(len(str))   //获取字符串的字节数
fmt.Println(utf8.RuneCountInString(str)) //获取字符串字符的个数
fmt.Println([]rune(str))      // 将字符串的每一个字节转换为码点值
fmt.Println(string(str[1]))   // 获取字符串索引位置为 1 的字符值
```

以上代码的运行结果如下：

```
114
ro
rogramming
pro
11
11
[112 114 111 103 114 97 109 109 105 110 103]
r
```

### 5. 字符串的比较

Go 语言中的字符串支持常规的比较操作（<，>，==，!=，<=，>=），这些操作符会在内存中一个字节一个字节地进行比较，因此比较的结果是字符串自然编码的顺序。

但是在执行比较操作时，需要注意如下两个方面：

（1）有些 Unicode 编码的字符可以用两个或者多个不同的字节序列来表示。

如果执行比较操作只是 ASCII 字符，则这个问题将不会存在；如果执行比较操作有多种字符，则可以通过自定义标准化函数来隔离接受这些字符串。

（2）如果用户希望将不同的字符看作是相同的，则可以通过自定义标准化函数来解决。

比如字符"三""3""Ⅲ""③"都可以看作相同的意思，那么当用户输入 3 时，就得匹配这些相同意思的字符。这个可以通过自定义标准化函数来解决。

### 6. 字符串的遍历

通常情况下，可以通过索引提取其字符，比如：

```
str := "go web"
fmt.Println(string(str[0])) //获取索引为 0 的字符
```

以上的字符串是单字节的，通过索引可以直接提取字符。但是对于任意字符串来讲，上面并不一定可靠，因为有些字符可能有多个字节。这时就需要使用字符串切片，这样返回的将是一个字符，而不是一个字节：

```
str := "i love go web"
chars := []rune(str)            //把字符串转为 rune 切片
for _,char := range chars {
    fmt.Println(string(char))
}
```

在 Go 语言中，可以用 rune 或者 int32 来表示一个字符。

字符可以通过 += 操作符在一个循环中往字符串末尾追加字符。但这并不是最有效的方式，还可以使用类似 Java 中的 StringBuilder 来实现：

```
var buffer bytes.Buffer  //创建一个空的 bytes.Buffer
for {
    if piece,ok := getNextString();ok {
        //通过 WriteString()方法，将需要串联的字符串写入 buffer 中
        buffer.WriteString(piece)
    } else {
        break
    }
}
fmt.Println(buffer.String())   //用于取回整个级联的字符串
```

使用 bytes.Buffer 进行字符串的累加比使用 += 要高效得多，尤其是在面对大数量的字符串时。

如果要将字符串一个字符一个字符地迭代出来，则可以通过 for-range 循环：

```
str := "love go web"
for index, char := range str {
    fmt.Printf("%d %U %c \n", index, char, char)
}
```

### 7. 字符串的修改

在 Go 语言中，不能直接修改字符串的内容，即不能通过 str[i]这种方式修改字符串中的字符。如果要修改字符串的内容，则需要先将字符串的内容复制到一个可写的变量中（一般是[ ]byte 或[ ]rune 类型的变量），然后再进行修改。在转换类型的过程中会自动复制数据。

（1）修改字节（用[ ]byte）。

对于单字节字符，可以通过这种方式进行修改：

```
str := "Hi 世界! "
by := []byte(str)    // 转换为[]byte,数据被自动复制
by[2] = ','          // 把空格改为半角逗号
fmt.Printf("%s\n", str)
fmt.Printf("%s\n", by)
```

以上代码的运行结果如下：

```
Hi 世界!
Hi,世界!
```

（2）修改字符（用[]rune)。

```
str := "Hi 世界"
by := []rune(str)    // 转换为[]rune,数据被自动复制
by[3] = '中'
by[4] = '国'
fmt.Println(str)
fmt.Println(string(by))
```

以上代码的运行结果如下：

```
Hi 世界
Hi 中国
```

> 📌 **提示**
>
> 与 C/C++ 不同，Go 语言中的字符串是根据长度（而非特殊的字符\0）限定的。string 类型的 0 值是长度为 0 的字符串，即空字符串（""）。

## 1.4.4 指针类型

### 1. 指针类型介绍

指针类型是指变量存储的是一个内存地址的变量类型。指针类型的使用示例如下：

```
var b int = 66    //定义一个普通类型
var p * int = &b //定义一个指针类型
```

### 2. 指针的使用

可用 fmt.Printf()函数的动词“%p”，输出对 score 和 name 变量取地址后的指针值。代码如下：

代码 chapter1/1.4-pointer-use.go    指针的使用示例

```
package main

import (
    "fmt"
```

```
)

func main() {
    var score int = 100
    var name string = "Barry"
    // 用 fmt.Printf()函数的动词 "%p"，输出对 score 和 name 变量取地址后的指针值
    fmt.Printf("%p %p", &score, &name)
}
```

以上代码的运行结果如下：

```
0xc000016080 0xc000010200
```

在对普通变量使用（&）操作符取内存地址获得这个变量的指针后，可以对指针使用（*）操作，即获取指针的值：

代码　chapter1/1.4-pointer-use2.go　　　指针的使用示例

```
package main

import (
    "fmt"
)

func main() {
    var address = "Chengdu, China"        // 声明一个字符串类型
    ptr := &address                        // 对字符串取地址，ptr 类型为*string
    fmt.Printf("ptr type: %T\n", ptr)      // 打印 ptr 的类型
    fmt.Printf("address: %p\n", ptr)       // 打印 ptr 的指针地址
    value := *ptr                          // 对指针进行取值操作
    fmt.Printf("value type: %T\n", value)  // 取值后的类型
    fmt.Printf("value: %s\n", value)       // 指针取值后就是指向变量的值
}
```

以上代码的运行结果如下：

```
ptr type: *string
address: 0xc00008e1e0
value type: string
value: Chengdu, China
```

由上例可以看出，变量取内存地址操作符（&）和指针变量取值操作符（*）是一对互逆的操作符：对于变量，可以用（&）操作符取出变量的内存地址；对于指针变量，可以用（*）操作符取出指针变量指向的原变量的值。变量和指针变量相互关系和特性如下：

- 对变量进行取内存地址（&）操作，可以获得这个变量的内存地址的值。
- 指针变量的值是变量的内存地址。

- 对指针变量进行取值（*）操作，可以获得指针变量指向的原变量的值。

### 3. 用指针修改值

使用指针修改值的示例如下。

**代码 chapter1/1.4-pointer-use3.go     使用指针修改值的示例**

```go
package main

import "fmt"

// 交换函数
func exchange(c, d *int) {
    t := *c       // 取 c 指针的值，赋给临时变量 t
    *c = *d       // 取 d 指针的值，赋给 c 指针指向的变量
    *d = t        // 将临时变量 t 的值赋给 d 指针指向的变量
}
func main() {
    a, b := 6, 8           // 准备两个变量，赋值 6 和 8
    exchange(&a, &b)       // 交换变量值
    fmt.Println(a, b)      // 输出变量值
}
```

以上代码的运行结果如下：

```
8 6
```

在如下示例中，exchange2()函数执行的是指针的交换操作。

**代码 chapter1/1.4-pointer-use3.go     使用指针修改值的示例**

```go
package main

import "fmt"

func exchange2(c, d *int) {
    d, c = c, d
}
func main() {
    x, y := 6, 8
    exchange2(&x, &y)
    fmt.Println(x, y)
}
```

以上代码的运行结果如下：

```
6 8
```

结果表明，交换是不成功的。上面代码中的 exchange2()函数交换的是 c 和 d 的地址。在交换

完毕后，c 和 d 的变量值确实被交换了，但和 c、d 关联的两个变量并没有实际关联。

这就像有两张卡片放在桌上一字摊开，卡片上印有 6 和 8 两个数字。交换两张卡片在桌子上的位置后，两张卡片上的数字 6 和 8 并没有改变，只是卡片在桌子上的位置改变而已，如图 1-8 所示。

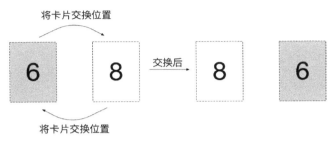

图 1-8

## 1.4.5　复合类型

### 1. 数组类型

Go 语言提供了数组类型的数据结构。数组是具有相同唯一类型的一组已编号且长度固定的数据项的序列，这种类型可以是任意的原始类型，例如整型、字符串或自定义类型。

例如，要保存 10 个整数，相对于去声明"number0, number1, ..., number9"10 个变量，使用数组，则只需要声明一个变量：

```
var array[10] int
```

在声明了以上形式的变量后，就可以存 10 个整数了。可以看到，使用数组更加方便且易于扩展。数组元素可以通过索引（位置）来读取（或者修改），索引从 0 开始，第 1 个元素索引为 0，第 2 个索引为 1，以此类推，如图 1-9 所示。

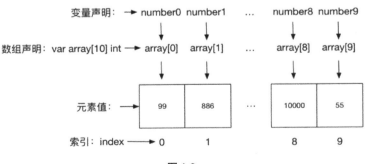

图 1-9

（1）声明数组。

声明 Go 语言数组，需要指定元素类型及元素个数，语法格式如下：

```
var name[SIZE] type
```

其中，name 为数组的名字，SIZE 为声明的数组元素个数，type 为元素类型。

例如声明一个数组名为 numbers、元素个数为 6、元素类型为 float32 的数组，形式如下：

```
var numbers[6] float32
```

（2）初始化数组。

初始化数组的示例如下：

```
var numbers = [5]float32{100.0, 8.0, 9.4, 6.8, 30.1}
```

在经过初始化的数组中，{}中的元素个数不能大于[ ]中的数字。默认情况下，如果不设置数组大小，则可以使用"[...]"替代数组长度，Go 语言会根据元素的个数来设置数组的大小：

```
var numbers = [...]float32{100.0, 8.0, 9.4, 6.8, 30.1}
```

以上两个示例是一样的，虽然下面一个没有设置数组的大小。

（3）访问数组元素。

数组元素可以通过索引（位置）来读取。索引从 0 开始，第 1 个元素索引为 0，第 2 个索引为 1，以此类推。格式为"数组名后加中括号，中括号中为索引的值"。

例如读取第 3 个元素的形式如下：

```
var salary float32 = numbers[2]
```

以上示例读取了数组 numbers 中第 3 个元素的值。

以下示例演示了数组的完整操作（声明、赋值、访问）：

**代码 chapter1/1.4-array.go 访问数组元素的示例**

```go
package main

import "fmt"

func main() {
    var arr [6]int             // 声明一个长度为 6 的数组
    var i, j int
    for i = 0; i < 6; i++ {
        arr[i] = i + 66        // 设置元素为 i + 66
    }
    for j = 0; j < 6; j++ {    // 输出每个数组元素的值
        fmt.Printf("Array[%d] = %d\n", j, arr[j])
```

```
    }
}
```

以上代码的运行结果如下：

```
Array[0] = 66
Array[1] = 67
Array[2] = 68
Array[3] = 69
Array[4] = 70
Array[5] = 71
```

### 2. 结构体类型（struct）

（1）结构体介绍。

结构体是由一系列具有相同类型或不同类型的数据构成的数据集合。结构体是由 0 个或多个任意类型的值聚合成的实体，每个值都可以被称为"结构体的成员"。

结构体成员也可以被称为"字段"，这些字段有以下特性：

- 字段拥有自己的类型和值；
- 字段名必须唯一；
- 字段的类型也可以是结构体，甚至是字段所在结构体的类型。

使用关键字 type，可以将各种基本类型定义为自定义类型。基本类型包括整型、字符串、布尔等。结构体是一种复合的基本类型，通过 type 定义自定义类型，可以使结构体更便于使用。

（2）结构体的定义。

结构体的定义格式如下：

```
type 类型名 struct {
    字段1 类型1
    字段2 类型2
    //…
}
```

以上各个部分的说明如下。

- 类型名：标识自定义结构体的名称。在同一个包内不能包含重复的类型名。
- struct{}：表示结构体类型。type 类型名 struct{}可以被理解为将 struct{}结构体定义为类型名的类型。
- 字段 1、字段 2……：表示结构体字段名。结构体中的字段名必须唯一。
- 类型 1、类型 2……：表示结构体各个字段的类型。

例如，定义一个结构体来表示一个包含 A 和 B 浮点型的点结构，代码如下：

```go
type Pointer struct {
    A float32
    B float32
}
```

同类型的变量也可以写在一行，颜色的红、绿、蓝 3 个分量可以使用 byte 类型表示。定义颜色的结构体如下：

```go
type Colors struct {
    Red, Green, Blue byte
}
```

一旦定义了结构体类型，则它就能用于变量的声明，语法格式如下：

```go
variable_name := struct_variable_type {value1, value2,...}
```

或：

```go
variable_name := struct_variable_type { key1: value1, key2: value2,...}
```

例如，定义一个名为 Book 的图书结构体，并打印出结构体的字段值的示例如下。

**代码 chapter1/1.4-struct.go    定义一个图书结构体并打印出结构体的字段值**

```go
package main

import "fmt"

type Book struct {
    title string
    author string
    subject string
    press string
}

func main() {
    // 创建一个新的结构体
    fmt.Println(Book{"Go Web 编程实战派——从入门到精通", "廖显东", "Go 语言教程",
"电子工业出版社"})
    // 也可以使用 key => value 格式
    fmt.Println(Book{title: "Go Web 编程实战派——从入门到精通", author: "廖显东
", subject: "Go 语言教程", press: "电子工业出版社"})
    // 忽略的字段为 0 或 空
    fmt.Println(Book{title: "Go Web 编程实战派——从入门到精通", author: "廖显东
"})
}
```

以上代码的运行结果如下：

```
{Go Web 编程实战派——从入门到精通 廖显东 Go 语言教程 电子工业出版社}
{Go Web 编程实战派——从入门到精通 廖显东 Go 语言教程 电子工业出版社}
{Go Web 编程实战派——从入门到精通 廖显东   }
```

（3）访问结构体成员。

如果要访问结构体成员，则需要使用英文句点号 "." 操作符，格式如下：

结构体.成员名

访问结构体成员示例如下。

**代码 chapter1/1.4-struct2.go　访问结构体成员的示例**

```go
package main

import "fmt"

type Books struct {
    title string
    author string
    subject string
    press string
}

func main() {
    var bookGo Books            //声明 bookGo 为 Books 类型
    var bookPython Books        //声明 bookPython 为 Books 类型

    // bookGo 描述
    bookGo.title = "Go Web 编程实战派——从入门到精通"
    bookGo.author = "廖显东"
    bookGo.subject = "Go 语言教程"
    bookGo.press = "电子工业出版社"

    // bookPython 描述
    bookPython.title = "Python 教程 xxx"
    bookPython.author = "张三"
    bookPython.subject = "Python 语言教程"
    bookPython.press = "xxx 出版社"

    //打印 bookGo 信息
    fmt.Printf( "bookGo title : %s\n", bookGo.title)
    fmt.Printf( "bookGo author : %s\n", bookGo.author)
    fmt.Printf( "bookGo subject : %s\n", bookGo.subject)
    fmt.Printf( "bookGo press : %s\n", bookGo.press)
```

```
    //打印 bookPython 信息
    fmt.Printf( "bookPython title : %s\n", bookPython.title)
    fmt.Printf( "bookPython author : %s\n", bookPython.author)
    fmt.Printf( "bookPython subject : %s\n", bookPython.subject)
    fmt.Printf( "bookPython press : %s\n", bookPython.press)
}
```

以上代码的运行结果如下：

```
bookGo title : Go Web 编程实战派——从入门到精通
bookGo author : 廖显东
bookGo subject : Go 语言教程
bookGo press : 电子工业出版社
bookPython title : Python 教程xxx
bookPython author : 张三
bookPython subject : Python 语言教程
bookPython press : xxx 出版社
```

（4）将结构体作为函数参数。

可以像其他数据类型那样将结构体类型作为参数传递给函数，并以上面示例的方式访问结构体变量：

**代码 chapter1/1.4-struct3.go**    **将结构体作为函数参数的示例**

```go
package main

import "fmt"

type Books struct {
    title   string
    author  string
    subject string
    press   string
}

func main() {
    var bookGo Books        /* 声明 bookGo 为 Books 类型 */
    var bookPython Books   /* 声明 bookPython 为 Books 类型 */

    /* bookGo 描述 */
    bookGo.title = "Go Web 编程实战派——从入门到精通"
    bookGo.author = "廖显东"
    bookGo.subject = "Go 语言教程"
    bookGo.press = "电子工业出版社"

    /* bookPython 描述 */
```

```
    bookPython.title = "Python 教程 xxx"
    bookPython.author = "张三"
    bookPython.subject = "Python 语言教程"
    bookPython.press = "xxx 出版社"

    /* 打印 bookPython 信息 */
    printBook(bookGo)

    /* 打印 bookPython 信息 */
    printBook(bookPython)
}

func printBook(book Books) {
    fmt.Printf("Book title : %s\n", book.title)
    fmt.Printf("Book author : %s\n", book.author)
    fmt.Printf("Book subject : %s\n", book.subject)
    fmt.Printf("Book press : %s\n", book.press)
}
```

以上代码的运行结果如下：

```
Book title : Go Web 编程实战派——从入门到精通
Book author : 廖显东
Book subject : Go 语言教程
Book press : 电子工业出版社
Book title : Python 教程 xxx
Book author : 张三
Book subject : Python 语言教程
Book press : xxx 出版社
```

（5）结构体指针。

可以定义指向结构体的指针，类似于定义其他指针变量，格式如下：

```
var structPointer *Books
```

以上定义的指针变量可以存储结构体变量的内存地址。

如果要查看结构体变量的内存地址，则可以将&符号放置于结构体变量前：

```
structPointer = &Books
```

如果要使用结构体指针访问结构体成员，则使用 "." 操作符：

```
structPointer.title
```

接下来使用结构体指针重写以上示例，代码如下。

**代码 chapter1/1.4-struct-pointer.go　使用结构体指针的示例**

```
package main
```

```go
import "fmt"

type Books struct {
    title   string
    author  string
    subject string
    press   string
}

func main() {
    var bookGo Books          /* 声明 bookGo 为 Books 类型 */
    var bookPython Books      /* 声明 bookPython 为 Books 类型 */

    /* bookGo 描述 */
    bookGo.title = "Go Web 编程实战派——从入门到精通"
    bookGo.author = "廖显东"
    bookGo.subject = "Go 语言教程"
    bookGo.press = "电子工业出版社"

    /* bookPython 描述 */
    bookPython.title = "Python 教程 xxx"
    bookPython.author = "张三"
    bookPython.subject = "Python 语言教程"
    bookPython.press = "xxx 出版社"

    /* 打印 bookPython 信息 */
    printBook(&bookGo)

    /* 打印 bookPython 信息 */
    printBook(&bookPython)
}

func printBook(book *Books) {
    fmt.Printf("Book title : %s\n", book.title)
    fmt.Printf("Book author : %s\n", book.author)
    fmt.Printf("Book subject : %s\n", book.subject)
    fmt.Printf("Book press : %s\n", book.press)
}
```

以上代码的运行结果如下：

```
Book title : Go Web 编程实战派——从入门到精通
Book author : 廖显东
Book subject : Go 语言教程
Book press : 电子工业出版社
```

```
Book title : Python 教程 xxx
Book author : 张三
Book subject : Python 语言教程
Book press : xxx 出版社
```

### 3. 切片类型

切片（slice）是对数组的一个连续"片段"的引用，所以切片是一个引用类型（因此更类似于 C/C++中的数组类型，或者 Python 中的 list 类型）。

这个"片段"可以是整个数组，也可以是由起始和终止索引标识的一些项的子集。

📌 **提示**

终止索引标识的项不包括在切片内。

切片的内部结构包含内存地址、大小和容量。切片一般用于快速地操作一块数据集合。

切片的结构体由 3 部分构成（如图 1-10 所示）：①pointer 是指向一个数组的指针，②len 代表当前切片的长度，③cap 是当前切片的容量。cap 总是大于或等于 len。

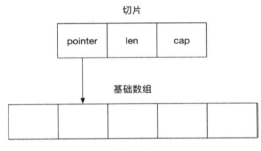

图 1-10

切片默认指向一段连续内存区域，可以是数组，也可以是切片本身。从连续内存区域生成切片是常见的操作，格式如下：

```
slice [开始位置 : 结束位置]
```

语法说明如下。

- slice：目标切片对象；
- 开始位置：对应目标切片对象的起始索引；
- 结束位置：对应目标切片的结束索引。

从数组生成切片，代码如下：

```
var a = [3]int{1, 2, 3}
fmt.Println(a, a[1:2])
```

其中，a 是一个拥有 3 个整型元素的数组。使用 a[1:2]可以生成一个新的切片。以上代码的运行结果如下：

```
[1 2 3]  [2]
```

其中[2]就是 a[1:2] 切片操作的结果。

从数组或切片生成新的切片拥有如下特性。

- 取出的元素数量为"结束位置 −开始位置"；
- 取出元素不包含结束位置对应的索引，切片最后一个元素使用 slice[len(slice)] 获取；
- 如果缺省开始位置，则表示从连续区域开头到结束位置；
- 如果缺省结束位置，则表示从开始位置到整个连续区域末尾；
- 如果两者同时缺省，则新生成的切片与原切片等效；
- 如果两者同时为 0，则等效于空切片，一般用于切片复位。

在根据索引位置取切片 slice 元素值时，取值范围是（0~len(slice)−1）。如果超界，则会报运行时错误。在生成切片时，结束位置可以填写 len(slice)，不会报错。

下面通过具体示例来熟悉切片的特性。

（1）从指定范围中生成切片。

切片和数组密不可分。如果将数组理解为一栋办公楼，那么切片就是把不同的连续楼层出租给使用者。在出租过程中需要选择开始楼层和结束楼层，这个过程就会生成切片。示例代码如下。

```
var sliceBuilder [20]int
for i := 0; i < 20; i++ {
    sliceBuilder[i] = i + 1
}
fmt.Println(sliceBuilder[5:15]) // 区间元素
fmt.Println(sliceBuilder[15:])  // 从中间到尾部的所有元素
fmt.Println(sliceBuilder[:2])   // 从开头到中间指定位置的所有元素
```

以上代码的运行结果如下：

```
[6 7 8 9 10 11 12 13 14 15]
[16 17 18 19 20]
[1 2]
```

以上代码可以理解为：构建了一个 20 层的高层建筑；数组的元素值为 1~20，分别代表不同的独立楼层；输出的结果是不同的租售方案。

切片有点像 C 语言里的指针。指针可以做运算，但代价是内存操作越界。切片在指针的基础上增加了大小，约束了切片对应的内存区域。在切片使用过程中，无法对切片内部的地址和大小进行手动调整，因此切片比指针更安全、强大。

（2）表示原有的切片。

如果开始位置和结束位置都被忽略，则新生成的切片和原切片的结构一模一样，并且生成的切片与原切片在数据内容上也是一致的，代码如下：

```
b := []int{6, 7, 8}
fmt.Println(b[:])
```

b 是一个拥有 3 个元素的切片。将 b 切片使用 b[:]进行操作后，得到的切片与 b 切片一致，输出如下：

```
[6 7 8]
```

（3）重置切片，清空拥有的元素。

如果把切片的开始和结束位置都设为 0，则生成的切片将变空，代码如下：

```
b := []int{6, 7, 8}
fmt.Println(b[0:0])
```

以上代码的运行结果如下：

```
[]
```

（4）直接声明新的切片。

除可以从原有的数组或者切片中生成切片外，也可以声明一个新的切片。其他类型也可以声明为切片类型，用来表示多个相同类型元素的连续集合。因此，切片类型也可以被声明。切片类型的声明格式如下：

```
var name []Type
```

其中，name 表示切片的变量名，Type 表示切片对应的元素类型。

下面代码展示了切片声明的使用过程：

```
var sliceStr []string            // 声明字符串切片
var sliceNum []int               // 声明整型切片
var emptySliceNum = []int{}      // 声明一个空切片
fmt.Println(sliceStr, sliceNum, emptySliceNum)  // 输出 3 个切片
fmt.Println(len(sliceStr), len(sliceNum), len(emptySliceNum)) // 输出 3 个切片大小
fmt.Println(sliceStr == nil) // 切片判定空的结果
fmt.Println(sliceNum == nil)
fmt.Println(emptySliceNum == nil)
```

以上代码的运行结果如下：

```
[] [] []
0 0 0
```

```
true
true
false
```

切片是动态结构，只能与 nil 判定相等，不能互相判定相等。在声明了新的切片后，可以使用 append()函数向切片中添加元素。如果需要创建一个指定长度的切片，则可以使用 make()函数，格式如下：

```
make( []Type, size, cap )
```

其中，Type 是指切片的元素类型，size 是指为这个类型分配多少个元素，cap 是指预分配的元素数量（设定这个值不影响 size，只是能提前分配空间，可以降低多次分配空间造成的性能问题）。

示例如下。

```
slice1 := make([]int, 6)
slice2 := make([]int, 6, 10)
fmt.Println(slice1, slice2)
fmt.Println(len(slice1), len(slice2))
```

输出如下：

```
[0 0 0 0 0 0] [0 0 0 0 0 0]
6 6
```

其中 slice1 和 slice2 均是预分配 6 个元素的切片。只是 slice2 的内部存储空间已经分配了 10 个元素，但实际使用了 6 个元素。

容量不会影响当前的元素个数，因此对 slice1 和 slice2 取 len 都是 6。

用 make()函数生成切片会发生内存分配操作。但如果给定了开始与结束位置（包括切片复位）的切片，则只是将新的切片结构指向已经分配好的内存区域。设定开始与结束位置，不会发生内存分配操作。

**4. map 类型**

（1）map 定义。

Go 语言中 map 是一种特殊的数据类型——一种"元素对"（pair）的无序集合。元素对包含一个 key（索引）和一个 value（值），所以这个结构也被称为"关联数组"或"字典"。这是一种能够快速寻找值的理想结构：给定了 key，就可以迅速找到对应的 value。

map 是引用类型，可以使用如下方式声明：

```
var name map[key_type]value_type
```

其中，name 为 map 的变量名，key_type 为键类型，value_type 为键对应的值类型。注意，在[key_type]和 value_type 之间允许有空格。

在声明时不需要知道 map 的长度，因为 map 是可以动态增长的。未初始化的 map 的值是 nil。使用函数 len()可以获取 map 中元素对的数目。

通过如下的例子来说明：

```
var literalMap map[string]string
var assignedMap map[string]string
literalMap = map[string]string{"first": "go", "second": "web"}
createdMap := make(map[string]float32)
assignedMap = literalMap
createdMap["k1"] = 99
createdMap["k2"] = 199
assignedMap["second"] = "program"
fmt.Printf("Map literal at \"first\" is: %s\n", literalMap["first"])
fmt.Printf("Map created at \"k2\" is: %f\n", createdMap["k2"])
fmt.Printf("Map assigned at \"second\" is: %s\n", literalMap["second"])
fmt.Printf("Map literal at \"third\" is: %s\n", literalMap["third"])
```

运行以上代码，输出如下：

```
Map literal at "first" is: go
Map created at "k2" is: 199.000000
Map assigned at "second" is: program
Map literal at "third" is:
```

示例中 literalMap 演示了使用{"first": "go", "second": "web"}的格式来初始化 map。在上面代码中，createdMap 的创建方式 createdMap := make(map[string]float32)等价于 createdMap := map[string]float32{} 。

assignedMap 是 literalMap 的引用，对 assignedMap 的修改也会影响 literalMap 的值。

> **提示**
>
> 可以使用 make()函数来构造 map，但不能使用 new()函数来构造 map。如果错误地使用 new()函数分配了一个引用对象，则会获得一个空引用的指针，相当于声明了一个未初始化的变量并取了它的地址。如下代码在编译时会报错：
>
> ```
> createdMap:= new(map[string]float32)
> createdMap["k1"] = 4.5
> $ go run 1.4-map.go
> # command-line-arguments
> ./1.4-map.go:25:12:    invalid    operation:    createdMap["k1"]    (type
> *map[string]float32 does not support indexing)
> ```

（2）map 容量。

和数组不同，map 可以根据新增的元素对来动态地伸缩，因此它不存在固定长度或最大限制。

但也可以选择标明 map 的初始容量 capacity，格式如下：

```
make(map[key_type]value_type, cap)
```

例如：

```
map := make(map[string]float32, 100)
```

当 map 增长到容量上限时，如果再增加新的元素对，则 map 的大小会自动加 1。所以，出于性能的考虑，对于大的 map 或者会快速扩张的 map，即使只是大概知道容量，也最好先标明。

下面是一个 map 的具体例子，即将学生名字和成绩映射起来：

```
achievement := map[string]float32{
    "zhangsan": 99.5, "xiaoli": 88,
    "wangwu": 96, "lidong": 100,
}
```

（3）用切片作为 map 的值。

既然一个 Key 只能对应一个 Value，而 Key 又是一个原始类型，那么如果一个 Key 要对应多个值怎么办？

例如，要处理 UNIX 机器上的所有进程，以父进程（pid 为整型）作为 Key，以所有的子进程（以所有子进程的 pid 组成的切片）作为 Value。

通过将 Value 定义为[]int 类型或者其他类型的切片，就可以优雅地解决这个问题，示例代码如下。

```
map1 := make(map[int][]int)
map2 := make(map[int]*[]int)
```

# 1.5 函数

在 1.2 节中我们简单地介绍了函数。本节进一步讲解函数的常用技巧。

## 1.5.1 声明函数

在 Go 语言中，声明函数的格式如下：

```
func function_name( [parameter list] ) [return_types] {
    //函数体
}
```

可以把函数看成是一台机器：如果将参数"材料"输入函数机器中，则将返回"产品"出来，如图 1-11 所示。

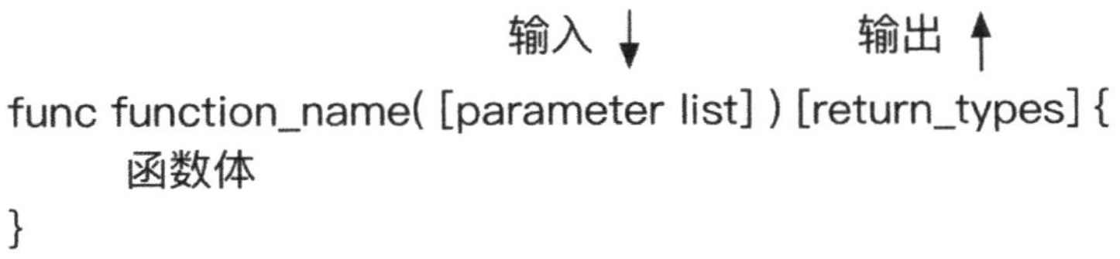

输入 ↓　　　　　输出 ↑

func function_name( [parameter list] ) [return_types] {
　　函数体
}

图 1-11

图 1-11 的说明如下。

- func：函数声明关键字。
- function_name：函数名称。函数名和参数列表一起构成了函数签名。
- parameter list：参数列表，是可选项。参数就像一个占位符。当函数被调用时，可以将值传递给参数，这个值被称为"实际参数"。参数列表指定的是参数类型、顺序及参数个数。参数是可选的，即函数可以不包含参数。
- return_types：包含返回类型的返回值，是可选项。如果函数需要返回一列值，则该项值的数据类型是返回值。如果有些功能不需要返回值，则 return_types 可以为空。
- **函数体**：函数定义的代码集合。

以下为 min()函数的示例。向该函数传入整型数组参数 arr，返回数组参数的最小值：

```go
//获取整型数组中的最小值
func min(arr []int) (m int) {
    m = arr[0]
    for _, v := range arr {
        if v < m {
            m = v
        }
    }
    return
}
```

在以上代码中，"min"为函数名称，"arr []int"为参数，"m int"为 int 类型的返回值。

在创建函数时，定义了函数有什么功能。通过调用函数向函数传递参数，可以获取函数的返回值。函数的使用示例如下。

**代码 chapter1/1.5-func2.go　　函数返回值示例**

```go
package main

import "fmt"

func main() {
    array := []int{6, 8, 10} //定义局部变量
```

```
    var ret int
    ret = min(array)            //调用函数并返回最小值
    fmt.Printf("最小值是 : %d\n", ret)
}

func min(arr []int) (min int) { //获取整型数组中的最小值
    min = arr[0]
    for _, v := range arr {
        if v < min {
            min = v
        }
    }
    return
}
```

以上代码的运行结果如下：

```
最小值是：6
```

Go 语言函数还可以返回多个值，例如下面示例。

**代码 chapter1/1.5-func3.go    函数返回多个值的示例**

```
package main

import "fmt"

func compute(x, y int) (int, int) {
    return x+y, x*y
}

func main() {
    a, b := compute(6, 8)
    fmt.Println(a, b)
}
```

以上示例的执行结果为：

```
14 48
```

如果要按函数头声明的顺序返回值，则 return 语句后面的表达式可以为空。如果 return 语句后面不为空，则按 return 语句后面的表达式的顺序返回值，而非按函数头声明的顺序，见下面示例。

**代码 chapter1/1.5-func-return.go    return 语句的返回示例**

```
package main

func change(a, b int) (x, y int) {
    x = a + 100
    y = b + 100
```

```
    return   //返回: 101, 102
    //return x, y  //返回: 101, 102
    //return y, x  //返回: 102, 101
}

func main(){
    a := 1
    b := 2
    c, d := change(a, b)
    println(c, d)
}
```

## 1.5.2　函数参数

### 1. 参数的使用

函数可以有 1 个或者多个参数。如果函数使用参数，则该参数被称为函数的形参。形参就像定义在函数体内的局部变量。

- 形参：在定义函数时，用于接收外部传入的数据被称为形式参数，简称形参。
- 实参：在调用函数时，传给形参的实际的数据被称为实际参数，简称实参。

函数参数调用需遵守如下形式：

- 函数名称必须匹配；
- 实参与形参必须一一对应：顺序、个数、类型。

### 2. 可变参数

Go 函数支持可变参数（简称"变参"）。接受变参的函数有着不定数量的参数。定义可接收变参的函数形式如下：

```
func myFunc(arg ...string) {
    //...
}
```

"arg ...string"告诉 Go 这个函数可接受不定数量的参数。注意，这些参数的类型全部是 string。在相应的函数体中，变量 arg 是一个 string 的 slice，可通过 for-range 语句遍历：

```
for _, v:= range arg {
    fmt.Printf("And the string is: %s\n", v)
}
```

### 3. 参数传递

调用函数，可以通过如下两种方式来传递参数。

（1）值传递。

值传递是指，在调用函数时将实际参数复制一份传递到函数中。在这样在函数中，对参数进行修改，不会影响实际参数的值。

默认情况下，Go 语言使用的是值传递，即在调用过程中不会影响实际参数的值。

以下代码定义了 exchange()函数：

```
/* 定义相互交换值的函数 */
func exchange(x, y int) int {
    var tmp int
    tmp = x         /* 将 x 值赋给 tmp */
    x = y           /* 将 y 值赋给 x */
    y = tmp         /* 将 tmp 值赋给 y*/
    return tmp
}
```

接下来用值传递来调用 exchange()函数。

代码 chapter1/1.5-func5.go     值传递示例

```
package main

import "fmt"

func main() {
    /* 定义局部变量 */
    num1 := 6
    num2 := 8
    fmt.Printf("交换前 num1 的值为：%d\n", num1)
    fmt.Printf("交换前 num2 的值为：%d\n", num2)
    /* 通过调用函数来交换值 */
    exchange(num1, num2)
    fmt.Printf("交换后 num1 的值：%d\n", num1)
    fmt.Printf("交换后 num2 的值：%d\n", num2)
}

/* 定义相互交换值的函数 */
func exchange(x, y int) int {
    var tmp int
    tmp = x             /* 将 x 值赋给 tmp */
    x = y               /* 将 y 值赋给 x */
    y = tmp             /* 将 tmp 值赋给 y*/
    return tmp
}
```

以上代码的运行结果如下：

```
交换前 num1 的值为: 6
交换前 num2 的值为: 8
交换后 num1 的值 : 6
交换后 num2 的值 : 8
```

因为上述程序中使用的是值传递，所以两个值并没有实现交换，可以使用引用传递来实现交换。

（2）引用传递。

引用传递是指，在调用函数时，将参数的地址传递到函数中。那么，在函数中对参数所进行的修改，将修改实际参数的值。

以下是交换函数 exchange()使用了引用传递：

```
//定义相互交换值的函数
func exchange(x *int, y *int) int {
    var tmp int
    tmp = *x          /* 将 *x 值赋给 tmp */
    *x = *y           /* 将 *y 值赋给 *x */
    *y = tmp          /* 将 tmp 值赋给 *y*/
    return tmp
}
```

下面通过使用引用传递来调用 exchange()函数。

代码 chapter1/1.5-func5-pointer.go　　用引用传递来调用 exchange()函数的示例

```
package main

import "fmt"

func main() {
    /* 定义局部变量 */
    num1 := 6
    num2 := 8
    fmt.Printf("交换前 num1 的值为: %d\n", num1)
    fmt.Printf("交换前 num2 的值为: %d\n", num2)
    /* 通过调用函数来交换值 */
    exchange(&num1, &num2)
    fmt.Printf("交换后 num1 的值 : %d\n", num1)
    fmt.Printf("交换后 num2 的值 : %d\n", num2)
}

/* 定义相互交换值的函数 */
func exchange(x *int, y *int) int {
    var tmp int
    tmp = *x              /* 将 *x 值赋给 tmp */
    *x = *y               /* 将 *y 值赋给 *x */
```

```
    *y = tmp              /* 将 tmp 值赋给 *y*/
    return tmp
}
```

以上代码的运行结果如下：

```
交换前 num1 的值为: 6
交换前 num2 的值为: 8
交换后 num1 的值 : 8
交换后 num2 的值 : 6
```

默认情况下，Go 语言使用的是值传递，即在调用过程中不会影响实际参数的值。

### 1.5.3 匿名函数

**匿名函数**也被称为"闭包"，是指一类无须定义标识符（函数名）的函数或子程序。匿名函数没有函数名，只有函数体。函数可以作为一种被赋值给函数类型的变量；匿名函数往往以变量方式被传递。

#### 1. 匿名函数的定义

匿名函数可以被理解为没有名字的普通函数，其定义如下：

```
func (参数列表) (返回值列表) {
    //函数体
}
```

匿名函数是一个"内联"语句或表达式。匿名函数的优越性在于：可以直接使用函数内的变量，不必声明。

在以下示例中创建了匿名函数 func(a int)。

**代码  chapter1/1.5-func7.go     匿名函数的使用示例**

```go
package main

import "fmt"

func main() {
    x, y := 6, 8
    defer func(a int) {
        fmt.Println("defer x, y = ", a, y)      //y为闭包引用
    }(x)
    x += 10
    y += 100
    fmt.Println(x, y)
}
```

以上代码的执行结果为：

```
16 108
defer x, y =  6 108
```

### 2. 匿名函数的调用

（1）在定义时调用匿名函数。

匿名函数可以在声明后直接调用，也可直接声明并调用，见下方示例。

代码　1.5-func-closure1.go　　　匿名函数的使用示例

```
package main

import "fmt"

func main() {
    // 定义匿名函数并赋值给 f 变量
    f := func(data int) {
        fmt.Println("hi, this is a closure", data)
    }
    // 此时 f 变量的类型是 func()，可以直接调用
    f(6)

    //直接声明并调用
    func(data int) {
        fmt.Println("hi, this is a closure, directly", data)
    }(8)
}

//hi, this is a closure 6
//hi, this is a closure, directly 8
```

匿名函数的用途非常广泛。匿名函数本身是一种值，可以方便地保存在各种容器中实现回调函数和操作封装。

（2）用匿名函数作为回调函数。

回调函数简称"回调"（Callback 即 call then back，被主函数调用运算后会返回主函数），是指通过函数参数传递到其他代码的某一块可执行代码的引用。

匿名函数作为回调函数来使用，在 Go 语言的系统包中是很常见的。在 strings 包中就有这种实现：

```
func TrimFunc(s string, f func(rune) bool) string {
    return TrimRightFunc(TrimLeftFunc(s, f), f)
}
```

可以使用匿名函数体作为参数，来实现对切片中的元素的遍历操作。示例如下。

**代码 1.5-func-closure2.go** 用匿名函数作为回调函数的示例

```go
package main

import "fmt"

// 遍历切片中每个元素，通过给定的函数访问元素
func visitPrint(list []int, f func(int)) {
    for _, value := range list {
        f(value)
    }
}

func main() {
    sli := []int{1, 6, 8}
    // 使用匿名函数打印切片的内容
    visitPrint(sli, func(value int) {
        fmt.Println(value)
    })
}
```

以上代码的运行结果如下：

```
1
6
8
```

## 1.5.4 defer 延迟语句

### 1. 什么是 defer 延迟语句

在函数中，经常需要创建资源（比如数据库连接、文件句柄、锁等）。为了在函数执行完毕后及时地释放资源，Go 的设计者提供 defer 延迟语句。

defer 语句主要用在函数当中，用来在函数结束（return 或者 panic 异常导致结束）之前执行某个动作，是一个函数结束前最后执行的动作。

在 Go 语言一个函数中，defer 语句的执行逻辑如下。

（1）当程序执行到一个 defer 时，不会立即执行 defer 后的语句，而是将 defer 后的语句压入一个专门存储 defer 语句的栈中，然后继续执行函数下一个语句。

（2）当函数执行完毕后，再从 defer 栈中依次从栈顶取出语句执行（注：先进去的最后执行，最后进去的最先执行）。

（3）在 defer 将语句放入栈时，也会将相关的值复制进入栈中，如图 1-12 所示。

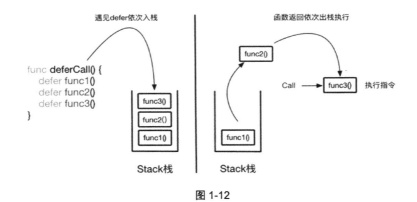

图 1-12

使用示例代码如下。

代码  chapter1/1.5-func-defer.go　　多个 defer 反序的示例

```go
package main

import "fmt"

func main() {
    deferCall()
}
func deferCall(){
    defer func1()
    defer func2()
    defer func3()
}

func func1() {
    fmt.Println("A")
}

func func2() {
    fmt.Println("B")
}

func func3() {
    fmt.Println("C")
}
```

以上代码的运行结果如下：

```
C
B
A
```

**2. defer 与 return 的执行顺序**

在一个函数体中，defer 和 return 的调用顺序是怎样的呢？通过下面这段代码可以很容易地观察到。

代码 chapter1/1.5-func-defer-return.go      defer 与 return 的执行顺序示例

```go
package main

import "fmt"

var name string = "go"
func myfunc() string {
    defer func() {
        name = "python"
    }()

    fmt.Printf("myfunc()函数里的 name: %s\n", name)
    return name
}

func main() {
    myname := myfunc()
    fmt.Printf("main()函数里的 name: %s\n", name)
    fmt.Println("main()函数里的 myname: ", myname)
}
```

以上代码的运行结果如下：

```
myfunc()函数里的 name: go
main()函数里的 name: python
main()函数里的 myname:  go
```

来分析一下运行结果：

- 运行结果的第 1 行很直观，name 此时还是全局变量，值还是"go"。
- 运行结果的第 2 行，在 defer 里改变了这个全局变量，此时 name 的值已经变成了"python"。
- 运行结果的第 3 行是重点，为什么输出的是"go"？解释只有一个——defer 是在 return 后才调用的。所以在执行 defer 前，myname 已经被赋值成"go"了。

### 3. defer 常用应用场景

（1）关闭资源。

在创建资源（比如数据库连接、文件句柄、锁等）后，需要释放掉资源内存，避免占用内存、系统资源。可以在打开资源的语句的下一行，直接用 defer 语句提前把关闭资源的操作注册了，这样就会减少程序员忘写关闭资源的情况。

（2）和 recover() 函数一起使用。

当程序出现宕机或者遇到 panic 错误时，recover() 函数可以恢复执行，而且不会报告宕机错误。之前说过，defer 不但可以在 return 返回前调用，也可以在程序宕机显示 panic 错误时，在程序出现宕机之前被执行，依次来恢复程序。

## 1.6　Go 面向对象编程

Go 语言中没有类（Class）的概念，但这并不意味着 Go 语言不支持面向对象编程，毕竟面向对象只是一种编程思想。面向对象有三大基本特征。

- 封装：隐藏对象的属性和实现细节，仅对外提供公共访问方式。
- 继承：使得子类具有父类的属性和方法或者重新定义、追加属性和方法等。
- 多态：不同对象中同种行为的不同实现方式。

下面来看看 Go 语言是如何在没有类（Class）的情况下实现这三大特征的。

### 1.6.1　封装

#### 1. 属性

Go 语言中可以使用结构体对属性进行封装。结构体就像是类的一种简化形式。例如，我们要定义一个三角形，每个三角形都有底和高。可以这样进行封装：

```
type Triangle struct {
    Bottom float32
    Height float32
}
```

#### 2. 方法

既然有了"类"，那"类"的方法在哪呢？Go 语言中也有方法（Methods）。方法是作用在接收者（receiver）上的一个函数，接收者是某种类型的变量。因此，方法是一种特殊类型的函数。

定义方法的格式如下：

```
func (recv recv_type) methodName(parameter_list) (return_value_list) { ... }
```

上面已经定义了一个三角形 Triangle 类，下面为三角形类定义一个方法 Area()来计算其面积。

**代码 chapter1/1.6-object1.go    Go 语言方法的示例**

```
package main

import (
    "fmt"
)

// 三角形结构体
type Triangle struct {
    Bottom float32
    Height float32
}

// 计算三角形面积
func (t *Triangle) Area() float32 {
    return (t.Bottom * t.Height) / 2
}

func main() {
    r := Triangle{6, 8}
    // 调用 Area()方法计算面积
    fmt.Println(r.Area())
}
```

以上代码的运行结果是：24。

### 3. 访问权限

在面向对象编程中，常会说一个类的属性是公共的还是私有的，这就是访问权限的范畴。在其他编程语言中，常用 public 与 private 关键字来表达这样一种访问权限。

在 Go 语言中，没有 public、private、protected 这样的访问控制修饰符，而是通过字母大小写来控制可见性的。

如果定义的常量、变量、类型、接口、结构体、函数等的名称是大写字母开头，则表示它们能被其他包访问或调用（相当于 public）；非大写开头就只能在包内使用（相当于 private）。

例如，定义一个学生结构体来描述名字和分数：

```
type Student struct {
    name  string
```

```
    score float32
    Age int
}
```

在以上结构体中，Age 属性是大写字母开头，其他包可以直接通过访问。而 name 是小写字母开头，不能直接访问：

```
s := new(person.Student)
s.name = "shirdon"
s.Age = 22
fmt.Println(s.Age)
```

以上代码中，可以通过 s.Age 来访问，不能通过 s.name 访问。所以在运行时会报如下错：

```
$ ./1.6-object3.go:10:3: s.name undefined (cannot refer to unexported field
or method name)
```

和其他面向对象语言一样，Go 语言也有实现获取和设置属性的方式：

- 对于设置方法使用 Set 前缀。
- 对于获取方法只使用成员名。

例如，现在有一个定义在 person 包中的 Student 结构体，见下方示例。

代码　chapter1/person/1.6-student.go　　定义在 person 包中的 Student 结构体

```
package person

type Student struct {
    name string
    score float32
}

// 获取 name
func (s *Student) GetName() string {
    return s.name
}

// 设置 name
func (s *Student) SetName(newName string) {
    s.name = newName
}
```

这样一来，就可以在 main 包里设置和获取 name 的值了，见下方示例。

代码　chapter1/1.6-object2.go　　设置和获取对象的值

```
package main

import (
```

```
    "fmt"
    "gitee.com/shirdon1/goWebActualCombat/chapter1/person"
)

func main() {
    s := new(person.Student)
    s.SetName("Shirdon")
    fmt.Println(s.GetName())
}
```

以上代码的运行结果如下：

```
Shirdon
```

## 1.6.2　继承

Go 语言中没有 extends 关键字，而是使用在结构体中内嵌匿名类型的方法来实现继承。例如，定义一个 Engine 接口类型和一个 Bus 结构体，让 Bus 结构体包含一个 Engine 接口的匿名字段：

```
type Engine interface {
    Run()
    Stop()
}

type Bus struct {
    Engine // 包含 Engine 类型的匿名字段
}
```

此时，匿名字段 Engine 上的方法"晋升"为外层类型 Bus 的方法。可以构建出如下代码：

```
func (c *Bus) Working() {
    c.Run()  //开动汽车
    c.Stop() //停车
}
```

## 1.6.3　多态

在面向对象中，多态的特征是不同对象中同种行为的不同实现方式。在 Go 语言中可以使用接口实现这个特征。接口会在 1.7 中详细讲解，这里先不做讲解。

先定义一个正方形 Square 和一个三角形 Triangle：

```
// 正方形结构体
type Square struct {
    sideLen float32
}

// 三角形结构体
```

```
type Triangle struct {
    Bottom float32
    Height float32
}
```

然后，希望可以计算出这两个几何图形的面积。但由于它们的面积计算方式不同，所以需要定义两个不同的 Area()方法。

于是定义一个包含 Area()方法的接口 Shape，让 Square 和 Triangle 都实现这个接口里的 Area()：

```
// 计算三角形的面积
func (t *Triangle) Area() float32 {
    return (t.Bottom * t.Height)/2
}

// 接口 Shape
type Shape interface {
    Area() float32
}

// 计算正方形的面积
func (sq *Square) Area() float32 {
    return sq.sideLen * sq.sideLen
}

func main() {
    t := &Triangle{6, 8}
    s := &Square{8}
    shapes := []Shape{t, s}        // 创建一个 Shape 类型的数组
    for n, _ := range shapes {     // 迭代数组上的每一个元素并调用 Area()方法
        fmt.Println("图形数据: ", shapes[n])
        fmt.Println("它的面积是: ", shapes[n].Area())
    }
}
```

以上代码的运行结果如下：

```
图形数据:  &{6 8}
它的面积是:  24
图形数据:  &{8}
它的面积是:  64
```

由以上代码输出结果可知：不同对象调用 Area()方法产生了不同的结果，展现了多态的特征。

## 1.7 接口

### 1.7.1 接口的定义

接口（interface）类型是对其他类型行为的概括与抽象。接口是 Go 语言最重要的特性之一。接口类型定义了一组方法，但是不包含这些方法的具体实现。

接口本质上是一种类型，确切地说，是指针类型。接口可以实现多态功能。如果一个类型实现了某个接口，则所有使用这个接口的地方都支持这种类型的值。接口的定义格式如下：

```
type 接口名称 interface {
    method1(参数列表) 返回值列表
    method2(参数列表) 返回值列表
    //...
    methodn(参数列表) 返回值列表
}
```

如果接口没有任何方法声明，则它就是一个空接口（interface{}）。它的用途类似面向对象里的根类型，可被赋值为任何类型的对象。接口变量默认值是 nil。如果实现接口的类型支持相等运算，则可做相等运算，否则会报错。示例如下。

```
var var1, var2 interface{}
println(var1 == nil, var1 == var2)
var1, var2 = 66, 88
println(var1 == var2)
var1, var2 = map[string]string{}, map[string]string{}
println(var1 == var2)
```

以上代码的运行结果如下：

```
true true
false
panic: runtime error: comparing uncomparable type map[string]string
```

### 1.7.2 接口的赋值

Go 语言的接口不支持直接实例化，但支持赋值操作，从而快速实现接口与实现类的映射。

接口赋值在 Go 语言中分为如下两种情况：

- 将实现接口的对象实例赋值给接口。
- 将一个接口赋值给另一个接口。

**1. 将实现接口的对象实例赋值给接口**

将指定类型的对象实例赋值给接口，要求该对象对应的类实现了接口要求的所有方法，否则就不能算作实现了该接口。例如，先定义一个 Num 类型及相关方法：

```
type Num int

func (x Num) Equal(i Num) bool {
    return x == i
}

func (x Num) LessThan(i Num) bool {
    return x < i
}

func (x Num) BiggerThan(i Num) bool {
    return x > i
}

func (x *Num) Multiple(i Num) {
    *x = *x * i
}

func (x *Num) Divide(i Num) {
    *x = *x / i
}
```

然后，相应地定义一个接口 NumI：

```
type NumI interface {
    Equal(i Num) bool
    LessThan(i Num) bool
    BiggerThan(i Num) bool
    Multiple(i Num)
    Divide(i Num)
}
```

按照 Go 语言的约定，Num 类型实现了 NumI 接口。

接下可以将 Num 类型对应的对象实例赋值给 NumI 接口：

```
var x Num = 8
var y NumI = &x
```

在上述赋值语句中，将对象实例 x 的指针赋值给了接口变量，为什么要这么做呢？因为 Go 语言会根据下面这样的非指针成员方法：

```
func (x Num) Equal(i Num) bool
```

自动生成一个新的与之对应的指针成员方法：

```
func (x*Num) Equal(i Num) bool {
```

```
        return (*x).Equal(i)
}
```

这样一来，类型*Num 就存在所有 NumI 接口中声明的方法了。

**2. 将接口赋值给接口**

在 Go 语言中，只要两个接口拥有相同的方法列表（与顺序无关），则它们就是等同的，可以相互赋值。下面编写对应的示例代码。

首先新建一个名为 oop1 的包，创建第 1 个接口 NumInterface1：

```
package oop1

type NumInterface1 interface {
    Equal(i int) bool
    LessThan(i int) bool
    BiggerThan(i int) bool
}
```

然后，新建一个名为 oop2 的包，以及第 2 个接口 NumInterface2。代码如下：

```
package oop2

type NumInterface2 interface {
    Equal(i int) bool
    BiggerThan(i int) bool
    LessThan(i int) bool
}
```

上面两步，我们定义了两个接口：一个叫 oop1.NumInterface1，另一个叫 oop2.NumInterface2。两者都定义 3 个相同的方法，只是顺序不同而已。在 Go 语言中，以上这两个接口实际上并无区别，因为：

- 任何实现了 oop1.NumInterface1 接口的类，也实现了 oop2.NumInterface2；
- 任何实现了 oop1.NumInterface1 接口的对象实例都可以赋值给 oop2.NumInterface2，反之亦然。
- 在任何地方使用 oop1.NumInterface1 接口与使用 oop2.NumInterface2 并无差异。

接下来定义一个实现了这两个接口的类 Num：

```
type Num int

func (x Num) Equal(i int) bool {
    return int(x) == i
}
```

```
func (x Num) LessThan(i int) bool {
    return int(x) < i
}

func (x Num) BiggerThan(i int) bool {
    return int(x) > i
}
```

下面这些赋值代码都是合法的，会编译通过：

```
var f1 Num = 6
var f2 oop1.NumInterface1 = f1
var f3 oop2.NumInterface2 = f2
```

此外，接口赋值并不要求两个接口完全等价（方法完全相同）。如果接口 A 的方法列表是接口 B 的方法列表的子集，则接口 B 可以赋值给接口 A。

例如，假设 NumInterface2 接口定义如下：

```
type NumInterface2 interface {
    Equal(i int) bool
    BiggerThan(i int) bool
    LessThan(i int) bool
    Sum(i int)
}
```

要让 Num 类继续保持实现以上两个接口，就要在 Num 类定义中新增一个 Sum()方法来实现：

```
func (n *Num) Sum(i int) {
    *n = *n + Num(i)
}
```

接下来，将上面的接口赋值语句改写如下：

```
    var f1 Num = 6
    var f2 oop2.NumInterface2 = f1
    var f3 oop1.NumInterface1 = f2
```

## 1.7.3　接口的查询

接口查询是在程序运行时进行的。查询是否成功，也要在运行期才能够确定。它不像接口的赋值，编译器只需要通过静态类型检查即可判断赋值是否可行。在 Go 语言中，可以询问它指向的对象是否是某个类型，例如：

```
var filewriter Writer = ...
if filew,ok := filewriter .(*File);ok {
    //...
}
```

上面代码中的 if 语句用于判断 filewriter 接口指向的对象实例是否为*File 类型，如果是则执行特定的代码。接口的查询示例如下：

```
slice := make([]int, 0)
slice = append(slice, 6, 7, 8)
var I interface{} = slice
if res, ok := I.([]int); ok {
    fmt.Println(res) //[6 7 8]
    fmt.Println(ok)
}
```

上面代码中的 if 语句会判断接口 I 所指向的对象是否是[ ]int 类型，如果是，则输出切片中的元素。

通过使用"接口类型.(type)"形式，加上 switch-case 语句，可以判断接口存储的类型。示例如下：

```
func Len(array interface{}) int {
    var length int       //数组的长度
    if array == nil {
        length = 0
    }
    switch array.(type) {
    case []int:
        length = len(array.([]int))
    case []string:
        length = len(array.([]string))
    case []float32:
        length = len(array.([]float32))

    default:
        length = 0
    }
    fmt.Println(length)

    return length
}
```

## 1.7.4　接口的组合

在 Go 语言中，不仅结构体与结构体之间可以嵌套，接口与接口间也可以通过嵌套创造出新的接口。一个接口可以包含一个或多个其他的接口，这相当于直接将这些内嵌接口的方法列举在外层接口中一样。如果接口的所有方法被实现，则这个接口中的所有嵌套接口的方法均可以被调用。

接口的组合很简单，直接将接口名写入接口内部即可。另外，还可以在接口内再定义自己的接口方法。接口的组合示例如下：

```
//接口 1
type Interface1 interface {
    Write(p []byte) (n int, err error)
}

//接口 2
type Interface2 interface {
    Close() error
}

//接口组合
type InterfaceCombine interface {
    Interface1
    Interface2
}
```

以上代码定义了 3 个接口，分别是 Interface1、Interface2 和 InterfaceCombine。

InterfaceCombine 这个接口由 Interface1 和 Interface2 两个接口嵌入，即 InterfaceCombine 同时拥有了 Interface1 和 Interface2 的特性。

## 1.7.5  接口的常见应用

### 1. 类型推断

类型推断可将接口变量还原为原始类型，或用来判断是否实现了某个更具体的接口类型。还可用 switch-case 语句在多种类型间做出推断匹配，这样空接口就有更多的发挥空间。

代码  chapter1/1.7.5-interface3.go　　　类型推断的示例

```
package main

import "fmt"

func main() {
    var a interface{} = func(a int) string {
        return fmt.Sprintf("d:%d", a)
    }
    switch b := a.(type) {        // 局部变量b是类型转换后的结果
    case nil:
        println("nil")
    case *int:
        println(*b)
    case func(int) string:
        println(b(66))
```

```
    case fmt.Stringer:
        fmt.Println(b)
    default:
        println("unknown")
    }
}
```

输出为：

```
d:66
```

### 2. 实现多态功能

多态功能是接口实现的重要功能，也是 Go 语言中的一大行为特色。多态功能一般要结合 Go 语言的方法实现，作为函数参数可以很容易地实现多态功能。

代码 chapter1/1.7.5-interface4.go　　实现多态功能的示例

```go
package main

import "fmt"

// Message 是一个定义了通知类行为的接口
type Message interface{
    sending()
}

// 定义 User 结构体
type User struct {
    name string
    phone string
}
//定义 sending()方法
func (u *User) sending() {
    fmt.Printf("Sending user phone to %s<%s>\n", u.name, u.phone)
}

// 定义 admin 结构体
type admin struct {
    name string
    phone string
}

//定义 sending()方法
func (a *admin) sending() {
    fmt.Printf("Sending admin phone to %s<%s>\n", a.name, a.phone)
}
```

```
func main() {
    // 创建一个 user 值并传给 sendMessage
    bill := User{"Barry", "barry@gmail.com"}
    sendMessage(&bill)

    // 创建一个 admin 值并传给 sendMessage
    lisa := admin{"Jim", "jim@gmail.com"}
    sendMessage(&lisa)
}

// sendMessage 接受一个实现了 message 接口的值，并发送通知
func sendMessage(n Message) {
    n.sending()
}
```

以上代码的运行结果如下：

```
Sending user phone to Barry<barry@gmail.com>
Sending admin phone to Jim<jim@gmail.com>
```

上述代码中实现了一个多态的例子，函数 sendMessage()接受一个实现了 Message 接口的值作为参数。

既然任意一个实体类型都能实现该接口，那么这个函数可以针对任意实体类型的值来执行 sending()方法，在调用 sending 时会根据对象的实际定义来实现不同的行为，从而实现多态行为。

## 1.8　反射

### 1.8.1　反射的定义

反射是指，计算机程序在运行时（Run time），可以访问、检测和修改它本身状态或行为的一种能力。用比喻来说，反射就是程序在运行时能够"观察"并且修改自己的行为。

Go 语言提供了一种机制在运行时更新变量和检查它们的值、调用它们的方法。但是在编译时并不知道这些变量的具体类型，这称为"反射机制"。

在 reflect 包里定义了一个接口和一个结构体，即 reflect.Type 接口和 reflect.Value 结构体，它们提供很多函数来获取存储在接口里的类型信息。

- reflect.Type 接口主要提供关于类型相关的信息；
- reflect.Value 结构体主要提供关于值相关的信息，可以获取甚至改变类型的值。

reflect 包中提供了两个基础的关于反射的函数来获取上述的接口和结构体：

```
func TypeOf(i interface{}) Type
func ValueOf(i interface{}) Value
```

TypeOf()函数用来提取一个接口中值的类型信息。由于它的输入参数是一个空的 interface{}，所以在调用此函数时，实参会先被转化为 interface{}类型。这样，实参的类型信息、方法集、值信息都存储到 interface{}变量里了。ValueOf()函数返回一个结构体变量，包含类型信息及实际值。

Go 反射的原理如图 1-13 所示。

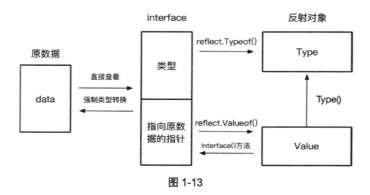

图 1-13

## 1.8.2 反射的三大法则

Go 语言中，关于反射有三大法则：

- 反射可以将"接口类型变量"转换为"反射类型对象"；
- 反射可以将"反射类型对象"转换为"接口类型变量"；
- 如果要修改"反射类型对象"，则其值必须是"可写的"（settable）。

### 1. 反射可以将"接口类型变量"转换为"反射类型对象"

反射是一种检查存储在接口变量中的（类型,值）对的机制。reflect 包中的两个类型：Type 和 Value。这两种类型给了我们访问一个接口变量中所包含的内容的途径。

另外，两个简单的函数 reflect.TypeOf()和 reflect.ValueOf()可以检索一个接口值的 reflect.Type 和 reflect.Value 部分。

reflect.TypeOf()的使用方法如下：

```
package main

import (
    "fmt"
```

```
    "reflect"
)

func main() {
    var x float64 = 3.4
    fmt.Println("type:", reflect.TypeOf(x))
}
```

以上代码的运行结果如下：

```
type: float64
```

这个程序看起来就是：先声明 float64 类型的变量 x，然后将其传递给 reflect.Typeof()函数。当我们调用 reflect.Typeof(x)时，x 首先被保存到一个空接口中，然后这个空接口被作为参数传递。reflect.Typeof 会把这个空接口拆包（unpack）恢复出类型信息。

当然，reflect.Valueof 可以把值恢复出来，示例如下。

```
var x float64 = 6.8
fmt.Println("value:", reflect.ValueOf(x)) //Valueof()函数会返回一个 Value 类
型的对象
```

以上代码的运行结果如下：

```
value: 6.8
```

Value 类型中提供了 Int()、Float()等方法，可让让我们获取存在里面的值（比如 int64 和 float64）：

```
var x float64 = 6.8
v := reflect.ValueOf(x)
fmt.Println("type:", v.Type())
fmt.Println("kind is float64:", v.Kind() == reflect.Float64)
fmt.Println("value:", v.Float())
```

以上代码的运行结果如下：

```
type: float64
kind is float64: true
value: 6.8
```

### 2. 反射可以将"反射类型对象"转换为"接口类型变量"

和第一法则刚好相反，第二法则描述的是：从反射对象到接口变量的转换。

和物理学中的反射类似，Go 语言中的反射也能创造自己反面类型的对象。根据一个 reflect.Value 类型的变量，可以使用 Interface()方法恢复其接口类型的值。事实上，该方法会把 type 和 value 信息打包并填充到一个接口变量中，然后返回。其方法声明如下：

```
func (v Value) Interface() interface{}
```

然后可以通过断言恢复底层的具体值：

```
y := v.Interface().(float64) // y will have type float64.
fmt.Println(y)
```

Interface()方法就是用来实现将反射对象转换成接口变量的一个桥梁。示例如下。

**代码 chapter1/1.8-reflection2.go    Interface()方法的使用示例**

```
package main

import (
    "fmt"
    "reflect"
)

func main() {
    var name interface{} = "shirdon"

    fmt.Printf("原始接口变量的类型为%T, 值为%v \n", name, name)

    t := reflect.TypeOf(name)
    v := reflect.ValueOf(name)

    // 从接口变量到反射对象
    fmt.Printf("从接口变量到反射对象: Type 对象的类型为%T \n", t)
    fmt.Printf("从接口变量到反射对象: Value 对象的类型为%T \n", v)

    // 从反射对象到接口变量
    i := v.Interface()
    fmt.Printf("从反射对象到接口变量: 新对象的类型为%T 值为%v \n", i, i)
}
```

以上代码的运行结果如下：

```
原始接口变量的类型为 string, 值为 shirdon
从接口变量到反射对象: Type 对象的类型为 *reflect.rtype
从接口变量到反射对象: Value 对象的类型为 reflect.Value
从反射对象到接口变量: 新对象的类型为 string 值为 shirdon
```

**3. 如果要修改"反射类型对象"，则其值必须是"可写的"（settable）**

在使用 reflect.Typeof()函数和 reflect.Valueof()函数时，如果传递的不是接口变量的指针，则反射世界里的变量值始终将只是真实世界里的一个复制：对该反射对象进行修改，并不能反映到真实世界里。

在反射的规则里，需要注意以下几点：

- 不是接收变量指针创建的反射对象，是不具备"可写性"的；

- 是否具备"可写性"可使用 CanSet() 方法来得知；
- 对不具备"可写性"的对象进行修改，是没有意义的，也认为是不合法的，因此会报错。

要让反射对象具备可写性，需要注意两点：

- 创建反射对象时传入变量的是指针；
- 使用 Elem() 方法返回指针指向的数据。

判断可写性的示例如下。

代码  chapter1/1.8-reflection4.go 　　判断可写性的示例

```go
package main

import (
    "fmt"
    "reflect"
)

func main() {
    var name string = "Go Web Program"

    v1 := reflect.ValueOf(&name)
    fmt.Println("v1 可写性为:", v1.CanSet())
    v2 := v1.Elem()
    fmt.Println("v2 可写性为:", v2.CanSet())
}
```

以上代码的运行结果如下：

```
v1 可写性为: false
v2 可写性为: true
```

知道了如何使反射的世界里的对象具有可写性后，接下来是时候了解一下如何对修改更新对象了。在反射的 Value 对象中，有多个以单词 Set 开头的方法用于重新设置对应类型的值。下面罗列了一些常用的方法的定义：

```go
func (v Value) SetBool(x bool)
func (v Value) SetBytes(x []byte)
func (v Value) SetFloat(x float64)
func (v Value) SetInt(x int64)
func (v Value) SetString(x string)
```

以上这些方法就是修改值的入口。通过反射对象 SetString() 方法进行更新值的示例如下。

代码  chapter1/1.8-reflection3.go 　　通过 SetString() 方法更新值的示例

```go
package main

import (
```

```
    "fmt"
    "reflect"
)

func main() {
    var name string = "Go Web Program"
    fmt.Println("真实 name 的原始值为: ", name)

    v1 := reflect.ValueOf(&name)
    v2 := v1.Elem()

    v2.SetString("Go Web Program2")
    fmt.Println("通过反射对象进行更新后，真实 name 变为: ", name)
}
```

以上代码的运行结果如下：

```
真实 name 的原始值为: Go Web Program
通过反射对象进行更新后，真实 name 变为: Go Web Program2
```

# 1.9  goroutine 简介

在 Go 语言中，每一个并发执行的活动被称为 goroutine。使用 go 关键字可以创建 goroutine，形式如下：

```
go func_name()
```

说明如下。

- go：关键字声明，放在一个需调用的函数之前；
- func_name()：定义好的函数或者闭包。

先将 go 关键字声明放到一个需调用的函数之前，然后在相同地址空间调用运行这个函数，这样该函数执行时便会作为一个独立的并发线程。这种线程在 Go 语言中则被称为 goroutine。

goroutine 的使用示例如下。

代码 chapter1/1.9-goroutine.go    goroutine 的使用示例

```
package main

import (
    "fmt"
    "time"
)
```

```go
func HelloWorld() {
    fmt.Println("this is a goroutine msg")
}

func main() {
    go HelloWorld()
    time.Sleep(1 * time.Second)
    fmt.Println("end")
}
```

以上代码的运行结果如下：

```
this is a goroutine msg
end
```

goroutine 在多核 CPU 环境下是并行的。如果代码块在多个 goroutine 中执行，则实现了代码的并行。goroutine 是 Go 语言最重要的特性之一，同时也是一个难点。关于 goroutine、并发及并行的深层原理，会在第 7 章中进行详解，这里不做详细阐述。

## 1.10　单元测试

Go 语言在设计之初就考虑到了代码的可测试性。Go 语言提供了 testing 库用于单元测试，go test 是 Go 语言的程序测试工具。在目录下，它以*_test.go 的文件形式存在，且 go build 不会将其编译成为构建的一部分。

### 1. 编写主程序

编写主程序，文件名为 1.10-sum.go，其代码如下。

代码  chapter1/testexample/1.10-sum.go　　主程序的代码

```go
package testexample

func Min(arr []int) (min int) { //获取整型数组中的最小值
    min = arr[0]
    for _, v := range arr {
        if v < min {
            min = v
        }
    }
    return
}
```

创建名为 1.10-sum_test.go 的测试文件，代码如下。

**代码 chapter1/testexample/1.10-sum_test.go  测试文件的代码**

```go
package testexample

import (
    "fmt"
    "testing"
)

func TestMin(t *testing.T) {
    array := []int{6, 8, 10}
    ret := Min(array)
    fmt.Println(ret)
}
```

注意，文件名必须是 name_test.go 格式，测试函数名称必须以 Test 开头，传入参数必须是 *testing.T。格式如下：

```go
func TestName(t *testing.T) {
    // ...
}
```

### 2. 运行测试程序

在创建完项目文件和测试文件后，直接在文件所在目录下运行如下命令：

```
$ go test
```

返回值如下：

```
6
PASS
ok      gitee.com/shirdonl/goWebActualCombat/chapter1/testexample  0.011s
```

运行以上命令，Go 程序默认执行整个项目测试文件。同样，加-v 可以得到详细的运行结果：

```
$ go test -v
```

返回值如下：

```
=== RUN   TestMin
6
--- PASS: TestMin (0.00s)
PASS
ok      gitee.com/shirdonl/goWebActualCombat/chapter1/testexample  0.012s
```

### 3. "go test" 命令参数

"go test" 命令可以带参数，例如参数–run 对应一个正则表达式，只有测试函数名被它正确匹配的测试函数才会被 "go test" 命令运行：

```
$ go test -v -run="Test"
```

得到运行结果：

```
=== RUN   TestMin
6
--- PASS: TestMin (0.00s)
PASS
ok      gitee.com/shirdonl/goWebActualCombat/chapter1/testexample 0.011s
```

"go test" 命令还可以从主体中分离出来生成独立的测试二进制文件，因为 "go test" 命令中包含了编译动作，所以它可以接受可用于 "go build" 命令的所有参数。"go test" 命令常见参数的作用见表 1-5。

表 1-5

| 参　　数 | 作　　用 |
|---|---|
| -v | 打印每个测试函数的名字和运行时间 |
| -c | 生成用于测试的二进制可执行文件，但不执行它。这个可执行文件会被命名为 "pkg.test"，其中的 "pkg" 为被测试代码包的导入路径的最后一个元素的名称 |
| -i | 安装/重新安装运行测试所需的依赖包，但不编译和运行测试代码 |
| -o | 指定用于运行测试的可执行文件的名称。追加该标记不会影响测试代码的运行，除非同时追加了标记 –c 或 -i |

例如，生成用于测试的二进制可执行文件：

```
$ go test -c
```

运行 "go test" 命令生成指定名字的二进制可执行文件的示例如下。

```
$ go test -v -o testexample.test
```

运行命令后，会在项目所在目录生成一个名为 testexample.test 的文件。

## 1.11　Go 编译与工具

### 1.11.1　编译（go build）

Go 语言中 "go build" 命令主要用于编译代码。在包的编译过程中，若有必要，则会同时编译与之相关联的包。"go build" 命令有很多种编译方法，如无参数编译、文件列表编译、指定包编译等。使用这些方法都可以输出可执行文件。

📌 **提示**

这些可执行文件在 Windows 系统中后缀为 .exe。本书默认是在 Linux 环境中编写，所以可执行文件没有后缀名。

### 1. "go build" 命令无参数编译

代码相对于项目的根目录关系如下：

```
└── chapter1
    └── build
        ├── main.go
        └── utils.go
```

在以上项目中，main.go 的代码如下：

**代码 chapter1/build/main.go    main.go 的代码**

```
package main

import (
    "fmt"
)

func main() {
    printString()
    fmt.Println("I love go build!")
}
```

以上项目中 utils.go 的代码如下：

**代码 chapter1/build/utils.go    utils.go 的代码**

```
package main

import "fmt"

func printString() {
    fmt.Println("this is a go build test call!")
}
```

如果源码中没有依赖 GOPATH 的包引用，则这些源码可以使用无参数 "go build" 命令。格式如下：

```
go build
```

在代码所在根目录（.chapter1/build）下使用 "go build" 命令，如下所示：

```
$ go build
```

运行以上命令后，可以看到文件夹下生成了一个名为 build 的文件，Windows 中为 build.exe。

运行 build 文件：

```
$ ./build
this is a go build test call!
I love go build!
```

### 2. 文件列表编译

在编译同一个目录下的多个源码文件时，可以在"go build"命令的后面加上多个文件名。"go build"命令会编译这些源码，输出可执行文件。"go build+文件列表"的格式如下：

```
go build file1.go file2.go ……
```

例如，在代码所在根目录（chapter1/build）中运行"go build"命令，在"go build"命令后添加要编译的源码的文件名，代码如下：

```
$ go build main.go utils.go
```

在 Linux 中运行以上命令后，该目录下有如下文件：build、utils.go、main、main.go。

在使用"go build+文件列表"方式编译时，可执行文件默认选择文件列表中第 1 个源码文件将作为可执行文件名输出。

如果需要指定输出可执行文件名，则需要使用-o 参数，示例如下：

```
$ go build -o exefile1 main.go utils.go
```

执行以上命令后，会生成一个文件 exefile1。运行该文件：

```
$ ./exefile1
```

得到结果：

```
this is a go build test call!
I love go build!
```

在上面的示例中，在"go build"和文件列表之间插入了-o exefile1 参数，表示指定输出文件名为 exefile1。

> 📰 **提示**
>
> 使在用"go build+文件列表"编译方式编译时，文件列表中的每个文件必须是同一个包的 Go 源码。即不能像 C++ 那样将所有工程的 Go 源码使用文件列表方式进行编译。
> 在编译复杂工程时需要采用"指定包编译"的方式。

### 3. 指定包编译

"go build+文件列表"方式更适合使用 Go 语言编译只有少量文件的情景。而"go build+包"

在设置 GOPATH 后，可以直接根据包名进行编译，即使包内文件被增加或删除也不影响编译指令。

同样新建一个项目，代码相对于项目的根目录的层级关系如下：

```
└── chapter1
    └── build
        ├── pkg
            ├── mainpkg.go
            └── buildpkg.go
```

Go 文件 mainpkg.go 的代码如下。

**代码  chapter1/build/pkg/mainpkg.go       mainpkg.go 的代码**

```
package main

import (
    "fmt"
    "gitee.com/shirdonl/goWebActualCombat/chapter1/build/pkg"
)

func main() {
    pkg.CallFunc()
    fmt.Println("I love go build!")
}
```

buildpkg.go 的代码如下。

**代码  chapter1/build/pkg/buildpkg.go       buildpkg.go 的代码**

```
package pkg

import "fmt"

func CallFunc() {
    fmt.Println("this is a package build test func!")
}
```

进入 pkg 包所在目录下，打开命令行终端，输入命令如下：

```
$ go build gitee.com/shirdonl/goWebActualCombat/chapter1/build/pkg
```

运行成功后，会生成一个名为 pkg 的文件（Windows 系统中是 pkg.exe 文件）。运行该文件：

```
$ ./pkg
this is a package build test func!
I love go build!
```

#### 4.交叉编译

Go 语言如何在一个平台上编译另外一个平台的可以执行文件呢？比如在 Mac OS X 上编译

Windows 和 Linux 系统中都可以执行的文件。那么我们的问题就设定成：如何在 Mac OS X 上编译 64 位 Linux 系统中可执行的文件。

交叉编译的示例如下。

📌 **提示**

Go 的交叉编译要保证 Go 版本在 1.5 以上。

（1）创建一个名为 compile.go 的文件：

```
package main

import "fmt"

func main() {
    fmt.Printf("hello, world\n")
}
```

（2）如果在 Mac OS X 系统中编译 64 位的可执行文件，为了让它能够在 Linux 系统中也可执行，则编译命令如下：

```
$ GOOS=linux GOARCH=amd64 go build hello.go
```

通过上面这段代码就可以生成 64 位的、能够在 Linux 系统中可执行的文件。这里用到了两个变量。

- GOOS：目标操作系统。
- GOARCH：目标操作系统的架构。

常见系统编译参数见表 1-6。

表 1-6

| 系统编译参数 | 架构（ARCH） | 系统版本（OS version） |
| --- | --- | --- |
| linux | 386 / amd64 / arm | ⩾ Linux 2.6 |
| darwin | 386 / amd64 | OS X（Snow Leopard + Lion） |
| freebsd | 386 / amd64 | ⩾ FreeBSD 7 |
| windows | 386 / amd64 | ⩾ Windows 2000 |

如果要编译在其他平台中可执行的文件，则根据表 1-6 中参数（系统和架构）执行编译即可。

通过下面的编译命令，可以生成能够在 Windows 系统中可执行的文件：

```
$ CGO_ENABLED=0 GOOS=windows GOARCH=amd64 go build hello.go
```

其中，CGO_ENABLED=0 的意思是否使用 C 语言版本的 Go 编译器，如果参数配置为 0 则关闭 C 语言版本的编译器。

📌**提示**

1.5 版本之后，Go 语言就开始使用"用 Go 语言编写的编译器"进行编译。在 Go 语言 1.9 及以后的版本中，如果不使用 CGO_ENABLED 参数，依然可以正常编译。当然使用了也可以正常编译。比如把 CGO_ENABLED 参数设置成 1（即在编译的过程当中使用 CGO 编译器），依然是可以正常编译的。

实际上，如果在 Go 中使用了 C 语言的库，则默认在使用"go build"命令时就会启动 CGO 编译器。当然，也可以使用 CGO_ENABLED 来控制"go build"命令是否使用 CGO 编译器。

**5. 编译时的附加参数**

"go build"命令还有一些附加参数，可以显示更多的编译信息和更多的操作。常见附加参数与作用见表 1-7。

表 1-7

| 附加参数 | 作 用 |
| --- | --- |
| -v | 编译时显示包名 |
| -p n | 开启并发编译，默认情况下该值为 CPU 逻辑核数 |
| -a | 强制重新构建 |
| -n | 打印编译时会用到的所有命令，但不真正执行 |
| -x | 打印编译时会用到的所有命令 |
| -race | 开启竞态检测 |

## 1.11.2　编译后运行（go run）

Go 语言虽然不使用虚拟机，但可使用"go run"命令达到同样的效果。"go run"命令会编译源码，并且直接执行源码的 main()函数，不会在当前目录留下可执行文件。

可以使用"go run"命令运行源码。下面的代码是代码 1.2-helloWorld.go 文件的代码：

```
package main

import "fmt"

func main() {
    fmt.Println("Hello World~")
}
```

使用"go run"命令运行这个源码文件，具体如下：

```
$ go run 1.2-helloWorld.go
```

"go run"命令不会在运行目录下生成任何文件，可执行文件被放在临时文件中被执行，工作目录被设置为当前目录。在"go run"命令的后边可以添加参数，这部分参数会作为代码可以接受的命令行输入提供给程序。

"go run"命令不能采用"go run+包"的方式进行编译。如果需快速编译运行包，则应采用如下步骤来代替：

（1）使用"go build"命令生成可执行文件。

（2）运行可执行文件。

## 1.11.3　编译并安装（go install）

"go install"命令的功能和 1.11.1 节中介绍的"go build"命令类似，附加参数绝大多数都可以与"go build"命令通用。"go install"命令只是将编译的中间文件放在$GOPATH 的 pkg 目录下，并固定地将编译结果放在$GOPATH 的 bin 目录下。

这个命令在内部实际上分成了两步操作：①生成结果文件（可执行文件或者 .a 包）；②把编译好的结果移到 $GOPATH/pkg 或者 $GOPATH/bin 中。

下面通过代码来展示"go install"命令的使用方法。项目代码相对于项目的根目录的层级关系如下：

```
└── chapter1
    └── install
        ├── main.go
        └── pkg
            └── installpkg.go
```

项目中 main.go 文件的代码如下：

**代码 chapter1/install/main.go　　main.go 文件的代码**

```
package main

import (
    "fmt"
    "gitee.com/shirdonl/goWebActualCombat/chapter1/install/pkg"
)

func main() {
    pkg.CallFunc()
    fmt.Println("I love go build!")
}
```

项目中 installpkg.go 文件的代码如下：

代码 chapter1/install/pkg/installpkg.go　　　installpkg.go 文件的代码

```go
package pkg

import "fmt"

func CallFunc() {
    fmt.Println("this is a install package test func!")
}
```

在上述项目中，在 main.go 所在的目录下打开命令行终端，运行如下命令执行编译：

```
$ go install
```

编译完成后，在$GOPATH/bin 所在的目录里会多一个名为 install 的文件，在 Windows 中是名为 install.exe 文件。$GOPATH 下的 bin 目录里放置的是使用 "go install" 命令生成的可执行文件，可执行文件的名称来自编译时的包名。"go install" 命令的输出目录始终为$GOPATH 下的bin 目录，无法使用-o 附加参数进行自定义。$GOPATH 下的 pkg 目录放置的是编译期间的中间文件。

## 1.11.4　获取代码（go get）

"go get" 命令可以借助代码管理工具，通过远程拉取或更新代码包及其依赖包，自动完成编译和安装。整个过程就像在手机中安装一个 App 一样简单。

这个命令可以动态获取远程代码包，目前支持的有 GitHub、码云（gitee.com）等。在使用 "go get" 命令前，需要安装与远程包匹配的代码管理工具，如 Git、SVN、HG 等，参数中需要提供一个包名。

"go get" 命令可以接受所有可用于 "go build" 命令和 "go install" 命令的参数标记。这是因为 "go get" 命令的内部步骤中包含了编译和安装这两个动作。"go get" 命令还有一些特有的标记，见表 1-8。

表 1-8

| 标记名称 | 标记描述 |
| --- | --- |
| -d | 让命令程序只执行下载动作，而不执行安装动作 |
| -f | 仅在使用-u 标记时才有效。该标记会让命令程序忽略掉对已下载代码包的导入路径的检查。如果下载并安装的代码包所属的项目是你从别人那里 Fork 过来的，则这样做就尤为重要了 |
| -fix | 让命令程序在下载代码包后先执行修正动作，然后再进行编译和安装 |
| -insecure | 允许命令程序使用非安全的 scheme（如 HTTP）去下载指定的代码包。如果用的代码仓库（如公司内部的 Gitlab）没有 HTTPS 支持，则可以添加此标记。请在确定安全的情况下使用它 |
| -t | 让命令程序同时下载并安装指定的代码包中的测试源码文件中的依赖代码包 |
| -u | 让命令利用网络来更新已有代码包及其依赖包 |

"go get" 命令的使用方法如下：

```
$ go get -u github.com/shirdonl/TP-Link-HS110
```

运行完成后即可下载并进行编译和安装。

## 1.12　小结

本章的内容比较广泛，从 Go 语言安装到 Go 语言基础知识的介绍，再到单元测试、Go 编译与工具，逐步深入。本章可以让读者能够快速了解 Go 语言的各方面基础知识，为后面的章节学习做好基础准备。

后面的章节，我们会对 Go 语言的 Web 开发的各方面知识进行详解。第 2 章我们会介绍 Go 语言 Web 开发的基础知识。

# 第 2 篇 Go Web 基础入门

Go 语言的特点是：入门简单，但越到后面对基础要求就越高。因此，本篇的编写也是从易到难，帮助读者快速掌握 Go Web 开发的基础知识。

# 第 2 章
# Go Web 开发基础

不积跬步，无以至千里；不积小流，无以成江海。

——荀况

立身以力学为先，力学以读书为本。

——欧阳修

本章将循序渐进地介绍 Go Web 开发的基础理论知识。

## 2.1 【实战】开启 Go Web 的第 1 个程序

本章也同样从 "Hello World" 开始。Go Web 的第 1 个程序如下。

代码 2.1-helloWorldWeb.go　　　Go Web 的第 1 个程序

```go
package main

import (
    "fmt"
    "net/http"
)

func hello(w http.ResponseWriter, r *http.Request) {
    fmt.Fprintf(w, "Hello World")
}
```

```
func main() {
    server := &http.Server{
        Addr: "0.0.0.0:80",
    }
    http.HandleFunc("/", hello)
    server.ListenAndServe()
}
```

在文件所在目录下打开命令行终端，输入以下命令：

```
$ go run 2.1-helloWorldWeb.go
```

第 1 个 Go 服务器端程序就跑起来了。打开浏览器，输入网址 127.0.0.1，"Hello World"就在网页上显示出来了，如图 2-1 所示。

Hello World

图 2-1

## 2.2　Web 程序运行原理简介

### 2.2.1　Web 基本原理

通过代码 2.1-helloWorldWeb.go 可以看到，要编写一个 Web 服务器端程序是很简单的：只要调用 net/http 包中的 HandleFunc()处理器函数和 ListenAndServe()函数即可。

Go 通过简单的几行代码，就可以运行一个 Web 服务器端程序，而且这个 Web 服务器端程序有支持高并发的特性。现在第 1 个 Web 服务器端程序已经编写完成了，接下来先了解一下 Web 服务器端程序是怎么运行起来的。

**1. 运行原理**

用户打开浏览器，输入网址后按 Enter 键，浏览器中就会显示出用户想要浏览的内容。在这个看似简单的用户行为背后到底隐藏了些什么呢？

用户浏览网页的原理如图 2-2 所示。简要流程如下：

（1）用户打开客户端浏览器，输入 URL 地址。

（2）客户端浏览器通过 HTTP 协议向服务器端发送浏览请求。

（3）服务器端通过 CGI 程序接收请求，如果在客户端浏览器请求的资源包中不含动态语言的内容，则服务器端 CGI 程序直接通过 HTTP 协议向客户端浏览器发送应答包；如果在客户端浏览器请求的资源包中含有动态语言的内容，则服务器会先调用动态语言的解释引擎处理"动态内容"，用 CGI 程序访问数据库并处理数据，然后通过 HTTP 协议将处理得到的数据返给客户端浏览器。

（4）客户端浏览器解释并显示 HTML 页面。

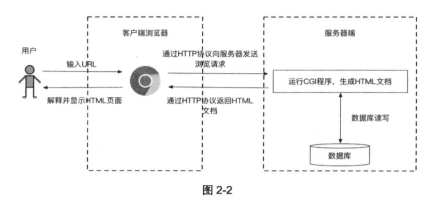

图 2-2

### 2. DNS 的概念

DNS（Domain Name System，域名系统）提供的服务是：将主机名和域名转换为 IP 地址。其基本工作原理如图 2-3 所示。

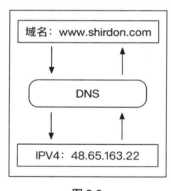

图 2-3

DNS 解析的简要过程如下：

（1）用户打开浏览器，输入 URL 地址。浏览器从接收到的 URL 中抽取出"域名"字段（即要访问的主机名），并将这个主机名传送给 DNS 应用程序的客户端。

（2）DNS 客户端向 DNS 服务器端发送一份查询报文，其中包含要访问的主机名字段。

（3）DNS 服务器端给 DNS 客户端发送一份回答报文，其中包含该主机名对应的 IP 地址。

（4）该浏览器在收到来自 DNS 的 IP 地址后，向该 IP 地址定位的 HTTP 服务器端发起 TCP 连接。

> **提示**
>
> 一个简单的 DNS 解析过程就是这样的，挺简单的。需要注意的是，客户端与服务器端之间的通信是非持久连接的，即服务器端在发送了应答后就与客户端断开连接，等待下一次请求。

## 2.2.2　HTTP 简介

HTTP（Hyper Text Transfer Protocol，超文本传输协议），是一个简单的请求–响应协议，通常运行在 TCP 协议之上。它指定了客户端可能发送给服务器端什么样的消息，以及得到什么样的响应。请求和响应消息的头是以 ASCII 码形式给出的；而消息内容则是以类似 MIME 的格式给出的。

在 HTTP 传输过程中，客户端总是通过建立一个连接与发送一个 HTTP 请求来发起一个事务。服务器端不能主动与客户端联系，也不能给客户端发出一个回调连接。客户端与服务器端都可以提前中断一个连接。

> **提示**
>
> HTTP 协议是无状态的：同一个客户端的这次请求和上次请求是没有对应关系的，HTTP 服务器端并不知道这两个请求是否来自同一个客户端。
>
> 为了解决这个问题，Web 程序引入了 cookie 机制来维护连接的可持续状态。关于 cookie，会在 3.4 节中详细介绍。

## 2.2.3　HTTP 请求

客户端发送到服务器端的请求消息由请求行（Request Line）、请求头（Request Header）、请求体（Request Body）组成。

### 1. 请求行

请求行由请求方法、URI、HTTP 协议/协议版本这 3 部分组成。例如在访问百度首页时，通过 F12 键查看请求行，可以看到请求采用的是 HTTP 1.1 协议。本节主要介绍请求方法，URI 会在 2.2.5 节中介绍。

在日常网络访问中，最常用的请求方法有两种：GET 和 POST。

在浏览器中输入 URL 并按 Enter 键，便发起了一个 GET 请求，请求的参数直接包含在 URL 里。例如，在百度中搜索关键词"golang"后单击"搜索"按钮，会发送一个 URL 为 https://www.baidu.com/s?wd=golang 的 GET 请求，其中包含请求的参数信息，参数"wd"表示要搜寻的关键字。

> **■ 提示**
>
> *POST 请求大都在提交表单时发送。比如，对于一个登录表单，在输入用户名和密码后单击 "登录" 按钮，这通常会发起一个 POST 请求。其数据通常以表单的形式传输，而不会出现在 URL 中。*

GET 和 POST 请求的主要区别如下：

- GET 请求中的参数包含在 URL 中，数据可以在 URL 中看到；而 POST 请求的 URL 不包含这些参数，参数都是通过表单形式传输的（包含在请求体中）。
- 一个 GET 请求提交的数据最多只有 1024 byte，而 POST 请求没有这方面的限制。

一般来说，登录时需要提交用户名和密码，其中包含敏感信息。如果使用 GET 方式发送请求，则密码会暴露在 URL 中，容易造成密码泄露。

> **■ 提示**
>
> *最好以 POST 方式发送请求。在上传文件时，一般也选用 POST 方式。*

我们平常所使用的绝大部分请求方法都是 GET 或 POST。除此之外还有一些请求方法，如 HEAD、PUT、DELETE、OPTIONS、CONNECT、TRACE 等。在 HTTP 协议中定义了很多与服务器交互的请求方法，常用的方法见表 2-1。

表 2-1

| 请求方法 | 方法描述 |
| --- | --- |
| GET | 请求页面，并返回页面内容 |
| HEAD | 类似于 GET 请求，只不过返回的响应中没有具体的内容，用于获取报头 |
| POST | 大多用于提交表单或上传文件，数据包含在请求体中 |
| PUT | 从客户端向服务器传送的数据取代指定文档中的内容 |
| DELETE | 请求服务器删除指定的资源 |
| OPTIONS | 允许客户端查看服务器的性能 |
| CONNECT | 把服务器当作跳板，让服务器代替客户端访问其他网页 |
| TRACE | 回显服务器收到的请求，主要用于测试或诊断 |

### 2. 请求头

可以通过浏览器查看请求头信息：例如，打开浏览器，输入 www.baidu.com 访问百度首页，按 F12 键，依次单击 "Network" "www.baidu.com" "Headers" "Request Headers" 选项，如图 2-4 所示。

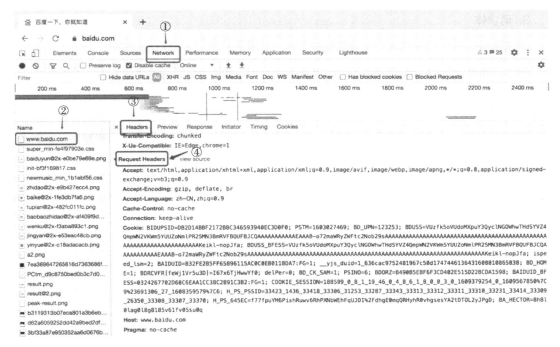

图 2-4

请求头包含服务器要使用的附加信息，比较重要的信息有 Cookie、Referer、User-Agent 等。HTTP 常用的请求头信息见表 2-2。

表 2-2

| 请求头 | 示　例 | 说　明 |
| --- | --- | --- |
| Accept | Accept: text/plain，text/html | 指定客户端能够接收的内容类型 |
| Accept-Charset | Accept-Charset: iso-8859-5 | 浏览器可以接受的字符编码集 |
| Accept-Encoding | Accept-Encoding: compress，gzip | 指定浏览器可以支持的 Web 服务器返回内容压缩编码类型 |
| Accept-Language | Accept-Language: en,zh | 浏览器可接受的语言 |
| Accept-Ranges | Accept-Ranges: bytes | 可以请求网页实体的一个或者多个子范围字段 |
| Authorization | Authorization: Basic dbxhZGRpbjpvcGVuIHNlc2Ftyd= | HTTP 授权的授权证书 |
| Cache-Control | Cache-Control: no-cache | 指定请求和响应遵循的缓存机制 |
| Connection | Connection: close | 表示是否需要持久连接。（HTTP 1.1 默认进行持久连接） |
| Cookie | Cookie: $Version=1; Skin=new; | 在发送 HTTP 请求时，会把保存在该请求域名下的所有 cookie 值一起发送给 Web 服务器 |
| Content-Length | Content-Length: 348 | 请求的内容长度 |

### 3. 请求体

请求体是指在 HTTP 请求中传递数据的实体，常用于 POST、PUT 等请求中。

例如在表单请求中，当我们提交一个 POST 请求时，会将一个页面表单中的组件的表单数据值通过"param1=value1&param2=value2"的键值对形式编码成一个格式化串，并通过请求将其传递给服务器端。不但请求体可以传递请求参数，GET 请求 URL 也可以通过类似于"/chapter1/index.html? param1=value1&param2=value2"的方式传递请求参数。

## 2.2.4 HTTP 响应

HTTP 响应由服务器端返回给客户端，可以分为 3 部分：响应状态码（Response Status Code）、响应头（Response Headers）和响应体（Response Body）。

### 1. 响应状态码

在 Linux 系统的命令行终端中，通过 curl 命令访问百度首页，HTTP 响应如下：

```
$ curl -i baidu.com
HTTP/1.1 200 OK
Date: Thu, 10 Dec 2020 09:01:47 GMT
Server: Apache
Last-Modified: Tue, 12 Jan 2010 13:48:00 GMT
ETag: "51-47cf7e6ee8400"
Accept-Ranges: bytes
Content-Length: 81
Cache-Control: max-age=86400
Expires: Fri, 11 Dec 2020 09:01:47 GMT
Connection: Keep-Alive
Content-Type: text/html

<html>
<meta http-equiv="refresh" content="0;url=http://www.baidu.com/">
</html>
```

📢 提示

curl 是一个非常实用的、用来与服务器之间传输数据的工具，它支持 DICT、FILE、FTP、FTPS、HTTP、HTTPS、IMAP、IMAPS、LDAP、LDAPS、POP3、POP3S、RTMP、RTSP、SCP、SFTP、SMTP、SMTPS、TELNET、TFTP 等常用协议。

在以上"curl –i baidu.com"命令返回的 HTTP 响应中，第 1 行"HTTP/1.1 200 OK"中的"200"就是响应状态码。响应状态码表示服务器的响应状态，例如 200 代表服务器正常响应，404 代表页面未找到，500 代表服务器内部发生错误。

表 2-3 中列出了常见的状态码及其说明。

表 2-3

| 状态码 | 说　　明 | 详　　情 |
|---|---|---|
| 100 | 继续 | 请求者应当继续提出请求。服务器已收到请求的一部分，正在等待其余部分 |
| 101 | 切换协议 | 请求者已要求服务器切换协议，服务器已确认并准备切换 |
| 200 | 成功 | 服务器已成功处理了请求 |
| 201 | 已创建 | 请求成功并且服务器创建了新的资源 |
| 202 | 已接受 | 服务器已接收请求，但尚未处理 |
| 203 | 非授权信息 | 服务器已成功处理了请求，但返回的信息可能来自另一个源 |
| 204 | 无内容 | 服务器成功处理了请求，但没有返回任何内容 |
| 205 | 重置内容 | 服务器成功处理了请求，内容被重置 |
| 206 | 部分内容 | 服务器成功处理了部分请求 |
| 300 | 多种选择 | 针对请求，服务器可执行多种操作 |
| 301 | 永久移动 | 请求的网页已永久移动到新位置，即永久重定向 |
| 302 | 临时移动 | 请求的网页暂时跳转到其他页面，即暂时重定向 |
| 303 | 查看其他位置 | 如果原来的请求是 POST，则重定向目标文档应该通过 GET 提取 |
| 304 | 未修改 | 此次请求返回的网页未修改，继续使用上次的资源 |
| 305 | 使用代理 | 请求者应该使用代理访问该网页 |
| 307 | 临时重定向 | 请求的资源临时从其他位置响应 |
| 400 | 错误请求 | 服务器无法解析该请求 |
| 401 | 未授权 | 请求没有进行身份验证或验证未通过 |
| 403 | 禁止访问 | 服务器拒绝此请求 |
| 404 | 未找到 | 服务器找不到请求的网页 |
| 405 | 方法禁用 | 服务器禁用了请求中指定的方法 |
| 406 | 不接受 | 用无法使用请求的内容响应请求的网页 |
| 407 | 需要代理授权 | 请求者需要使用代理授权 |
| 408 | 请求超时 | 服务器请求超时 |
| 409 | 冲突 | 服务器在完成请求时发生冲突 |
| 410 | 已删除 | 请求的资源已被永久删除 |
| 411 | 需要有效长度 | 服务器不接受不含有效内容长度标头字段的请求 |
| 412 | 未满足前提条件 | 服务器未满足请求者在请求中设置的某个前提条件 |
| 413 | 请求实体过大 | 请求实体过大，超出服务器的处理能力 |
| 414 | 请求 URI 过长 | 请求网址过长，服务器无法处理 |
| 415 | 不支持类型 | 请求格式不被请求页面支持 |

续表

| 状态码 | 说　　明 | 详　　情 |
|---|---|---|
| 416 | 请求范围不符 | 页面无法提供请求的范围 |
| 417 | 未满足期望值 | 服务器未满足期望请求标头字段的要求 |
| 500 | 服务器内部发生错误 | 服务器遇到错误，无法完成请求 |
| 501 | 未实现 | 服务器不具备完成请求的功能 |
| 502 | 错误网关 | 服务器作为网关或代理，从上游服务器收到无效响应 |
| 503 | 服务不可用 | 服务器目前无法使用 |
| 504 | 网关超时 | 服务器作为网关或代理，但是没有及时从上游服务器收到请求 |
| 505 | HTTP 版本不支持 | 服务器不支持请求中所用的 HTTP 协议版本 |

#### 2. 响应头

打开浏览器，输入"www.baidu.com"访问百度首页。按 F12 键，依次单击"Network""www.baidu.com""Headers""Response Headers"选项，即可查看响应头信息，如图 2-5 所示。

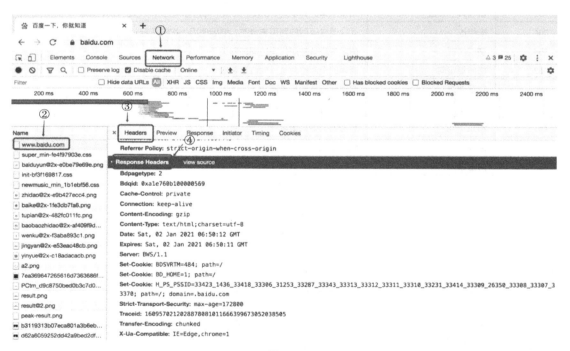

图 2-5

响应头包含服务器对请求的应答信息，如 Content-Type、Server、Set-Cookie 等。表 2-4
中列出了一些常用的响应头信息。

表 2-4

| 响应头 | 说　明 |
|---|---|
| Allow | 服务器支持哪些请求方法（如 GET、POST 等） |
| Content-Encoding | 文档的编码（Encode）方法。只有在解码之后才可以得到用 Content-Type 头指定的内容类型。利用 gzip 压缩文档能够显著地减少 HTML 文档的下载时间 |
| Content-Length | 表示内容长度。只有当浏览器使用持久 HTTP 连接时才需要这个数据 |
| Content-Type | 表示后面的文档属于什么 MIME 类型 |
| Date | 当前的 GMT 时间 |
| Expires | 应该在什么时候认为文档已经过期，从而不再缓存它 |
| Last-Modified | 文档的最后改动时间。客户可以通过 If-Modified-Since 请求头提供一个日期，该请求将被视为一个有条件的 GET 请求。只有改动时间迟于指定时间的文档才会返回，否则返回一个 304（Not Modified）状态。Last-Modified 也可用 setDateHeader() 方法来设置 |
| Location | 表示客户端应该到哪里去提取文档，通常不是直接设置的 |
| Refresh | 表示浏览器应该在多少时间之后刷新文档，以秒计 |
| Server | 服务器的名字 |
| Set-Cookie | 设置和页面关联的 Cookie |
| WWW-Authenticate | 客户应该在 Authorization 头中提供的授权信息。在包含 401（Unauthorized）状态行的应答中这个信息是必需的 |

### 3. 响应体

响应体是 HTTP 请求返回的内容。响应的正文数据都在响应体中。比如，在请求网页时，响应体就是网页的 HTML 代码；在请求一张图片时，响应体就是图片的二进制数据。在我们请求网页后，浏览器要解析的内容就是响应体。

打开浏览器，按 F12 键；单击"Network"菜单，选择一个资源并单击该资源名称，然后单击"Preview"菜单，即可看到网页的源代码或者图片的缩略图（即响应体的内容，它是解析的目标）。在图 2-6 中，响应体是一张 png 格式的图片。

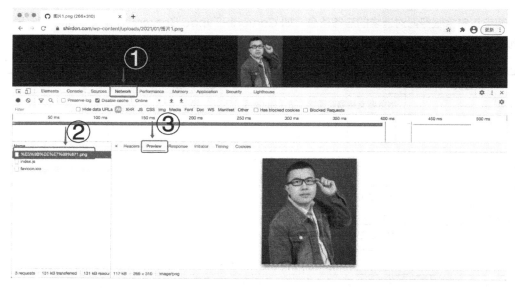

图 2-6

响应体也可能是一个 JSON 文档或者 XML 文档。JSON 文档或者 XML 文档通常用于 App 接口开发中。关于 JSON 文档或者 XML 文档的响应体，会在后面的章节中详细讲解。

## 2.2.5 URI 与 URL

### 1. URI

URI（Uniform Resource Identifier，统一资源标志符），用来标识 Web 上每一种可用资源。例如 HTML 文档、图像、视频片段、程序等都由一个 URI 进行标识的。URI 通常由 3 部分组成：

- 资源的命名机制；
- 存放资源的主机名；
- 资源自身的名称。

例如 https://www.baidu.com/go/uri.html，我们可以这样解释它：

- 这是一个可以通过 HTTPS 协议访问的资源；
- 位于主机 www.baidu.com 上；
- 通过 "/go/uri.html" 可以对该资源进行唯一标识（注意，这不一定是完整的路径）。

📌 **提示**

以上 3 点只是对实例的解释，并不是 URI 的必要条件。URI 只是一种概念，具体怎样实现无所谓，只要它唯一标识一个资源即可。

## 2. URL

URL（Uniform Resource Locator，统一资源定位符）用于描述一个网络上的资源。URL 是 URI 的一个子集，是 URI 概念的一种实现方式。通俗地说，URL 是 Internet 上描述信息资源的字符串，主要用在各种 WWW 客户端程序和服务器端程序中。

URL 用一种统一的格式来描述各种信息资源，包括文件、服务器的地址和目录等。URL 的一般格式为如下，其中带方括号[]的为可选项：

```
scheme://host[:port#]/path/.../[?query-string][#anchor]
```

URL 的格式由 3 部分组成：

（1）协议（或称为服务方式）。

（2）存有该资源的主机 IP 地址（有时也包括端口号）。

（3）主机资源的具体地址，如目录和文件名等。

第（1）部分和第（2）部分用 ":// " 符号隔开，第（2）部分和第（3）部分用 "/" 符号隔开。第（1）部分和第（2）部分是不可缺少的。

## 3. URN

URN（Uniform Resource Name，统一资源名）是带有名字的因特网资源。URN 是 URL 的一种更新形式，URN 不依赖位置，并且有可能减少失效链接的个数。但是其流行还需假以时日，因为它需要更精密软件的支持。

## 4. URI、URL、URN 三者之间的关系

通俗地说，URL 和 URN 是 URI 的子集；URI 属于 URL 更高层次的抽象，是一种字符串文本标准。三者关系如图 2-7 所示。

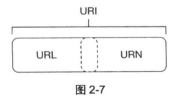

图 2-7

URI 和 URL 都只定义了资源是什么，但 URL 还定义了该如何访问资源。URL 是一种具体的 URI，它不仅唯一标识资源，而且还提供了定位该资源的信息。URI 是一种语义上的抽象概念，可以是绝对的，也可以是相对的；而 URL 则必须提供足够的信息来定位，是绝对的。

## 2.2.6 HTTPS 简介

HTTPS（Hyper Text Transfer Protocol over SecureSocket Layer），是以安全为目标的 HTTP 通道。它在 HTTP 的基础上，通过传输加密和身份认证保证了传输过程的安全性。

TLS( Transport Layer Security,传输层安全性协议),及其前身 SSL( Secure Socket Layer, 安全套接字层）是一种安全协议，目的是为互联网通信提供安全及数据完整性保障。

在采用 SSL/TLS 后，HTTP 就拥有了 HTTPS 的加密、证书和完整性保护这些功能。即 HTTP 在加上加密处理、认证和完整性保护功能后即是 HTTPS。

HTTP 与 HTTPS 的区别如图 2-8 所示。

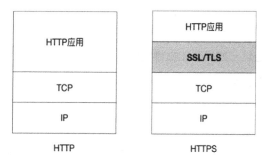

图 2-8

> **提示**
>
> SSL（Secure Socket Layer，安全套接字层）为 Netscape 公司所研发，用以保障 Internet 上数据传输的安全。利用 SSL 技术，可确保数据在网络传输过程中不会被截取。其当前版本为 3.0。它已被广泛地用于 Web 浏览器与服务器之间的身份认证和加密数据传输。

## 2.2.7 HTTP 2 简介

### 1. HTTP 协议历史

HTTP 协议经历了 HTTP 0.9、HTTP 1.0、HTTP 1.1、HTTP 2 这 4 个阶段，如图 2-9 所示。

图 2-9

（1）HTTP 0.9。

HTTP 0.9 于 1991 年发布。该版本极其简单，只支持 GET 方法，不支持 MIME 类型和各种

HTTP 头信息等。

（2）HTTP 1.0。

HTTP 1.0 于 1996 年发布。HTTP 1.0 在 HTTP 0.9 的基础之上添加了很多方法、各种 HTTP 头信息，以及对多媒体对象的处理。

（3）HTTP 1.1。

HTTP 1.1 于 1999 年正式发布。HTTP 1.1 是当前主流的 HTTP 协议。它改善了之前 HTTP 设计中的结构性缺陷，明确了语义，添加/删除了一些特性，支持更加复杂的 Web 应用程序。

虽然 HTTP 1.1 并不像 HTTP 1.0 对于 HTTP 0.9 那样的革命性，但是也有很多增强，目前主流浏览器均默认采用 HTTP 1.1。

（4）HTTP 2。

HTTP 2 是最新的 HTTP 协议，于 2015 年 5 月份正式发布，Chrome、IE11、Safari 及 Firefox 等主流浏览器已经支持 HTTP 2 协议。

> ⬛ 提示
>
> 这里是 HTTP 2 而不是 HTTP 2.0，这是因为 IETF（Internet Engineering Task Force，互联网工程任务组）认为 HTTP 2 已经很成熟了，没有必要再发布其子版本了，以后要是有重大改动就直接发布 HTTP 3。

HTTP 2 优化了性能，而且兼容 HTTP 1.1 的语义，与 HTTP 1.1 有巨大区别。比如，它不是文本协议，而是二进制协议，而且 HTTP 头部采用 HPACK 进行压缩，支持多路复用、服务器推送等。

### 2. HTTP 1.1 与 HTTP 2 的对比

相比 HTTP 1.1，HTTP 2 新增了头信息压缩及推送等功能，提高了传输效率。

（1）头信息压缩。在 HTTP 1.1 中，每一次发送请求和返回请求，HTTP 头信息都必须进行完整的发送和返回，这一部分头信息中有很多的内容（比如：Headers、Content-Type、Accept 等字段）是以字符串形式保存的，占用了较大的带宽量。HTTP 2 则对头信息进行了压缩，可以有效地减少带宽。

（2）推送功能。在 HTTP 2 之前，只能由客户端发送数据，服务器端返回数据。客户端是主动方，服务器端永远是被动方。而在 HTTP 2 中有了"推送"的概念，即服务器端可以主动向客户端发起一些数据传输，如图 2-10 所示。

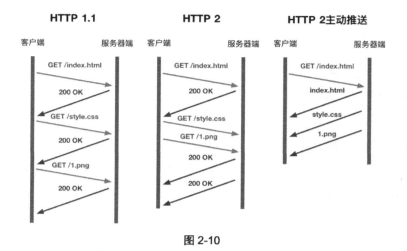

图 2-10

当客户端请求一个包含 index.html、style.css、1.png 文件的 Web 网页时，style.css 文件是以链接的形式在 HTML 文档中显示的。只有在通过浏览器解析了 HTML 文档中的内容之后，才能根据链接中包含的 URL 地址去请求对应的 CSS 文件。

在 HTTP 2 中有了推送功能之后，不仅客户端可以请求 HTML 文档，服务器端也可以主动把 HTML 文档中所引用到的 CSS 和 JS 等文件主动推送给客户端。这样 HTML、CSS 和 JS 文件的发送就是并行的，而不是串行的。这样就显著地提升了整体的传输效率和性能。

## 2.2.8  Web 应用程序的组成

Web 应用程序负责调用动态语言的解释引擎负责处理"动态内容"，一般由处理器（handler）和模板引擎（template engine）组成，如图 2-11 所示。

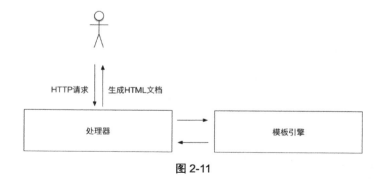

图 2-11

### 1. 处理器

在 Web 应用程序中，处理器是最核心的部分，它负责把客户端发送过来的 HTTP 请求进行接收并处理。在处理过程中会先调用模板引擎，然后将模板引擎生成的 HTML 文档通过 HTTP 协议返给客户端。

通常情况下，处理器会接收 HTTP 请求，然后解析路由（Route），最后将 URL 映射到对应的控制器（Controller）中。

控制器也可以访问数据库。但一般情况下，与数据库相关的逻辑会被单独定义在模型（Model）中。视图（View）会将模板引擎生成的 HTML 文档通过 HTTP 协议返回给客户端。这就是我们在编写应用程序时经常使用的"模型–视图–控制器"（Model-View-Controller，MVC）模式。

MVC 模式是软件工程中的一种常用软件架构模式，它把软件系统分为 3 个基本部分：模型（Model）、视图（View）和控制器（Controller）。

- 模型（Model）：用于处理与应用程序业务逻辑相关的数据，以及封装对数据的处理方法。模型有对数据直接访问的权力，例如对数据库的访问。
- 视图（View）：能够实现数据有目的的显示（理论上这不是必需的）。在视图中一般没有程序的逻辑。
- 控制器（Controller）：起到组织不同层面间的作用，用于控制应用程序的流程。它处理事件并做出响应。"事件"包括用户的请求处理和与模型的交互。

MVC 模式中三者之间的关系如图 2-12 所示。

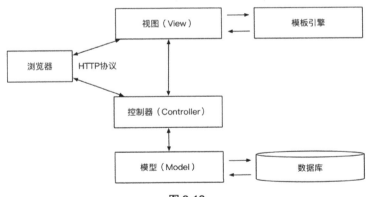

图 2-12

MVC 模式只是一种长期编程经验的总结，并不是唯一的模式，具体的应用程序该怎么办需要根据具体的场景来架构。本书的应用程序主要采用 MVC 模式进行搭建。

#### 2. 模板引擎

模板引擎是为了使用户界面与业务数据（内容）分离而产生的，它可以生成特定格式的文档，用于将模板（template）和数据（data）组合在一起，最终生成 HTML 文档。

HTML 文档会通过 HTTP 响应报文发送给客户端，如图 2-13 所示。

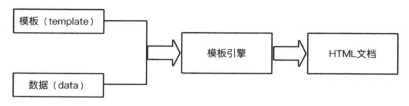

图 2-13

模板引擎的实现方式有很多，最简单的是"置换型"模板引擎。这类模板引擎只是将指定模板内容（字符串）中的特定标记（子字符串）替换一下，便生成最终需要的业务数据（比如网页）。

"置换型"模板引擎实现简单，但其效率低下，无法满足高负载的应用程序需求（比如有海量访问的网站）。因此，还出现了"解释型"模板引擎和"编译型"模板引擎等。

模板引擎可以让（网站）程序实现界面与数据分离，业务代码与逻辑代码的分离，这就大大提升了开发效率。良好的设计使得代码重用变得更加容易，使得前端页面与逻辑代码（业务数据）不再混合，便于阅读和修改错误。

## 2.3 【实战】初探 Go 语言的 net/http 包

使用 Go 语言编程的原因之一无疑是其高性能和开发的高效率。在 Go Web 开发中主要使用的是 net/http 包。下面简单介绍 net/http 包的使用方法，从创建简单服务器端和创建简单客户端两部分来介绍。

### 2.3.1 创建简单的服务器端

#### 1. 创建和简析 HTTP 服务器端

（1）创建一个简单的 Go HTTP 服务器端。

要创建一个 Go 语言的 HTTP 服务器端，需首先使用 HandleFunc()函数注册路由，然后通过 ListenAndServe()函数开启对客户端的监听。示例如下。

代码 2.2.3-sayHelloWeb.go　创建一个简单的 Go HTTP 服务器端

```
package main

import (
    "net/http"
)
```

```go
func SayHello(w http.ResponseWriter, req *http.Request) {
    w.Write([]byte("Hello"))
}

func main() {
    http.HandleFunc("/hello", SayHello)
    http.ListenAndServe(":8080", nil)
}
```

（2）内部调用逻辑分析。

这里简要分析一下 Go 语言 net/http 包的内部调用逻辑。如果要创建一个 Web 服务器端，则需要：①调用 http.HandleFunc()函数；②调用 http.ListenAndServe()函数。

ListenAndServe()函数有两个参数：当前监听的端口号和事件处理器 handler。

在 Go 语言中，Handler 接口的定义如下：

```go
type Handler interface {
    ServeHTTP(ResponseWriter, *Request)
}
```

只需要实现了这个接口，就可以实现自己的 handler 处理器。Go 语言在 net/http 包中已经提供了实现这个接口的公共方法：

```go
type HandlerFunc func(ResponseWriter, *Request)

func (f HandlerFunc) ServeHTTP(w ResponseWriter, r *Request) {
    f(w, r)
}
```

handler 处理器的机制类似于 Java SpringMVC 框架中的 Interceptor，是一个拦截器。它发生在 http.HandleFunc()函数处理逻辑之前。

（3）ServeHTTP()方法的使用示例。

例如要实现一个功能：在发送 HTTP 请求时，只有带上指定的 refer 参数，该请求才能调用成功，否则返回 403 状态。示例如下。

①定义一个结构体 Refer，如下：

```go
type Refer struct {
    handler    http.Handler
    refer string
}
```

可以看到，Refer 结构体包含两个对象：handler 和自定义的 referer。

②因为需要将这个 Refer 实例化并传递给 ListenAndServe()函数，因此它必须实现

ServeHTTP()方法。在 ServeHTTP()方法中，可以直接编写用来实现中间件的逻辑。示例如下：

```go
func (this *Refer) ServeHTTP(w http.ResponseWriter, r *http.Request) {
    if r.Referer() == this.referer {
        this.handler.ServeHTTP(w, r)
    } else {
        w.WriteHeader(403)
    }
}
```

取出当前请求头中的 refer 信息，如果与约定的不同，则拦截请求。完整代码如下：

**代码 2.2.3-refer.go    创建跳转 Web 服务器端**

```go
package main

import (
    "net/http"
)

type Refer struct {
    handler http.Handler
    refer   string
}

func (this *Refer) ServeHTTP(w http.ResponseWriter, r *http.Request) {
    if r.Referer() == this.refer {
        this.handler.ServeHTTP(w, r)
    } else {
        w.WriteHeader(403)
    }
}
func myHandler(w http.ResponseWriter, r *http.Request) {
    w.Write([]byte("this is handler"))
}
func hello(w http.ResponseWriter, r *http.Request) {
    w.Write([]byte("hello"))
}
func main() {
    referer := &Refer{
        handler: http.HandlerFunc(myHandler),
        refer:   "www.shirdon.com",
    }
    http.HandleFunc("/hello", hello)
    http.ListenAndServe(":8080", referer)
}
```

关于 net/http 包的内部机制就介绍到这里，在 3.2 节会进一步详细讲解。

## 2. 创建和简析 HTTPS 服务器端

在 Go 语言中使用 HTTPS 的方法很简单，net/http 包中提供了启动 HTTPS 服务的方法，其定义如下：

```
func (srv *Server) ListenAndServeTLS(certFile, keyFile string) error
```

通过方法可知，只需要两个参数就可以实现 HTTPS 服务。这两个参数分别是证书文件的路径和私钥文件的路径。要获取这两个文件，通常需要从证书颁发机构获取。虽然有免费的，但还是比较麻烦，通常还需要购买域名及申请流程。

为了简单起见，我们直接使用自己创建的签名证书。注意，这样的证书是不会被浏览器信任的。

Go 语言的 net/http 包默认支持 HTTP 2。在 1.6 以上的版本中，如果使用 HTTPS 模式启动服务器，则服务器默认使用 HTTP 2。使用方法如下。

（1）创建一个私钥和一个证书：在 Linux 系统中，打开命令行终端输入下面的命令：

```
$ openssl req -newkey rsa:2048 -nodes -keyout server.key -x509 -days 365 -out server.crt
```

该命令将生成两个文件：server.key 和 server.crt。

（2）创建 Go 文件。

**代码 chapter2/2.1-http2.go　　创建一个简单的 HTTPS 服务器端**

```go
package main

import (
    "log"
    "net/http"
)

func main() {
    // 启动服务器
    srv := &http.Server{Addr: ":8088", Handler: http.HandlerFunc(handle)}
    // 用 TLS 启动服务器，因为我们运行的是 HTTP 2，所以它必须与 TLS 一起运行
    log.Printf("Serving on https://0.0.0.0:8088")
    log.Fatal(srv.ListenAndServeTLS("server.crt", "server.key"))
}

//处理器函数
func handle(w http.ResponseWriter, r *http.Request) {
    // 记录请求协议
    log.Printf("Got connection: %s", r.Proto)
```

```
    // 向客户发送一条消息
    w.Write([]byte("Hello this is a HTTP 2 message!"))
}
```

（3）运行上面这段代码，浏览器会返回如图 2-14 所示的结果。

图 2-14

通过上面的示例我们知道，Go 运行 HTTP 2 非常简单——直接调用 net/http 包即可。net/http 包的基本实现原理会在第 3 章中进行进一步详细地讲解。

### 2.3.2  创建简单的客户端

在 net/http 包中还提供了一个被称为 Client 的结构体。该结构体位于库文件 src/net/http/client.go 中，并且还提供了一个默认的变量可直接使用：

```
var DefaultClient = &Client{}
```

Client 结构体实现了 Get()、Post() 两个请求函数。这两个函数的定义如下：

```
func Get(url string) (resp *Response, err error)
func Post(url, contentType string, body io.Reader)
```

我们通过分析源码来探寻其内部机制。查看源码可以发现，net/http 包的 Get() 函数实现如下：

```
func Get(url string) (resp *Response, err error) {
    return DefaultClient.Get(url)
}
```

在上面的 Get() 函数中，使用了 DefaultClient 对象的 Get() 方法。该 Get() 方法的具体实现代码如下：

```
func (c *Client) Get(url string) (resp *Response, err error) {
    req, err := NewRequest("GET", url, nil)
    if err != nil {
        return nil, err
    }
    return c.Do(req)
}
```

同样，net/http 包的 Post() 函数的具体实现代码如下：

```
func Post(url, contentType string, body io.Reader) (resp *Response, err error)
{
    return DefaultClient.Post(url, contentType, body)
}
```

Post() 函数则使用了 DefaultClient 对象的 Post() 方法，该方法的具体实现代码如下：

```
func (c *Client) Post(url, contentType string, body io.Reader) (resp
*Response, err error) {
    req, err := NewRequest("POST", url, body)
    if err != nil {
        return nil, err
    }
    req.Header.Set("Content-Type", contentType)
    return c.Do(req)
}
```

从上面代码可以看出，Client 结构体的 Get() 和 Post() 函数直接使用了 NewRequest() 函数。NewRequest() 是一个通用函数，其定义如下：

```
func NewRequest(method, url string, body io.Reader) (*Request, error)
```

其中第 1 个参数为请求类型，比如 "GET" "POST" "PUT" "DELETE" 等。第 2 个参数为请求地址。如果 body 参数实现了 io.Closer 接口，则 Request 返回值的 Body 字段会被设置为 body 参数的值，并会被 Client 结构体的 Do()、Post() 和 PostForm() 方法关闭。

Get()、Post() 函数的本质是，Go 程序在底层传递相应的参数去调用 NewRequest() 函数。所以，在 Go 语言中创建客户端，最核心的 HTTP 请求方法就是 NewRequest() 函数。因为 PUT、DELETE 方法在 Go 语言中没有被单独封装，所以只能通过直接调用 NewRequest() 函数来实现。

接下来我们通过 Go 语言来创建 HTTP 的 GET、POST、PUT、DELETE 这 4 种类型的客户端请求，来初步了解客户端的创建方法。

### 1. 创建 GET 请求

如下示例运用 http.Get() 函数创建一个 GET 请求。

代码 2.3.1-get.go　　创建一个 GET 请求

```
package main

import (
    "fmt"
    "io/ioutil"
    "net/http"
)

func main() {
```

```
    resp, err := http.Get("https://www.baidu.com")
    if err != nil {
        fmt.Print("err", err)
    }
    closer := resp.Body
    bytes, err := ioutil.ReadAll(closer)
    fmt.Println(string(bytes))
}
```

通过上面的代码可以轻松获取百度首页的 HTML 文档。

### 2. 创建 POST 请求

如下示例运用 http.Post()函数创建一个 POST 请求。

**代码 2.3-post.go    创建一个 POST 请求**

```go
package main

import (
    "bytes"
    "fmt"
    "io/ioutil"
    "net/http"
)

func main() {
    url := "https://www.shirdon.com/comment/add"
    body := "{\"userId\":1,\"articleId\":1,\"comment\":\"这是一条评论\"}"
    response, err := http.Post(url, "•application/x-www-form-urlencoded",
bytes.NewBuffer([]byte(body)))
    if err != nil {
        fmt.Println("err", err)
    }
    b, err := ioutil.ReadAll(response.Body)
    fmt.Println(string(b))
}
```

### 3. 创建 PUT 请求

如下示例运用 http.NewRequest()函数创建一个 PUT 请求。

**代码 2.3-put.go    创建一个 PUT 请求**

```go
package main

import (
    "fmt"
    "io/ioutil"
```

```
        "net/http"
        "strings"
)

func main() {
    url := "https://www.shirdon.com/comment/update"
    payload := strings.
NewReader("{\"userId\":1,\"articleId\":1,\"comment\":\"这是一条评论\"}")
    req, _ := http.NewRequest("PUT", url, payload)
    req.Header.Add("Content-Type", "application/json")
    res, _ := http.DefaultClient.Do(req)

    defer res.Body.Close()
    body, _ := ioutil.ReadAll(res.Body)

    fmt.Println(res)
    fmt.Println(string(body))
}
```

PUT 方法在 Go 语言中没有被单独封装，只能直接调用 http.NewRequest()函数来实现。

### 4. 创建 DELETE 请求

如下示例运用 http.NewRequest()函数创建一个 DELETE 请求。

**代码 2.3-delete.go　　创建一个 DELETE 请求**

```
package main

import (
    "fmt"
    "io/ioutil"
    "net/http"
    "strings"
)

func main() {
    url := "https://www.shirdon.com/comment/delete"
    payload := strings.
NewReader("{\"userId\":1,\"articleId\":1,\"comment\":\"这是一条评论\"}")
    req, _ := http.NewRequest("DELETE", url, payload)
    req.Header.Add("Content-Type", "application/json")
    res, _ := http.DefaultClient.Do(req)

    defer res.Body.Close()
    body, _ := ioutil.ReadAll(res.Body)
```

```
    fmt.Println(res)
    fmt.Println(string(body))
}
```

DELETE 方法在 Go 语言中没有被单独封装，只能直接调用 http.NewRequest()函数来实现。

**5. 请求头设置**

net/http 包提供了 Header 类型，用于请求头信息的获取和填充，其定义如下：

```
type Header map[string][]string
```

也可以通过 http.Header 对象自己定义 Header：

```
headers := http.Header{"token": {"fsfsdfaeg6634fwr324brfh3urhf839hf349h"}}
headers.Add("Accept-Charset","UTF-8")
headers.Set("Host","www.shirdon.com")
headers.Set("Location","www.baidu.com")
```

> **📢 提示**
>
> **Header 是 map[string][]string 类型的，value 为字符或数字。**

# 2.4 使用 Go 语言的 html/template 包

Go 语言通用模板引擎库 text/template 用于处理任意格式的文本。另外，Go 语言还单独提供了 html/template 包，用于生成可对抗代码注入的安全 HTML 文档。

本节主要讲解 Go 语言中输出 HTML 文档的场景，所以主要介绍 html/template 包的原理及使用方法。

## 2.4.1 了解模板原理

### 1. 模板和模板引擎

在基于 MVC 模型的 Web 架构中，我们常将不变的部分提出成为模板，而可变部分由后端程序提供数据，借助模板引擎渲染来生成动态网页。

模板可以被理解为事先定义好的 HTML 文档。模板渲染可以被简单理解为文本替换操作——使用相应的数据去替换 HTML 文档中事先准备好的标记。

模板的诞生是为了将显示与数据分离（即前后端分离）。模板技术多种多样，但其本质是将模板文件和数据通过模板引擎生成最终的 HTML 文档。模板引擎很多，PHP 的 Smarty、Node.js 的 jade 等都很好使用。

**2. Go 语言模板引擎**

Go 语言内置了文本模板引擎 text/template 包，以及用于生成 HTML 文档的 html/template 包。它们的使用方法类似，可以简单归纳如下：

- 模板文件的后缀名通常是.tmpl 和.tpl（也可以使用其他的后缀），必须使用 UTF-8 编码。
- 模板文件中使用 {{ 和 }} 来包裹和标识需要传入的数据。
- 传给模板的数据可以通过点号（ . ）来访问。如果是复合类型的数据，则可以通过 {{ .FieldName }}来访问它的字段。
- 除 {{ 和 }}包裹的内容外，其他内容均不做修改原样输出。

Go 语言模板引擎的使用分为：定义模板文件、解析模板文件和渲染模板文件。

（1）定义模板文件。

定义模板文件是指，按照相应的语法规则去定义模板文件。

（2）解析模板文件。

html/template 包提供了以下方法来解析模板文件，获得模板对象。可以通过 New()函数创建模板对象，并为其添加一个模板名称。New()函数的定义如下：

```
func New(name string) *Template
```

可以使用 Parse()方法来创建模板对象，并完成解析模板内容。Parse()方法的定义如下：

```
func (t *Template) Parse(src string) (*Template, error)
```

如果要解析模板文件，则使用 ParseFiles()函数，该函数会返回模板对象。该函数的定义如下：

```
func ParseFiles(filenames ...string) (*Template, error)
```

如果要批量解析文件，则使用 ParseGlob()函数。该函数的定义如下：

```
func ParseGlob(pattern string) (*Template, error)
```

可以使用 ParseGlob()函数来进行正则匹配，比如在当前解析目录下有以 a 开头的模板文件，则使用 template.ParseGlob("a*")即可。

（3）渲染模板文件。

html/template 包提供了 Execute()和 ExecuteTemplate()方法来渲染模板。这两个方法的定义如下：

```
func (t *Template) Execute(wr io.Writer, data interface{}) error {}
func (t *Template) ExecuteTemplate(wr io.Writer, name string, data interface{}) error {}
```

在创建 New()函数时就为模板对象添加了一个模板名称，执行 Execute()方法后会默认去寻找该名称进行数据融合。

使用 ParseFiles()函数可以一次加载多个模板，此时不可以使用 Execute()来执行数据融合，可以通过 ExecuteTemplate()方法指定模板名称来执行数据融合。

## 2.4.2　使用 html/template 包

### 1. Go 语言的第 1 个模板

在 Go 语言中，可以通过将模板应用于一个数据结构（即把该数据结构作为模板的参数）来执行并输出 HTML 文档。

模板在执行时会遍历数据结构，并将指针指向运行中的数据结构中的"."的当前位置。

用作模板的输入文本必须是 UTF-8 编码的文本。"Action"是数据运算和控制单位，"Action"由"{{"和"}}"界定；在 Action 之外的所有文本都会不做修改地复制到输出中。Action 内部不能有换行，但注释可以有换行。

接下来我们通过创建第 1 个模版来学习模板。

（1）定义一个名为 template_example.tmpl 的模板文件，代码如下。

**代码　chapter2/template_example.tmpl　　模板文件的示例代码**

```html
<!DOCTYPE html>
<html lang="en">
<head>
    <meta charset="UTF-8">
    <meta name="viewport" content="width=device-width, initial-scale=1.0">
    <title>模板使用示例</title>
</head>
<body>
    <p>加油，小伙伴，{{ . }} </p>
</body>
</html>
```

（2）创建 Go 语言文件用于解析和渲染模板，示例代码如下。

**代码　chapter2/2.4-template-example.go　　Go 语言解析和渲染模板的示例代码**

```go
package main

import (
    "fmt"
    "html/template"
    "net/http"
)
```

```go
func helloHandleFunc(w http.ResponseWriter, r *http.Request) {
    // 1.解析模板
    t, err := template.ParseFiles("./template_example.tmpl")
    if err != nil {
        fmt.Println("template parsefile failed, err:", err)
        return
    }
    // 2.渲染模板
    name := "我爱Go语言"
    t.Execute(w, name)
}

func main() {
    http.HandleFunc("/", helloHandleFunc)
    http.ListenAndServe(":8086", nil)
}
```

（3）在文件所在命令行终端中输入启动命令：

```
$ go run 2.4-template-example.go
```

（4）在浏览器中访问"127.0.0.1:8086"，返回的页面如图 2-15 所示。

**图 2-15**

### 2. Go 语言模板语法

模板语法都包含在"{{"和"}}"中间，其中"{{.}}"中的点表示当前对象。在传入一个结构体对象时，可以根据"."来访问结构体的对应字段。例如：

```go
type UserInfo struct {
    Name   string
    Gender string
    Age    int
}
func sayHello(w http.ResponseWriter, r *http.Request) {
    // 解析指定文件生成模板对象
    tmpl, err := template.ParseFiles("./hello.html")
    if err != nil {
        fmt.Println("create template failed, err:", err)
        return
```

```
    }
    // 利用给定数据渲染模板，将结果写入 w
    user := UserInfo{
        Name:    "李四",
        Gender:  "男",
        Age:     28,
    }
    tmpl.Execute(w, user)
}
```

HTML 文档的代码如下：

```
<!DOCTYPE html><html lang="en">
<head>
    <meta charset="UTF-8">
    <meta name="viewport" content="width=device-width, initial-scale=1.0">
    <meta http-equiv="X-UA-Compatible" content="ie=edge">
<title>Hello</title>
</head>
<body>
    <p>Hello {{.Name}}</p>
    <p>性别: {{.Gender}}</p>
<p>年龄: {{.Age}}</p>
</body>
</html>
```

同理，在传入的变量是 map 时，也可以在模板文件中通过"{{.}}"的键值来取值。

接下来介绍常用的模板语法。

（1）注释。

在 Go 语言中，HTML 模板的注释结构如下：

```
{{/* 这是一个注释，不会解析 */}}
```

注释在执行时会被忽略。可以有多行注释。注释不能嵌套，并且必须紧贴分界符始止。

（2）管道（pipeline）。

管道是指产生数据的操作。比如"{{.}}""{{.Name}}"等。Go 的模板语法中支持使用管道符号"|"链接多个命令，用法和 UNIX 下的管道类似："|"前面的命令会将运算结果（或返回值）传递给后一个命令的最后一个位置。

📢 提示

并不是只有使用了"|"才是 pipeline。在 Go 的模板语法中，pipeline 的概念是传递数据，只要能产生数据的结构，都是 pipeline。

（3）变量。

在 Action 里可以初始化一个变量来捕获管道的执行结果。初始化语法如下：

```
$variable := pipeline
```

其中$variable 是变量的名字。声明变量的 Action 不会产生任何输出。

（4）条件判断。

Go 模板语法中的条件判断有以下几种：

```
{{if pipeline}} T1 {{end}}
{{if pipeline}} T1 {{else}} T0 {{end}}
{{if pipeline}} T1 {{else if pipeline}} T0 {{end}}
```

（5）range 关键字。

在 Go 的模板语法中，使用 range 关键字进行遍历，其中 pipeline 的值必须是数组、切片、字典或者通道。其语法以“{{range pipeline}}”开头，以“{{end}}”结尾，形式如下：

```
{{range pipeline}} T1 {{end}}
```

如果 pipeline 的值其长度为 0，则不会有任何输出。中间也可以有“{{else}}”，形如：

```
{{range pipeline}} T1 {{else}} T0 {{end}}
```

如果 pipeline 的值其长度为 0，则会执行 T0。

range 关键字的使用示例如下。

代码 chapter2/2.4-template-range.go　　range 关键字的使用示例

```
package main

import (
    "log"
    "os"
    "text/template"
)

func main() {
    //创建一个模版
    rangeTemplate := `
{{if .Kind}}
{{range $i, $v := .MapContent}}
{{$i}} => {{$v}} , {{$.OutsideContent}}
{{end}}
{{else}}
{{range .MapContent}}
{{.}} , {{$.OutsideContent}}
```

```
{{end}}
{{end}}`

    str1 := []string{"第一次 range", "用 index 和 value"}
    str2 := []string{"第二次 range", "没有用 index 和 value"}

    type Content struct {
        MapContent        []string
        OutsideContent string
        Kind              bool
    }
    var contents = []Content{
        {str1, "第一次外面的内容", true},
        {str2, "第二次外面的内容", false},
    }

    // 创建模板并将字符解析进去
    t := template.Must(template.New("range").Parse(rangeTemplate))

    // 接收并执行模板
    for _, c := range contents {
        err := t.Execute(os.Stdout, c)
        if err != nil {
            log.Println("executing template:", err)
        }
    }
}
```

在文件所在目录打开终端输入启动命令，返回结果如图 2-16 所示。

```
$ go run 2.4-template-range.go
```

```
shirdon:chapter2 mac$ go run 2.4-template-range.go


0 => 第一次 range，第一次外面的内容

1 => 用 index 和 value，第一次外面的内容




第二次 range，第二次外面的内容

没有用 index 和 value，第二次外面的内容

shirdon:chapter2 mac$
```

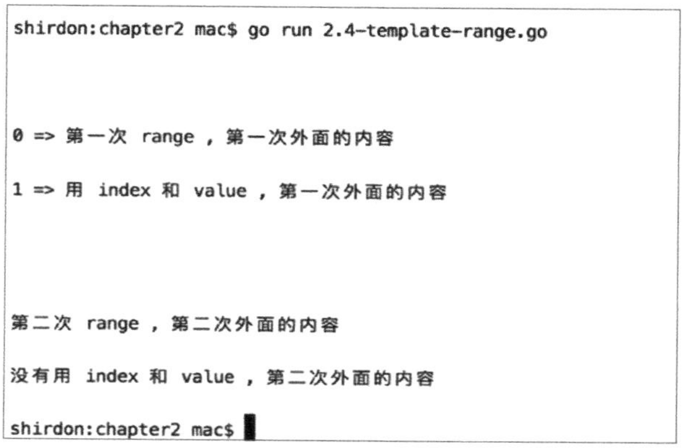

图 2-16

（6）with 关键字。

在 Go 的模板语法中，with 关键字和 if 关键字有点类似，"{{with}}"操作仅在传递的管道不为空时有条件地执行其主体。形式如下：

```
{{with pipeline}} T1 {{end}}
```

如果 pipeline 为空，则不产生输出。中间也可以加入"{{else}}"，形如：

```
{{with pipeline}} T1 {{else}} T0 {{end}}
```

如果 pipeline 为空，则不改变"."并执行 T0，否则将"."设为 pipeline 的值并执行 T1。

（7）比较函数。

布尔函数会将任何类型的零值视为假，将其余视为真。下面是常用的二元比较运算符：

```
eq      //如果 arg1 == arg2，则返回真
ne      //如果 arg1 != arg2，则返回真
lt      //如果 arg1 < arg2，则返回真
le      //如果 arg1 <= arg2，则返回真
gt      //如果 arg1 > arg2，则返回真
ge      //如果 arg1 >= arg2，则返回真
```

为了简化多参数相等检测，eq（只有 eq）可以接受 2 个或更多个参数，它会将第 1 个参数和其余参数依次比较，形式如下：

```
{{eq arg1 arg2 arg3}}
```

即只能做如下比较：

```
arg1==arg2 || arg1==arg3
```

比较函数只适用于基本类型（或重定义的基本类型，如"type Balance float32"）。但整数和浮点数不能互相比较。

（7）预定义函数。

预定义函数是模板库中定义好的函数，可以直接在{{ }}中使用。预定义函数名及其功能见表 2-5。

表 2-5

| 函数名 | 功　　能 |
| --- | --- |
| and | 函数返回其第 1 个空参数或者最后一个参数，即"and x y"等价于"if x then y else x"。所有参数都会执行 |
| or | 返回第一个非空参数或者最后一个参数，即"or x y"等价于"if x then x else y"。所有参数都会执行 |
| not | 返回其单个参数的布尔值"不是" |
| len | 返回其参数的整数类型长度 |
| index | 执行结果为 index()函数后第 1 个参数以第 1 个参数后面剩下的参数为索引指向的值，例如"index y 1 2 3"返回 y[1][2][3]的值。每个被索引的主体必须是数组、切片或者字典 |

| 函数名 | 功　　能 |
|---|---|
| print | 即 fmt.Sprint |
| printf | 即 fmt.Sprintf |
| println | 即 fmt.Sprintln |
| html | 返回其参数文本表示的 HTML 逸码等价表示 |
| urlquery | 返回其参数文本表示的可嵌入 URL 查询的逸码等价表示 |
| js | 返回其参数文本表示的 JavaScript 逸码等价表示 |
| call | 执行结果是调用第 1 个参数的返回值，该参数必须是函数类型，其余参数作为调用该函数的参数；<br>如 "call .X.Y 1 2" 等价于 Go 语言里的 dot.X.Y(1, 2)；<br>其中 Y 是函数类型的字段或者字典的值，或者其他类似情况；<br>call 的第 1 个参数的执行结果必须是函数类型的值，和预定义函数（如 print()）明显不同；<br>该函数类型值必须有 1 个或 2 个返回值。如果有 2 个返回值，则后一个必须是 error 接口类型；<br>如果有 2 个返回值的方法返回的 error 非 nil，则模板执行会中断并返回给调用模板执行者该错误 |

（8）自定义函数。

Go 语言的模板支持自定义函数。自定义函数通过调用 Funcs()方法实现，其定义如下：

```
func (t *Template) Funcs(funcMap FuncMap) *Template
```

Funcs()方法向模板对象的函数字典里加入参数 funcMap 内的键值对。如果 funcMap 的某个键值对的值不是函数类型，或者返回值不符合要求，则会报 panic 错误，但可以对模板对象的函数列表的成员进行重写。方法返回模板对象以便进行链式调用。FuncMap 类型的定义如下：

```
type FuncMap map[string]interface{}
```

FuncMap 类型定义了函数名字符串到函数的映射，每个函数都必须有 1 个或 2 个返回值。如果有 2 个返回值，则后一个必须是 error 接口类型；如果有 2 个返回值的方法返回 error 非 nil，则模板执行会中断并返回该错误给调用者。

在执行模板时，函数从两个函数字典中查找：首先是模板函数字典，然后是全局函数字典。一般不在模板内定义函数，而是使用 Funcs()方法添加函数到模板里。其使用示例如下。

代码 chapter2/2.4-template-funcs.go　　自定义函数的使用示例

```go
package main

import (
    "fmt"
    "html/template"
    "io/ioutil"
    "net/http"
)
```

```go
func Welcome() string { //无参数函数
    return "Welcome"
}

func Doing(name string) string { //有参数函数
    return name + ", Learning Go Web template "
}

func sayHello(w http.ResponseWriter, r *http.Request) {
    htmlByte, err := ioutil.ReadFile("./funcs.html")
    if err != nil {
        fmt.Println("read html failed, err:", err)
        return
    }
    // 自定义一个匿名模板函数
    loveGo := func() (string) {
        return "欢迎一起学习《Go Web 编程实战派——从入门到精通》"
    }
    // 链式操作在 Parse() 方法之前调用 Funcs() 函数，用来添加自定义的 loveGo 函数
    tmpl1, err := template.New("funcs").Funcs(template.FuncMap{"loveGo":
loveGo}).Parse(string(htmlByte))
    if err != nil {
        fmt.Println("create template failed, err:", err)
        return
    }
    funcMap := template.FuncMap{
        //在 FuncMap 中声明要使用的函数，然后就能够在模板的字符串中使用该函数
        "Welcome": Welcome,
        "Doing":   Doing,
    }
    name := "Shirdon"
    tmpl2, err := template.New("test").Funcs(funcMap).
Parse("{{Welcome}}\n{{Doing .}}\n")
    if err != nil {
        panic(err)
    }

    // 使用 user 渲染模板，并将结果写入 w
    tmpl1.Execute(w, name)
    tmpl2.Execute(w, name)
}

func main() {
    http.HandleFunc("/", sayHello)
    http.ListenAndServe(":8087", nil)
}
```

还需要创建一个名为 funcs.html 的模板文件，在该文件中就可以使用自定义的 loveGo()函数了。

**代码 chapter2/funcs.html 模板文件调用 Go 语言自定义函数的示例**

```
<!DOCTYPE html><html lang="en"><head>
    <meta charset="UTF-8">
    <meta name="viewport" content="width=device-width, initial-scale=1.0">
    <meta http-equiv="X-UA-Compatible" content="ie=edge">
    <title>tmpl test</title></head><body>
<h1>{{loveGo}}</h1>
```

在文件所在目录下打开命令行终端，输入启动服务命令：

```
$ go run 2.4-template-funcs.go
```

在浏览器里输入"http://127.0.0.1:8087"，返回值如图 2-17 所示。

**图 2-17**

（9）使用嵌套模版。

html/template 包支持在一个模板中嵌套其他模板。被嵌套的模板可以是单独的文件，也可以是通过"define"关键字定义的模板。通过"define"关键字可以直接在待解析内容中定义一个模板。例如定义一个名称为 name 的模板的形式如下：

```
{{ define "name" }} T {{ end }}
```

通过"template"关键字来执行模板。例如，执行名为"name"的模板的形式如下：

```
{{ template "name" }}
{{ template "name"  pipeline }}
```

"block"关键字等价于"define"关键字。"block"关键字用于定义一个模板，并在有需要的地方执行这个模板。其形式如下：

```
{{ block "name" pipeline }} T {{ end }}
```

等价于：先执行{{ define "name" }} T {{ end }} ，再执行 {{ template "name" pipeline }}。

接下来通过具体例子来加深理解。

（1）创建用于模版嵌套的代码如下：

**代码 chapter2/t.html　用于模版的嵌套的代码**

```html
<!DOCTYPE html><html lang="en"><head>
    <meta charset="UTF-8">
    <meta name="viewport" content="width=device-width, initial-scale=1.0">
    <meta http-equiv="X-UA-Compatible" content="ie=edge">
    <title>tmpl test</title></head><body>
<h1>测试嵌套template 语法</h1>
<hr>
{{template "ul.html"}}
<hr>
{{template "ol.html"}}</body></html>
{{ define "ol.html"}}<h1>这是 ol.html</h1><ol>
<li>I love Go</li>
<li>I love java</li>
<li>I love c</li></ol>
{{end}}
```

（2）用于测试嵌套的 HTML 代码如下：

**代码 chapter2/ul.html　用于测试嵌套的 HTML 代码**

```html
<ul>
    <li>注释</li>
    <li>日志</li>
<li>测试</li>
</ul>
```

（3）在 Go 程序文件中，通过 HandleFunc()函数注册一个名为 tmplSample 的处理器函数：

```go
http.HandleFunc("/", tmplSample)
```

（4）定义一个名为 tmplSample()的处理器函数。tmplSample()处理器函数通过调用 template.ParseFiles("./t.html","./ul.html")函数，将名为 t.html 和 ul.html 的两个文件组合起来，从而实现了模板嵌套。其内容如下：

```go
func tmplSample(w http.ResponseWriter, r *http.Request) {
    tmpl, err := template.ParseFiles("./t.html", "./ul.html")
    if err != nil {
        fmt.Println("create template failed, err:", err)
        return
    }
    user := UserInfo{
        Name:   "张三",
        Gender: "男",
```

```
        Age:    28,
    }
    tmpl.Execute(w, user)
}
```

（5）完整的代码如下：

**代码 chapter2/2.4-template-multi.go    模板嵌套的完整代码**

```go
package main

import (
    "fmt"
    "html/template"
    "net/http"
)

//定义一个 UserInfo 结构体
type UserInfo struct {
    Name string
    Gender string
    Age int
}

func tmplSample(w http.ResponseWriter, r *http.Request) {
    tmpl, err := template.ParseFiles("./t.html", "./ul.html")
    if err != nil {
        fmt.Println("create template failed, err:", err)
        return
    }
    user := UserInfo{
        Name:   "张三",
        Gender: "男",
        Age:    28,
    }
    tmpl.Execute(w, user)
}

func main() {
    http.HandleFunc("/", tmplSample)
    http.ListenAndServe(":8087", nil)
}
```

（6）在文件所在目录下打开命令行终端，输入启动命令：

```
$ go run 2.4-template-multi.go
```

（7）在浏览器中，输入"http://127.0.0.1:8087"，返回的结果如图 2-18 所示。

图 2-18

# 2.5  小结

本章首先介绍了 Web 程序运行原理，然后介绍了 Go 语言 net/http 包的基本用法，最后介绍了 Go 语言的 html/template 包的基本用法，逐步深入。本章能让读者对 Go Web 开发有一些初步的认识。

# 第 3 章
# 接收和处理 Go Web 请求

即使慢，驰而不息，纵会落后，纵会失败，但一定可以达到他所向的目标。

——鲁迅

勇敢寓于灵魂之中，而不单凭一个强壮的躯体。

——卡赞扎基

在第 2 章中，我们对 Go Web 应用有了初步的认识。但是 Go Web 服务器到底是如何运行的呢？本章将深入地探究 Go Web 服务器内部的运行机制。通过本章的学习，读者可以进一步加深对 Go Web 服务器的理解。

## 3.1　【实战】创建一个简单的 Go Web 服务器

在第 2 章，我们初步介绍了 net/http 包的使用，通过 http.HandleFunc() 和 http.Listen AndServe() 两个函数即可轻松地构建一个简单的 Go Web 服务器。示例代码如下。

代码 chapter3/3.1-helloweb.go　创建一个简单的 Go Web 服务器

```go
package main

import (
    "fmt"
    "log"
    "net/http"
)
```

```go
func helloWorld(w http.ResponseWriter, r *http.Request) {
    fmt.Fprintf(w, "Hello Go Web!")
}

func main() {
    http.HandleFunc("/hello", helloWorld)
    if err := http.ListenAndServe(":8081", nil); err != nil {
        log.Fatal(err)
    }
}
```

在上面的代码中，main()函数通过代码 http.ListenAndServe(":8081", nil) 启动一个 8081 端口的服务器。如果这个函数传入的第 1 个参数（网络地址）为空，则服务器在启动后默认使用 http://127.0.0.1:8081 地址进行访问；如果这个函数传入的第 2 个参数为 nil，则服务器在启动后将使用默认的多路复用器（DefaultServeMux）。

在项目所在目录下打开命令行终端，输入启动命令：

```
$ go run 3.1-helloweb.go
```

在浏览器中输入"127.0.0.1:8081/hello"，默认会显示"Hello Go Web!"字符串，这表明服务器创建成功，如图 3-1 所示。

图 3-1

用户可以通过 Server 结构体对服务器进行更详细的配置，包括为请求读取操作设置超时时间等。Go Web 服务器的请求和响应流程如图 3-2 所示。

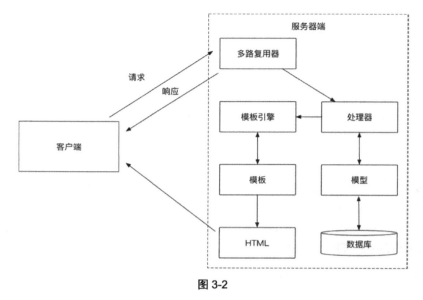

图 3-2

Go Web 服务器请求和响应的流程如下：

（1）客户端发送请求；

（2）服务器端的多路复用器收到请求；

（3）多路复用器根据请求的 URL 找到注册的处理器，将请求交由处理器处理；

（4）处理器执行程序逻辑，如果必要，则与数据库进行交互，得到处理结果；

（5）处理器调用模板引擎将指定的模板和上一步得到的结果渲染成客户端可识别的数据格式（通常是 HTML 格式）；

（6）服务器端将数据通过 HTTP 响应返回给客户端；

（7）客户端拿到数据，执行对应的操作（例如渲染出来呈现给用户）。

接下来将逐步对 Go Web 服务器请求和响应背后的原理进行学习和探索。

# 3.2 接收请求

## 3.2.1 ServeMux 和 DefaultServeMux

### 1. ServeMux 和 DefaultServeMux 简介

本节将介绍多路复用器的基本原理。多路复用器用于转发请求到处理器，如图 3-3 所示。

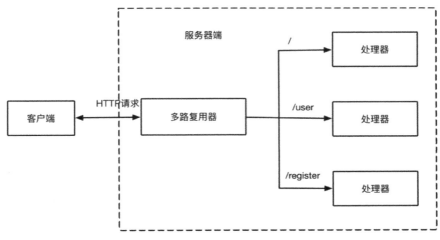

图 3-3

ServeMux 是一个结构体,其中包含一个映射,这个映射会将 URL 映射至相应的处理器。它会在映射中找出与被请求 URL 最为匹配的 URL,然后调用与之相对应的处理器的 ServeHTTP() 方法来处理请求。

DefaultServeMux 是 net/http 包中默认提供的一个多路复用器,其实质是 ServeMux 的一个实例。多路复用器的任务是——根据请求的 URL 将请求重定向到不同的处理器。如果用户没有为 Server 对象指定处理器,则服务器默认使用 DefaultServeMux 作为 ServeMux 结构体的实例。

ServeMux 也是一个处理器,可以在需要时对其实例实施处理器串联。默认的多路复用器 DefaultServeMux 位于库文件 src/net/http/server.go 中,其声明语句如下:

```
var DefaultServeMux = &defaultServeMux
var defaultServeMux ServeMux
```

HandleFunc()函数用于为指定的 URL 注册一个处理器。HandleFunc()处理器函数会在内部调用 DefaultServeMux 对象的对应方法,其内部实现如下:

```
func HandleFunc(pattern string, handler func(ResponseWriter, *Request)) {
    DefaultServeMux.HandleFunc(pattern, handler)
}
```

通过上面的方法体可以看出,http.HandleFunc()函数将处理器注册到多路复用器中。用默认多路复用器还可以指定多个处理器,其使用方法如下。

代码 chapter3/3.2-handler1.go    用默认多路复用器指定多个处理器

```
package main

import (
```

```
        "fmt"
        "net/http"
)

//定义多个处理器
type handle1 struct{}

func (h1 *handle1) ServeHTTP(w http.ResponseWriter, r *http.Request) {
    fmt.Fprintf(w, "hi,handle1")
}

type handle2 struct{}

func (h2 *handle2) ServeHTTP(w http.ResponseWriter, r *http.Request) {
    fmt.Fprintf(w, "hi,handle2")
}

func main() {
    handle1 := handle1{}
    handle2 := handle2{}
    //nil 表明服务器使用默认的多路复用器 DefaultServeMux
    server := http.Server{
        Addr:    "0.0.0.0:8085",
        Handler: nil,
    }
    //handle()函数调用的是多路复用器的 DefaultServeMux.Handle()方法
    http.Handle("/handle1", &handle1)
    http.Handle("/handle2", &handle2)
    server.ListenAndServe()
}
```

在上面的代码中，直接用 http.Handle()函数来指定多个处理器。Handle()函数的代码如下：

```
func Handle(pattern string, handler Handler) { DefaultServeMux.Handle
(pattern, handler) }
```

通过代码可以看到，在 http.Handle()函数中调用了 DefaultServeMux.Handle()方法来处理请求。服务器收到的每个请求都会调用对应多路复用器的 ServeHTTP()方法。该方法的代码详情如下：

```
func (sh serverHandler) ServeHTTP(rw ResponseWriter, req *Request) {
    handler := sh.srv.Handler
    if handler == nil {
        handler = DefaultServeMux
    }
    handler.ServeHTTP(rw, req)
}
```

在 ServeMux 对象的 ServeHTTP()方法中，会根据 URL 查找我们注册的处理器，然后将请求交由它处理。

虽然默认的多路复用器使用起来很方便，但是在生产环境中不建议使用。这是因为：DefaultServeMux 是一个全局变量，所有代码（包括第三方代码）都可以修改它。有些第三方代码会在 DefaultServeMux 中注册一些处理器，这可能与我们注册的处理器冲突。比较推荐的做法是自定义多路复用器。

自定义多路复用器也比较简单，直接调用 http.NewServeMux()函数即可。然后，在新创建的多路复用器上注册处理器：

```
mux := http.NewServeMux()
mux.HandleFunc("/", hi)
```

自定义多路复用器的完整示例代码如下。

代码 chapter3/3.2-handfunc2.go　　自定义多路复用器

```
package main

import (
    "fmt"
    "log"
    "net/http"
)

func hi(w http.ResponseWriter, r *http.Request) {
    fmt.Fprintf(w, "Hi Web")
}

func main() {
    mux := http.NewServeMux()
    mux.HandleFunc("/", hi)

    server := &http.Server{
        Addr:    ":8081",
        Handler: mux,
    }

    if err := server.ListenAndServe(); err != nil {
        log.Fatal(err)
    }
}
```

上面代码的功能与 3.2.1 节中的默认多路复用器程序的功能相同，都是启动一个 HTTP 服务器端。这里还创建了服务器对象 Server。通过指定服务器的参数，可以创建定制化的服务器：

```
server := &http.Server{
    Addr:         ":8081",
    Handler:      mux,
    ReadTimeout:  5 * time.Second,
    WriteTimeout: 5 * time.Second,
}
```

在上面代码中，创建了一个读超时和写超时均为 5 s 的服务器。

简单总结一下，ServerMux 实现了 http.Handler 接口的 ServeHTTP(ResponseWriter, *Request) 方法。在创建 Server 时，如果设置 Handler 为空，则使用 DefaultServeMux 作为默认的处理器，而 DefaultServeMux 是 ServerMux 的一个全局变量。

**2. ServeMux 的 URL 路由匹配**

在实际应用中，一个 Web 服务器往往有很多的 URL 绑定，不同的 URL 对应不同的处理器。服务器是如何决定使用哪个处理器的呢？

假如我们现在绑定了 3 个 URL，分别是/ 、/hi 和/hi/web。显然：

- 如果请求的 URL 为 /，则调用 / 对应的处理器。
- 如果请求的 URL 为 /hi，则调用 /hi 对应的处理器。
- 如果请求的 URL 为 /hi/web ，则调用 /hi/web 对应的处理器。

> 📂 **提示**
>
> 如果注册的 URL 不是以 / 结尾的，则它只能精确匹配请求的 URL。反之，即使请求的 URL 只有前缀与被绑定的 URL 相同，则 ServeMux 也认为它们是匹配的。例如，如果请求的 URL 为 /hi/ ，则不能匹配到 /hi。因为 /hi 不以 / 结尾，必须精确匹配。如果我们绑定的 URL 为 /hi/，则当服务器找不到与 /hi/others 完全匹配的处理器时，就会退而求其次，开始寻找能够与 /hi/ 匹配的处理器。

可以通过下面的示例代码加深对 ServeMux 的 URL 路由匹配的理解。

代码 chapter3/3.2-handlerfunc3.go　　自定义多路复用器

```
package main

import (
    "fmt"
    "log"
    "net/http"
)

func indexHandler(w http.ResponseWriter, r *http.Request) {
    fmt.Fprintf(w, "欢迎来到 Go Web 首页! 处理器为: indexHandler! ")
```

```
}

func hiHandler(w http.ResponseWriter, r *http.Request) {
    fmt.Fprintf(w, "欢迎来到 Go Web 欢迎页！处理器为: hiHandler! ")
}

func webHandler(w http.ResponseWriter, r *http.Request) {
    fmt.Fprintf(w, "欢迎来到 Go Web 欢迎页！处理器为: webHandler! ")
}

func main() {
    mux := http.NewServeMux()
    mux.HandleFunc("/", indexHandler)
    mux.HandleFunc("/hi", hiHandler)
    mux.HandleFunc("/hi/web", webHandler)

    server := &http.Server{
        Addr:    ":8083",
        Handler: mux,
    }

    if err := server.ListenAndServe(); err != nil {
        log.Fatal(err)
    }
}
```

在文件作者目录打开终端，输入"go run 3.2-handlerfunc3.go"运行以上代码，然后分别执行以下操作。

（1）在浏览器中输入"localhost:8083/"，则返回"欢迎来到 Go Web 首页！处理器为：indexHandler！"文字，如图 3-4 所示。

图 3-4

（2）在浏览器中输入"localhost:8083/hi"，则返回"欢迎来到 Go Web 欢迎页！处理器为：hiHandler！"文字，如图 3-5 所示。

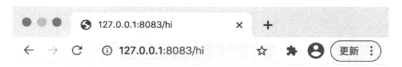

欢迎来到Go Web欢迎页！处理器为：`hiHandler`！

图 3-5

（3）在浏览器中输入"localhost:8083/hi/"，将返回"欢迎来到 Go Web 首页！处理器为：indexHandler！"文字，如图 3-6 所示。

> **📖 提示**
>
> 这里的处理器是 indexHandler，因为绑定的 /hi 需要精确匹配，而请求的 /hi/ 不能与之精确匹配，所以向上查找到 / 。

欢迎来到Go Web首页！处理器为：`indexHandler`！

图 3-6

（4）在浏览器中输入"localhost:8083/hi/web"，将返回"欢迎来到 Go Web 欢迎页！处理器为：webHandler！"文字，如图 3-7 所示。

欢迎来到Go Web欢迎页！处理器为：`webHandler`！

图 3-7

处理器和处理器函数都可以进行 URL 路由匹配。通常情况下，可以使用处理器和处理器函数中的一种或同时使用两者。同时使用两者的示例代码如下。

代码 chapter3/3.2-handlerfunc4.go　　同时使用处理器和处理器函数

```go
package main

import (
    "fmt"
    "log"
    "net/http"
```

```
)

func hiHandler(w http.ResponseWriter, r *http.Request) {
    fmt.Fprintf(w, "Hi, Go HandleFunc")
}

type welcomeHandler struct {
    Name string
}

func (h welcomeHandler) ServeHTTP(w http.ResponseWriter, r *http.Request)
{
    fmt.Fprintf(w, "hi, %s", h.Name)
}

func main() {
    mux := http.NewServeMux()
    // 注册处理器函数
    mux.HandleFunc("/hi", hiHandler)

    // 注册处理器
    mux.Handle("/welcome/goweb", welcomeHandler{Name: "Hi, Go Handle"})

    server := &http.Server {
        Addr:       ":8085",
        Handler:    mux,
    }
    if err := server.ListenAndServe(); err != nil {
        log.Fatal(err)
    }
}
```

### 3. HttpRouter 简介

ServeMux 的一个缺陷是：无法使用变量实现 URL 模式匹配。而 HttpRouter 则可以。HttpRouter 是一个高性能、可扩展的第三方 HTTP 路由包。HttpRouter 包弥补了 net/http 包中默认路由不足的问题。

下面用一个例子认识一下 HttpRouter 这个强大的 HTTP 路由包。

（1）打开命令行终端，输入如下命令即可完成 HttpRouter 安装：

```
$ go get -u github.com/julienschmidt/httprouter
```

（2）HttpRouter 的使用方法如下：首先使用 httprouter.New()函数生成了一个 *Router 路由对象，然后使用 GET()方法注册一个适配 / 路径的 Index 函数，最后将 *Router 对象作为参数传给 ListenAndServe() 函数即可启动 HTTP 服务。

HttpRouter 包的使用示例如下。

**代码 chapter3/3.2-httprouter.go    HttpRouter 包的使用示例**

```go
package main

import (
    "log"
    "net/http"
    "github.com/julienschmidt/httprouter"
)

func Index(w http.ResponseWriter, r *http.Request, _ httprouter.Params) {
    w.Write([]byte("Index"))
}

func main() {
    router := httprouter.New()
    router.GET("/", Index)
    log.Fatal(http.ListenAndServe(":8082", router))
}
```

HttpRouter 包为常用的 HTTP 方法提供了快捷的使用方式。GET()、POST()方法的定义如下：

```go
func (r *Router) GET(path string, handle Handle) {
    r.Handle("GET", path, handle)
}
func (r *Router) POST(path string, handle Handle) {
    r.Handle("POST", path, handle)
}
```

PUT()、DELETE()等方法的定义类似，这里不再介绍。

**提示**

在当前 Web 开发中，大量的开发者都使用 Restful API 进行接口开发。关于 Restful API，我们会在第 8 章中进行详细介绍。

HttpRouter 包提供了对命名参数的支持，可以让我们很方便地开发 Restful API。比如，我们设计 example/user/shirdon 这样一个 URL，则可以查看 shirdon 这个用户的信息。如果要查看其他用户（比如 wangwu）的信息，则只需要访问 example/user/wangwu。

在 HttpRouter 包中对 URL 使用两种匹配模式：

①形如 /user/:name 的精确匹配；

②形如 /user/*name 的匹配所有的模式。

两种匹配的使用示例如下。

**代码 chapter3/3.2-httprouter1.go　　用 HttpRouter 包对 URL 使用两种匹配模式**

```go
package main

import (
    "github.com/julienschmidt/httprouter"
    "net/http"
)

func main() {
    router := httprouter.New()
    router.GET("/default", func(w http.ResponseWriter, r *http.Request, _
httprouter.Params) {
        w.Write([]byte("default get"))
    })
    router.POST("/default", func(w http.ResponseWriter, r *http.Request, _
httprouter.Params) {
        w.Write([]byte("default post"))
    })
    //精确匹配
    router.GET("/user/:name", func(w http.ResponseWriter, r *http.Request,
p httprouter.Params) {
        w.Write([]byte("user name:" + p.ByName("name")))
    })
    //匹配所有
    router.GET("/user/*name", func(w http.ResponseWriter, r *http.Request,
p httprouter.Params){
        w.Write([]byte("user name:" + p.ByName("name")))
    })
    http.ListenAndServe(":8083", router)
}
```

Handler 包可以处理不同的二级域名。它先根据域名获取对应的 Handler 路由，然后调用处理（分发机制）。示例代码如下。

**代码 chapter3/3.2-httprouter2.go　　用 Handler 包处理不同的二级域名**

```go
package main

import (
    "log"
    "net/http"
    "github.com/julienschmidt/httprouter"
)
```

```go
type HostMap map[string]http.Handler

func (hs HostMap) ServeHTTP(w http.ResponseWriter, r *http.Request) {
    //先根据域名获取对应的 Handler 路由，然后调用处理（分发机制）
    if handler := hs[r.Host]; handler != nil {
        handler.ServeHTTP(w, r)
    } else {
        http.Error(w, "Forbidden", 403)
    }
}

func main() {
    userRouter := httprouter.New()
    userRouter.GET("/", func(w http.ResponseWriter, r *http.Request, p
httprouter.Params) {
        w.Write([]byte("sub1"))
    })

    dataRouter := httprouter.New()
    dataRouter.GET("/", func(w http.ResponseWriter, r *http.Request,
httprouter.Params) {
        w.Write([]byte("sub2"))
    })

    //分别处理不同的二级域名
    hs := make(HostMap)
    hs["sub1.localhost:8888"] = userRouter
    hs["sub2.localhost:8888"] = dataRouter

    log.Fatal(http.ListenAndServe(":8888", hs))
}
```

在代码文件所在目录下打开命令行终端，输入如下命令：

```
$ go run 3.2-httprouter2.go
```

在浏览器中输入"sub1.localhost:8888"，返回结果如图 3-8 所示。

图 3-8

HttpRouter 包提供了很方便的静态文件服务。如果要把一个目录托管在服务器上以供访问，则只需要调用 ServeFiles() 方法。该方法的定义如下：

```go
func (r *Router) ServeFiles(path string, root http.FileSystem)
```

在使用 ServeFiles() 方法时需要注意：第 1 个参数路径必须是/*filepath 形式，第 2 个参数为文件目录。示例代码如下。

代码　chapter3/3.2-httprouter3.go　　Handler 包 ServeFiles() 方法的使用示例

```go
package main

import (
    "log"
    "net/http"
    "github.com/julienschmidt/httprouter"
)

func main() {
    router := httprouter.New()
    //访问静态文件
    router.ServeFiles("/static/*filepath", http.Dir("./files"))
    log.Fatal(http.ListenAndServe(":8086", router))
}
```

HttpRouter 包允许使用者设置 PanicHandler，以处理在 HTTP 请求中发生的 panic 异常。Handler 包通过 PanicHandler 处理异常的示例代码如下。

代码　chapter3/3.2-httprouter4.go　　Handler 包通过 PanicHandler 处理异常的示例

```go
package main

import (
    "fmt"
    "github.com/julienschmidt/httprouter"
    "log"
    "net/http"
)

func Index(w http.ResponseWriter, r *http.Request, _ httprouter.Params) {
    panic("error")
}

func main() {
    router := httprouter.New()
    router.GET("/", Index)
    //捕获异常
```

```
    router.PanicHandler = func(w http.ResponseWriter, r *http.Request, v
interface{}) {
        w.WriteHeader(http.StatusInternalServerError)
        fmt.Fprintf(w, "error:%s", v)
    }
    log.Fatal(http.ListenAndServe(":8085", router))
}
```

HttpRouter 包的 Router 结构体还有其他配置，比如是否通过重定向、是否检测当前请求的方法被允许等配置。Router 结构体里的代码如下：

```
type Router struct {
    //是否通过重定向给路径自动去掉斜杠（/）
    //例如，如果请求了/foo/，但路由只存在/foo
    //则对于 GET 请求，客户端被重定向到/foo，HTTP 状态代码为 301
    RedirectTrailingSlash bool
    //是否通过重定向自动修复路径，比如双斜杠（//）被自动修复为单斜杠（/）
    RedirectFixedPath bool
    //是否检测当前请求的方法被允许
    HandleMethodNotAllowed bool
    //是否自动答复 OPTION 请求
    HandleOPTIONS bool
    //404 错误的默认处理
    NotFound http.Handler
    //不被允许的方法的默认处理
    MethodNotAllowed http.Handler
    //异常统一处理
    PanicHandler func(http.ResponseWriter, *http.Request, interface{})
}
```

通过 Router 结构体的配置可以发现，HttpRouter 包还有不少有用的小功能。比如可以通过设置 Router.NotFound 字段来实现对 404 错误的处理。对于其他配置，请读者自己在实际开发中探索，这里不再介绍。

## 3.2.2 处理器和处理器函数

### 1. 处理器

服务器在收到请求后，会根据其 URL 将请求交给相应的多路复用器；然后，多路复用器将请求转发给处理器处理。处理器是实现了 Handler 接口的结构。Handler 接口被定义在 net/http 包中：

```
type Handler interface {
    func ServeHTTP(w Response.Writer, r *Request)
}
```

可以看到，Handler 接口中只有一个 ServeHTTP()处理器方法。任何实现了 Handler 接口的对象，都可以被注册到多路复用器中。

可以定义一个结构体来实现该接口的方法，以注册这个结构体类型的对象到多路复用器中，见下方示例代码。

代码　chapter3/3.2-handler2.go　　Handler 接口的使用示例

```go
package main

import (
    "fmt"
    "log"
    "net/http"
)

type WelcomeHandler struct {
    Language string
}

//定义一个 ServeHTTP()方法，以实现 Handler 接口
func (h WelcomeHandler) ServeHTTP(w http.ResponseWriter, r *http.Request) {
    fmt.Fprintf(w, "%s", h.Language)
}

func main() {
    mux := http.NewServeMux()
    mux.Handle("/cn", WelcomeHandler{Language: "欢迎一起来学 Go Web!"})
    mux.Handle("/en", WelcomeHandler{Language: "Welcome you, let's learn Go Web!"})

    server := &http.Server {
        Addr:    ":8082",
        Handler: mux,
    }

    if err := server.ListenAndServe(); err != nil {
        log.Fatal(err)
    }
}
```

在上述代码中，先定义了一个实现 Handler 接口的结构体 WelcomeHandler，实现了 Handler 接口的 ServeHTTP()方法；然后，创建该结构的两个对象，分别将它注册到多路复用器的/cn 和/en 路径上。

---

💡**提示**

这里注册使用的是 Handle()函数，注意其与 HandleFunc()函数的区别。

在启动服务器后，在浏览器的地址栏中输入"localhost:8080/cn"，则浏览器显示如下内容：

欢迎一起来学 Go Web!

### 2. 处理器函数

下面以默认的处理器函数 HandleFunc()为例介绍处理器的使用方法。

（1）注册一个处理器函数：

```
http.HandleFunc("/", func_name)
```

这个处理器函数的第 1 个参数表示匹配的路由地址，第 2 个参数表示一个名为 func_name 的方法，用于处理具体业务逻辑。例如，注册一个处理器函数，并将处理器的路由匹配到 hi 函数：

```
http.HandleFunc("/", hi)
```

（2）定义一个名为 hi 的函数，用来打印一个字符串到浏览器：

```go
func hi(w http.ResponseWriter, r *http.Request) {
    fmt.Fprintf(w, "Hi Web!")
}
```

完整的示例代码如下。

**代码 chapter3/3.2-handfunc1.go        HandleFunc()函数的完整使用示例**

```go
package main

import (
    "fmt"
    "log"
    "net/http"
)

func hi(w http.ResponseWriter, r *http.Request) {
    fmt.Fprintf(w, "Hi Web!")
}

func main() {
    http.HandleFunc("/", hi)
    if err := http.ListenAndServe(":8081", nil); err != nil {
        log.Fatal(err)
    }
}
```

在以上代码的 main()函数中，http.HandleFunc("/", hi) 处理器函数表示将网站的首页处理转交给 hi 函数进行处理。启动服务后，访问首页，将打印 "Hi Web!" 字符串到浏览器。接下来我们进一步探寻这背后的奥秘。

虽然，自定义处理器这种方式比较灵活和强大，但是它需要定义一个新的结构来实现 ServeHTTP() 方法，还是比较烦琐的。

为了方便使用，net/http 包提供了以函数的方式注册处理器，即用 HandleFunc() 函数来注册处理器。如果一个函数实现了匿名函数 func (w http.ResponseWriter, r *http.Request)，则这个函数被称为 "处理器函数"。HandleFunc() 函数内部调用了 ServeMux 对象的 HandleFunc() 方法。ServeMux 对象的 HandleFunc() 方法的具体代码如下：

```
func (mux *ServeMux) HandleFunc(pattern string, handler func(ResponseWriter,
*Request)) {
    if handler == nil {
        panic("http: nil handler")
    }
    mux.Handle(pattern, HandlerFunc(handler))
}
```

继续查看内部代码可以发现，HandlerFunc() 函数最终也实现了 Handler 接口的 ServeHTTP() 方法。其实现代码如下：

```
type HandlerFunc func(w *ResponseWriter, r *Request)

func (f HandlerFunc) ServeHTTP(w ResponseWriter, r *Request) {
    f(w, r)
}
```

以上这几个函数或方法名很容易混淆，它们的调用关系如图 3-9 所示。

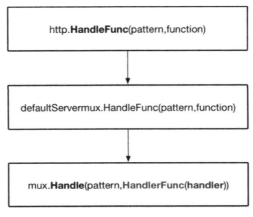

图 3-9

- Handler：处理器接口。定义在 net/http 包中，实现了 Handler 接口的对象，可以被注册到多路复用器中。
- Handle()：注册处理器过程中的调用函数。
- HandleFunc()：处理器函数。
- HandlerFunc：底层为 func (w ResponseWriter, r *Request) 匿名函数，实现了 Handler 处理器接口。它用来连接处理器函数与处理器。

简而言之，HandlerFunc()是一个处理器函数，其内部通过对 ServeMux 中一系列方法的调用，最终在底层实现了 Handler 处理器接口的 ServeHTTP()方法，从而实现处理器的功能。

## 3.2.3　串联多个处理器和处理器函数

在第 1 章中已经学习过函数和匿名函数的一些基础知识。函数可以被当作参数传递给另一个函数，即可以串联多个函数来对某些方法进行复用，从而解决代码的重复和强依赖问题。

而实际上，处理器也是一个函数。所以在处理诸如日志记录、安全检查和错误处理这样的操作时，我们往往会把这些通用的方法进行复用，这时就需要串联调用这些函数。可以使用串联技术来分隔代码中需要复用的代码。串联多个函数的示例代码如下。

代码 chapter3/3.2-handfunc3.go　　串联多个函数的示例

```go
package main

import (
    "fmt"
    "net/http"
    "reflect"
    "runtime"
    "time"
)

func main() {
    http.HandleFunc("/", log(index))
    http.ListenAndServe(":8087", nil)
}

func log2(h http.Handler) http.Handler {
    return http.HandlerFunc(func(w http.ResponseWriter, r *http.Request) {
        //...
        h.ServeHTTP(w, r)
    })
}

func index(w http.ResponseWriter, r *http.Request)  {
```

```
    fmt.Fprintf(w, "hello index!!")
}

func log(h http.HandlerFunc) http.HandlerFunc {
    return func(w http.ResponseWriter, r *http.Request) {
        fmt.Printf("  time:  %s|  handlerfunc:%s\n",  time.Now().String(),
runtime.FuncForPC(reflect.ValueOf(h).Pointer()).Name())
        h(w, r)
    }
}
```

通过示例代码可以看到，串联多个处理器和处理器函数的多重调用，和普通函数或者匿名函数的多重调用相似，只是函数会带上参数(w http.ResponseWriter, r *http.Request)。

## 3.2.4　构建模型

在 3.2.3 节已经介绍过，多路复用器用于将客户端请求的 URL 路由匹配到处理器。本节将讲解如何构建模型对数据库进行增加、删除、修改和查询。

一个完整的 Web 项目包含"处理器处理请求""用模型操作数据库""通过模板引擎（或处理器）将模型从数据库中返回的数据和模板拼合在一起，并生成 HTML 或者其他格式的文档"，以及"通过 HTTP 报文传输给客户端"这 4 步。

服务器端通过模型连接处理器和数据库的流程如图 3-10 所示。

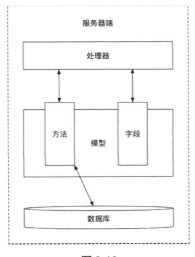

图 3-10

下面创建一个获取用户信息的模型。

（1）新建一个保存用户模型的包 model：

```
package model
```

（2）创建一个名为 User 的结构体：

```
type User struct {
    Uid    int
    Name   string
    Phone  string
}
```

（3）在模型结构体中定义 3 个字段 Uid、Name、Phone，分别为 int、string、string 类型。为了访问数据库，还需要导入 "database/sql" 包及 "github.com/go-sql-driver/mysql" 包，并定义一个 db 的全局变量：

```
import (
    "database/sql"
    "fmt"
    _ "github.com/go-sql-driver/mysql"
)

var db *sql.DB
```

📌 提示

关于 database/sql 包的详细使用方法，会在第 4 章中进行讲解，这里只是一个简单的使用示例。

（4）通过 init()函数初始化数据库连接：

```
//初始化数据库连接
func init() {
    db, _ = sql.Open("mysql",
        "root:123456@tcp(127.0.0.1:3306)/chapter3")
}
```

（5）定义用来获取用户信息的函数：

```
func GetUser(uid int) (u User) {
    //确保在 QueryRow()方法之后调用 Scan()方法，否则持有的数据库链接不会被释放
    err := DB.QueryRow("select uid,name,phone from `user` where uid=?",
uid).Scan(&u.Uid, &u.Name, &u.Phone)
    if err != nil {
        fmt.Printf("scan failed, err:%v\n", err)
        return
    }
    return u
}
```

这样获取用户信息的模型已经创建完毕。完整代码见本书配套资源中的 "chapter3/model/3-2-model-user.go"。

关于模型，本章只介绍一些基础知识，更深入的内容会在第 4 章进行详细讲解。

## 3.2.5　生成 HTML 表单

（1）创建 HTML 模板文件。

如果要将数据库中返回的数据通过模板引擎生成 HTML 文档，则需要先创建一个 HTML 模板。示例代码如下。

```html
<!DOCTYPE html>
<html>
  <head>
    <meta http-equiv="Content-Type" content="text/html; charset=utf-8">
    <title>Welcome to my page</title>
  </head>
  <body>
    <ul>
    {{ range . }}
       <h1 style="text-align:center">{{ . }}</h1>
    {{ end}}
       <h1 style="text-align:center">Welcome to my page</h1>
       <p style="text-align:center">this is the user info page</p>
    </ul>
  </body>
</html>
```

（2）创建控制器文件。

新建一个名为 UserController 的结构体，然后为结构体新建一个名为 GetUser() 的方法：

```go
func (c Controller) GetUser(w http.ResponseWriter, r *http.Request) {
    query := r.URL.Query()
    uid, _ := strconv.Atoi(query["uid"][0])

    //此处调用模型从数据库中获取数据
    user := model.GetUser(uid)
    fmt.Println(user)

    t, _ := template.ParseFiles("view/t3.html")
    userInfo := []string{user.Name, user.Phone}
    t.Execute(w, userInfo)
}
```

UserController 控制器的完整代码如下。

**代码 chapter3/controller/UserController.go    UserController 控制器的完整代码**

```go
package controller

import (
    "fmt"
    "gitee.com/shirdonl/goWebActualCombat/chapter3/model"
    "html/template"
    "net/http"
    "strconv"
)

type UserController struct {
}

func (c UserController) GetUser(w http.ResponseWriter, r *http.Request) {
    query := r.URL.Query()
    uid, _ := strconv.Atoi(query["uid"][0])

    //此处调用模型从数据库中获取数据
    user := model.GetUser(uid)
    fmt.Println(user)

    t, _ := template.ParseFiles("view/t3.html")
    userInfo := []string{user.Name, user.Phone}
    t.Execute(w, userInfo)
}
```

（3）新建 main 包，编写 main()函数，注册处理器函数。

在创建好控制器后，再编写 main()函数。然后通过处理器函数 HandleFunc()注册路由 getUser,处理器函数将绑定路由getUser与控制器的controller.UserController{}.GetUser方法：

```go
http.HandleFunc("/getUser", controller.UserController{}.GetUser)
```

服务器入口 main 包的完整代码如下。

**代码 chapter3/3.2-server4.go    服务器入口 main 包的完整代码**

```go
package main

import (
    "gitee.com/shirdonl/goWebActualCombat/chapter3/controller"
    "log"
    "net/http"
)
```

```
func main() {
    http.HandleFunc("/getUser", controller.UserController{}.GetUser)
    if err := http.ListenAndServe(":8088", nil); err != nil {
        log.Fatal(err)
    }
}
```

（4）在 main 包文件所在的目录下输入以下运行命令：

```
$ go run 3-2-server4.go
```

（5）打开浏览器输入网址"127.0.0.1:8088/getUser?uid=1"，运行结果如图 3-11 所示。

图 3-11

## 3.3　处理请求

### 3.3.1　了解 Request 结构体

本节将介绍 Go 语言如何处理请求。net/http 包中的 Request 结构体用于返回 HTTP 请求的报文。结构体中除了有基本的 HTTP 请求报文信息，还有 Form 字段等信息的定义。

以下是 Request 结构体的定义：

```
type Request struct {
    Method string        // 请求的方法
    URL *url.URL         // 请求报文中的 URL 地址，是指针类型
    Proto      string    // 形如："HTTP/1.0"
    ProtoMajor int       // 1
    ProtoMinor int       // 0
```

```
      Header Header        // 请求头字段
      Body io.ReadCloser      // 请求体
      GetBody func() (io.ReadCloser, error)
      ContentLength int64
      TransferEncoding []string
      Close bool
      Host string
      // 请求报文中的一些参数，包括表单字段等
      Form url.Values
      PostForm url.Values
      MultipartForm *multipart.Form
      Trailer Header
      RemoteAddr string
      RequestURI string
      TLS *tls.ConnectionState
      Cancel <-chan struct{}
      Response *Response
      ctx context.Context
}
```

Request 结构体主要用于返回 HTTP 请求的响应，是 HTTP 处理请求中非常重要的一部分。只有正确地解析请求数据，才能向客户端返回响应。接下来通过简单示例来测试一下。

下方是 Go 服务器端的代码，用于解析 Request 结构体中各成员（或者说是属性）。

**代码 chapter3/request.go        Request 结构体解析返回示例的代码**

```go
package main

import (
    "fmt"
    "log"
    "net/http"
    "strings"
)

func request(w http.ResponseWriter, r *http.Request) {
    //这些信息是输出到服务器端的打印信息
    fmt.Println("Request 解析")
    //HTTP 方法
    fmt.Println("method", r.Method)
    //RequestURI 是被客户端发送到服务器端的请求行中未修改的请求 URI
    fmt.Println("RequestURI:", r.RequestURI)
    //URL 类型，下方分别列出 URL 的各成员
    fmt.Println("URL_path", r.URL.Path)
    fmt.Println("URL_RawQuery", r.URL.RawQuery)
    fmt.Println("URL_Fragment", r.URL.Fragment)
```

```go
        //协议版本
        fmt.Println("proto", r.Proto)
        fmt.Println("protomajor", r.ProtoMajor)
        fmt.Println("protominor", r.ProtoMinor)
        //HTTP 请求头
        for k, v := range r.Header {
            for _, vv := range v {
                fmt.Println("header key:" + k + " value:" + vv)
            }
        }
        //判断是否为 multipart 方式
        isMultipart := false
        for _, v := range r.Header["Content-Type"] {
            if strings.Index(v, "multipart/form-data") != -1 {
                isMultipart = true
            }
        }
        //解析 Form 表单
        if isMultipart == true {
            r.ParseMultipartForm(128)
            fmt.Println("解析方式:ParseMultipartForm")
        } else {
            r.ParseForm()
            fmt.Println("解析方式:ParseForm")
        }
        //HTTP Body 内容长度
        fmt.Println("ContentLength", r.ContentLength)
        //是否在回复请求后关闭连接
        fmt.Println("Close", r.Close)
        //HOST
        fmt.Println("host", r.Host)
        //该请求的来源地址
        fmt.Println("RemoteAddr", r.RemoteAddr)
        fmt.Fprintf(w, "hello, let's go!") //这个是输出到客户端的
}
func main() {
    http.HandleFunc("/hello", request)
    err := http.ListenAndServe(":8081", nil)
    if err != nil {
        log.Fatal("ListenAndServe:", err)
    }
}
```

以上代码运行结果如图 3-12 所示。

图 3-12

## 3.3.2 请求 URL

在第 2 章我们介绍过，一个 URL 是由如下几部分组成的：

```
scheme://[userinfo@]host/path[?query][#fragment]
```

在 Go 语言中，URL 结构体的定义如下：

```
type URL struct {
    Scheme      string     // 方案
    Opaque      string     // 编码后的不透明数据
    User        *Userinfo  // 基本验证方式中的 username 和 password 信息
    Host        string     // 主机字段
    Path        string     // 路径
    RawPath     string
    ForceQuery  bool
    RawQuery    string     // 查询字段
    Fragment    string     // 分片字段
}
```

该结构体主要用来存储 URL 各部分的值。net/url 包中的很多方法都是对 URL 结构体进行相关操作，其中 Parse()函数的定义如下：

```
func Parse(rawurl string) (*URL, error)
```

该方法的返回值是一个 URL 结构体。通过 Parse()函数来查看 URL 结构体的示例代码如下。

代码 chapter3/request1.go　　　通过 Parse()函数查看 URL 结构体

```
package main
```

```
import "net/url"

func main() {
    path := "http://lcoalhost:8082/article?id=1"
    p, _ := url.Parse(path) // 解析 URL
    println(p.Host)
    println(p.User)
    println(p.RawQuery)
    println(p.RequestURI())
}
```

在代码所在目录下打开命令行终端，输入运行命令：

```
$ go run request1.go
```

返回值如下：

```
lcoalhost:8082
0x0
id=1
/article?id=1
```

## 3.3.3　请求头

请求头和响应头使用 Header 类型表示。Header 类型是一个映射（map）类型，表示 HTTP 请求头中的多个键值对。其定义如下：

```
type Header map[string][]string
```

通过请求对象的 Header 属性可以访问到请求头信息。Header 属性是映射结构，提供了 Get()方法以获取 key 对应的第一个值。Get()方法的定义如下：

```
func (h Header) Get(key string)
```

Header 结构体的其他常用方法的定义如下：

```
func (h Header) Set(key, value string)      // 设置头信息
func (h Header) Add(key, value string)      //添加头信息
func (h Header) Del(key string)             //删除头信息
func (h Header) Write(w io.Writer) error    // 使用线模式（in wire format）写头
信息
```

例如，要返回一个 JSON 格式的数据，则需要使用 Set()方法设置 "Content-Type" 为 "application/json" 类型。示例代码如下。

```
type Greeting struct {
    Message string `json:"message"`
}
```

```go
func Hello(w http.ResponseWriter, r *http.Request) {
    // 返回 JSON 格式数据
    greeting := Greeting{
        "欢迎一起学习《Go Web 编程实战派——从入门到精通》",
    }
    message, _ := json.Marshal(greeting)
    //通过 Set()方法设置 Content-Type 为 application/json 类型
    w.Header().Set("Content-Type", "application/json")
    w.Write(message)
}

func main() {
    http.HandleFunc("/", Hello)
    err := http.ListenAndServe(":8086", nil)
    if err != nil {
        fmt.Println(err)
    }
}
```

### 3.3.4  请求体

请求体和响应体都由 Request 结构中的 Body 字段表示。Body 字段是一个 io.ReadCloser 接口。ReadCloser 接口的定义如下：

```go
type ReadCloser interface {
    Reader
    Closer
}
```

Body 字段是 Reader 接口和 Closer 接口的结合。Reader 接口的定义如下：

```go
type Reader interface {
    Read(p []byte) (n int, err error)
}
```

通过 Reader 接口可以看到，Read()方法实现了 ReadCloser 接口。所以，可以通过 Body.Read()方法来读取请求体信息。接下来通过示例来加深对 Body.Read()方法的理解。

代码 chapter3/request-body.go      Body.Read()方法的使用示例

```go
package main

import (
    "fmt"
    "net/http"
)
```

```go
func getBody(w http.ResponseWriter, r *http.Request) {
    // 获取请求报文的内容长度
    len := r.ContentLength
    // 新建一个字节切片，长度与请求报文的内容长度相同
    body := make([]byte, len)
    // 读取 r 的请求体，并将具体内容写入 Body 中
    r.Body.Read(body)
    // 将获取的参数内容写入相应报文中
    fmt.Fprintln(w, string(body))
}
func main() {
    http.HandleFunc("/getBody", getBody)
    err := http.ListenAndServe(":8082", nil)
    if err != nil {
        fmt.Println(err)
    }
}
```

在文件所在的目录下打开命令行终端，运行以下命令启动服务器端：

```
$ go run request-body.go
```

另外打开一个命令行终端，通过 curl 命令模拟带参数的 POST 请求，终端会返回我们输入的参数，如图 3-13 所示。

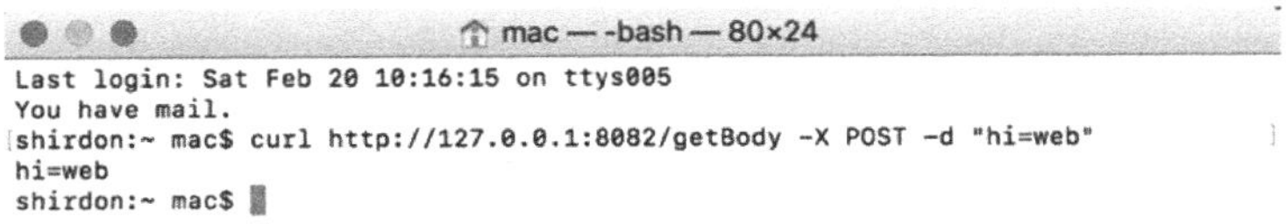

图 3-13

## 3.3.5　处理 HTML 表单

POST 和 GET 请求都可以传递表单，但 GET 请求会暴露参数给用户，所以一般用 POST 请求传递表单。

在用 GET 请求传递表单时，表单数据以键值对的形式包含在请求的 URL 里。服务器在接收到浏览器发送的表单数据后，需要先对这些数据进行语法分析，才能提取数据中记录的键值对。

### 1. 表单的 enctype 属性

HTML 表单的内容类型（content type）决定了 POST 请求在发送键值对时将使用何种格式。HTML 表单的内容类型是由表单的 enctype 属性指定的。enctype 属性有以下 3 种：

（1）application/x-www-form-urlencoded。

这是表单默认的编码类型。该类型会把表单中的数据编码为键值对，且所有字符会被编码（空格被转换为"+"号，特殊符号被转换为 ASCII HEX 值）。

- 当 method 属性为 GET 时，表单中的数据会被转换为 "name1=value1&name2=value2&..." 形式，并拼接到请求的 URL 后面，以"？"分隔。queryString 的 URL 加密采用的编码字符集取决于浏览器。例如表单中有"age:28"，采用 UTF-8 编码，则请求的 URL 为 "...?age=28"。
- 当 method 属性为 POST 时，在数据被添加到 HTTP Body（请求体）中后，浏览器会根据在网页的 ContentType("text/html; charset=UTF-8") 中指定的编码对表单中的数据进行编码，请求数据同上为"age=28"。

（2）multipart/form-data。

如果不对字符编码，则此时表单通常采用 POST 方式提交。该类型对表单以控件为单位进行分隔，为每个部分加上 Content-Disposition（form-data | file）、Content-Type（默认 text/plain）、name（控件 name）等信息，并加上分隔符（边界 boundary）。该类型一般用于将二进制文件上传到服务器。

（3）text/plain。

text/plain 类型用于发送纯文本内容，常用于向服务器传递大量文本数据。该类型会将空格转换为加号（+），不对特殊字符进行编码，一般用于发送 E-mail 之类的数据信息。

### 2. Go 语言的 Form 与 PostForm 字段

Form 字段支持 URL 编码，键值的来源是 URL 和表单。

PostForm 字段支持 URL 编码，键值的来源是表单。如果一个键同时拥有表单键值和 URL 键值，同时用户只想获取表单键值，则可使用 PostForm 字段，示例代码如下：

```
func process(w http.ResponseWriter, r *http.Request) {
    r.ParseForm()
    fmt.Fprintln(w, "表单键值对和 URL 键值对: ", r.Form)
    fmt.Fprintln(w, "表单键值对: ", r.PostForm)
}
```

对应的 HTML 代码如下：

```
<!DOCTYPE html>
<html lang="en">
<head>
    <meta http-equiv="Content-Type" content="text/html" charset="UTF-8">
    <title>Form 提交</title>
</head>
<body>
```

```
<form  action="http://127.0.0.1:8089?name=go&color=green"  method="post"
enctype="application/x-www-form-urlencoded">
    <input type="text" name="name" value="shirdon"/>
    <input type="text" name="color" value="green"/>
    <input type="submit"/>
</form>
</body>
</html>
```

### 3. Go 语言的 MultipartForm 字段

Go 语言的 MultipartForm 字段支持 mutipart/form-data 编码，键值来源是表单，常用于文件的上传。

MultipartForm 字段的使用示例如下：

```
func dataProcess(w http.ResponseWriter, r *http.Request) {
    r.ParseMultipartForm(1024)   //从表单里提取多少字节的数据
    //multipartform是包含2个映射的结构
    fmt.Fprintln(w,"表单键值对:", r.MultipartForm)
}
```

multpart/form-data 编码通常用于实现文件上传，需要 File 类型的 Input 标签。其 HTML 示例代码如下：

```
<!DOCTYPE html>
<html lang="en">
<head>
    <meta http-equiv="Content-Type" content="text/html" charset="UTF-8">
    <title>upload 上传文件</title>
</head>
<body>
<form action="http://localhost:8089/file" method="post"
enctype="multipart/form-data">
    <input type="file" name="uploaded">
    <input type="submit">
</form>
</body>
</html>
```

Form 表单上传的 Go 语言示例代码如下：

```
func upload(w http.ResponseWriter, r *http.Request) {
    if r.Method == "GET" {
        t, _ := template.ParseFiles("upload.html")
        t.Execute(w, nil)
    } else {
        r.ParseMultipartForm(4096)
```

```
//获取名为"uploaded"的第 1 个文件头
fileHeader := r.MultipartForm.File["uploaded"][0]
file, err := fileHeader.Open()   //获取文件
if err != nil {
    fmt.Println("error")
    return
}
data, err := ioutil.ReadAll(file)   //读取文件
if err != nil {
    fmt.Println("error!")
    return
}
fmt.Fprintln(w, string(data))
}
}
```

上述方法可实现文件的上传。

### 3.3.6　了解 ResponseWriter 原理

Go 语言对接口的实现，不需要显式的声明，只要实现了接口定义的方法，那就实现了相应的接口。

io.Writer 是一个接口类型。如果要使用 io.Writer 接口的 Write()方法，则需要实现 Write(p []byte) (n int, err error)方法。

在 Go 语言中，客户端请求信息都被封装在 Request 对象中。但是发送给客户端的响应并不是 Response 对象，而是 ResponseWriter 接口。ResponseWriter 接口是处理器用来创建 HTTP 响应的接口的。ResponseWriter 接口的定义如下：

```
type ResponseWriter interface {
    // 用于设置或者获取所有响应头信息
    Header() Header
    // 用于写入数据到响应体中
    Write([]byte) (int, error)
    // 用于设置响应状态码
    WriteHeader(statusCode int)
}
```

实际上，在底层支撑 ResponseWriter 接口的是 http.response 结构体。在调用处理器处理 HTTP 请求时，会调用 readRequest()方法。readRequest()方法会声明 response 结构体，并且其返回值是 response 指针。这也是在处理器方法声明时，Request 是指针类型，而 ResponseWriter 不是指针类型的原因。实际上，响应对象也是指针类型。readRequest()方法的核心代码如下：

```
func (c *conn) readRequest(ctx context.Context) (w *response, err error) {
    //此处省略若干代码
    w = &response{
        conn:          c,
        cancelCtx:     cancelCtx,
        req:           req,
        reqBody:       req.Body,
        handlerHeader: make(Header),
        contentLength: -1,
        closeNotifyCh: make(chan bool, 1),
        wants10KeepAlive: req.wantsHttp10KeepAlive(),
        wantsClose:    req.wantsClose(),
    }
    if isH2Upgrade {
        w.closeAfterReply = true
    }
    w.cw.res = w
    w.w = newBufioWriterSize(&w.cw, bufferBeforeChunkingSize)
    return w, nil
}
```

response 结构体的定义和 ResponseWriter 接口都位于 server.go 文件中。不过由于 response 结构体是私有的，对外不可见，所以只能通过 ResponseWriter 接口访问它。两者之间的关系是：ResponseWriter 是一个接口，而 response 结构体实现了它。我们引用 ResponseWriter 接口，实际上引用的是 response 结构体的实例。

ResponseWriter 接口包含 WriteHeader()、Header()、Write()三个方法来设置响应状态码。

### 1. WriteHeader()方法

WriteHeader()方法支持传入一个整型数据来表示响应状态码。如果不调用该方法，则默认响应状态码是 200。WriteHeader()方法的主要作用是在 API 接口中返回错误码。例如，可以自定义一个处理器方法 noAuth()，并通过 w.WriteHeader()方法返回一个 401 未认证状态码（注意，在运行时，w 代表的是对应的 response 对象实例，而不是接口）。

代码 chapter3/3.4-request-WriteHeader.go　　用 WriteHeader()方法返回 401 未认证状态码

```
package main

import (
    "fmt"
    "net/http"
)

func noAuth(w http.ResponseWriter, r *http.Request) {
    w.WriteHeader(401)
```

```
      fmt.Fprintln(w, "未授权，认证后才能访问该接口！")
  }

  func main() {
      http.HandleFunc("/noAuth", noAuth)
      err := http.ListenAndServe(":8086", nil)
      if err != nil {
          fmt.Println(err)
      }
  }
```

打开一个终端运行"go run 3.4-request-WriteHeader.go"启动 HTTP 服务器，另外打开一个命令行终端，通过 curl 命令访问"http://127.0.0.1:8086/noAuth"，返回的完整响应信息如图 3-14 所示。

图 3-14

图 3-14 中的响应状态码是"401 Unauthorized"，表示该接口需要认证后才能访问。我们在运行 curl 命令时带上-i 选项，便可以看到完整的响应报文。响应报文中第 1 行是响应状态行，第 2 行是响应头信息。响应报文的每一行是一个键值对映射，通过冒号分隔。左侧是字段名，右侧是字段值。最后返回的是响应体，即我们在代码中写入的响应数据。响应体和响应头之间通过一个空行分隔（两个换行符）。

**2. Header()方法**

Header()方法用于设置响应头。可以通过 w.Header().Set()方法设置响应头。w.Header()方法返回的是 Header 响应头对象，它和请求头共用一个结构体。因此在请求头中支持的方法这里都支持，比如可以通过 w.Header().Add()方法新增响应头。

例如，如果要设置一个 301 重定向响应，则只需要通过 w.WriteHeader()方法将响应状态码设置为 301，再通过 w.Header().Set()方法将"Location"设置为一个可访问域名即可。

新建一个处理器方法 Redirect()，在其中编写重定向实现代码，如下：

```
func Redirect(w http.ResponseWriter, r *http.Request) {
    // 设置一个 301 重定向
    w.Header().Set("Location", "https://www.shirdon.com")
    w.WriteHeader(301)
```

```
}
```

对于重定向请求，则无须设置响应体。

w.Header().Set()方法应在 w.WriteHeader()方法之前被调用，因为一旦调用了 w.WriteHeader()
方法，就不能对响应头进行设置了。

示例代码如下。

代码 chapter3/3.4-request-Header.go 　　　用 w.Header().Set()方法设置 301 重定向的示例

```go
package main

import (
    "fmt"
    "net/http"
)

func Redirect(w http.ResponseWriter, r *http.Request) {
    // 设置一个 301 重定向
    w.Header().Set("Location", "https://www.shirdon.com")
    w.WriteHeader(301)
}

func main() {
    http.HandleFunc("/redirect", Redirect)
    err := http.ListenAndServe(":8086", nil)
    if err != nil {
        fmt.Println(err)
    }
}
```

在文件所在目录打开命令终端输入 "go run 3.4-request-Header.go" 启动 HTTP 服务器，
通过 "curl –i" 命令访问该路由便可以清楚地看到响应被重定向，并且响应体为空，如图 3-15 所示。

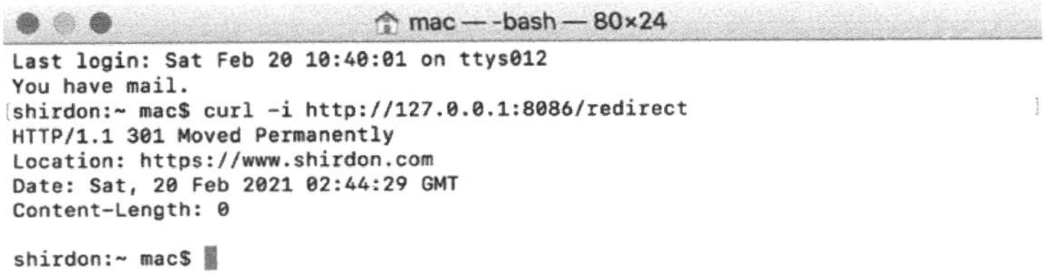

```
● ● ●                    🏠 mac — -bash — 80×24
Last login: Sat Feb 20 10:40:01 on ttys012
You have mail.
[shirdon:~ mac$ curl -i http://127.0.0.1:8086/redirect
HTTP/1.1 301 Moved Permanently
Location: https://www.shirdon.com
Date: Sat, 20 Feb 2021 02:44:29 GMT
Content-Length: 0

shirdon:~ mac$ ▊
```

图 3-15

如果是在浏览器中访问，则页面就会跳转到 https://www.shirdon.com。

### 3. Write()方法

Write()方法用于将数据写入 HTTP 响应体中。如果在调用 Write()方法时还不知道 Content-Type 类型，则可以通过数据的前 512 个 byte 进行判断。用 Write()方法可以返回字符串数据，也可以返回 HTML 文档和 JSON 等常见的文本格式。

（1）返回文本字符串数据。

我们定义一个名为 Welcome()的处理器方法，通过 w.Write()方法返回一段欢迎文本到响应体中：

```go
func Welcome(w http.ResponseWriter, r *http.Request) {
    w.Write([]byte("你好~，欢迎一起学习《Go Web 编程实战派——从入门到精通》！"));
}
```

由于 Write()方法接受的参数类型是[]byte 切片，所以需要将字符串转换为字节切片类型。示例代码如下。

**代码 chapter3/3.4-request-Write.go    用 Write()方法返回字符串数据**

```go
package main

import (
    "fmt"
    "net/http"
)

func Welcome(w http.ResponseWriter, r *http.Request) {
    w.Write([]byte("你好~，欢迎一起学习《Go Web 编程实战派——从入门到精通》！"))
}

func main() {
    http.HandleFunc("/welcome", Welcome)
    err := http.ListenAndServe(":8086", nil)
    if err != nil {
        fmt.Println(err)
    }
}
```

启动服务器，在浏览器中输入 "127.0.0.1:8086/welcome"，返回值如图 3-16 所示。

你好～，欢迎一起学习《Go Web编程实战派 —— 从入门到精通》！

图 3-16

（2）返回 HTML 文档。

如果要返回 HTML 文档，则可以采用如下示例中的方法。

代码　chapter3/3.4-request-Write2.go　　用 Write()方法返回 HTML 文档

```go
package main

import (
    "fmt"
    "net/http"
)

func Home(w http.ResponseWriter, r *http.Request) {
    html := `<html>
    <head>
        <title> 用 Write()方法返回 HTML 文档</title>
    </head>
    <body>
        <h1>你好，欢迎一起学习《Go Web 编程实战派——从入门到精通》
    </body>
    </html>`
    w.Write([]byte(html))
}

func main() {
    http.HandleFunc("/", Home)
    err := http.ListenAndServe(":8086", nil)
    if err != nil {
        fmt.Println(err)
    }
}
```

这里使用 Write()方法将 HTML 字符串返回给响应体。在文件所在目录打开命令行终端，输入
"go run 3.4-request-Write2.go"命令启动服务器。然后通过浏览器就可以看到对应的 HTML
视图了，如图 3-17 所示。

你好，欢迎一起学习《Go Web编程实战派 —— 从入门到精通》

图 3-17

　　此外，由于响应数据的内容类型变成了 HTML。在响应头中可以看到，Content-Type 也自动调整成了 text/html，不再是纯文本格式。这里的 Content-Type 是根据传入的数据自行判断出来的。

（3）返回 JSON 格式数据。

当然，也可以返回 JSON 格式数据。示例代码如下。

**代码 chapter3/3.4-request-Write3.go　　用 Write()方法返回 JSON 格式数据**

```go
package main

import (
    "encoding/json"
    "fmt"
    "net/http"
)

type Greeting struct {
    Message string `json:"message"`
}
func Hello(w http.ResponseWriter, r *http.Request) {
    // 返回 JSON 格式数据
    greeting := Greeting{
        "欢迎一起学习《Go Web 编程实战派——从入门到精通》",
    }
    message, _ := json.Marshal(greeting)
    w.Header().Set("Content-Type", "application/json")
    w.Write(message)
}

func main() {
    http.HandleFunc("/", Hello)
    err := http.ListenAndServe(":8086", nil)
    if err != nil {
        fmt.Println(err)
```

```
        }
    }
```

启动服务，在浏览器中输入"127.0.0.1:8086"，会返回 JSON 格式的文本，如图 3-18 所示。

{"message":"欢迎一起学习《Go Web编程实战派——从入门到精通》"}

图 3-18

# 3.4 了解 session 和 cookie

## 3.4.1 session 和 cookie 简介

### 1. session 和 cookie

HTTP 协议是一种无状态协议，即服务器端每次接收到客户端的请求都是一个全新的请求，服务器端并不知道客户端的历史请求记录。session 和 cookie 的主要目的就是为了弥补 HTTP 的无状态特性。

（1）session 是什么。

客户端请求服务器端，服务器端会为这次请求开辟一块内存空间，这个对象便是 session 对象，存储结构为 ConcurrentHashMap。

session 弥补了 HTTP 的无状态特性，服务器端可以利用 session 存储客户端在同一个会话期间的一些操作记录。

（2）session 如何判断是否为同一个会话。

服务器端在第一次接收到请求时，会开辟一块 session 空间（创建了 session 对象），同时生成一个 sessionId，并通过响应头的"Set-Cookie：JSESSIONID=XXXXXXX"命令，向客户端发送要求设置 cookie 的响应。

客户端在收到响应后，在本机客户端设置了一个"JSESSIONID=XXXXXXX"的 cookie 信息，该 cookie 的过期时间为浏览器会话结束，如图 3-19 所示。

图 3-19

接下来，在客户端每次向同一个服务器端发送请求时，请求头中都会有该 cookie 信息（包含 sessionId）。服务器端通过读取请求头中的 cookie 信息，获取名称为 JSESSIONID 的值，得到此次请求的 sessionId。

（3）session 的缺点。

session 机制有一个缺点：如果 A 服务器存储了 session（即做了负载均衡），假如一段时间内 A 的访问量激增，则访问会被转发到 B 服务器，但是 B 服务器并没有存储 A 服务器的 session，从而导致 session 失效。

（4）cookie 是什么。

HTTP 协议中的 cookie 是服务器端发送到客户端 Web 浏览器的一小块数据，包括 Web cookie 和浏览器 cookie。服务器端发送到客户端浏览器的 cookie，浏览器会进行存储，并与下一个请求一起发送到服务器端。通常，它用于判断两个请求是否来自同一个客户端浏览器，例如用户保持登录状态。

cookie 主要用于以下 3 个方面。

①会话管理：在登录、购物车、游戏得分或者服务器里常需要用会话管理来记住其内容。

②实现个性化：个性化是指用户偏好、主题或者其他设置。

③追踪：记录和分析用户行为。

cookie 曾经用作一般的客户端存储，那时这是合法的，因为它们是在客户端上存储数据的唯一方法。但如今建议使用现代存储 API。cookie 随每个请求一起被发送，因此它们可能会降低性能（尤其是对于移动数据连接而言）。

（5）session 和 cookie 的区别。

首先，无论客户端浏览器做怎样的设置，session 都应该能正常工作。客户端可以选择禁用 cookie，但 session 仍然是能够工作的，因为客户端无法禁用服务器端的 session。

其次，在存储的数据量方面，session 和 cookie 也是不一样的。session 能够存储任意类型的对象，cookie 只能存储 String 类型的对象。

## 2. 创建 cookie

当接收到客户端发出的 HTTP 请求时，服务器端可以发送带有响应的 Set-Cookie 标头。cookie 通常由浏览器存储，浏览器将 cookie 与 HTTP 标头组合在一起向服务器端发送请求。

（1）Set-Cookie 标头和 cookie。

Set-Cookie HTTP 响应标头的作用是将 cookie 从服务器端发送到用户代理。

（2）会话 cookie。

会话 cookie 有一个特征——客户端关闭时 cookie 会被删除，因为它没有指定 Expires 或 Max-Age 指令。但是，Web 浏览器可能会使用会话还原，这会使得大多数会话 cookie 保持"永久"状态，就像从未关闭过浏览器。

（3）永久性 cookie。

永久性 cookie 不会在客户端关闭时过期，而是在到达特定日期（Expires）或特定时间长度（Max-Age）后过期。例如"Set-Cookie: id=b8gNc; Expires=Sun, 21 Dec 2020 07:28:00 GMT;"表示设置一个 id 为 b8gNc、过期时间为 2020 年 12 月 21 日 07:28:00、格林尼治时间的 cookie。

（4）安全的 cookie。

安全的 cookie 需要 HTTPS 协议通过加密的方式发送到服务器。即使是安全的，也不应该将敏感信息存储在 cookie 中，因为它们本质上是不安全的，并且此标志不能提供真正的保护。

## 3. cookie 的作用域

Domain 和 Path 标识定义了 cookie 的作用域，即 cookie 应该被发送给哪些 URL。Domain 标识指定了哪些主机可以接受 cookie。如果不指定 Domain，则默认为当前主机（不包含子域名）；如果指定了 Domain，则一般包含子域名。例如，如果设置 Domain=baidu.com，则 cookie 也包含在子域名中（如 news.baidu.com/）。

例如，设置 Path=/test，则以下地址都会匹配：

- /test
- /test/news/
- /test/news/id

## 3.4.2　Go 与 cookie

在 Go 标准库的 net/http 包中定义了名为 Cookie 的结构体。Cookie 结构体代表一个出现在 HTTP 响应头中的 Set-Cookie 的值，或者 HTTP 请求头中的 cookie 的值。

Cookie 结构体的定义如下：

```
type Cookie struct {
    Name        string
    Value       string
    Path        string
    Domain      string
    Expires     time.Time
    RawExpires  string
    // MaxAge=0 表示未设置 Max-Age 属性
    // MaxAge<0 表示立刻删除该 cookie，等价于 Max-Age: 0
    // MaxAge>0 表示存在 Max-Age 属性，单位是 s
    MaxAge   int
    Secure   bool
    HttpOnly bool
    Raw      string
    Unparsed []string // 未解析的 "属性-值" 对的原始文本
}
```

### 1. 设置 cookie

在 Go 语言的 net/http 包中提供了 SetCookie()函数来设置 cookie。

SetCookie()函数的定义如下：

```
func SetCookie(w ResponseWriter, cookie *Cookie)
```

SetCookie()函数的使用示例如下。

**代码 chapter3/3.2-httprouter4.go     SetCookie()函数的使用示例**

```go
package main

import (
    "fmt"
    "net/http"
)

func testHandle(w http.ResponseWriter, r *http.Request) {
    c, err := r.Cookie("test_cookie")
    fmt.Printf("cookie:%#v, err:%v\n", c, err)

    cookie := &http.Cookie{
        Name:   "test_cookie",
        Value:  "krrsklHhefUUUFSSKLAkaLlJGGQEXZLJP",
        MaxAge: 3600,
        Domain: "localhost",
        Path:   "/",
```

```
    }

    http.SetCookie(w, cookie)

    //应在具体数据返回之前设置 cookie，否则 cookie 设置不成功
    w.Write([]byte("hello"))
}

func main() {
    http.HandleFunc("/", testHandle)
    http.ListenAndServe(":8085", nil)
}
```

#### 2. 获取 cookie

Go 语言 net/http 包中的 Request 对象一共拥有 3 个处理 cookie 的方法：2 个获取 cookie 的方法和 1 个添加 cookie 的方法。获取 cookie，使用 Cookies()或 Cookie()方法。

（1）Cookies()方法。Cookies()方法的定义如下：

```
func (r *Request) Cookies() []*Cookie
```

Cookies()方法用于解析并返回该请求的所有 cookie。

（2）Cookie()方法。Cookie()方法的定义如下：

```
func (r *Request) Cookie(name string) (*Cookie, error)
```

Cookie()方法用于返回请求中名为 name 的 cookie，如果未找到该 cookie，则返回"nil，ErrNoCookie"。

（3）AddCookie()方法。AddCookie()方法用于向请求中添加一个 cookie。

AddCookie()方法的定义如下：

```
func (r *Request) AddCookie(c *Cookie)
```

Cookie()方法和 AddCookie()方法的使用示例如下。

代码　chapter3/3.4-cookie2.go　　　Cookie()方法和 AddCookie()方法的使用示例

```
package main

import (
    "fmt"
    "io/ioutil"
    "net/http"
    "net/url"
    "strings"
)
```

```go
func main()  {
    CopeHandle("GET","https://www.baidu.com","")
}

//HTTP 请求处理
func CopeHandle(method, urlVal,data string)  {
    client := &http.Client{}
    var req *http.Request

    if data == "" {
        urlArr := strings.Split(urlVal,"?")
        if len(urlArr)  == 2 {
            urlVal = urlArr[0] + "?" + getParseParam(urlArr[1])
        }
        req, _ = http.NewRequest(method, urlVal, nil)
    }else {
        req, _ = http.NewRequest(method, urlVal, strings.NewReader(data))
    }

    cookie := &http.Cookie{Name: "X-Xsrftoken",
Value: "abccadf41ba5fasfasjijalkjaqezgbea3ga", HttpOnly: true}
    req.AddCookie(cookie)

    //添加 header
    req.Header.Add("X-Xsrftoken","aaab6d695bbdcd111e8b681002324e63af81")

    resp, err := client.Do(req)

    if err != nil {
        fmt.Println(err)
    }
    defer resp.Body.Close()
    b, _ := ioutil.ReadAll(resp.Body)
    fmt.Println(string(b))
}

//将 GET 请求的参数进行转义
func getParseParam(param string) string {
    return url.PathEscape(param)
}
```

## 3.4.3　Go 使用 session

在 Go 的标准库中并没有提供实现 session 的方法，但很多 Web 框架都提供了。下面通过 Go

语言的具体示例来简单介绍如何自行实现一个 session 的功能,给读者提供一个设计思路。

### 1. 定义一个名为 Session 的接口

Session 结构体只有 4 种操作:设置值、获取值、删除值和获取当前的 sessionId。因此 Session 接口应该有 4 种方法来执行这种操作:

```
type Session interface {
    Set(key, value interface{}) error   //设置 session
    Get(key interface{}) interface{}     //获取 session
    Delete(key interface{}) error        //删除 session
    SessionID() string                   //返回 sessionId
}
```

### 2. 创建 session 管理器

由于 session 是被保存在服务器端数据中的，因此可以抽象出一个 Provider 接口来表示 session 管理器的底层结构。Provider 接口将通过 sessionId 来访问和管理 session:

```
type Provider interface {
    SessionInit(sessionId string) (Session, error)
    SessionRead(sessionId string) (Session, error)
    SessionDestroy(sessionId string) error
    GarbageCollector(maxLifeTime int64)
}
```

其中共有 4 种方法:

- SessionInit()方法用于实现 session 的初始化。如果成功，则返回新的 session 对象。
- SessionRead()方法用于返回由相应 sessionId 表示的 session 对象。如果不存在，则以 sessionId 为参数调用 SessionInit()方法，创建并返回一个新的 session 变量。
- SessionDestroy()方法用于根据给定的 sessionId 删除相应的 session。
- GarbageCollector()方法用于根据 maxLifeTime 删除过期的 session 变量。

在定义好 Provider 接口后，我们再写一个注册方法，以便可以根据 provider 管理器的名称来找到其对应的 provider 管理器:

```
var providers = make(map[string]Provider)
//注册一个能通过名称来获取的 session provider 管理器
func RegisterProvider(name string, provider Provider) {
    if provider == nil {
        panic("session: Register provider is nil")
    }

    if _, p := providers[name]; p {
        panic("session: Register provider is existed")
```

```
    }
    providers[name] = provider
}
```

接着把 provider 管理器封装一下，定义一个全局的 session 管理器：

```
type SessionManager struct {
    cookieName string    //cookie 的名称
    lock sync.Mutex      //锁，保证并发时数据的安全性和一致性
    provider Provider    //管理 session
    maxLifeTime int64    //超时时间
}
func NewSessionManager(providerName, cookieName string, maxLifetime int64)
(*SessionManager, error){
    provider, ok := providers[providerName]
    if !ok {
        return nil, fmt.Errorf("session: unknown provide %q (forgotten
import?)", providerName)
    }

    //返回一个 SessionManager 对象
    return &SessionManager{
        cookieName: cookieName,
        maxLifeTime: maxlifetime,
        provider: provider,
    }, nil
}
```

然后在 main 包中创建一个全局的 session 管理器：

```
var globalSession *SessionManager
func init() {
    globalSession, _ = NewSessionManager("memory", "sessionId", 3600)
}
```

### 3. 创建获取 sessionId 的方法 GetSessionId()

sessionId 是用来识别访问 Web 应用的每一个用户的，因此需要保证它是全局唯一的。示例代码如下：

```
func (manager *SessionManager) GetSessionId() string {
    b := make([]byte, 32)
    if _, err := io.ReadFull(rand.Reader, b); err != nil {
        return ""
    }
    return base64.URLEncoding.EncodeToString(b)
}
```

#### 4. 创建 SessionBegin()方法来创建 session

需要为每个来访的用户分配或者获取与它相关连的 session，以便后面能根据 session 信息来进行验证操作。SessionBegin()函数就是用来检测是否已经有某个 session 与当前来访用户发生了关联，如果没有则创建它。

```go
//根据当前请求的 cookie 来判断是否存在有效的 session，如果不存在则创建它
func (manager *SessionManager) SessionBegin(w http.ResponseWriter, r *http.Request) (session Session) {
    manager.lock.Lock()
    defer manager.lock.Unlock()
    cookie, err := r.Cookie(manager.cookieName)
    if err != nil || cookie.Value == "" {
    sessionId := manager.GetSessionId()
    session, _ = manager.provider.SessionInit(sessionId)
    cookie := http.Cookie{
        Name:     manager.cookieName,
        Value:    url.QueryEscape(sessionId),
        Path:     "/",
        HttpOnly: true,
        MaxAge:   int(manager.maxLifeTime),
    }
    http.SetCookie(w, &cookie)
    } else {
        sessionId, _ := url.QueryUnescape(cookie.Value)
        session, _ = manager.provider.SessionRead(sessionId)
    }
    return session
}
```

现在已经可以通过 SessionBegin()方法返回一个满足 Session 接口的变量了。

下面通过一个例子来展示一下 session 的读写操作：

```go
//根据用户名判断是否存在该用户的 session，如果不存在则创建它
func login(w http.ResponseWriter, r *http.Request){
    session := globalSession.SessionBegin(w, r)
    r.ParseForm()
    name := sess.Get("username")
    if name != nil {
        //将表单提交的 username 值设置到 session 中
        session .Set("username", r.Form["username"])
    }
}
```

### 5. 创建 SessionDestroy()方法来注销 session

在 Web 应用中，通常有用户退出登录的操作。当用户退出应用时，我们就可以对该用户的 session 数据进行注销。下面创建一个名为 SessionDestroy() 的方法来注销 session：

```go
// 创建 SessionDestroy()方法来注销 session
func (manager *SessionManager) SessionDestroy(w http.ResponseWriter, r *http.Request) {
    cookie, err := r.Cookie(manager.cookieName)
    if err != nil || cookie.Value == "" {
        return
    }

    manager.lock.Lock()
    defer manager.lock.Unlock()

    manager.provider.SessionDestroy(cookie.Value)
    expiredTime := time.Now()
    newCookie := http.Cookie{
        Name: manager.cookieName,
        Path: "/", HttpOnly: true,
        Expires: expiredTime,
        MaxAge: -1,
    }
    http.SetCookie(w, &newCookie)
}
```

📋 **提示**

注销 session 的实质是把 session 的过期时间设置为-1，并没有真正删除 session。

### 6. 创建 GarbageCollector()方法来删除 session

接下来看看如何让 session 管理器删除 session，示例代码如下：

```go
//在启动函数中开启垃圾回收
func init() {
    go globalSession.GarbageCollector()
}
func (manager *SessionManager) GarbageCollector() {
    manager.lock.Lock()
    defer manager.lock.Unlock()
    manager.provider.GarbageCollector(manager.maxLifeTime)
    //使用 time 包中的计时器功能，它会在 session 超时后自动调用 GarbageCollector()方
法
    time.AfterFunc(time.Duration(manager.maxLifeTime), func() {
        manager.GarbageCollector()
```

```
    })
  }
```

至此，我们实现了一个用来在 Web 应用中全局管理 session 的简单 session 管理器。在实战项目中，推荐使用 Web 框架的中的 session 方案。当然，读者也可以根据实际情况来建立自己的 session 方案。

## 3.5 小结

本章通过对 Go 语言的构建 Go Web 服务、接收请求、处理请求、session 与 cookie 处理几个方面进行探究，让读者进一步了解 net/http 包的内部运行机制。简而言之，net/http 包所做的工作就是接收和处理 HTTP 请求，最终生成 HTTP 响应。

# 第4章
# 用 Go 访问数据库

古今之成大事业、大学问者，必经过三种之境界："昨夜西风凋碧树，独上高楼，望尽天涯路"，此第一境界也；"衣带渐宽终不悔，为伊消得人憔悴"，此第二境界也；"众里寻他千百度，蓦然回首，那人却在灯火阑珊处"，此第三境界也。

——王国维

能赢得普遍尊敬的人，并不是由于他显赫的地位，而是由于始终如一的言行和不屈不挠的精神。

——列夫·托尔斯泰

第 3 章系统地讲解了接收和处理 Go Web 请求的方法。本章将讲解通过 Go 语言访问常用数据库的方法。

## 4.1 MySQL 的安装及使用

### 4.1.1 MySQL 简介

MySQL 是一个关系型数据库管理系统，由瑞典 MySQL AB 公司开发，属于 Oracle 旗下的产品。在 Web 应用方面，MySQL 是一个非常优秀的 RDBMS（Relational Database Management System，关系型数据库管理系统）。

关系型数据库将数据保存在不同的表中，而不是将所有数据放在一个大仓库中，这样就提高了速度和灵活性。

目前 MySQL 被广泛应用在互联网公司的各种大中小项目中（特别是中小型公司）。由于其体积小、速度快、总体拥有成本低，尤其是开放源代码这个特点，所以很多公司都采用 MySQL 数据库以降低成本。

MySQL 数据库可以称得上是目前运行速度最快的 SQL 语言数据库之一。除具有许多其他数据库所不具备的功能外，MySQL 数据库还是一款完全免费的产品，用户可以直接通过网络下载它，而不必支付任何费用。

## 4.1.2　MySQL 的安装

MySQL 的安装很简单，直接进入 MySQL 官网，选择操作系统对应的安装包进行下载，如图 4-1 所示。下载完成后，打开下载的安装包，按照提示进行安装即可。

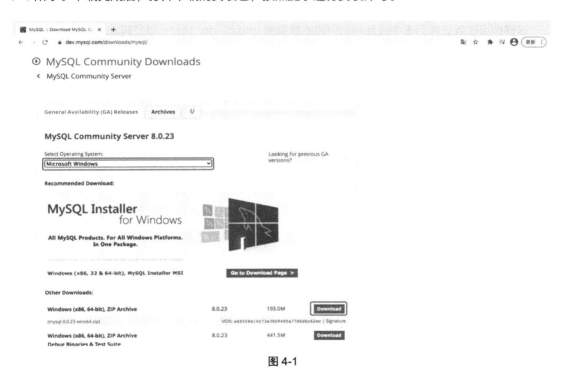

图 4-1

## 4.1.3　MySQL 基础入门

### 1. 数据库管理

（1）创建数据库。

在 MySQL 中，创建数据库的实质是在系统磁盘中划分一块区域用于存储和管理数据。

管理员可以为用户创建数据库，被分配了权限的用户也可以自己创建数据库。在 MySQL 中创建数据库的基本语法格式如下：

```
CREAT DATABASE database_name;
```

其中，"database_name"是将要创建的数据库名称，该名称不能与已经存在的数据库重名。例如，要创建数据库 mysql_db_test，可以打开命令行终端，登录数据库，然后输入如下语句：

```
mysql> CREATE DATABASE mysql_db_test;
```

按 Enter 键执行语句，将创建一个名为 mysql_db_test 的数据库。创建完成后，如果要查看已创建好的数据库信息，则可以输入如下语句：

```
mysql> SHOW DATABASES;
```

这样即可在数据库列表中看到刚刚创建的数据库 mysql_db_test，以及其他原有的数据库。

（2）选择数据库。

在 MySQL 中，用 USE 语句来完成一个数据库到另一个数据库的跳转。在用 CREATE DATABASE 语句创建数据库后，该数据库不会自动成为当前数据库，需要用 USE 语句来指定当前数据库。其语法格式如下：

```
USE <数据库名>
```

该语句可以通知 MySQL 把<数据库名>所指示的数据库作为当前数据库。该数据库会保持为默认数据库，直到语段的结尾，或者直到遇见一个不同的 USE 语句。只有在使用 USE 语句指定某个数据库作为当前数据库后，才能对该数据库及其存储的数据对象执行相关操作。

例如，使用命令行将数据库 mysql_db_test 设置为默认数据库，输入的 SQL 语句与执行结果如下所示：

```
mysql> USE mysql_db_test;
Database changed
```

在执行 USE 语句时，如果出现"Database changed"提示，则表示选择数据库成功。

（3）查看数据库。

在 MySQL 中，可使用 SHOW DATABASES 语句来查看或显示当前用户权限范围内的数据库。查看数据库的语法格式如下：

```
SHOW DATABASES [LIKE '数据库名'];
```

其语法说明如下：

- LIKE 从句是可选项，用于匹配指定的数据库名称。LIKE 从句可以部分匹配，也可以完全匹配。
- 数据库名由单引号（'）包围。

例如，要查看所有数据库，则命令如下：

```
mysql> SHOW DATABASES;
+--------------------+
| Database           |
+--------------------+
| information_schema |
| mysql              |
| performance_schema |
| mysql_db_test      |
| test01             |
| test02             |
+--------------------+
6 rows in set (0.00 sec)
```

（4）修改数据库。

在 MySQL 中，可以使用 ALTER DATABASE 语句来修改已经被创建或者存在的数据库的相关参数。修改数据库的语法格式如下：

```
ALTER DATABASE [数据库名]
```

例如，用 ALTER 命令修改数据库对应的字符集：

```
mysql> ALTER DATABASES test default character SET gb2312 collate
gb2312_chinese_ci;
```

（5）删除数据库。

在 MySQL 中，当需要删除已创建的数据库时，可以使用 DROP DATABASE 语句。其语法格式如下：

```
DROP DATABASE [ IF EXISTS ] <数据库名>
```

使用命令行将数据库 mysql_db_test 从数据库列表中删除，输入的 SQL 语句与执行结果如下所示：

```
mysql> DROP DATABASE mysql_db_test;
Query OK, 0 rows affected (0.57 sec)
```

### 2. 数据表操作

下面学习数据表的常用操作。

（1）创建数据表。

在 MySQL 中，可以使用 CREATE TABLE 语句创建表。其语法格式如下：

```
CREATE TABLE <表名> ([表定义选项])[表选项][分区选项];
```

其中，[表定义选项]的格式如下：

```
<列名 1> <类型 1> [,…] <列名 n> <类型 n>
```

CREATE TABLE 命令语法比较多，其主要是由表创建定义（create-definition）、表选项（table-options）和分区选项（partition-options）所组成的。其中表选项和分区选项是可选项，本书不过多说明。

CREATE TABLE 语句的语法如下。

- CREATE TABLE：用于创建给定名称的表，必须拥有表的 CREATE 权限。
- <表名>：指定要创建表的名称，在 CREATE TABLE 之后给出，必须符合标识符命名规则。表名称应被指定为 db_name.table_name，以便在特定的数据库中创建表。无论是否有当前数据库，都可以通过这种方式创建。在当前数据库中创建表时，可以省略 db_name。如果使用加引号的识别名，则应对数据库和表名称分别加单引号（'）。例如，'my_db'.'my_table' 是合法的，但 'my_db.my_table' 是不合法的。
- <表定义选项>：由列名（col_name）、列的定义（column_definition），以及可能的空值说明、完整性约束或表索引组成。

默认情况是，表被创建到当前的数据库中。若表已存在、没有当前数据库或者数据库不存在，则会出现错误。

> **提示**
> 在使用 CREATE TABLE 创建表时，要创建的表的名称不区分大小写。不能使用 SQL 语言中的关键字，如 DROP、ALTER、INSERT 等。

数据表中每个列（字段）的名称和数据类型中间要用空格隔开。如果在创建表时要创建多个列，则要用逗号隔开。例如创建一张名为 user 的表的 SQL 语句如下：

```
CREATE TABLE `user` (
  `id` int(11) NOT NULL AUTO INCREMENT,
  `phone` varchar(30) DEFAULT '' COMMENT '手机号',
  `password` varchar(80) DEFAULT '' COMMENT '密码',
  `add time` int(10) DEFAULT '0' COMMENT '添加时间',
  `last ip` varchar(50) DEFAULT '' COMMENT '最近ip',
  `email` varchar(80) DEFAULT '' COMMENT '邮编',
  `status` tinyint(4) DEFAULT '0' COMMENT '状态',
  PRIMARY KEY (`id`)
) ENGINE=InnoDB AUTO_INCREMENT=3 DEFAULT CHARSET=utf8;
```

（2）查看数据表。

在 MySQL 中，可以使用 DESCRIBE/DESC 和 SHOW CREATE TABLE 命令来查看数据表的结构。

①DESCRIBE/DESC 命令。

DESCRIBE/DESC 语句会以表格的形式来展示表的字段信息，包括字段名、字段数据类型、是否为主键、是否有默认值等。语法格式如下：

```
DESCRIBE <表名>;
```

或简写成：

```
DESC <表名>;
```

例如，使用 DESCRIBE 查看表 user 的结构，其 SQL 语句和运行结果如下：

```
mysql> DESCRIBE user;
+-----------+-------------+------+-----+---------+----------------+
| Field     | Type        | Null | Key | Default | Extra          |
+-----------+-------------+------+-----+---------+----------------+
| id        | int(11)     | NO   | PRI | NULL    | auto_increment |
| phone     | varchar(30) | YES  |     |         |                |
| password  | varchar(80) | YES  |     |         |                |
| add_time  | int(10)     | YES  |     | 0       |                |
| last_ip   | varchar(50) | YES  |     |         |                |
| email     | varchar(80) | YES  |     |         |                |
| status    | tinyint(4)  | YES  |     | 0       |                |
+-----------+-------------+------+-----+---------+----------------+
7 rows in set (0.01 sec)
```

返回的各个字段的含义如下。

- Field：数据表的字段名。
- Type：字段类型。
- Null：该列是否可以存储 NULL 值。
- Key：该列是否已编制索引。PRI 表示该列是表主键的一部分，UNI 表示该列是 UNIQUE 索引的一部分，MUL 表示在列中某个给定值允许出现多次。
- Default：该列是否有默认值。如果有，则显示其对应的值。
- Extra：可以获取的与给定列有关的附加信息，如 AUTO_INCREMENT 等。

②SHOW CREATE TABLE 命令。

SHOW CREATE TABLE 命令会以 SQL 语句的形式来展示表信息。和 DESCRIBE 相比，SHOW CREATE TABLE 展示的内容更加丰富，它可以查看表的存储引擎和字符编码；另外，还可以通过\g 或者\G 参数来控制展示格式。其语法格式如下：

```
SHOW CREATE TABLE <表名>;
```

使用 SHOW CREATE TABLE 语句查看表 user 的详细信息的示例代码如下。

```
mysql> SHOW CREATE TABLE user;
+---------+----------------------------------------------------+
| Table   | Create Table                                       |
+---------+----------------------------------------------------+
| user    | CREATE TABLE `user` (
  `id` int(11) NOT NULL AUTO_INCREMENT,
  `phone` varchar(30) DEFAULT '' COMMENT '手机号',
  `password` varchar(80) DEFAULT '' COMMENT '密码',
  `add_time` int(10) DEFAULT '0' COMMENT '添加时间',
  `last_ip` varchar(50) DEFAULT '' COMMENT '最近ip',
  `email` varchar(80) DEFAULT '' COMMENT '邮编',
  `status` tinyint(4) DEFAULT '0' COMMENT '状态',
  PRIMARY KEY (`id`)
)       ENGINE=InnoDB      AUTO_INCREMENT=3      DEFAULT      CHARSET=utf8       |
+---------+----------------------------------------------------+
1 row in set (0.01 sec)
```

（3）修改数据表。

在 MySQL 中，可以使用 ALTER TABLE 语句来改变原有表的结构。例如增加或删减列、更改原有列类型、重新命名列或表等。

其语法格式如下：

```
ALTER TABLE <表名> [修改选项]
```

"修改选项"的语法格式如下：

```
ADD COLUMN <列名> <类型>
| CHANGE COLUMN <旧列名> <新列名> <新列类型>
| ALTER COLUMN <列名> { SET DEFAULT <默认值> | DROP DEFAULT }
| MODIFY COLUMN <列名> <类型>
| DROP COLUMN <列名>
| RENAME TO <新表名>
| CHARACTER SET <字符集名>
| COLLATE <校对规则名>
```

例如，在 user 表中增加一个 username 字段的语法如下：

```
mysql> ALTER TABLE user ADD username varchar(30) DEFAULT '' NULL;
```

①修改表名。

MySQL 通过 ALTER TABLE 语句来实现表名的修改，语法规则如下：

```
ALTER TABLE <旧表名> RENAME [TO] <新表名>;
```

其中，TO 为可选参数，使用与否均不影响结果。例如，使用 ALTER TABLE 将数据表 user 改名为 user_new，SQL 语句和运行结果如下所示：

```
mysql> ALTER TABLE user RENAME TO user_new;
Query OK, 0 rows affected (0.01 sec)
```

然后用 SHOW TABLE 命令查看表名：

```
mysql>  SHOW TABLES;
+---------------+
| Tables_in_ch4 |
+---------------+
| user_new      |
+---------------+
1 row in set (0.01 sec)
```

**⊡ 提示**

修改表名并不会修改表的结构，因此修改名称后的表和修改名称前的表的结构是相同的。用户可以使用 DESC 命令查看修改后的表结构。

②修改表字符集。

MySQL 通过 ALTER TABLE 语句来实现表字符集的修改。语法规则如下：

```
ALTER TABLE 表名 [DEFAULT] CHARACTER SET <字符集名> [DEFAULT] COLLATE <校对规则名>;
```

其中，DEFAULT 为可选参数。

例如，使用 ALTER TABLE 将数据表 user_new 的字符集修改为 gb2312，将校对规则修改为 gb2312_chinese_ci。SQL 语句和运行结果如下：

```
mysql> ALTER  TABLE  user_new  CHARACTER  SET  gb2312    DEFAULT  COLLATE
gb2312_chinese_ci;
Query OK, 0 rows affected (0.02 sec)
Records: 0 Duplicates: 0 Warnings: 0
```

然后用 SHOW CREATE TABLE 命令查看：

```
mysql> SHOW CREATE TABLE user_new \G
*************************** 1. row ***************************
      Table: user_new
Create Table: CREATE TABLE `user_new` (
  `id` int(11) NOT NULL AUTO_INCREMENT,
  `phone` varchar(30) CHARACTER SET utf8 DEFAULT '' COMMENT '手机号',
  `password` varchar(80) CHARACTER SET utf8 DEFAULT '' COMMENT '密码',
  `add_time` int(10) DEFAULT '0' COMMENT '添加时间',
  `last_ip` varchar(50) CHARACTER SET utf8 DEFAULT '' COMMENT '最近ip',
  `email` varchar(80) CHARACTER SET utf8 DEFAULT '' COMMENT '邮编',
  `status` tinyint(4) DEFAULT '0' COMMENT '状态',
  PRIMARY KEY (`id`)
```

```
) ENGINE=InnoDB AUTO_INCREMENT=3 DEFAULT CHARSET=gb2312
1 row in set (0.00 sec)
```

（4）删除数据表。

使用 DROP TABLE 语句可以删除一个或多个数据表，语法格式如下：

```
DROP TABLE [IF EXISTS] 表名 1 [ ,表名 2, 表名 3 ...]
```

语法说明如下：

- 表名 1,表名 2,表名 3 ...表示要被删除的数据表的名称。DROP TABLE 可以同时删除多个表，只要将表名依次写在后面，彼此之间用逗号隔开。
- IF EXISTS 用于在删除数据表之前判断该表是否存在。如果不加 IF EXISTS，则当数据表不存在时 MySQL 将提示错误，中断 SQL 语句的执行；如果加上 IF EXISTS，则当数据表不存在时 SQL 语句可以顺利执行，但是会发出警告（warning）。

**提示**

有两点需要注意：

①用户必须拥有执行 DROP TABLE 命令的权限，否则数据表不会被删除。

②在表被删除时，用户在该表上的权限不会被自动删除。

下面是删除表的示例。

①选择数据库 ch4：

```
mysql> USE ch4;
Database changed
```

②输入 SHOW TABLES 命令，运行结果如下所示：

```
mysql> SHOW TABLES;
+---------------+
| Tables_in_ch4 |
+---------------+
| user          |
| user_new      |
+---------------+
2 rows in set (0.00 sec)2 rows in set (0.00 sec)
```

由运行结果可以看出，ch4 数据库中有 user 和 user_new 两张数据表。

③删除数据表 user_new，输入的 SQL 语句和运行结果如下所示：

```
mysql> DROP TABLE user_new;
Query OK, 0 rows affected (0.00 sec)
```

再用 SHOW TABLES 命令查看表信息：

```
mysql> SHOW TABLES;
+---------------+
| Tables_in_ch4 |
+---------------+
| user          |
+---------------+
1 row in set (0.00 sec)
```

④从执行结果可以看到，在 ch4 数据库的数据表列表中已经不存在名称为 user_new 的表，这表明删除操作成功。

### 3. 数据库语句

（1）新增数据。

INSERT 语句可以用于将一行或多行数据插入数据库表中，使用的一般形式如下：

```
INSERT [INTO] 表名 [(列名1, 列名2, 列名3, ...)] VALUES (值1, 值2, 值3, ...);
```

其中 [] 内的内容是可选的。

例如，要给 ch4 数据库中的 user 表插入一条记录，执行如下语句：

```
mysql> INSERT INTO `user` (`phone`, `password`, `add_time`, `last_ip`,
`email`, `status`) VALUES ('13888888888', DEFAULT, DEFAULT, '123.55.66.3',
'shirdonliao@gmail.com', 1);
    Query OK, 1 row affected (0.01 sec)
```

若返回 Query OK，则表示数据插入成功。若插入失败，请检查是否已选择需要操作的数据库。

（2）查询数据。

SELECT 语句常用来根据一定的查询规则从数据库中获取数据，其基本用法为：

```
SELECT 列名称 FROM 表名称 [查询条件];
```

例如，要查 user 表中所有用户的电话和邮箱，则输入的 SELECT 语句和执行结果如下：

```
    mysql> SELECT `phone`,`email` FROM user LIMIT 501;
+-------------+-----------------------+
| phone       | email                 |
+-------------+-----------------------+
| 13888888888 | shirdonliao@gmail.com |
| 13888888888 | shirdonliao@gmail.com |
+-------------+-----------------------+
2 rows in set (0.01 sec)
```

也可以使用通配符 * 查询表中所有的内容，用法为：

```
SELECT * FROM user;
```

WHERE 关键词用于指定查询条件，用法为：

```
SELECT 列名称 FROM 表名称 WHERE 条件;
```

下面以查询所有 status 大于 0 的信息为例，输入查询语句：

```
mysql> SELECT `phone`,`email` FROM user WHERE `status`>0;
+-------------+-----------------------+
| phone       | email                 |
+-------------+-----------------------+
| 13888888888 | shirdonliao@gmail.com |
| 13888888888 | shirdonliao@gmail.com |
+-------------+-----------------------+
2 rows in set (0.00 sec)
```

WHERE 子句不仅支持"WHERE 列名 = 值"这种名等于值的查询形式，也支持一般的比较运算的运算符。例如=、>、<、>=、<、!= ，以及一些扩展运算符 IS [NOT] NULL、IN、LIKE 等。

还可以对查询条件使用 OR 和 AND 进行组合查询。接下来几节会对 Go 语言使用 MySQL 进行进一步讲解，这里不再多做介绍。

（3）修改数据。

UPDATE 语句用来修改表中的数据，基本使用形式如下：

```
UPDATE 表名称 SET 列名称=新值 WHERE 更新条件;
```

例如，将 id 为 4 的手机号改为 18888888888，语句如下：

```
mysql> UPDATE `user` SET `phone` = '18888888888' WHERE `id` = 4;
Query OK, 0 rows affected (0.00 sec)
Rows matched: 1  Changed: 0  Warnings: 0
```

（4）删除数据。

DELETE 语句用于删除表中的数据，基本用法为：

```
DELETE FROM 表名称 WHERE 删除条件;
```

其使用示例如下。

①删除 id 为 4 的行：

```
DELETE FROM `user` WHERE `id` = 4;
```

②删除所有状态小于 2 的用户的数据：

```
DELETE FROM `user` WHERE `status` < 2;
```

③删除表中的所有数据：

```
DELETE FROM `user`;
```

## 4.1.4　用 Go 访问 MySQL

Go 语言中的 database/sql 包提供了连接 SQL 数据库或类 SQL 数据库的泛用接口，但并不提供具体的数据库驱动程序。在使用 database/sql 包时，必须注入至少一个数据库驱动程序。

在 Go 语言中，常用的数据库基本都有完整的第三方包实现。在用 Go 语言访问 MySQL 之前，需要先创建数据库和数据表。

### 1. 创建数据库和数据表

（1）通过 "mysql -uroot -p" 命令进入数据库命令行管理状态，然后在 MySQL 中创建一个名为 chapter4 的数据库：

```
mysql> CREATE DATABASE chapter4;
```

（2）进入该数据库：

```
mysql> use chapter4;
```

（3）执行以下命令创建一张名为 user、用于测试的数据表：

```
mysql> CREATE TABLE `user` (
    `uid` BIGINT(20) NOT NULL AUTO_INCREMENT,
    `name` VARCHAR(20) DEFAULT '',
    `phone` VARCHAR(20) DEFAULT '',
    PRIMARY KEY(`uid`)
)ENGINE=InnoDB AUTO_INCREMENT=1 DEFAULT CHARSET=utf8mb4;
```

### 2. 下载 MySQL 的驱动程序

MySQL 驱动程序的下载方法非常简单，直接通过 "go get" 命令即可：

```
$ go get -u github.com/go-sql-driver/mysql
```

### 3. 使用 MySQL 驱动程序

在下载了 MySQL 驱动程序后，就可以导入依赖包进行使用了。导入依赖包的方法如下：

```
import (
    "database/sql"
    _ "github.com/go-sql-driver/mysql"
)
```

在以上语句中，github.com/go-sql-driver/mysql 就是依赖包。因为没有直接使用该包中的对象，所以在导入包前面被加上了下画线（_）。

Go 语言 database/sql 包中提供了 Open() 函数，用来连接数据库。Open() 函数的定义如下：

```
func Open(driverName, dataSourceName string) (*DB, error)
```

其中，dirverName 参数用于指定的数据库；dataSourceName 参数用于指定数据源，一般至少包括数据库文件名和（可能的）连接信息。

用 Open()函数连接数据库的示例代码如下。

**代码 chapter4/database1.go　　用 Open()函数连接数据库的示例**

```go
package main

import (
    "database/sql"
    _ "github.com/go-sql-driver/mysql"
    "log"
)

func main() {
    db, err := sql.Open("mysql",
        "user:password@tcp(127.0.0.1:3306)/hello")
    if err != nil {
        log.Fatal(err)
    }
    defer db.Close()
}
```

**4. 初始化连接**

在用 Open()函数建立连接后，如果要检查数据源的名称是否合法，则可以调用 Ping()方法。返回的 DB 对象可以安全地被多个 goroutine 同时使用，并且它会维护自身的闲置连接池。这样 Open()函数只需调用一次，因为一般启动后很少关闭 DB 对象。用 Open()函数初始化连接的示例代码如下。

**代码 chapter4/database2.go　　用 Open()函数初始化连接的示例**

```go
package main

import (
    "database/sql"
    "fmt"
    _ "github.com/go-sql-driver/mysql"
)

var db *sql.DB

// 定义一个初始化数据库的函数
func initDB() (err error) {
    //连接数据库
    db, err = sql.Open("mysql", "root:a123456@tcp(127.0.0.1:3306)/ch4")
```

```
    if err != nil {
        return err
    }
    // 尝试与数据库建立连接
    err = db.Ping()
    if err != nil {
        return err
    }
    return nil
}

func main() {
    err := initDB() // 调用输出数据库的函数
    if err != nil {
        fmt.Printf("init db failed,err:%v\n", err)
        return
    }
}
```

其中，sql.DB 是一个数据库的操作句柄，代表一个具有零到多个底层连接的连接池。它可以安全地被多个 goroutine 同时使用。database/sql 包会自动创建和释放连接，也会维护一个闲置连接的连接池。

### 5. 设置最大连接数

database/sql 包中的 SetMaxOpenConns()方法用于设置与数据库建立连接的最大数目，其定义如下：

```
func (db *DB) SetMaxOpenConns(n int)
```

其中参数 n 为整数类型。如果 n 大于 0 且小于"最大闲置连接数"，则将"最大闲置连接数"减小到与"最大开启连接数的限制"匹配。如果 n≤0，则不会限制最大开启连接数，默认为 0（无限制）。

### 6. 设置最大闲置连接数

database/sql 包中的 SetMaxIdleConns()方法用于设置连接池中的最大闲置连接数，其定义如下：

```
func (db *DB) SetMaxIdleConns(n int)
```

其中参数 n 为整数类型。如果 n 大于最大开启连接数，则新的最大闲置连接数会以最大开启连接数为准。如果 n≤0，则将不会保留闲置连接。

### 7. SQL 查询

（1）用 QueryRow()方法进行单行查询。

根据本节之前创建的 user 表，定义一个 User 结构体来存储数据库返回的数据：

```
type User struct {
    Uid    int
    Name   string
    Phone  string
}
```

database/sql 包中单行查询方法的定义如下：

```
func (db *DB) QueryRow(query string, args ...interface{}) *Row
```

QueryRow()方法执行一次查询，并返回最多一行（Row）结果。QueryRow()方法总是返回非 nil 的值，直到返回值的 Scan()方法被调用时才会返回被延迟的错误。示例代码如下。

```
//单行测试
func queryRow() {
    // 应确保在 QueryRow()方法之后调用 Scan()方法，否则持有的数据库连接不会被释放
    err := db.QueryRow("select uid,name,phone from `user` where uid=?",
1).Scan(&u.Uid, &u.Name, &u.Phone)
    if err != nil {
        fmt.Printf("scan failed, err:%v\n", err)
        return
    }
    fmt.Printf("uid:%d name:%s phone:%s\n", u.Uid, u.Name, u.Phone)
}
```

（2）用 Query()方法进行多行查询。

Query()方法执行一次查询，返回多行（Rows）结果，一般用于执行 SELECT 类型的 SQL 命令。Query()方法的定义如下：

```
func (db *DB) Query(query string, args ...interface{}) (*Rows, error)
```

其中，参数 query 表示 SQL 语句，参数 args 表示 query 查询语句中的占位参数。

Query()方法的使用示例代码如下。

```
// 查询多条数据示例
func queryMultiRow() {
    rows, err := db.Query("select uid,name,phone from `user` where uid > ?",
0)
    if err != nil {
        fmt.Printf("query failed, err:%v\n", err)
        return
```

```
    }
    // 关闭 rows，释放持有的数据库连接
    defer rows.Close()
    // 循环读取结果集中的数据
    for rows.Next() {
        err := rows.Scan(&u.Uid, &u.Name, &u.Phone)
        if err != nil {
            fmt.Printf("scan failed, err:%v\n", err)
            return
        }
        fmt.Printf("uid:%d name:%s phone:%s\n", u.Uid, u.Name, u.Phone)
    }
}
```

（3）用 Exec()方法插入数据。

Exec()方法的定义如下：

```
func (db *DB) Exec(query string, args ...interface{}) (Result, error)
```

Exec()方法用于执行一次命令（包括查询、删除、更新、插入等），返回的 Result 是对已执行的 SQL 命令的执行结果。其中，参数 query 表示 SQL 语句，参数 args 表示 query 参数中的占位参数。

用 Exec()方法插入数据的示例代码如下。

```
// 插入数据
func insertRow() {
    ret, err := db.Exec("insert into user(name,phone) values (?,?)", "王五", 13988557766)
    if err != nil {
        fmt.Printf("insert failed, err:%v\n", err)
        return
    }
    uid, err := ret.LastInsertId() // 获取新插入数据的 uid
    if err != nil {
        fmt.Printf("get lastinsert ID failed, err:%v\n", err)
        return
    }
    fmt.Printf("insert success, the id is %d.\n", uid)
}
```

（4）更新数据。

用 Exec()方法更新数据的示例代码如下。

```
// 更新数据
func updateRow() {
```

```go
    ret, err := db.Exec("update user set name=? where uid = ?", "张三", 3)
    if err != nil {
        fmt.Printf("update failed, err:%v\n", err)
        return
    }
    n, err := ret.RowsAffected() // 操作影响的行数
    if err != nil {
        fmt.Printf("get RowsAffected failed, err:%v\n", err)
        return
    }
    fmt.Printf("update success, affected rows:%d\n", n)
}
```

（5）删除数据。

用 Exec()方法删除数据的示例代码如下。

```go
// 删除数据
func deleteRow() {
    ret, err := db.Exec("delete from user where uid = ?", 2)
    if err != nil {
        fmt.Printf("delete failed, err:%v\n", err)
        return
    }
    n, err := ret.RowsAffected() // 操作影响的行数
    if err != nil {
        fmt.Printf("get RowsAffected failed, err:%v\n", err)
        return
    }
    fmt.Printf("delete success, affected rows:%d\n", n)
}
```

### 8. MySQL 预处理

（1）什么是预处理。

要了解预处理，需要首先了解普通 SQL 语句的执行过程：

①客户端对 SQL 语句进行占位符替换，得到完整的 SQL 语句；

②客户端发送完整的 SQL 语句到 MySQL 服务器端；

③MySQL 服务器端执行完整的 SQL 语句，并将结果返给客户端。

（2）预处理执行过程。

①把 SQL 语句分成两部分——命令部分与数据部分；

②把命令部分发送给 MySQL 服务器端，MySQL 服务器端进行 SQL 预处理；

③把数据部分发送给 MySQL 服务器端，MySQL 服务器端对 SQL 语句进行占位符替换；

④ MySQL 服务器端执行完整的 SQL 语句，并将结果返回给客户端。

（3）为什么要预处理。

预处理用于优化 MySQL 服务器重复执行 SQL 语句的问题，可以提升服务器性能。提前让服务器编译，一次编译多次执行，可以节省后续编译的成本，避免 SQL 注入问题。

（4）Go 语言中的 MySQL 预处理。

在 Go 语言中，Prepare()方法会将 SQL 语句发送给 MySQL 服务器端，返回一个准备好的状态用于之后的查询和命令。返回值可以同时执行多个查询和命令。Prepare()方法的定义如下：

```
func (db *DB) Prepare(query string) (*Stmt, error)
```

用 Prepare()方法进行预处理查询的示例代码如下。

```
// 预处理查询示例
func prepareQuery() {
    stmt, err := db.Prepare("select uid,name,phone from `user` where uid > ?")
    if err != nil {
        fmt.Printf("prepare failed, err:%v\n", err)
        return
    }
    defer stmt.Close()
    rows, err := stmt.Query(0)
    if err != nil {
        fmt.Printf("query failed, err:%v\n", err)
        return
    }
    defer rows.Close()
    // 循环读取结果集中的数据
    for rows.Next() {
        err := rows.Scan(&u.Uid, &u.Name, &u.Phone)
        if err != nil {
            fmt.Printf("scan failed, err:%v\n", err)
            return
        }
        fmt.Printf("uid:%d name:%s phone:%s\n", u.Uid, u.Name, u.Phone)
    }
}
```

插入、更新和删除操作的预处理语句十分类似，这里以插入操作的预处理为例：

```
// 预处理插入示例
func prepareInsert() {
    stmt, err := db.Prepare("insert into user(name,phone) values (?,?)")
```

```
    if err != nil {
        fmt.Printf("prepare failed, err:%v\n", err)
        return
    }
    defer stmt.Close()
    _, err = stmt.Exec("barry", 18799887766)
    if err != nil {
        fmt.Printf("insert failed, err:%v\n", err)
        return
    }
    _, err = stmt.Exec("jim", 18988888888)
    if err != nil {
        fmt.Printf("insert failed, err:%v\n", err)
        return
    }
    fmt.Println("insert success.")
}
```

### 9. 用 Go 实现 MySQL 事务

（1）什么是事务。

事务是一个最小的、不可再分的工作单元。通常一个事务对应一个完整的业务（例如银行账户转账业务，该业务就是一个最小的工作单元），同时这个完整的业务需要执行多次 DML（INSERT、UPDATE、DELETE 等）语句，共同联合完成。

例如，A 转账给 B，就需要执行两次 UPDATE 操作。在 MySQL 中只有使用了 Innodb 数据库引擎的数据库或表才支持事务。

事务处理用来维护数据库的完整性，保证成批的 SQL 语句要么全部执行，要么全部不执行。

（2）事务的 ACID 属性。

通常事务必须满足 4 个条件（ACID）：原子性（Atomicity，或称不可分割性）、一致性（Consistency）、隔离性（Isolation，又称独立性）、持久性（Durability）。事务的 ACID 属性的解释见表 4-1。

表 4-1

| 属　　性 | 解　　释 |
| --- | --- |
| 原子性（Atomicity） | 一个事务（transaction）中的所有操作，要么全部完成，要么全部不完成，不会结束在中间某个环节。如果事务在执行过程中发生错误，则会被回滚（Rollback）到事务开始前的状态，就像这个事务从来没有被执行过一样 |
| 一致性（Consistency） | 在事务开始之前和事务结束后，数据库的完整性没有被破坏。这表示写入的数据必须完全符合所有的预设规则，这包含数据的精确度、串联性，以及后续数据库可以自发地完成预定工作 |

续表

| 属 性 | 解 释 |
|---|---|
| 隔离性（Isolation） | 数据库允许多个并发事务同时对其数据进行读写和修改。隔离性可以避免多个事务并发执行时由于交叉执行而导致数据的不一致。事务隔离分为不同级别，包括读未提交（read uncommitted）、读提交（read committed）、可重复读（repeatable read）和串行化（serializable） |
| 持久性（Durability） | 在事务处理结束后，对数据的修改是永久的，即便系统发生故障也不会改变 |

（3）事务相关方法。

Go 语言使用以下 3 个方法实现 MySQL 中的事务操作。

- Begin()方法用于开始事务，定义如下：

```
func (db *DB) Begin() (*Tx, error)
```

- Commit()方法用于提交事务，定义如下：

```
func (tx *Tx) Commit() error
```

- Rollback()方法用于回滚事务，定义如下：

```
func (tx *Tx) Rollback() error
```

下面的代码演示了一个简单的事务操作，该事务操作能够确保两次更新操作要么同时成功要么同时失败，不会存在中间状态：

```
// 事务操作示例
func transaction() {
    tx, err := db.Begin() // 开启事务
    if err != nil {
        if tx != nil {
            tx.Rollback() // 回滚
        }
        fmt.Printf("begin trans failed, err:%v\n", err)
        return
    }
    _, err = tx.Exec("update user set name='james' where uid=?", 1)
    if err != nil {
        tx.Rollback() // 回滚
        fmt.Printf("exec sql1 failed, err:%v\n", err)
        return
    }
    _, err = tx.Exec("update user set name='james' where uid=?", 3)
    if err != nil {
        tx.Rollback() // 回滚
        fmt.Printf("exec sql2 failed, err:%v\n", err)
        return
```

```
    }
    tx.Commit() // 提交事务
    fmt.Println("exec transaction success!")
}
```

### 10. SQL 注入与防御

SQL 注入是一种攻击手段，通过执行恶意 SQL 语句，进而将任意 SQL 代码插入数据库查询中，从而使攻击者完全控制 Web 应用程序后台的数据库服务器。

攻击者可以使用 SQL 注入漏洞绕过应用程序验证，比如绕过登录验证登录、Web 身份验证和授权页面；也可以绕过网页，直接检索数据库的所有内容；还可以恶意修改、删除和增加数据库内容。

> **提示**
>
> 在编写 SQL 脚本时，尽量不要自己拼接 SQL 语句。

下面是一个自行拼接 SQL 语句的示例——编写一个根据 name 字段查询 user 表的函数：

```
// SQL 注入示例
func sqlInject(name string) {
    sqlStr := fmt.Sprintf("select uid, name, phone from user where name='%s'",
name)
    fmt.Printf("SQL:%s\n", sqlStr)
    ret, err := db.Exec(sqlStr)
    if err != nil {
        fmt.Printf("update failed, err:%v\n", err)
        return
    }
    n, err := ret.RowsAffected() // 操作影响的行数
    if err != nil {
        fmt.Printf("get RowsAffected failed, err:%v\n", err)
        return
    }
    fmt.Printf("get success, affected rows:%d\n", n)
}
```

此时用 sqlInject()方法输入字符串可以引发 SQL 注入问题，示例代码如下：

```
sqlInject("xxx' or 1=1#")
sqlInject("xxx' union select * from user #")
sqlInject("xxx' and (select count(*) from user) <10 #")
```

针对 SQL 注入问题，常见的防御措施有：

（1）禁止将变量直接写入 SQL 语句。

（2）对用户进行分级管理，严格控制用户的权限。

（3）对用户输入进行检查，确保数据输入的安全性。在具体检查输入或提交的变量时，对单引号、双引号、冒号等字符进行转换或者过滤。

（4）对数据库信息进行加密。

## 4.2　Redis 的安装及使用

Redis 是一个开源、使用 ANSI C 语言编写、遵守 BSD 协议、支持网络、可基于内存亦可持久化的日志型、Key-Value 型数据库，并提供多种语言的 API。

它通常被称为数据结构服务器，因为其中的值（Value）可以是字符串（String）、哈希（Hash）、列表（List）、集合（Set）和有序集合（Sorted Set）等类型。Redis 可用于缓存、事件发布或订阅、高速队列等场景。

### 4.2.1　Redis 的安装

以下是在 Linux 下安装 Redis 的方法。

（1）打开命令行终端，输入如下命令进行下载、提取和编译 Redis：

```
$ wget https://download.redis.io/releases/redis-6.0.9.tar.gz
$ tar xzf redis-6.0.9.tar.gz
$ cd redis-6.0.9
$ make
```

编译好后的二进制文件可以在 src 目录下找到。

（2）运行 src/redis-server 即可运行 Redis：

```
$ src/redis-server
```

（3）运行 Redis 后，可以通过内置客户端与 Redis 交互：

```
$ src/redis-cli
redis> set foo abc
OK
redis> get foo
"abc"
```

通过 Docker 也可以安装 Redis，而且更加方便快捷。关于通过 Docker 安装 Redis 的方法，会在第 10 章进行详细讲解。

### 4.2.2　Redis 基础入门

管理 Redis 数据库既可以用 Redis Desktop Manager 等可视化管理工具，也可以直接使用命令行。

接下来根据不同的数据结构来介绍 Redis 的常用命令行操作。

**1. 字符串**

字符串（String）是 Redis 的基本数据结构之一，由 Key 和 Value 组成。可以类比成编程语言的变量：Key 代表变量名，Value 代表变量值。

（1）查看所有的 Key 的命令如下：

```
keys *
```

（2）创建字符串的命令如下：

```
set key value
```

如果 Value 中有空格，则需要使用英文双引号（""）将 value 包起来。形如：

```
set abc "a b c"
```

（3）读取字符串的命令如下：

```
get key
```

如果获取一个不存在的 Key，则返回 nil。

（4）修改 key 中的值。

下面这个命令 Key 存在则修改，不存在则创建。

```
set key new_value
```

假如不希望 set 命令覆盖旧值怎么办？使用"NX"参数即可。这样，当 Key 存在时，使用"set key value NX"就不能覆盖原来的值。

```
set key value NX
```

如果想在 Value 的末尾加上一些字符串，则可以使用 append 命令（如果 Key 不存在，则创建 Key）。当然，如果值有空格，则和 set 的处理方法一样：

```
append key value
```

如果 Key 是数字，则可以对数字进行修改。让 Key 中的数字加 1 的命令：

```
incr key
```

让 Key 中的数字减 1 的命令：

```
decr key
```

让 Key 中的数字加 $n$ 的命令：

```
incrby key n
```

让 Key 中的数字减 n 的命令：

```
decrby key n
```

（5）删除。

如果 Key 存在则返回 1，否则返回 0，形如：

```
del key
```

### 2. 哈希（Hash）

Redis 中哈希（Hash）是一个 string 类型的 field（字段）和 value（值）的映射表，特别适合用于存储对象。Redis 中每个哈希表可以存储 $2^{32}-1$ 个键值对。使用哈希表不仅能够减少 Redis 中 Key 的个数，还能优化存储空间，占用的内存要比字符串少很多。

（1）添加数据：

一次添加 1 个键值对数据：

```
hset key field value
```

一次添加多个键值对数据：

```
hmset key field1 value1 [field2 value2 ]
```

当然，如果不想对已经存在的字段进行修改，则可使用 hsetnx 命令：

```
hsetnx key field value
```

（2）获得数据：

获得 1 个字段的值：

```
hget key field
```

获得多个字段的值：

```
hmget key field1 [field2]
```

获得所有的字段名和值：

```
hgetall key
```

判断是否存在某字段：

```
HEXISTS key field
```

如果字段存在则返回 1，如果不存在则返回 0。

获得哈希表中字段的数量：

```
hlen key
```

### 3. 列表（List）

列表是一种很独特的结构。可以把列表想像成一根水管，数据从一边进去，然后从另外一边出来。那么这种结构有什么用处呢？以发消息为例。发消息需要保证消息到达的顺序，那是不是就可以使用列表呢？例如：发送消息从左边进，接受消息从右边得到。

下面介绍列表的几个简单操作。

（1）插入数据。

用 lpush 和 rpush 来插入数据。其中 l 代表 left（左），r 代表 right(右)。从左边插入数据：

```
lpush key value
```

从右边插入数据：

```
rpush key value
```

（2）获得列表的长度。

获得列表的长度使用 llen 命令。注意，下面的第 1 个 l 并不是代表 left，而是代表 list：

```
llen key
```

（3）查看数据。

查看数据的格式如下：

```
lrange key 开始索引 结束索引
```

索引从最左边开始编号，意思就是最后一个 lpush 的数据的索引是 0。如果开始索引和结束索引一样，则返回索引位置的值。那么假如从右边开始呢？使用"负索引"即可。其中，−1 代表最右边的数据，−2 代表最右边的第 2 个数据。

（4）弹出数据。

弹出最左边的数据的命令如下：

```
lpop key
```

弹出最右边的数据的命令如下：

```
rpop key
```

弹出数据和查看数据的差别在于，在弹出数据的同时也会将数据进行删除，而查看数据则不删除数据。

### 4. 集合（Set）

Redis 中的集合和数学中的集合有点类似：数据是无序的，不能重复。

（1）添加数据。

添加 set 元素的命令如下：

```
sadd key value1 value2 value3 ……
```

（2）获得集合中元素的数量。

scard 命令用于返回集合中元素的数量：

```
scard key
```

smembers 命令用于返回集合中的所有成员。不存在 Key 的集合被视为空集合：

```
smembers key
```

### 5. 有序集合

有序集合（Sorted Sets），顾名思义就是集合中的数据是有序的。那么它有什么含义呢？在一个高并发的场景中，数据是一直更新的。将数据存储到数据库中，如果需要实时获取排名，则肯定会对数据的性能造成很大的影响。毕竟数据量越大，排序时间也就越缓慢。

和集合不同的是，有序集合的元素会关联一个 double 类型的分数，其中元素不能重复，但是分数可以重复。

（1）添加数据。

添加数据的命令如下：

```
zadd key score1 member1 [score2 member2]
```

score 必须为 double 类型，如果输入非 double 类型的数据则报错。

（2）修改数据。

可以使用 zadd 命令修改数据的分数，同时可以添加 NX 参数：

```
zadd key NX sorce member
```

（3）获取数据。

zrangebyscore 命令用于返回有序集合中指定分数区间的成员列表。有序集合的成员按分数值递增（从小到大）的顺序排列。zrangebyscore 命令的基本语法如下：

```
zrangebyscore key min max [WITHSCORES] [LIMIT offset count]
```

（4）获得排名。

zrank 命令用于返回有序集合中指定成员的排名。其中有序集成员按分数值递增（从小到大）的顺序排列：

```
zrank key member
```

（5）获得一个值的评分。

zscore 命令用于返回有序集合中成员的分数值。如果成员不是有序集合 key 的成员，或 key 不存在，则返回 nil：

```
zscore key member
```

（6）查看某个评分范围内的值有多少。

zcount 命令用于计算有序集合中指定分数区间的成员数量。其基本语法如下：

```
zcount key min max
```

### 4.2.3　Go 访问 Redis

#### 1. Redis 连接

Go 语言官方并没有提供 Redis 访问包。在 Redis 官网上有很多 Go 语言的客户端包，它们都能实现对 Redis 的访问和操作。

作者使用后感觉，相对来说 Redigo 使用起来更人性化。重要的是，其源代码结构很清晰，而且其支持管道、发布和订阅、连接池等。所以本节选择 Redigo 作为示例讲解。

进入 Redis 官网，可查看到其支持的 Go 语言客户端包，如图 4-2 所示。

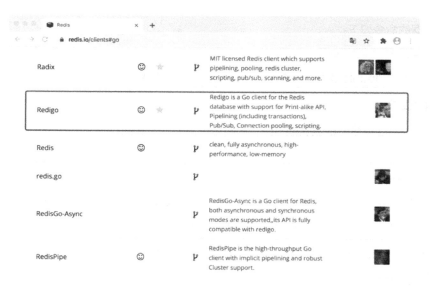

**图 4-2**

打开命令行终端，在其中输入 "go get github.com/gomodule/redigo" 命令获取项目包，然后将项目包导入项目。

接下来，通过调用 redis.Dial() 函数来连接 Redis 服务器。

**代码　chapter4/redis1.go　　用 redis.Dial() 函数连接 Redis 服务器的示例**

```go
package main

import (
    "fmt"
    "github.com/gomodule/redigo/redis"
)

func main() {
    c, err := redis.Dial("tcp", "localhost:6379")
    if err != nil {
        fmt.Println("conn redis failed, err:", err)
        return
    }
    defer c.Close()
}
```

### 2. Redis 设置和获取字符串

Redigo 客户端包中最常用的是 Do() 方法，它可以直接支持 Redis 的 Set、Get、MSet、MGet、HSet、HGet 等常用命令。下面示例代码是通过调用 Do() 方法来设置字符串：

```go
_, err := c.Do("Set", "username", "jack")
if err != nil {
    fmt.Println(err)
    return
}
```

在 Redigo 客户端包中，通过调用 redis.String() 函数来获取字符串：

```go
res, err := redis.String(c.Do("Get", "username"))
if err != nil {
    fmt.Println(err)
    return
}
fmt.Println(res)
```

### 3. Redis 批量设置

在 Redigo 客户端包中，可以用 Do() 方法来批量设置字符串：

```go
_, err = c.Do("MSet", "username", "james", "phone", "18888888888")
if err != nil {
    fmt.Println("MSet error: ", err)
    return
}
```

Redigo 客户端包可以用 redis.Strings()函数配合 Do()方法来批量获取字符串：

```
res2, err := redis.Strings(c.Do("MGet", "username", "phone"))
if err != nil {
    fmt.Println("MGet error: ", err)
    return
}
fmt.Println(res2)
```

### 4. Redis hash 操作

在 Redigo 客户端包中，可以用 Do()方法来设置和获取 hash 类型：

```
_, err = c.Do("HSet", "names", "jim", "barry")
if err != nil {
    fmt.Println("hset error: ", err)
    return
}

res3, err := redis.String(c.Do("HGet", "names", "jim"))
if err != nil {
    fmt.Println("hget error: ", err)
    return
}
fmt.Println(res3)
```

### 5. Redis 设置过期时间

在 Redigo 客户端包中，可以用 Do()方法来设置过期时间：

```
_, err = c.Do("expire", "names", 10)
if err != nil {
    fmt.Println("expire error: ", err)
    return
}
```

### 6. Redis 队列

以下是在 Redigo 客户端包中用 Do()方法来设置队列的示例代码：

```
//队列
_, err = c.Do("lpush", "Queue", "jim", "barry", 9)
if err != nil {
    fmt.Println("lpush error: ", err)
    return
}
for {
    r, err := redis.String(c.Do("lpop", "Queue"))
    if err != nil {
```

```
    fmt.Println("lpop error: ", err)
    break
    }
    fmt.Println(r)
}
res4, err := redis.Int(c.Do("llen", "Queue"))
if err != nil {
    fmt.Println("llen error: ", err)
    return
}
fmt.Println(res4)
```

### 7. 实现 Redis 连接池功能

为什么使用连接池？Redis 也是一种数据库，它基于 C/S 模式，因此如果需要使用，则必须先建立连接。C/S 模式就是一种远程通信的交互模式，因此 Redis 服务器可以单独作为一个数据库服务器独立存在。

假设 Redis 服务器与客户端分处异地，虽然基于内存的 Redis 数据库有着超高的性能，但是底层的网络通信却占用了一次数据请求的大量时间。因为，每次数据交互都需要先建立连接。假设一次数据交互总共用时 30ms，超高性能的 Redis 数据库处理数据所花的时间可能不到 1ms，也就是说前期的连接占用了 29ms。

连接池则可以实现在客户端建立多个与服务器的连接并且不释放。当需要使用连接时，通过一定的算法获取已经建立的连接，使用完后则还给连接池，这就免去了连接服务器所占用的时间。

Redigo 客户端包中通过 Pool 对象来建立连接池，其使用方法如下。

（1）使用 Pool 结构体初始化一个连接池：

```
pool := &redis.Pool{
    MaxIdle:    16,
    MaxActive:  1024,
    IdleTimeout: 300,
    Dial: func() (redis.Conn, error) {
        return redis.Dial("tcp", "localhost:6379")
    },
}
```

该结构体各字段的解释如下。

- MaxIdle：最大的空闲连接数，表示即使在没有 Redis 连接时，依然可以保持 $n$ 个空闲的连接，随时处于待命状态。
- MaxActive：最大的激活连接数，表示同时最多有 $n$ 个连接。
- IdleTimeout：最大的空闲连接等待时间，超过此时间后空闲连接将被关闭。

（2）调用 Do()方法来设置和获取字符串：

```go
func main() {
    c := pool.Get()
    defer c.Close()

    _, err := c.Do("Set", "username", "jack")
    if err != nil {
        fmt.Println(err)
        return
    }
    r, err := redis.String(c.Do("Get", "username"))
    if err != nil {
        fmt.Println(err)
        return
    }
    fmt.Println(r)
}
```

以上完整连接池的示例代码如下。

**代码 chapter4/redis2.go　　用连接池 Do()方法来设置和获取字符串**

```go
package main

import (
    "fmt"
    "github.com/gomodule/redigo/redis"
)

var pool *redis.Pool

func init() {
    pool = &redis.Pool{
        MaxIdle:     16,
        MaxActive:   1024,
        IdleTimeout: 300,
        Dial: func() (redis.Conn, error) {
            return redis.Dial("tcp", "localhost:6379")
        },
    }
}

func main() {
    c := pool.Get()
    defer c.Close()
```

```
    _, err := c.Do("Set", "username", "jack")
    if err != nil {
        fmt.Println(err)
        return
    }
    r, err := redis.String(c.Do("Get", "username"))
    if err != nil {
        fmt.Println(err)
        return
    }
    fmt.Println(r)
}
```

在代码所在目录下打开命令行终端，输入命令，返回如下：

```
$ go run redis2.go
jack
```

**8. Redis 实现管道操作**

请求/响应服务可以实现持续处理新请求。客户端可以发送多个命令到服务器端而无须等待响应，最后再一次性读取多个响应。

Send()、Flush()、Receive()方法支持管道化操作。Send()方法用于向连接的输出缓冲中写入命令。Flush()方法用于将连接的输出缓冲清空并写入服务器端。Recevie()方法用于按照 FIFO 顺序依次读取服务器端的响应。示例代码如下。

代码　chapter4/redis3.go　　用 Redis 实现管道操作的示例

```
package main

import (
    "fmt"
    "github.com/gomodule/redigo/redis"
)

func main() {
    c, err := redis.Dial("tcp", "localhost:6379")
    if err != nil {
        fmt.Println("conn redis failed, err:", err)
        return
    }
    defer c.Close()

    c.Send("SET", "username1", "jim")
    c.Send("SET", "username2", "jack")
```

```
    c.Flush()

    v, err := c.Receive()
    fmt.Printf("v:%v,err:%v\n", v, err)
    v, err = c.Receive()
    fmt.Printf("v:%v,err:%v\n", v, err)

    v, err = c.Receive() // 一直等待
    fmt.Printf("v:%v,err:%v\n", v, err)
}
```

在代码所在目录下打开命令行终端，输入命令，返回如下：

```
$ go run redis3.go
v:OK,err:<nil>
v:OK,err:<nil>
```

### 9. Redis 的并发

在日常开发中，有时会遇到这样的场景：多个人同时对同一个数据进行修改，导致并发问题发生。使用 Redis 来解决这个问题是很好的选择。

Redis 管道使得客户端能够用"无等待响应"的方式，来连续发送多条命令请求至 Redis 服务器端，然后服务器端按照请求顺序返回相应的结果。类似于如下形式：

```
client> set key1 value1;
client> set key2 value2;
client> set key3 value3;
server> ok
server> ok
server> ok
```

Redis 管道（Pipelining）的操作可以理解为并发操作，并通过 Send()、Flush()、Receive() 这 3 个方法实现。客户端可以用 Send()方法一次性向服务器发送一个或多个命令。命令发送完毕后，用 Flush()方法将缓冲区的命令一次性发送到服务器端，客户端再用 Receive()方法依次按照先进先出的顺序读取所有命令的结果。Redis 并发的示例如下。

代码 chapter4/redis4.go    Redis 并发的示例

```
package main

import (
    "fmt"
    "github.com/gomodule/redigo/redis"
)

func main() {
```

```
    conn, err := redis.Dial("tcp", "localhost:6379")
    if err != nil {
        fmt.Println("connect redis error :", err)
        return
    }
    defer conn.Close()
    conn.Send("HSET", "students", "name", "jim", "age", "19")
    conn.Send("HSET", "students", "score", "100")
    conn.Send("HGET", "students", "age")
    conn.Flush()

    res1, err := conn.Receive()
    fmt.Printf("Receive res1:%v \n", res1)
    res2, err := conn.Receive()
    fmt.Printf("Receive res2:%v\n", res2)
    res3, err := conn.Receive()
    fmt.Printf("Receive res3:%s\n", res3)
}
```

在代码所在目录下打开命令行终端，输入命令，返回如下：

```
$ go run redis4.go
Receive res1:<nil>
Receive res2:1
Receive res3:%!s(<nil>)
```

### 10. Redis 的事务

MULTI、EXEC、DISCARD 和 WATCH 方法是构成 Redis 事务的基础。使用 Go 语言对 Redis 进行事务操作的本质也是使用这些命令。

- MULTI：开启事务；
- EXEC：执行事务；
- DISCARD：取消事务；
- WATCH：监视事务中的键变化，一旦有改变则取消事务。

Redis 事务的示例代码如下。

**代码　chapter4/redis4.go　　Redis 事务的示例**

```
package main

import (
    "fmt"
    "github.com/gomodule/redigo/redis"
)
```

```go
func main() {
    conn, err := redis.Dial("tcp", "localhost:6379")
    if err != nil {
        fmt.Println("connect redis error :", err)
        return
    }
    defer conn.Close()
    conn.Send("MULTI")
    conn.Send("INCR", "foo")
    conn.Send("INCR", "bar")
    r, err := conn.Do("EXEC")
    fmt.Println(r)
}
```

在代码所在目录下打开命令行终端，输入命令，返回如下：

```
$ go run redis5.go
[1 1]
```

# 4.3  MongoDB 的安装及使用

## 4.3.1  MongoDB 的安装

### 1. 在 Windows 中安装 MongoDB

进入 MongoDB 官网，选择 Windows 版本单击"Download"按钮下载，如图 4-3 所示。下载完成后安装软件提示进行安装即可。

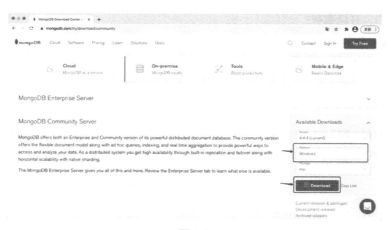

图 4-3

## 2. 在 Mac OS X 中安装 MongoDB

（1）通过 brew 安装 MongoDB。

Mac OS X 中最快捷的方式是通过 brew 进行安装。前面章节已经介绍过如何安装 brew，这里直接介绍如何通过 brew 来安装 MongoDB：

```
$ brew tap mongodb/brew
$ brew install mongodb-community@4.4
```

上面命令中，@符号后面的 4.4 是版本号。

正常情况下，过一段时间后会安装完成。完成后需要配置日志及数据文件，文件路径如下。

- 配置文件：/usr/local/etc/mongod.conf。
- 日志文件路径：/usr/local/var/log/mongodb。
- 数据存放路径：/usr/local/var/mongodb。

（2）运行 MongoDB。

可以使用 brew 命令或 mongod 命令来启动服务。

- brew 启动：

```
$ brew services start mongodb-community@4.4
```

- brew 停止：

```
$ brew services stop mongodb-community@4.4
```

- mongod 命令后台进程方式：

```
mongod --config /usr/local/etc/mongod.conf -fork
```

用这种方式启动后，如果要关闭服务则可以进入 mongo shell 控制台来实现：

```
> db.adminCommand({ "shutdown" : 1 })
```

## 4.3.2　MongoDB 基础入门

### 1. MongoDB 简介

和 Redis 一样，MongoDB 也是一种非关系型数据库（NoSQL）。MongoDB 是一个基于分布式文件存储的数据库，使用 C++ 语言编写。

MongoDB 旨在为 Web 应用提供可扩展的高性能数据存储解决方案。MongoDB 是一个介于关系型数据库和非关系型数据库之间的产品，是非关系型数据库当中功能最丰富，最像关系型数据库的数据库。表 4-2 罗列了 SQL 与 MongoDB 的术语对比。

表 4-2

| SQL | MongoDB |
|---|---|
| 表（Talbe） | 集合（Collection） |
| 行（Row） | 文档（Document） |
| 列（Col） | 字段（Field） |
| 主键（Primary Key） | 对象 ID（ObjectId） |
| 索引（Index） | 索引（Index） |
| 嵌套表（Embeded Table） | 嵌入式文档（Embeded Document） |
| 数组（Array） | 数组（Array） |

MongoDB 将数据存储为一个文档，数据结构由键值（Key-Value）对组成。MongoDB 文档类似于 JSON 对象。字段值可以包含其他文档、数组及文档数组。在 MongoDB 中，对于插入数据并没有格式上要求，字段类型可以随意变动。

例如，在创建一个集合后，可以在这个集合中插入下面的数据：

```
{
    "username":"Shirdon",
    "email":"shirdonliao@gmail.com"
}
```

也可以是另外一个格式：

```
{
    "username":"Shirdon",
    "score":99
}
```

以上两种都是符合要求的，这个与 MySQL 有较大区别。

**2. 数据库操作**

（1）启动数据库。

在 Linux 系统中，进入 MongoDB 安装目录的下的 bin 目录，然后执行 mongod 命令即可启动数据库：

```
$ ./mongod
```

（2）数据库连接。

MongoDB 数据库连接的标准 URI 语法如下：

```
mongodb://[username:password@]host1[:port1][,host2[:port2],...[/[database][?options]]
```

例如，连接本地数据库服务器，端口是默认的，方法如下：

```
mongodb://localhost
```

连接 3 台服务器，端口分别为 27017、27018、27019，方法如下：

```
mongodb://localhost,localhost:27018,localhost:27019
```

（3）创建数据库。

MongoDB 创建数据库的语法格式如下：

```
> use DATABASE_NAME
```

如果数据库不存在，则创建数据库，否则切换到指定数据库。例如，创建一个名为 mongo_db 的数据库的命令如下：

```
> use mongo_db
switched to db mongo_db
```

（4）删除数据库。

MongoDB 删除数据库的语法格式如下：

```
db.dropDatabase()
```

其示例代码如下：

```
> db.dropDatabase()
{ "dropped" : "mongo_db", "ok" : 1 }
```

### 3. 集合操作

（1）创建集合。

MongoDB 中用 createCollection() 方法来创建集合。语法格式如下：

```
db.createCollection(name, options)
```

例如，创建一个名为 my_collection 的集合的示例代码如下：

```
> db.createCollection("my_collection")
{ "ok" : 1 }
```

（2）删除集合。

MongoDB 中用 drop() 方法来删除集合。语法格式如下：

```
db.collection.drop()
```

例如，删除一个名为 my_collection 的集合的示例代码如下：

```
> db.my_collection.drop()
true
```

#### 4. 文档操作

（1）插入文档。

MongoDB 用 insert()方法向集合中插入文档，语法如下：

```
db.collection.insert(document)
```

也可以使用 save()方法：

```
db.collection.save(document)
```

首先创建一个名字为 my_collection 的集合，然后插入文档，示例代码如下：

```
> db.my_collection.insertOne(
...      {
...          "name":"shirdon",
...          "address":"chengdu"
...      }
... )
{
   "acknowledged" : true,
   "insertedId" : ObjectId("5fdafdc4f57441ef20895471")
}
```

（2）查询文档。

MongoDB 查询文档的语法格式如下：

```
db.collection.find(query, projection)
```

①查询所有文档。

查询所有文档的示例代码如下：

```
> db.my_collection.find({})
{ "_id" : ObjectId("5fdafdc4f57441ef20895471"), "name" : "shirdon",
"address" : "chengdu" }
```

其中，{} 中包含的是查询条件，因为是查询所有的文档，所以直接为空，或者省略{}也行。

②按条件查询。

按条件查询文档的格式如下：

```
db.collection.find({"字段 1":"值 1","字段 2":"值 2"})
```

示例代码如下：

```
> db.my_collection.find({"name":"shirdon","address":"chengdu"})
{ "_id" : ObjectId("5fdafdc4f57441ef20895471"), "name" : "shirdon",
"address" : "chengdu" }
```

③按范围值查询。

按范围值查询文档的格式如下：

```
db.collection.find(
    {
        "字段1":{"修饰符1":边界1,"修饰符2":边界2},
        "字段2":{"修饰符1":边界1,"修饰符2":边界2}
    }
)
```

常见范围修饰符及其意义见表 4-3。

表 4-3

| 修饰符 | 意　　义 |
| --- | --- |
| $gt | 大于（great than） |
| $gte | 大于或等于（great than equal） |
| $lt | 小于（less than） |
| $lte | 小于或等于（less than equal） |
| $ne | 不等于（not equal） |

示例代码如下：

```
> db.my_collection.find(
...     {
...         "name":{"$ne":"shirdon"}
...     }
... )
{ "_id" : ObjectId("5fdafea8f57441ef20895472"), "name" : "barry", "address" :
"beijing" }
```

④按其他修饰符查询。

除以上介绍的修饰符以外，还可以用常见的 count()方法来得到文档的个数，示例代码如下：

```
> db.my_collection.find({}).count()
2
```

用 limit()方法限定返回结果数量，示例代码如下：

```
> db.my_collection.find({}).limit(1)
{ "_id" : ObjectId("5fdafdc4f57441ef20895471"), "name" : "shirdon",
"address" : "chengdu" }
```

用 sort()方法对结果进行排序，示例代码如下：

```
> db.my_collection.find({}).sort({"name":1})
{ "_id" : ObjectId("5fdafea8f57441ef20895472"), "name" : "barry", "address" :
"beijing" }
```

```
{ "_id" : ObjectId("5fdafdc4f57441ef20895471"), "name" : "shirdon",
"address" : "chengdu" }
```

其中，-1 为逆序，1 为正序。

### 5. 修改文档

MongoDB 用 update()和 save()方法来更新集合中的文档。

（1）update()方法。

update()方法用于更新已存在的文档。语法格式如下：

```
db.collection_name.update(
   <query>,
   <update>,
   {
     upsert: <boolean>,
     multi: <boolean>,
     writeConcern: <document>
   }
)
```

用 update()方法更新文档的示例代码如下：

```
> db.my_collection.update({'name':'barry'},{$set:{'address':'shanghai'}})
WriteResult({ "nMatched" : 1, "nUpserted" : 0, "nModified" : 1 })
```

（2）save()方法

MongoDB 中 save()方法通过传入的文档来替换已有文档，_id 主键存在就更新，不存在就插入。语法格式如下：

```
db.collection.save(
   <document>,
   {
     writeConcern: <document>
   }
)
```

用 save()方法更新文档的示例代码如下：

```
> db.my_collection.save({
...     "_id" : ObjectId("5fdafea8f57441ef20895472"),
...     "name" : "jack",
...     "address" : "chongqing"
... })
WriteResult({ "nMatched" : 1, "nUpserted" : 0, "nModified" : 1 })
```

**6. 删除文档**

MongoDB 用 remove()方法来移除集合中的文档。remove()方法的基本语法格式如下所示：

```
db.collection.remove(
    <query>,
    {
      justOne: <boolean>,
      writeConcern: <document>
    }
)
```

用 remove()方法更新的示例代码如下：

```
> db.my_collection.remove({'name':'jack'})
WriteResult({ "nRemoved" : 1 })
```

**7. 文档去重**

在 MongoDB 中进行文档去重用 distinct()方法。该方法将获取集合中指定字段的不重复值，并以数组的形式返回，其语法如下：

```
db.collection.distinct(field,query,options)
```

它可以接收两个参数：第 1 个参数为需要被去重的字段名，第 2 个参数是进行去重的条件（去重条件也就是进行查询操作的第 1 个参数，可以省略）。其示例代码如下：

```
> db.my_collection.distinct("name",{"address":{"$ne":"shanghai"}})
[ "shirdon" ]
```

这个的含义就是，在 address 不等于 shanghai 的条件下对 name 字段进行去重。那么返回的数据是什么呢？是一个数组，其中是去重后的表中 name 字段的非重复的数据。

> **📌 提示**
> 这个去重是对返回值去重，而不是对数据库中的数据去重，即执行这个操作后数据库中的数据没有发生任何改变。

　　由于篇幅的原因，本节只介绍了 MongoDB 最基础的一些内容，让读者对 MongoDB 有一个基本的认识，方便下面的学习。假如读者想要进一步学习，可以购买 MongoDB 相关的图书（比如《MongoDB 从入门到商业实战》），或者进入 MongoDB 官方网站阅读相关文档进行学习。

## 4.3.3　Go 访问 MongoDB

**1. 连接数据库**

（1）在命令行终端输入如下命令获取 MongoDB 驱动程序包：

```
$ go get go.mongodb.org/mongo-driver/mongo
```

（2）新建一个名为 mongodb 的 Go 语言包，通过 ApplyURI()方法连接数据库，示例代码如下。

代码 chapter4/mongodb/util.go　　用 mongodb 包连接数据库的示例

```go
package mongodb

import (
    "context"
    "go.mongodb.org/mongo-driver/mongo"
    "go.mongodb.org/mongo-driver/mongo/options"
    "log"
)

var mgoCli *mongo.Client

func initDb() {
    var err error
    clientOptions :=
options.Client().ApplyURI("mongodb://localhost:27017")

    //连接 MongoDB
    mgoCli, err = mongo.Connect(context.TODO(), clientOptions)
    if err != nil {
        log.Fatal(err)
    }
    //检查连接
    err = mgoCli.Ping(context.TODO(), nil)
    if err != nil {
        log.Fatal(err)
    }
}
func MgoCli() *mongo.Client {
    if mgoCli == nil {
        initDb()
    }
    return mgoCli
}
```

（3）在连接数据库后，调用 MgoCli()函数获取 MongoDB 客户端实例，用 Database()方法指定数据库，用 Collection()方法指定数据集合，其示例代码如下。

代码 chapter4/mongodb2.go　　指定数据库和数据集合的示例

```go
package main

import (
    "gitee.com/shirdonl/goWebActualCombat/chapter4/mongodb"
```

```go
        "go.mongodb.org/mongo-driver/mongo"
)
func main() {
    var (
        client = mongodb.MgoCli()
        db          *mongo.Database
        collection *mongo.Collection
    )
    //选择数据库my_db
    db = client.Database("my_db")

    //选择表my_collection
    collection = db.Collection("my_collection")
    collection = collection
}
```

## 2. 插入一条数据

首先，编写模型文件，构建结构体 ExecTime、LogRecord：

```go
package model

type ExecTime struct {
    StartTime int64 `bson:"startTime"` //开始时间
    EndTime   int64 `bson:"endTime"`   //结束时间
}
type LogRecord struct {
    JobName string `bson:"jobName"` //任务名
    Command string `bson:"command"` //shell 命令
    Err     string `bson:"err"`     //脚本错误
    Content string `bson:"content"` //脚本输出
    Tp      ExecTime  //执行时间
}
```

然后，通过定义好的结构体进行数据插入，示例代码如下。

代码　chapter4/mongodb3.go　　数据插入的示例

```go
package main

import (
    "context"
    "fmt"
    "gitee.com/shirdonl/goWebActualCombat/chapter4/model"
    "gitee.com/shirdonl/goWebActualCombat/chapter4/mongodb"
    "go.mongodb.org/mongo-driver/bson/primitive"
    "go.mongodb.org/mongo-driver/mongo"
    "time"
```

```go
)

func main() {
    var (
        client     = mongodb.MgoCli()
        err        error
        collection *mongo.Collection
        iResult    *mongo.InsertOneResult
        id         primitive.ObjectID
    )
    //选择数据库my_db 中的某个表
    collection = client.Database("my_db").Collection("my_collection")

    //插入某一条数据
    logRecord := model.LogRecord{
        JobName: "job1",
        Command: "echo 1",
        Err:     "",
        Content: "1",
        Tp: model.ExecTime{
            StartTime: time.Now().Unix(),
            EndTime:   time.Now().Unix() + 10,
        },
    }
    if iResult, err = collection.InsertOne(context.TODO(), logRecord); err !=
nil {
        fmt.Print(err)
        return
    }
    //_id:默认生成一个全局唯一 ID
    id = iResult.InsertedID.(primitive.ObjectID)
    fmt.Println("自增 ID", id.Hex())
}
```

运行以上代码后，正常情况下数据库中会增加相应的数据。

### 3. 批量插入数据

在批量插入数据时，只需调用 InsertMany()方法，示例代码如下。

代码 chapter4/mongodb4.go　　批量数据插入的示例

```go
package main

import (
    "context"
    "fmt"
```

```go
	"gitee.com/shirdonl/goWebActualCombat/chapter4/model"
	"gitee.com/shirdonl/goWebActualCombat/chapter4/mongodb"
	"go.mongodb.org/mongo-driver/bson/primitive"
	"go.mongodb.org/mongo-driver/mongo"
	"log"
	"time"
)

func main() {
	var (
		client = mongodb.MgoCli()
		err        error
		collection *mongo.Collection
		result     *mongo.InsertManyResult
		id         primitive.ObjectID
	)
	collection = client.Database("my_db").Collection("test")

	//批量插入
	result, err = collection.InsertMany(context.TODO(), []interface{}{
		model.LogRecord{
			JobName: "job multi1",
			Command: "echo multi1",
			Err:     "",
			Content: "1",
			Tp: model.ExecTime{
				StartTime: time.Now().Unix(),
				EndTime:   time.Now().Unix() + 10,
			},
		},
		model.LogRecord{
			JobName: "job multi2",
			Command: "echo multi2",
			Err:     "",
			Content: "2",
			Tp: model.ExecTime{
				StartTime: time.Now().Unix(),
				EndTime:   time.Now().Unix() + 10,
			},
		},
	})
	if err != nil{
		log.Fatal(err)
	}
	if result == nil {
```

```
        log.Fatal("result nil")
    }
    for _, v := range result.InsertedIDs {
        id = v.(primitive.ObjectID)
        fmt.Println("自增 ID", id.Hex())
    }
}
```

以上代码运行结果如下:

```
自增 ID 5f4604ee960ef8730c414306
自增 ID 5f4604ee960ef8730c414307
```

运行结束后,可以查看是否增加了数据。

### 4. 查询数据

首先,在 model 文件中添加一个查询结构体:

```
type FindByJobName struct {
    JobName string `bson:"jobName"` //任务名
}
```

然后,通过 Find()函数按照条件进行查找,示例代码如下。

**代码 chapter4/mongodb5.go    通过 Find()函数按照条件进行查找的示例**

```
package main

import (
    "context"
    "fmt"
    "gitee.com/shirdonl/goWebActualCombat/chapter4/model"
    "gitee.com/shirdonl/goWebActualCombat/chapter4/mongodb"
    "go.mongodb.org/mongo-driver/mongo"
    "go.mongodb.org/mongo-driver/mongo/options"
    "log"
)

func main() {
    var (
        client     = mongodb.MgoCli()
        err        error
        collection *mongo.Collection
        cursor     *mongo.Cursor
    )
    //选择数据库my_db中的某个表
    collection = client.Database("my_db").Collection("table1")
    cond := model.FindByJobName{JobName: "job multi1"}
```

```
    if cursor, err = collection.Find(
        context.TODO(),
        cond,
        options.Find().SetSkip(0),
        options.Find().SetLimit(2)); err != nil {
        fmt.Println(err)
        return
    }
    defer func() {
        if err = cursor.Close(context.TODO()); err != nil {
            log.Fatal(err)
        }
    }()

    //遍历游标获取结果数据
    for cursor.Next(context.TODO()) {
        var lr model.LogRecord
        //反序列化Bson到对象
        if cursor.Decode(&lr) != nil {
            fmt.Print(err)
            return
        }
        fmt.Println(lr)
    }

    var results []model.LogRecord
    if err = cursor.All(context.TODO(), &results); err != nil {
        log.Fatal(err)
    }
    for _, result := range results {
        fmt.Println(result)
    }
}
```

执行结果如下：

```
{job multi1 echo multi1  1 {1598424825 1598424835}}
{job multi1 echo multi1  1 {1598424825 1598424835}}
```

### 5. 用 BSON 进行复合查询

复合查询会使用到 BSON 包。MongoDB 中的 JSON 文档存储在名为 BSON（二进制编码的 JSON）的二进制表示中。与其他编码将 JSON 数据存储为简单字符串和数字的数据库不同，BSON 编码扩展了 JSON 表示，使其包含额外的类型，如 int、long、date、decimal128 等。这使得应用程序更容易可靠地处理、排序和比较数据。

在连接 MongoDB 的 Go 驱动程序中，有两大类型表示 BSON 数据：D 类型和 Raw 类型。

① D 类型。

D 类型被用来简洁地构建使用本地 Go 类型的 BSON 对象。这对于构造传递给 MongoDB 的命令特别有用。D 类型包括以下 4 个子类。

- D：一个 BSON 文档。这种类型应该在顺序重要的情况下使用，比如 MongoDB 命令。
- M：一张无序的 map。它和 D 类似，只是它不保持顺序。
- A：一个 BSON 数组。
- E：D 中的一个元素。

使用 BSON 可以更方便地用 Go 完成对数据库的 CURD 操作。要使用 BSON，需要先导入下面的包：

```
import "go.mongodb.org/mongo-driver/bson"
```

下面是一个使用 D 类型构建的过滤器文档的例子，它可以用来查找 name 字段与"Jim"或"Jack"匹配的文档：

```
bson.D{{
    "name",
    bson.D{{
        "$in",
        bson.A{"Jim", "Jack"},
    }},
}}
```

② Raw 类型。

Raw 类型用于验证字节切片。Raw 类型还可以将 BSON 反序列化成另一种类型。

下面是用 Raw 类型将 BSON 反序列化成 JSON 的示例。

**代码 chapter4/mongodb-bson-raw.go 用 Raw 类型将 BSON 反序列化成 JSON 的示例**

```
package main

import (
    "fmt"
    "go.mongodb.org/mongo-driver/bson"
)

func main() {
    //声明一个 BSON 类型
    testM := bson.M{
        "jobName": "job multi1",
    }
```

```
    //定义一个 Raw 类型
    var raw bson.Raw
    tmp, _ := bson.Marshal(testM)
    bson.Unmarshal(tmp, &raw)

    fmt.Println(testM) //map[jobName:job multi1]
    fmt.Println(raw) //{"jobName": "job multi1"}
}
```

以上代码的执行结果如下：

```
map[jobName:job multi1]
{"jobName": "job multi1"}
```

对于复合查询来说，D 类型更加强大。下面介绍如何使用 D 类型进行常用的复合查询。

（1）聚合查询。

如果需要对数据进行聚合查询，则要用到 group()等聚合方法。示例代码如下。

代码 chapter4/mongodb-bson2.go　　聚合查询的示例

```
package main

import (
    "context"
    "fmt"
    "gitee.com/shirdonl/goWebActualCombat/chapter4/mongodb"
    "go.mongodb.org/mongo-driver/bson"
    "go.mongodb.org/mongo-driver/mongo"
    "log"
)

func main() {
    var (
        client     = mongodb.MgoCli()
        collection *mongo.Collection
        err        error
        cursor     *mongo.Cursor
    )
    collection = client.Database("my_db").Collection("table1")
    //按照 jobName 分组，统计 countJob 中每组的数目
    groupStage := mongo.Pipeline{bson.D{
        {"$group", bson.D{
            {"_id", "$jobName"},
            {"countJob", bson.D{
                {"$sum", 1},
            }},
```

```
        }},
    }}
    if cursor, err = collection.Aggregate(context.TODO(), groupStage, );
err != nil {
        log.Fatal(err)
    }
    defer func() {
        if err = cursor.Close(context.TODO()); err != nil {
            log.Fatal(err)
        }
    }()
    var results []bson.M
    if err = cursor.All(context.TODO(), &results); err != nil {
        log.Fatal(err)
    }
    for _, result := range results {
        fmt.Println(result)
    }
}
```

以上代码的执行结果如下：

```
map[_id:job multi2 countJob:1]
map[_id:job multi1 countJob:1]
```

（2）更新数据。

同样的，更新数据也需要建立专门用于更新的结构体。结构体有 Command、Content 两个字段。更新时需要同时对这两个字段进行赋值，否则未被赋值的字段会被更新为 Go 的数据类型初始值。

为更新更方便些，可采用 bson.M{"$set": bson.M{"command": "ByBsonM",}}来进行更新。

①创建 UpdateByJobName 结构体：

```
package model

//更新实体
type UpdateByJobName struct {
    Command string    `bson:"command"` //Shell 命令
    Content string    `bson:"content"` //脚本输出
}
```

②根据结构体进行更新，代码如下：

```
update := bson.M{"$set": model.
UpdateByJobName{Command: "byModel",Content:"model"}}
```

以上 bson.M{"$set": model.UpdateByJobName{Command: "byModel",Content:"model"}}语

句中的$set 表示修改字段的值。

根据结构体进行更新的示例代码如下。

代码  chapter4/mongodb-bson3.go    根据结构体进行更新的示例

```go
package main

import (
    "context"
    "gitee.com/shirdonl/goWebActualCombat/chapter4/model"
    "gitee.com/shirdonl/goWebActualCombat/chapter4/mongodb"
    "go.mongodb.org/mongo-driver/bson"
    "go.mongodb.org/mongo-driver/mongo"
    "log"
)

func main() {
    var (
        client     = mongodb.MgoCli()
        collection *mongo.Collection
        err        error
        uResult    *mongo.UpdateResult
    )
    collection = client.Database("my_db").Collection("table1")
    filter := bson.M{"jobName": "job multi1"}
    update := bson.M{"$set": model.
        UpdateByJobName{Command: "byModel",Content:"model"}}
    if uResult, err = collection.
        UpdateMany(context.TODO(), filter, update); err != nil {
        log.Fatal(err)
    }
    //uResult.MatchedCount 表示符合过滤条件的记录数，即更新了多少条数据
    log.Println(uResult.MatchedCount)
}
```

③用$inc 可以对字段的值进行增减，例如：

```go
bson.M{"$inc": bson.M{ "age": -1, }}
```

这表示对 age 的值减 1。

④用$push 给该字段增加 1 个元素，例如：

```go
bson.M{"$push": bson.M{ "interests": "Golang", }}
```

这表示对 interests 字段的元素数组增加 Golang 元素。

⑤用$pull 可以对该字段删除 1 个元素，例如：

```
bson.M{"$pull": bson.M{ "interests": "Golang", }}
```

这表示对 interests 字段的元素数组删除 Golang 元素。

（3）删除数据。

可以用 DeleteMany()方法来删除数据，示例代码如下：

**代码 chapter4/mongodb-bson4.go    用 DeleteMany()方法删除数据的示例**

```
package main

import (
    "context"
    "gitee.com/shirdonl/goWebActualCombat/chapter4/mongodb"
    "go.mongodb.org/mongo-driver/mongo"
    "log"
    "time"
)

type DeleteCond struct {
    BeforeCond TimeBeforeCond `bson:"tp.startTime"`
}

//startTime 小于某个时间，用这种方式提前定义要进行的操作($set、$group 等)
type TimeBeforeCond struct {
    BeforeTime int64 `bson:"$lt"`
}

func main() {
    var (
        client     = mongodb.MgoCli()
        collection *mongo.Collection
        err        error
        uResult    *mongo.DeleteResult
        delCond    *DeleteCond
    )
    collection = client.Database("my_db").Collection("table1")

    //删除 jobName 中名为 job0 的数据
    delCond = &DeleteCond{
        BeforeCond: TimeBeforeCond{
            BeforeTime: time.Now().Unix()}}
    if uResult, err = collection.DeleteMany(context.TODO(),
        delCond); err != nil {
        log.Fatal(err)
```

```
    }
    log.Println(uResult.DeletedCount)
}
```

如果要忽略被初始化的值，则可以直接在结构体中增加 omitempty 属性：

```
type ExecTimeFilter struct {
    StartTime interface{} `bson:"tp.startTime,omitempty"`    //开始时间
    EndTime   interface{} `bson:"tp.endTime,omitempty"`      //结束时间
}
type LogRecordFilter struct {
    ID      interface{} `bson:"_id,omitempty"`
    JobName interface{} `bson:"jobName,omitempty" json:"jobName"`  //任务名
    Command interface{} `bson:"command,omitempty" `          //shell 命令
    Err     interface{} `bson:"err,omitempty"`               //脚本错误
    Content interface{} `bson:"content,omitempty"`           //脚本输出
    Tp      interface{} `bson:"tp,omitempty"`                //执行时间
}
```

另外，可以在结构体中添加$lt、$group、$sum 等表示逻辑关系的属性：

```
//小于示例
type Lt struct {
    Lt int64 `bson:"$lt"`
}
//分组示例
type Group struct {
    Group interface{} `bson:"$group"`
}
//求和示例
type Sum struct {
    Sum interface{} `bson:"$sum"`
}
```

用$group 进行分组求和的示例代码如下。

代码 chapter4/mongodb-bson5.go　　用$group 进行分组求和的示例

```
package main

import (
    "context"
    "fmt"
    "gitee.com/shirdonl/goWebActualCombat/chapter4/model"
    "gitee.com/shirdonl/goWebActualCombat/chapter4/mongodb"
    "go.mongodb.org/mongo-driver/bson"
    "go.mongodb.org/mongo-driver/mongo"
    "log"
```

```go
)

func main() {
    var (
        client     = mongodb.MgoCli()
        collection *mongo.Collection
        err        error
        cursor     *mongo.Cursor
    )
    collection = client.Database("my_db").Collection("table1")

    groupStage := []model.Group{}
    groupStage = append(groupStage, model.Group{
        Group: bson.D{
            {"_id", "$jobName"},
            {"countJob", model.Sum{Sum: 1}},
        },
    })

    if cursor, err = collection.Aggregate(context.TODO(),
groupStage, ); err != nil {
        log.Fatal(err)
    }
    defer func() {
        if err = cursor.Close(context.TODO()); err != nil {
            log.Fatal(err)
        }
    }()
    var results []bson.M
    if err = cursor.All(context.TODO(), &results); err != nil {
        log.Fatal(err)
    }
    for _, result := range results {
        fmt.Println(result)
    }
}
```

本书关于 Go 语言使用 MongoDB 的知识就讲到这里。想进一步学习的读者，可以访问
MongoDB 官网查看相关文档。

## 4.4　Go 的常见 ORM 库

### 4.4.1　什么是 ORM

#### 1. ORM 定义

ORM（Object-Relation Mapping，对象关系映射）的作用是在关系型数据库和对象之间做一个映射。这样在具体操作数据库时，就不需要再去和复杂的 SQL 语句打交道，只需要像平时操作对象一样操作它即可。

- O（Object，对象模型）：实体对象，即在程序中根据数据库表结构建立的一个个实体（Entity）。
- R（Relation，关系型数据库的数据结构）：建立的数据库表。
- M（Mapping，映射）：从 R（数据库）到 O（对象模型）的映射，常用 XML 文件来表示映射关系。

如图 4-4 所示，当表实体发生变化时，ORM 会帮助把实体的变化映射到数据库表中。

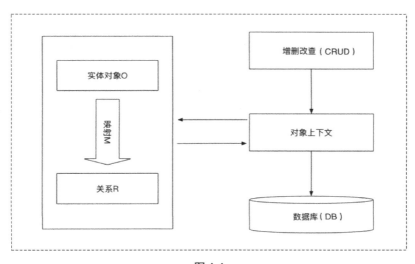

图 4-4

#### 2. 为什么要使用 ORM

想必有读者会想，既然 Go 本身就有 MySQL 等数据库的访问包，为什么还要做持久化和 ORM 设计呢？那是因为，在程序开发中，在数据库保存的表中，字段与程序中的实体类之间是没有关联的，这样在实现持久化时就比较不方便。

那到底如何实现持久化呢？一种简单的方案是：采用硬编码方式，为每一种可能的数据库访问操作提供单独的方法。这种方案存在以下不足。

- 持久化层缺乏弹性。一旦出现业务需求的变更，就必须修改持久化层的接口。
- 持久化层同时与域模型和关系数据库模型绑定，不管域模型还是关系数据库模型发生变化，都要修改持久化层的相关程序代码。这增加了软件的维护难度。

ORM 提供了实现持久化层的另一种模式：它采用映射元数据来描述对象关系的映射，使得 ORM 中间件能在任何一个应用的业务逻辑层和数据库层之间充当桥梁。

ORM 的方法论基于以下 3 个核心原则。

- 简单：以最基本的形式建模数据。
- 传达性：数据库结构要使用尽可能被人理解的语言进行文档化。
- 精确性：基于数据模型创建正确标准化了的结构。

在目前的企业应用系统设计中，MVC 是主要的系统架构模式。MVC 中的 Model 包含了复杂的业务逻辑和数据逻辑，以及数据存取机制（如数据库的连接、SQL 生成和 Statement 创建、ResultSet 结果集的读取等）等。

将这些复杂的业务逻辑和数据逻辑分离，可以将系统的紧耦合关系转化为松耦合关系（即解耦合），是降低系统耦合度迫切要做的，也是持久化要做的工作。MVC 模式实现了在架构上将表现层（即 View）和数据处理层（即 Model）分离的解耦合，而持久化的设计则实现了数据处理层内部的业务逻辑和数据逻辑分离的解耦合。

ORM 作为持久化设计中的最重要也最复杂的技术，是目前业界的热点技术。接下来一起探究以下 Go 语言中常见的 ORM 框架。

## 4.4.2　Gorm（性能极好的 ORM 库）的安装及使用

### 1. Gorm 简介

Gorm 是 Go 语言中一款性能极好的 ORM 库，对开发人员相对比较友好，能够显著提升开发效率。Gorm 有如下功能特点：

- 是一个全功能 ORM（无限接近）；
- 支持关联（Has One、Has Many、Belongs To、Many To Many、多态）；
- 支持钩子函数 Hook（在创建/保存/更新/删除/查找之前或之后）；
- 支持预加载；
- 支持事务；
- 支持复合主键；

- 支持 SQL 生成器；
- 支持数据库自动迁移；
- 支持自定义日志；
- 可扩展性，可基于 Gorm 回调编写插件；
- 所有功能都被测试覆盖。

**2. Gorm 的安装**

Gorm 的安装方法很简单，在 Linux 系统中直接打开命令行终端，输入如下命令即可：

```
$ go get -u github.com/jinzhu/gorm
```

**3. Gorm 的使用**

（1）数据库连接。

Gorm 数据库的连接和 database/sql 包的连接方式一样，直接用 gorm.Open() 函数传入数据库地址即可：

```
package main

import (
    _ "github.com/go-sql-driver/mysql"
    "github.com/jinzhu/gorm"
)

func main() {
    db, err := gorm.Open("mysql", "root:root@(127.0.0.1:3306)/db1?" +
        "charset=utf8mb4&parseTime=True&loc=Local")
    if err!= nil{
        panic(err)
    }
    defer db.Close()
    db.DB().SetMaxIdleConns(10)
    db.DB().SetMaxOpenConns(100)
}
```

还可以用 db.DB() 对象的 SetMaxIdleConns() 和 SetMaxOpenConns() 方法设置连接池信息：

```
db.DB().SetMaxIdleConns(10)
db.DB().SetMaxOpenConns(100)
```

其中，SetMaxIdleConns() 方法用于设置空闲连接池中的最大连接数，SetMaxOpenConns() 方法用于设置与数据库的最大打开连接数。

（2）创建表。

手动创建一个名为 gorm_users 的表，其 SQL 语句如下：

```
CREATE TABLE `gorm_users` (
  `id` int(10) unsigned NOT NULL AUTO_INCREMENT,
  `phone` varchar(255) DEFAULT NULL,
  `name` varchar(255) DEFAULT NULL,
  `password` varchar(255) DEFAULT NULL,
  PRIMARY KEY (`id`)
) ENGINE=InnoDB AUTO_INCREMENT=39 DEFAULT CHARSET=utf8;
```

📌 提示

这里的创建表也可以不用手动创建，可以在定义好结构体后调用db.AutoMigrate()方法来创建。该方法会按照结构体自动创建对应的数据表。

（3）定义结构体。

```
// 数据表的结构体类
type GormUser struct {
    ID       uint   `json:"id"`
    Phone    string `json:"phone"`
    Name     string `json:"name"`
    Password string `json:"password"`
}
```

（4）插入数据。

Gorm 中 db.Save()和 db.Create()方法均可插入数据。根据构造好的结构体对象，直接调用db.Save()方法就可以插入一条记录。示例代码如下：

```
//创建用户
GormUser := GormUser{
    Phone:    "18888888888",
    Name:     "Shirdon",
    Password: md5Password("666666"), //用户密码
}
db.Save(&GormUser) //保存到数据库
//db.Create(&GormUser) //Create()方法用于插入数据
```

（5）删除数据。

在 Gorm 中删除数据，一般先用 db.Where()方法构造查询条件，再调用 db.Delete()方法进行删除。示例代码如下：

```
//删除用户
var GormUser = new(GormUser)
db.Where("phone = ?", "13888888888").Delete(&GormUser)
```

（6）查询数据。

在 Gorm 中查询数据，先用 db.Where()方法构造查询条件，再用 db.Count()方法计算数量。如果要查询多条记录，则可以用 db.Find(&GormUser)语句来实现。如果只需要查询一条记录，则可以用 db.First(&GormUser)语句来实现。示例代码如下：

```
var GormUser = new(GormUser)
db.Where("phone = ?", "18888888888").Find(&GormUser)
//db.First(&GormUser, "phone = ?", "18888888888")
fmt.Println(GormUser)
```

（7）更新数据。

Gorm 中更新数据使用 Update()方法。其示例代码如下：

```
var GormUser = new(GormUser)
db.Model(&GormUser).Where("phone = ?", "18888888888").
Update("phone", "13888888888")
```

（8）错误处理。

在 Gorm 中，调用 db.Error()方法就能获取到错误信息，非常方便。其示例代码如下：

```
var GormUser = new(GormUser)
err := db.Model(&GormUser).Where("phone = ?", "18888888888").
    Update("phone", "13888888888").Error
if err !=nil {
    //...
}
```

（9）事务处理。

Gorm 中事务的处理也很简单：用 db.Begin()方法声明开启事务，用 tx.Commit()方法结束事务，在异常时调用 tx.Rollback()方法回滚。事务处理的示例代码如下：

```
//开启事务
tx := db.Begin()

GormUser := GormUser{
    Phone:    "18888888888",
    Name:     "Shirdon",
    Password: md5Password("666666"), //用户密码
}
if err := tx.Create(&GormUser).Error; err != nil {
    //事务回滚
```

```
        tx.Rollback()
        fmt.Println(err)
    }
    db.First(&GormUser, "phone = ?", "18888888888")
    //事务提交
    tx.Commit()
```

（10）日志处理。

Gorm 中还可以使用如下方式设置日志输出级别，以及改变日志的输出地方：

```
db.LogMode(true)
db.SetLogger(log.New(os.Stdout, "\r\n", 0))
```

## 4.4.3　Beego ORM——Go 语言的 ORM 框架

### 1. Beego ORM 简介

Beego ORM 是一个强大的 Go 语言 ORM 框架。它的灵感主要来自 Django ORM 和 SQLAlchemy。它支持 Go 语言中所有的类型存储，允许直接使用原生的 SQL 语句，采用 CRUD 风格能够轻松上手，能进行关联表查询，并允许跨数据库兼容查询。

在 Beego ORM 中，数据库和 Go 语言对应的映射关系为：

- 数据库的表（table）→ 结构体（struct）；
- 记录（record，行数据）→ 结构体实例对象（object）；
- 字段（field）→ 对象的属性（attribute）。

### 2. 安装 Beego ORM

安装 Beego ORM 很简单，只需要在命令行终端中输入：

```
$ go get github.com/astaxie/beego/orm
```

在使用 Beego ORM 操作 MySQL 数据库之前，必须导入 MySQL 数据库驱动程序。如果没有安装 MySQL 驱动程序，则应该先安装。安装命令如下：

```
$ go get github.com/go-sql-driver/mysql
```

### 3. 用 Beego ORM 连接数据库

Beego ORM 用 orm.RegisterDataBase()函数进行数据库连接。必须注册一个名为 default 的数据库作为默认使用。示例代码如下：

```
    orm.RegisterDataBase("default", "mysql",
"root:root@/orm_test?charset=utf8")
```

如果要设置最大空闲连接数和最大数据库连接数，则必须填写 maxIdle 和 maxConn 参数：

```
maxIdle := 30
maxConn := 30
orm.RegisterDataBase("default",  "mysql",  "root:root@/orm_test?charset=
utf8", maxIdle, maxConn)
```

也可以直接调用 SetMaxIdelConns()方法设置最大空闲连接数，调用 SetMaxOpenConns()
方法设置最大数据库连接数：

```
orm.SetMaxIdleConns("default", 30)
orm.SetMaxOpenConns("default", 30)
```

### 4. 注册模型

如果用 orm.QuerySeter 接口进行高级查询，则注册模型是必须有的步骤。反之，如果只用
Raw 查询和映射到 struct，则无须注册模型。注册模型的实质是，将 ORM 语句转化为 SQL 语句
并写进数据库。

将定义的模型进行注册，常见的写法是：先新建一个模型文件，然后在它的 init()函数中进行
注册：

```
package model

import "github.com/astaxie/beego/orm"

type BeegoUser struct {
    Id   int //默认主键为 Id
    Name  string
    Phone string
}

func init(){
    orm.RegisterModel(new(BeegoUser))
}
```

也可以同时注册多个模型：

```
orm.RegisterModel(new(BeegoUser), new(Profile), new(Post))
```

在注册模型时，可以设置数据表的前缀。形式如下：

```
orm.RegisterModelWithPrefix("prefix_", new(User))
```

以上语句创建的表名为 prefix_user。

### 5. Beego ORM 的使用

（1）定义表结构。

创建一个名为 beego_user 的表，SQL 语句如下：

```
CREATE TABLE `beego_user` (
  `id` int(10) unsigned NOT NULL AUTO_INCREMENT COMMENT '自增ID',
  `name` varchar(20) DEFAULT '' COMMENT '名字',
  `phone` varchar(20) DEFAULT '' COMMENT '电话',
  PRIMARY KEY (`id`)
) ENGINE=InnoDB DEFAULT CHARSET=utf8
```

（2）定义结构体模型。

定义一个名为 BeegoUser 的结构体模型：

```
type BeegoUser struct {
    Id    int
    Name  string
    Phone string
}
```

（3）插入数据。

插入数据只需要调用 Insert()方法即可，示例代码如下。

代码 chapter4/beego-orm2.go     用 Insert()方法插入数据的示例

```
package main

import (
    "fmt"
    "github.com/astaxie/beego/orm"
    _ "github.com/go-sql-driver/mysql"
)

func init() {
orm.RegisterDriver("mysql", orm.DRMySQL) //数据库类型设计
    orm.RegisterDataBase("default", "mysql",
        "root:123456@tcp(127.0.0.1:3306)/chapter4?charset=utf8")
    //需要在 init()函数中注册已定义的 Model
    orm.RegisterModel(new(BeegoUser))
}

type BeegoUser struct {
    Id    int
    Name  string
    Phone string
}

func main() {
    o := orm.NewOrm()
    user := new(BeegoUser)
```

```
        user.Name = "Shirdon"
        user.Phone = "18888888888"
        fmt.Println(o.Insert(user))
}
```

（4）查询数据。

查询数据的方法很简单，直接用 Read()方法即可：

```
o := orm.NewOrm()
user := BeegoUser{}
//对主键 Id 赋值，查询数据的条件是 where id=6
user.Id = 6

// 通过 Read()方法查询数据
//等价 SQL 语句：select * from beego_user where id = 6
err := o.Read(&user)

if err == orm.ErrNoRows {
    fmt.Println("查询不到")
} else if err == orm.ErrMissPK {
    fmt.Println("找不到主键")
} else {
    fmt.Println(user.Id, user.Name)
}
```

如果有数据，则返回如下：

```
6 Shirdon
```

（5）更新数据。

如果要更新某行数据，则需要先给模型赋值，然后调用 Update()方法：

```
o := orm.NewOrm()
user := BeegoUser{}
//对主键 Id 赋值，查询数据的条件是 where id=7
user.Id = 6
user.Name = "James"

num, err := o.Update(&user)
if err != nil {
    fmt.Println("更新失败")
} else {
    fmt.Println("更新数据影响的行数:", num)
}
```

（6）删除数据。

要删除数据，只需要先制定主键 Id，然后调用 Delete()方法即可：

```
o := orm.NewOrm()
user := BeegoUser{}
//对主键 Id 赋值，查询数据的条件是 where id=7
user.Id = 7

if num, err := o.Delete(&user); err != nil {
    fmt.Println("删除失败")
} else {
    fmt.Println("删除数据影响的行数:", num)
}
```

（7）原生 SQL 查询。

用 SQL 语句直接操作 Raw()方法，则返回一个 RawSeter 对象，用于对设置的 SQL 语句和参数进行操作，示例代码如下：

```
o := orm.NewOrm()
var r orm.RawSeter
r = o.Raw("UPDATE user SET name = ? WHERE name = ?", "jack", "jim")
```

（8）事务处理。

要进行事务处理，则需要在 SQL 语句的开头使用 Begin()方法开启事务，在 Begin()方法后编写执行的 SQL 语句，最后进行判断：如果异常，则执行 Rollback()方法回滚；如果正常，则执行 Commit()方法提交。见下方代码：

```
o := orm.NewOrm()
o.Begin()
user1 := BeegoUser{}
// 赋值
user1.Id = 6
user1.Name = "James"

user2 := BeegoUser{}
// 赋值
user2.Id = 12
user2.Name = "Wade"

_, err1 := o.Update(&user1)
_, err2 := o.Insert(&user2)
// 检测事务执行状态
if err1 != nil || err2 != nil {
    // 如果任务执行失败，则回滚事务
```

```
        o.Rollback()
} else {
    // 如果任务执行成功，则提交事务
    o.Commit()
}
```

（9）在调试模式下打印查询语句。

如果想在调试模式下打印查询语句，则可以将 orm.Debug 设置为 true。示例代码如下：

```
orm.Debug = true
var w io.Writer
//设置为 io.Writer
orm.DebugLog = orm.NewLog(w)
```

## 4.5　小结

　　本章介绍了 MySQL 的安装及使用、Redis 的安装及使用、MongoDB 的安装及使用、Go 常见 ORM 库的使用。通过本章的学习，读者能够快速使用 Go 语言进行常见数据库的增加、删除、查询、修改操作，能够使用 Go 进行简单的 Web 开发了。

# 第 3 篇 Go Web 高级应用

在第 4 章中我们学习了 Go Web 开发的基础知识，基本能够进行一些简单的 Web 程序的开发。

本篇通过对 Go 高级网络编程、Go 文件处理、Go 并发编程、Go RESTful API 接口开发 4 章的系统讲解，使读者进一步掌握 Go Web 开发中的高级应用。

# 第 5 章
# Go 高级网络编程

荣誉和财富，若没有聪明才智，是很不牢靠的财产。

——德谟克里特

人不能像走兽那样活着，应该追求知识和美德。

——但丁：《神曲》

本章通过对 Socket 编程、Go RPC 编程和微服务的讲解，让读者能够对 Go 语言高级网络编程有更深入的认识和理解。

## 5.1 Go Socket 编程

### 5.1.1 什么是 Socket

Socket 是计算机网络中用于在节点内发送或接收数据的内部端点。具体来说，它是网络软件（协议栈）中端点的一种表示，包含通信协议、目标地址、状态等，是系统资源的一种形式。它在网络中所处的位置大致就是图 5-1 中的 Socket API 层，位于应用层与传输层之间。其中的传输层就是 TCP/IP 所在的地方，而开发人员平时编写的应用程序大多属于应用层范畴。

| 应用层 |
| :---: |
| **Socket API** |
| 传输层 |
| 网络层 |
| 数据链路层 |
| 物理层 |

图 5-1

如图 5-1 所示，Socket 起到的就是连接应用层与传输层的作用。Socket 的诞生是为了应用程序能够更方便地将数据经由传输层来传输。所以它本质上就是对 TCP/IP 的运用进行了一层封装，然后应用程序直接调用 Socket API 接口进行通信。

**1. Socket 是如何工作的**

Socket 是通过服务器端和客户端之间进行通信的。服务器端需要建立 Socket 来监听指定的地址，并等待客户端来连接。客户端也需要建立 Socket 与服务器端的 Socket 进行连接。

图 5-2 所示为建立 TCP/IP 连接的过程，经典的叫法为"三次握手"的过程。顾名思义，在这个过程中来回产生了三次网络通信。在"三次握手"建立连接后，客户端向服务器端发送数据进行通信，服务器端处理完之后的数据会返给客户端。

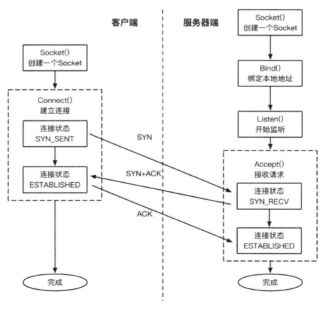

图 5-2

连接在使用完之后需要被关闭。不过 TCP/IP 连接的关闭比创建更复杂一些——次数多了一次，这就是经典的"四次握手"过程，如图 5-3 所示。

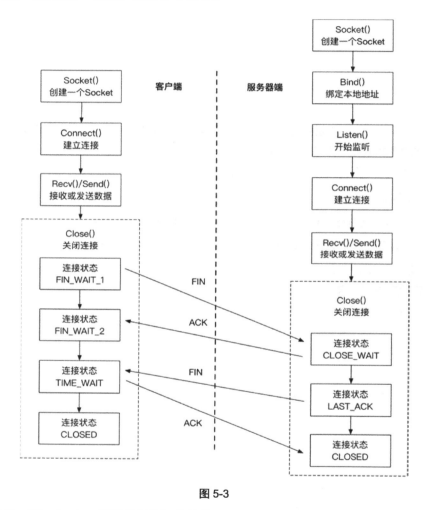

图 5-3

简单总结一下：Socket 是进程间数据传输的媒介；为了保证连接的可靠，需要特别注意建立连接和关闭连接的过程。为了确保准确、完整地传输数据，客户端和服务器端来回进行了多次网络通信才能完成连接的创建和关闭，这也是在运用一个连接时所花费的额外成本。

**2. 用 C 语言创建 Socket 服务器端流程**

在传统 C 语言中，从服务器端来看，代码编写分为以下几个步骤，如图 5-4 所示。

（1）建立并绑定 Socket：服务器端先使用 socket()函数建立网络套接字，然后使用 bind()函数为套接字绑定指定的 IP 地址和端口号。

（2）监听请求：服务器端使用 listen()函数监听客户端对绑定 IP 地址和端口号的请求。

（3）接收连接：如果有请求过来，并通过三次握手成功建立了连接，则使用 accept()函数接收并处理该连接。

（4）处理请求与发送响应：服务器端通过 read()函数从上述已建立连接读取客户端发送的请求数据，经过处理后再通过 write()函数将响应数据发送给客户端。

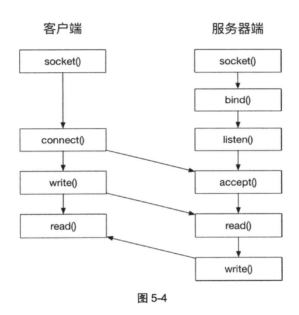

图 5-4

### 3. 用 C 语言创建 Socket 客户端流程

如图 5-4 所示，从客户端来看，代码编写分为以下几个步骤：

（1）建立 Socket：客户端同样使用 socket()函数建立网络套接字。

（2）建立连接：调用 connect()函数传入 IP 地址和端口号建立与指定服务器端网络程序的连接。

（3）发送请求与接收响应：连接建立成功后，客户端就可以通过 write()函数向服务器端发送数据，并使用 read()函数从服务器端接收响应。

📂 提示

基于 UDP 协议的网络服务大致流程也是这样的，只是服务器端和客户端之间不需要建立连接。

### 4. 在 Go 语言中创建 Socket

在 Go 语言中进行网络编程，比传统的网络编程更加简洁。Go 语言提供了 net 包来处理 Socket。net 包对 Socket 连接过程进行了抽象和封装，无论使用什么协议建立什么形式的连接，都只需要调用 net.Dial() 函数即可，从而大大简化了代码的编写量。

下面就来看看 net.Dial() 函数的使用方法。

在服务器端和客户端的通信过程中，服务器端有两个 Socket 连接参与进来，但用于通信的只有 conn 结构体中的 Socket 连接。conn 是由 listener 创建的用于 Socket 连接的结构体，隶属于服务器端。

服务器端通过 net.Listen() 方法建立连接并监听指定 IP 地址和端口号，等待客户端连接。客户端则通过 net.Dial() 函数连接指定的 IP 地址和端口号，建立连接后即可发送消息，如图 5-5 所示。

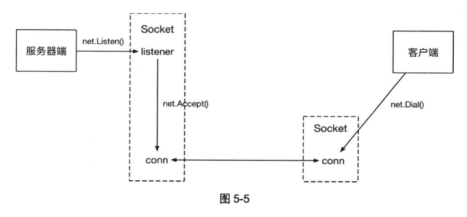

图 5-5

## 5.1.2  客户端 Dial() 函数的使用

### 1. Dial() 函数的定义

在 Go 语言中，net 包的 Dial() 函数的定义如下：

```
func Dial(net, addr string) (Conn, error)
```

其中，net 参数是网络协议的名字，addr 参数是 IP 地址或域名，而端口号以 ":" 的形式跟随在 IP 地址或域名的后面，端口号可选。如果连接成功，则返回连接对象，否则返回 error。

### 2. Dial() 函数的使用

Dial() 函数的几种常见协议的调用方式如下。

（1）TCP 连接。

TCP 连接直接通过 net.Dial("tcp", "ip:port")的形式调用：

```
conn, err := net.Dial("tcp", "192.168.0.1:8087")
```

（2）UDP 连接。

UDP 连接直接通过 net.Dial("udp", "ip:port")的形式调用：

```
conn, err := net.Dial("udp", "192.168.0.2:8088")
```

（3）ICMP 连接（使用协议名称）。

ICMP 连接（使用协议名称）通过 net.Dial("ip4:icmp", "www.shirdon.com")的形式调用：

```
conn, err := net.Dial("ip4:icmp", "www.shirdon.com")
```

（4）ICMP 连接（使用协议编号）。

ICMP 连接（使用协议名称）的用法如下：

```
conn, err := net.Dial("ip4:1", "10.0.0.8")
```

目前，Dial()函数支持如下几种网络协议：TCP、TCP4（仅限 IP v4）、TCP6（仅限 IP v6）、UDP、UDP4（仅限 IP v4）、UDP6（仅限 IP v6）、IP、IP4（仅限 IP v4）和 IP6（仅限 IP v6）。

在成功建立连接后，就可以进行数据的发送和接收。使用 Write()方法发送数据，使用 Read()方法接收数据。下面这个示例代码展示了使用 Read()方法来接收数据。

代码 chapter5/socket-client-read.go　　用 Read()方法接收数据的示例

```go
package main

import (
    "bytes"
    "fmt"
    "io"
    "net"
    "os"
)

func main() {
    if len(os.Args) != 2 {
        fmt.Fprintf(os.Stderr, "Usage: %s host:port", os.Args[0])
        os.Exit(1)
    }
    service := os.Args[1]    //从参数中读取主机信息
    conn, err := net.Dial("tcp", service)    //建立网络连接
    validateError(err)

    //调用由返回的连接对象提供的 Write()方法发送请求
```

```go
    _, err = conn.Write([]byte("HEAD / HTTP/1.0\r\n\r\n"))
   validateError(err)

   result, err := fullyRead(conn)
   validateError(err)

   fmt.Println(string(result))     // 打印响应数据

   os.Exit(0)
}

//如果连接出错，则打印错误消息并退出程序
func validateError(err error) {
   if err != nil {
       fmt.Fprintf(os.Stderr, "Fatal error: %s", err.Error())
       os.Exit(1)
   }
}

//通过由连接对象提供的 Read()方法读取所有响应数据
func fullyRead(conn net.Conn) ([]byte, error) {
   defer conn.Close()

   result := bytes.NewBuffer(nil)
   var buf [512]byte
   for {
      n, err := conn.Read(buf[0:])
      result.Write(buf[0:n])
      if err != nil {
         if err == io.EOF {
             break
         }
         return nil, err
      }
   }
   return result.Bytes(), nil
}
```

## 5.1.3  客户端 DialTCP()函数的使用

### 1. DialTCP()函数的定义

除 Dial()函数外，还有一个名为 DialTCP()的函数用来建立 TCP 连接。

DialTCP()函数和 Dial()函数类似，该函数的定义如下：

```
func DialTCP(network string, laddr, raddr *TCPAddr) (*TCPConn, error)
```

其中，network 参数可以是 tcp、tcp4 或 tcp6；laddr 为本地地址，通常为 nil；raddr 为目的地址，为 TCPAddr 类型的指针。该函数返回一个*TCPConn 对象，可通过 Read()和 Write()方法传递数据。例如要访问网址 127.0.0.1:8086，则使用方法见下方示例。

**代码 chapter5/socket-dial-tcp.go　　DialTCP()函数的使用示例**

```go
package main

import (
    "fmt"
    "io/ioutil"
    "net"
    "os"
)

func main() {
    service := "127.0.0.1:8086"
    tcpAddr, err := net.ResolveTCPAddr("tcp", service)
    checkError(err)
    fmt.Println("tcpAddr :")
    typeof(tcpAddr)

    myConn, err1 := net.DialTCP("tcp", nil, tcpAddr)
    checkError(err1)
    fmt.Println("myConn :")
    typeof(myConn)

    _, err = myConn.Write([]byte("HEAD / HTTP/1.1\r\n\r\n"))
    checkError(err)

    result, err := ioutil.ReadAll(myConn)
    checkError(err)
    fmt.Println(string(result))
    os.Exit(0)
}

func typeof(v interface{}) {
    fmt.Printf("type is:%T\n", v)
}

func checkError(err error) {
    if err != nil {
        fmt.Println("Error:", err.Error())
        os.Exit(1)
```

```
    }
}
```

运行如下命令:

```
$ go run socket-dial-tcp.go
```

返回如下:

```
tcpAddr :
type is:*net.TCPAddr
myConn :
type is:*net.TCPConn
```

### 2. DialTCP()函数的使用

（1）TCP 服务器端代码编写。

编写一个 TCP 服务器端程序，在 8088 端口监听；可以和多个客户端建立连接；连接成功后，客户端可以发送数据，服务器端接收数据，并显示在命令行终端。先使用 telnet 来测试，然后编写客户端程序来测试。该程序的服务器端和客户端的示意图如图 5-6 所示。

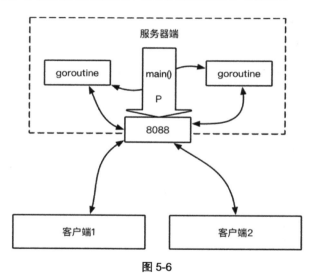

图 5-6

TCP 服务器端的示例代码如下。

代码 chapter5/socket-tcp-server1.go         TCP 服务器端的示例代码

```go
package main

import (
    "fmt"
    _ "io"
```

```go
        "log"
        "net"
    )


    func Server() {
        //用 Listen()函数创建的服务器端
        //tcp : 网络协议
        //本机的 IP 地址和端口号: 127.0.0.1:8088
        l, err := net.Listen("tcp", "127.0.0.1:8088")
        if err != nil {
            log.Fatal(err)
        }
        defer l.Close()      //延时关闭
        //循环等待客户端访问
        for {
            conn, err := l.Accept()
            if err != nil {
                log.Fatal(err)
            }
            fmt.Printf(" 访问客户端信息:  con=%v 客户端 ip=%v\n", conn,
conn.RemoteAddr().String())

            go handleConnection(conn)
        }
    }


    //服务器端处理从客户端接收的数据
    func handleConnection(c net.Conn) {
        defer c.Close()  //关闭 conn

        for {
            //1.等待客户端通过 conn 对象发送信息
            //2.如果客户端没有发送数据, 则 goroutine 就阻塞在这里
            fmt.Printf("服务器在等待客户端%s 发送信息\n", c.RemoteAddr().String())
            buf := make([]byte, 1024)
            n, err := c.Read(buf)
            if err != nil {
                log.Fatal(err)
                break
            }

            //3. 显示客户端发送到服务器端的内容
            fmt.Print(string(buf[:n]))
        }
    }
```

```
func main() {
    Server()
}
```

在文件所在目录下打开命令行终端，运行如下命令来监听客户端的连接：

```
$ go run socket-tcp-server1.go
```

（2）TCP 客户端代码编写。

编写一个 TCP 客户端程序，该客户端有如下的功能：

- 能连接到服务器端的 8088 端口；
- 客户端可以发送单行数据，然后退出；
- 能通过客户端命令行终端输入数据（输入一行就发送一行），并发送给服务器端；
- 在客户端命令行终端输入 exit，表示退出程序。

TCP 客户端的示例代码如下。

**代码 chapter5/socket-tcp-client1.go　　　TCP 客户端的示例代码**

```
package main

import (
    "bufio"
    "fmt"
    "log"
    "net"
    "os"
    "strings"
)

func Client() {
    conn, err := net.Dial("tcp", "127.0.0.1:8088")
    if err != nil {
        log.Fatal(err)
    }

    //客户端可以发送单行数据，然后退出
    reader := bufio.NewReader(os.Stdin) //os.Stdin代表标准输入[终端]
    for {
        //从客户端读取一行用户输入，并准备发送给服务器端
        line, err := reader.ReadString('\n')
        if err != nil {
            log.Fatal(err)
        }
```

```
        line = strings.Trim(line, "\r\n")

        if line == "exit" {
            fmt.Println("用户退出客户端")
            break
        }
        //将 line 发送给服务器端
        conent, err := conn.Write([]byte(line + "\n"))
        if err != nil {
            log.Fatal(err)
        }
        fmt.Printf("客户端发送了 %d 字节的数据到服务器端\n", conent)
    }
}

func main() {
    Client()
}
```

在文件所在目录下打开命令行终端，输入如下命令：

```
$ go run socket-tcp-client1.go hello
```

返回值如下：

客户端发送了 6 字节的数据到服务器端

服务器端的命令行终端会返回如下内容：

```
hello
服务器在等待客户端 127.0.0.1:61235 发送信息
```

## 5.1.4　UDP Socket 的使用

### 1. UDP Socket 的定义

在 5.1.3 节中是使用 TCP 协议来编写 Socket 的客户端与服务器端的，也可以使用 UDP 协议来编写 Socket 的客户端与服务器端。

由于 UDP 是"无连接"的，所以服务器端只需要指定 IP 地址和端口号，然后监听该地址，等待客户端与之建立连接，两端即可通信。

下面在 Go 语言中创建 UDP Socket，用函数或者方法来实现。

（1）创建监听地址。

创建监听地址使用 ResolveUDPAddr()函数，其定义如下：

```
func ResolveUDPAddr(network, address string) (*UDPAddr, error)
```

（2）创建监听连接。

创建监听连接使用 ListenUDP()函数，其定义如下：

```
func ListenUDP(network string, laddr UDPAddr) (UDPConn, error)
```

（3）接收 UDP 数据。

接收 UDP 数据使用 ReadFromUDP()方法，其定义如下：

```
func (c *UDPConn) ReadFromUDP(b []byte) (int, *UDPAddr, error)
```

（4）写出数据到 UDP。

写出数据到 UDP 使用 WriteToUDP()方法，其定义如下：

```
func (c *UDPConn) WriteToUDP(b []byte, addr *UDPAddr) (int, error)
```

**2. UDP Socket 的使用**

知道了 Go 语言中 UDP Socket 相关方法的定义后，接下来通过实际例子来看看如何使用 UDP 进行 Socket 通信。分别编写服务器端和客户端的代码。

（1）UDP 服务器端代码编写。

用 UDP 实现的服务器端示例代码如下。

代码 chapter5/socket-udp1.go　　　用 UDP 实现的服务器端示例代码

```go
package main

import (
    "fmt"
    "net"
)

func main() {
    //创建监听的地址，并且指定为 UDP 协议
    udpAddr, err := net.ResolveUDPAddr("udp", "127.0.0.1:8012")
    if err != nil {
        fmt.Println("ResolveUDPAddr err:", err)
        return
    }
    conn, err := net.ListenUDP("udp", udpAddr) //创建监听连接
    if err != nil {
        fmt.Println("ListenUDP err:", err)
        return
    }
    defer conn.Close()
```

```go
    buf := make([]byte, 1024)
    //接收客户端发送过来的数据，并填充到切片 buf 中
    n, raddr, err := conn.ReadFromUDP(buf)
    if err != nil {
        return
    }
    fmt.Println("客户端发送: ", string(buf[:n]))

    _, err = conn.WriteToUDP([]byte("你好，客户端，我是服务器端"), raddr) //向
客户端发送数据
    if err != nil {
        fmt.Println("WriteToUDP err:", err)
        return
    }
}
```

（2）UDP 客户端代码编写。

UDP 客户端的编写与 TCP 客户端的编写基本上是一样的，只是将协议换成 UDP。UDP 客户端示例代码如下。

**代码　chapter5/socket-udp-client1.go　　用 UDP 实现的客户端示例代码**

```go
package main

import (
    "fmt"
    "net"
)

func main() {
    conn, err := net.Dial("udp", "127.0.0.1:8012")
    if err != nil {
        fmt.Println("net.Dial err:", err)
        return
    }
    defer conn.Close()

    conn.Write([]byte("你好，我是用 UDP 的客户端"))

    buf := make([]byte, 1024)
    n, err1 := conn.Read(buf)
    if err1 != nil {
        return
    }
    fmt.Println("服务器发来: ", string(buf[:n]))
}
```

（3）UDP 并发编程。

要实现 UDP 并发编程，需要在 UDP 客户端通过 go 关键字启动 goroutine 来处理请求。同时在服务器端需要通过 for 语句循环处理客户端数据。

①并发版 UDP 服务器端的示例代码如下。

**代码  chapter5/socket-udp2.go    并发版 UDP 服务器端的示例代码**

```go
package main

import (
    "fmt"
    "net"
)

func main() {
    // 创建服务器端UDP地址结构：指定IP地址和端口号
    laddr, err := net.ResolveUDPAddr("udp", "127.0.0.1:8023")
    if err != nil {
        fmt.Println("ResolveUDPAddr err:", err)
        return
    }
    // 监听客户端连接
    conn, err := net.ListenUDP("udp", laddr)
    if err != nil {
        fmt.Println("net.ListenUDP err:", err)
        return
    }
    defer conn.Close()

    for {
        buf := make([]byte, 1024)
        n, raddr, err := conn.ReadFromUDP(buf)
        if err != nil {
            fmt.Println("conn.ReadFromUDP err:", err)
            return
        }
        fmt.Printf("接收到客户端[%s]: %s", raddr, string(buf[:n]))

        conn.WriteToUDP([]byte("i am server"), raddr) // 简单回写数据给客户端
    }
}
```

②并发版 UDP 客户端的示例代码如下。

代码　chapter5/socket-udp-client2.go　　　并发版 UDP 客户端的示例代码

```go
package main

import (
    "fmt"
    "net"
    "os"
)

func main() {
    conn, err := net.Dial("udp", "127.0.0.1:8023")
    if err != nil {
        fmt.Println("net.Dial err:", err)
        return
    }
    defer conn.Close()
    //通过 go 关键字启动 goroutine，从而支持并发
    go func() {
        str := make([]byte, 1024)
        for {
            n, err := os.Stdin.Read(str) //从键盘读取内容放到 str 字符串里
            if err != nil {
                fmt.Println("os.Stdin. err = ", err)
                return
            }
            conn.Write(str[:n]) // 发送给服务器
        }
    }()
    buf := make([]byte, 1024)
    for {
        n, err := conn.Read(buf)
        if err != nil {
            fmt.Println("conn.Read err:", err)
            return
        }
        fmt.Println("服务器发送来: ", string(buf[:n]))
    }
}
```

## 5.1.5　【实战】用 Go Socket 实现一个简易的聊天程序

通过本章前面几个节的学习，我们已经了解了 Socket 的基本原理，以及 Go 语言中 Socket 的常见使用方法。本节用 Go Socket 来编写一个简易的聊天程序，同样分为服务器端代码编写和客户端代码编写两部分。

**1. 服务器端代码编写**

在聊天系统中，心跳检测常常被用到。顾名思义，心跳检测是指在客户端和服务器端之间暂时没有数据交互时，需要每隔一定时间发送一个信息判断对方是否还存活的机制。心跳检测可以由客户端主动发起，也可以由服务器端主动发起，本节示例是由服务器端发起的。

（1）定义一个心跳结构体：

```
type Heartbeat struct {
    endTime int64 //过期时间
}
```

（2）通过 Listen()方法监听 8086 端口，启动一个无限循环来监听 goroutine 的消息：

```
for{
    conn,err:=l.Accept()
    if err != nil {
        fmt.Println("Error accepting: ", err)
    }
    fmt.Printf("Received  message  %s  ->  %s  \n", conn.RemoteAddr(),
conn.LocalAddr())
    ConnSlice[conn] = &Heartbeat{
        endTime: time.Now().Add(time.Second*5).Unix(),//初始化过期时间
    }
    go handelConn(conn)
}
```

（3）编写 handelConn()函数来处理连接，代码如下：

```
func handelConn(c net.Conn) {
    buffer := make([]byte, 1024)
    for {
        n, err := c.Read(buffer)
        if ConnSlice[c].endTime > time.Now().Unix() {
            //更新心跳时间
ConnSlice[c].endTime = time.Now().Add(time.Second * 5).Unix()
        } else {
            fmt.Println("长时间未发消息断开连接")
            return
        }
        if err != nil {
            return
        }
        //如果是心跳检测，则不执行剩下的代码
        if string(buffer[0:n]) == "1" {
            c.Write([]byte("1"))
            continue
```

```
        }
        for conn, heart := range ConnSlice {
            if conn == c {
                continue
            }
            //心跳检测, 在需要发送数据时才检查规定时间内有没有数据到达
            if heart.endTime < time.Now().Unix() {
                delete(ConnSlice, conn) //从列表中删除连接, 并关闭连接
                conn.Close()
                fmt.Println("删除连接", conn.RemoteAddr())
                fmt.Println("现在存有连接", ConnSlice)
                continue
            }
            conn.Write(buffer[0:n])
        }
    }
}
```

（4）编写 main()函数来启动服务：

```
func main() {
    ConnSlice = map[net.Conn]*Heartbeat{}
    l, err := net.Listen("tcp", "127.0.0.1:8086")
    if err != nil {
        fmt.Println("服务器启动失败")
    }
    defer l.Close()
    for {
        conn, err := l.Accept()
        if err != nil {
            fmt.Println("Error accepting: ", err)
        }
        fmt.Printf("Received  message  %s  ->  %s \n", conn.RemoteAddr(),
conn.LocalAddr())
        ConnSlice[conn] = &Heartbeat{
            endTime: time.Now().Add(time.Second * 5).Unix(), //初始化过期时间
        }
        go handelConn(conn)
    }
}
```

完整代码见本书配套资源中的"chapter5/socket-chat-server.go"。

### 2. 客户端代码编写

（1）用 ResolveTCPAddr()方法指定 TCP 4 协议, 然后调用 DialTCP()函数连接 8086 端口,

代码如下：

```
server := "127.0.0.1:8086"
tcpAddr, err := net.ResolveTCPAddr("tcp4", server)
if err != nil {
    Log(os.Stderr, "Fatal error:", err.Error())
    os.Exit(1)
}
conn, err := net.DialTCP("tcp", nil, tcpAddr)
if err != nil {
    Log("Fatal error:", err.Error())
    os.Exit(1)
}
Log(conn.RemoteAddr().String(), "connect success!")
```

（2）定义一个 Sender()函数来发送心跳包给服务器端，并定义一个 Log()函数来记录日志：

```
Log(conn.RemoteAddr().String(), "connect success!")
Sender(conn)
Log("end")
```

其中 Sender()函数的内容是创建定时器，每次服务器端发送消息就刷新时间，用来实现定期发送心跳包给服务器端。Sender()函数的内容如下：

```
func Sender(conn *net.TCPConn) {
    defer conn.Close()
    sc := bufio.NewReader(os.Stdin)
    go func() {
        t := time.NewTicker(time.Second)//创建定时器，用来定期发送心跳包给服务器端
        defer t.Stop()
        for {
            <-t.C
            _, err := conn.Write([]byte("1"))
            if err != nil {
                fmt.Println(err.Error())
                return
            }
        }
    }()
    name := ""
    fmt.Println("请输入聊天昵称") //用户聊天的昵称
    fmt.Fscan(sc, &name)
    msg := ""
    buffer := make([]byte, 1024)
    _t := time.NewTimer(time.Second * 5) //创建定时器，每次服务器端发送消息就刷
新时间
    defer _t.Stop()
```

```go
go func() {
    <-_t.C
    fmt.Println("服务器出现故障，断开链接")
    return
}()
for {
    go func() {
        for {
            n, err := conn.Read(buffer)
            if err != nil {
                return
            }
            //收到消息就刷新_t定时器，如果time.Second*5时间到了，
            //则<-_t.C就不会阻塞，代码会往下走，直到return结束
            _t.Reset(time.Second * 5)
            //将心跳包消息定义为字符串1，不需要打印出来
            if string(buffer[0:1]) != "1" {
                fmt.Println(string(buffer[0:n]))
            }
        }
    }()
    fmt.Fscan(sc, &msg)
    i := time.Now().Format("2006-01-02 15:04:05")
    conn.Write([]byte(fmt.Sprintf("%s\n\t%s: %s", i, name, msg)))
}
}
```

（3）编写 main()函数，启动客户端。代码如下：

```go
func main() {
    server := "127.0.0.1:8086"
    tcpAddr, err := net.ResolveTCPAddr("tcp4",server)
    if err != nil{
        Log(os.Stderr,"Fatal error:",err.Error())
        os.Exit(1)
    }
    conn, err := net.DialTCP("tcp",nil,tcpAddr)
    if err != nil{
        Log("Fatal error:",err.Error())
        os.Exit(1)
    }
    Log(conn.RemoteAddr().String(), "connect success!")
    sender(conn)
    Log("end")
}
```

完整代码见本书配套资源中的"chapter5/socket-chat-client.go"。

在编写完服务器端和客户端后，就可以在文件所在目录下通过如下命令进行测试了：

```
$ go run socket-chat-server.go
127.0.0.1:8086 connect success!
请输入聊天昵称
```

然后启动客户端。如果服务器端和客户端都能运行正常，则客户端会收到服务器端的信息，如下所示：

```
$ go run socket-chat-client.go
Received message 127.0.0.1:60033 -> 127.0.0.1:8086
```

## 5.2 Go RPC 编程

### 5.2.1 什么是 RPC

RPC（Remote Procedure Call，远程过程调用）是一种不需要了解底层网络技术就可以通过网络从远程计算机程序上请求服务的协议。RPC 协议假定存在某些传输协议（如 TCP 或 UDP），并通过这些协议在通信程序之间传输数据信息。

当一个电商系统业务发展到一定程度时，其耦合度往往很高，急需要解耦。这时可以考虑将系统拆分成用户服务、商品服务、支付服务、订单服务、物流服务、售后服务等多个独立的服务。这些服务之间可以相互调用，同时每个服务都可以独立部署，独立上线。这时内部调用最好使用 RPC。RPC 主要用于解决分布式系统中服务与服务之间的调用问题。

RPC 架构主要包括 3 部分，如图 5-7 所示。

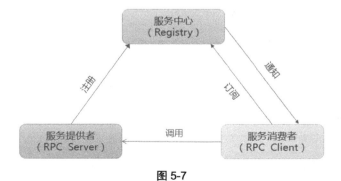

图 5-7

- 服务注册中心（Registry）：负责将本地服务发布成远程服务，管理远程服务，提供给服务消费者使用。
- 服务提供者（RPC Server）：提供服务接口的定义与服务类的实现。
- 服务消费者（RPC Client）：通过远程代理对象调用远程服务。

服务提供者在启动后，会主动向服务注册中心注册机器的 IP 地址、端口号，以及提供的服务列表；服务消费者在启动后，会向服务注册中心获取服务提供方的服务列表。服务注册中心可实现负载均衡和故障切换。

RPC 有如下优点：

- 跨语言（C++、Go、Java、Python ……）；
- 协议私密，安全性较高；
- 数据传输效率高；
- 支持动态扩展。

虽然 RPC 有很多优点，但 RPC 也有一些缺点：要开发一个完善的 RPC 框架开发难度大，需要的专业人员比较多，对初学者来说难度比较大，增加了企业的开发成本。

所以是否运用 RPC 架构，要看自身具体的情况，特别是对运维人员的能力要求较高。在实战开中需要综合考虑。

## 5.2.2　Go RPC 的应用

### 1. Go GOB 编码 RPC

Go 语言官方提供了一个名为 net/rpc 的 RPC 包。在 net/rpc 包中使用 encoding/gob 包中的 Encoder 对象和 Decoder 对象中可以进行 GOB 格式的编码和解码，并且支持 TCP 或 HTTP 数据传输方式。

> **提示**
>
> 由于其他语言不支持 GOB 格式编/解码方式，所以使用 net/rpc 包实现的 RPC 方法没办法进行跨语言调用。

在使用 net/rpc 包时，在服务器端可以注册多个不同类型的对象，但如果注册相同类型的多个对象则会出错。

同时，如果想对象的方法能被远程访问，则它们必须满足一定的要求，否则这个对象的方法会被忽略。这几个要求如下：

- 方法的类型是可输出的；
- 方法本身也是可输出的；

- 方法必须有两个参数，必须是输出类型或内建类型；
- 方法的第 2 个参数是指针类型；
- 方法的返回类型为 error。

综合以上几个要求，这个输出方法的格式如下：

```
func (t *T) MethodName(argType T1, replyType *T2) error
```

以上输出方法中的 T、T1、T2 能够被 encoding/gob 包序列化，即使用不同的编解码器这些要求也适用。

其中，第 1 个参数是调用者（client）提供的参数，第 2 个参数是要返给调用者的计算结果。如果方法的返回值不为空，则它会作为一个字符串返给调用者；如果返回值为 error，则 reply 参数不会返给调用者。

下面是一个简单的服务器端和客户端的例子。在这个例子中定义了一个两个数相加的方法。

（1）RPC 服务器端代码编写。

第 1 步，定义传入参数的数据结构：

```
//参数结构体
type Args struct {
    X, Y int
}
```

第 2 步，定义一个服务对象。这个服务对象可以很简单，比如类型是 int 或 interface{}，重要的是它输出的方法。这里定义一个算术类型 Algorithm ，其实它是 int 类型，这个 int 类型的值在后面方法的实现中没被用到，它就起一个辅助的作用。

```
type Algorithm int
```

第 3 步，编写实现类型 Algorithm 的 Sum()方法：

```
//定义一个方法求两个数的和
//该方法的第 1 个参数为输入参数，第 2 个参数为返回值
func (t *Algorithm) Sum(args *Args, reply *int) error {
    *reply = args.X + args.Y
    fmt.Println("Exec Sum ", reply)
    return nil
}
```

到目前为止，准备工作已经完成，继续下面的步骤。

第 4 步，要实现 RPC 服务器端，需要先实例化服务对象 Algorithm，然后将其注册到 RPC 中，代码如下：

```go
//实例化
algorithm := new(Algorithm)
fmt.Println("Algorithm start", algorithm)
//注册服务
rpc.Register(algorithm)
rpc.HandleHTTP()
err := http.ListenAndServe(":8808", nil)
if err != nil {
    fmt.Println("err=====", err.Error())
}
```

以上代码生成了一个 Algorithm 对象，并使用 rpc.Register()方法来注册这个服务，然后通过 HTTP 将其暴露出来。客户端可以看到服务 Algorithm 及它的方法 Algorithm.Sum()。

第 5 步，创建一个客户端，建立客户端和服务器端的连接：

```go
client, err := rpc.DialHTTP("tcp", "127.0.0.1:8808")
if err != nil {
    log.Fatal("在这里地方发生错误了：DialHTTP", err)
}
```

第 6 步，客户端通过 client.Call()方法进行远程调用，代码如下：

```go
//获取第 1 个输入值
i1, _ := strconv.Atoi(os.Args[1])
//获取第 2 个输入值
i2, _ := strconv.Atoi(os.Args[2])
args := ArgsTwo{i1, i2}
var reply int
//调用命名函数，等待它完成，并返回其错误状态
err = client.Call("Algorithm.Sum", args, &reply)
if err != nil {
    log.Fatal("Call Sum algorithm error:", err)
}
fmt.Printf("Algorithm 和为：%d+%d=%d\n", args.X, args.Y, reply)
```

以上完整代码见本书配套资源中的"chapter5/socket-rpc-server.go"。

在服务器端代码编写完后，在文件所在目录下打开命令行终端，输入如下命令来启动服务器端：

```
$ go run socket-rpc-server.go
```

（2）RPC 客户端代码编写。

在服务器端编写好并启动成功后，客户端通过 client.Call()方法即可远程调用其对应的方法。用 RPC 实现的客户端示例代码如下。

**代码 chapter5/socket-rpc-client.go　用 RPC 实现的客户端示例**

```go
package main

import (
    "fmt"
    "log"
    "net/rpc"
    "os"
    "strconv"
)

//参数结构体
type ArgsTwo struct {
    X, Y int
}

func main() {
    client, err := rpc.DialHTTP("tcp", "127.0.0.1:8808")
    if err != nil {
        log.Fatal("在这里地方发生错误了：DialHTTP", err)
    }
    //获取第 1 个输入值
    i1, _ := strconv.Atoi(os.Args[1])
    //获取第 2 个输入值
    i2, _ := strconv.Atoi(os.Args[2])
    args := ArgsTwo{i1, i2}
    var reply int
    //调用命名函数，等待它完成，并返回其错误状态
    err = client.Call("Algorithm.Sum", args, &reply)
    if err != nil {
        log.Fatal("Call Sum algorithm error:", err)
    }
    fmt.Printf("Algorithm 和为：%d+%d=%d\n", args.X, args.Y, reply)
}
```

在文件所在目录下打开命令行终端，输入如下命令：

```
$ go run socket-rpc-client.go 1 2
```

如果 RPC 调用成功，则命令行终端会输出如下：

```
Algorithm 和为：1+2=3
```

### 2. JSON 编码 RPC

JSON 编码 RPC 是指，数据编码采用了 JSON 格式的 RPC。接下来同样通过服务器端和客户端的例子来讲解。

（1）服务器端代码编写。

JSON 编码 RPC 通过使用 Go 提供的 json-rpc 标准包来实现。用 JSON 编码实现的 RPC 服务器端示例代码如下。

代码 chapter5/socket-rpc-server1.go　　用 JSON 编码实现的 RPC 服务器端示例

```go
package main

import (
    "fmt"
    "net"
    "net/rpc"
    "net/rpc/jsonrpc"
)

//使用 Go 提供的 net/rpc/jsonrpc 标准包
func init() {
    fmt.Println("JSON 编码 RPC，不是 GOB 编码，其他的和 RPC 概念一模一样，")
}

type ArgsLanguage struct {
    Java, Go string
}

type Programmer string

func (m *Programmer) GetSkill(al *ArgsLanguage, skill *string) error {
    *skill = "Skill1:" + al.Java + ", Skill2" + al.Go
    return nil
}

func main() {
    //实例化
    str := new(Programmer)
    //注册服务
    rpc.Register(str)

    tcpAddr, err := net.ResolveTCPAddr("tcp", ":8085")
    if err != nil {
        fmt.Println("ResolveTCPAddr err=", err)
    }

    listener, err := net.ListenTCP("tcp", tcpAddr)
    if err != nil {
```

```
        fmt.Println("tcp listen err=", err)
    }

    for {
        conn, err := listener.Accept()
        if err != nil {
            continue
        }
        jsonrpc.ServeConn(conn)
    }
}
```

在文件所在目录下打开命令行终端，输入以下命令来启动服务器端：

```
$ go run socket-rpc-server1.go
```

（2）客户端代码编写。

用 JSON 格式实现的 RPC 客户端示例代码如下。

代码 chapter5/socket-rpc-client1.go　　用 JSON 格式实现的 RPC 客户端示例

```
package main

import (
    "fmt"
    "log"
    "net/rpc/jsonrpc"
)

func main() {
    fmt.Println("client start......")
    client, err := jsonrpc.Dial("tcp", "127.0.0.1:8085")
    if err != nil {
        log.Fatal("Dial err=", err)
    }
    send := Send{"Java", "Go"}
    var receive string
    err = client.Call("Programmer.GetSkill", send, &receive)
    if err != nil {
        fmt.Println("Call err=", err)
    }
    fmt.Println("receive", receive)
}


// 参数结构体可以和服务器端不一样
// 但是结构体里的字段必须一样
type Send struct {
```

```
    Java, Go string
}
```

在文件所在目录下打开命令行终端，输入如下命令：

```
$ go run socket-rpc-client1.go
```

如果 RPC 调用成功，则命令行终端会输出如下内容：

```
client start......
receive Skill1:Java, Skill2Go
```

# 5.3　微服务

## 5.3.1　什么是微服务

微服务是一种用于构建应用的架构方案。微服务架构有别于传统的单体式架构，它将应用拆分成多个核心功能。每个功能都被称为一项服务，这些服务可以被单独构建和部署。这意味着，各项服务在工作时或者出现故障时不会相互影响。

比如，在购物时的情景，当把某个商品加入购物车，这个购物车功能就是一项服务。商品评论是一项服务，商品库存也是一项服务。

### 1. 单体应用

要理解什么是微服务，可以先理解什么是单体应用。在没有提出微服务的概念之前，一个软件应用，往往会将应用的所有功能都开发和打包在一起。传统的一个 B/S 应用架构往往如图 5-8 所示。

图 5-8

随着业务的不断发展，用户访问量越来越大，当用户访问量变大导致一台服务器无法支撑时就必须加多台服务器。这时可以把其中一台服务器作为负载均衡器，架构就变成了用负载均衡器来连接多台服务器，如图 5-9 所示。

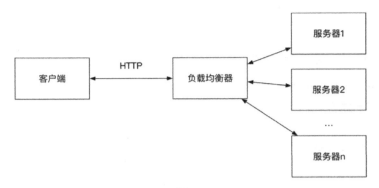

图 5-9

随着网站的访问量进一步加大，前端的 HTML 代码、CSS 代码、JS 代码、图片等越来越成为网站的瓶颈。这时就需要把静态文件独立出来，通过 CDN 等手段进行加速，这样可以提升应用的整体性能。单体应用架构就变成"CDN+用负载均衡器来连接多台服务器"，如图 5-10 所示。

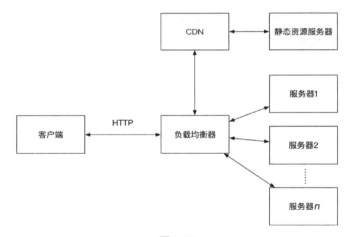

图 5-10

虽然面对大流量访问都有相应的解决方案，但以上 3 个架构都还是单体应用，只是在部署方面进行了优化，所以避免不了单体应用的根本缺点：

- 代码臃肿，应用启动时间长，资源消耗较大；（作者参与过的有些大型项目代码超过 5GB。）
- 回归测试周期长，修复一个小 BUG 可能需要对所有关键业务进行回归测试；
- 应用容错性差，某个小功能的程序错误可能导致整个系统宕机；
- 伸缩困难，在扩展单体应用性能时只能对整个应用进行扩展，会造成计算资源浪费；
- 开发协作困难，一个大型应用系统可能有几十个甚至上百个开发人员，如果大家都在维护一套代码，则代码的合并复杂度急剧增加。

#### 2. 微服务

微服务的出现就是因为单体应用架构已经无法满足当前互联网产品的技术需求。

在微服务架构之前还有一个概念：SOA（Service-Oriented Architecture，面向服务的体系架构）。从某种程度上来说，SOA 只是一个架构模型的方法论，并不是一个明确而严谨的架构标准。SOA 已经提出了面向服务的架构思想，所以严格意义上说，其实微服务应该算是 SOA 的一种演进。单体应用架构和微服务架构对比如图 5-11 所示。

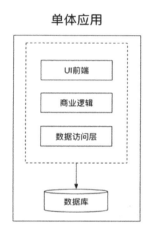
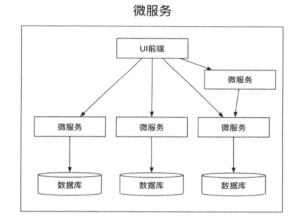

图 5-11

综上所述，关于微服务的概念，没有统一的官方定义。撇开架构先不说，什么样的服务才算微服务呢？一般来说，微服务需要满足以下两点。

* 单一职责：一个微服务应该是具有单一职责的，这才是"微"的体现。一般来说，一个微服务用来解决一个业务问题，尽量保持其独立性。
* 面向服务：将自己的业务能力封装并对外提供服务，这是继承 SOA 的核心思想。一个微服务本身也可能具有使用其他微服务的能力。

一般满足以上两点就可以认为其是一个微服务。微服务架构与单体应用架构十分不同：①微服务架构中的每个服务都需独立运行，要避免与其他服务的耦合关系；②微服务架构中的每个服务都要能够自主——在其他服务发生错误时不受干扰。

#### 3. 微服务典型架构

应用微服务化之后，遇到的第一个问题就是服务发现问题：一个微服务如何发现其他微服务。

最简单的方式是：在每个微服务里配置其他微服务的地址。但是当微服务数量众多时，这样做明显不现实。所以需要用到微服务架构中的一个最重要的组件——**服务注册中心**。所有服务都被注册到服务注册中心中，同时也可以从服务注册中心获取当前可用的服务清单。

服务注册中心与服务之间的关系如图 5-12 所示。

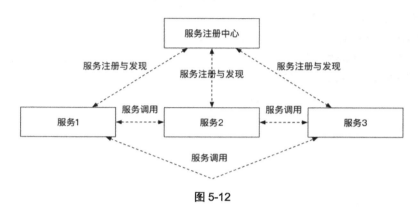

图 5-12

接着需要解决微服务分布式部署带来的第 2 个问题：服务配置管理的问题。当服务超过一定数量后，如果需要在每个服务中分别维护其配置文件，则运维人员的人力成本会急剧上升。此时就需要用到微服务架构里面第 2 个重要的组件——配置中心。

当客户端或外部应用调用服务时该怎么处理呢？服务 1 可能有多个节点，服务 1、服务 2 和服务 3 的服务地址都不同，服务授权验证应该在哪里做？这时就需要使用到服务网关提供统一的服务入口，最终形成的典型微服务架构如图 5-13 所示。

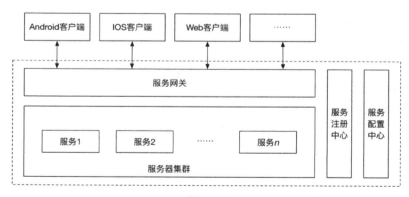

图 5-13

图 5-13 是一个典型的微服务架构。当然微服务的服务治理还涉及很多内容，比如：

- 通过熔断、限流等机制保证高可用；
- 微服务之间调用的负载均衡；
- 分布式事务（2PC、3PC、TCC、LCN 等）；

- 服务调用链跟踪等。

以上典型的微服务架构只是众多微服务架构的一种。微服务架构不是唯一的，它需要根据企业自身的具体情况进行针对性的部署。

## 5.3.2　【实战】用 gRPC 框架构建一个简易的微服务

### 1. 什么是 gRPC 框架

gRPC 是谷歌开源的一款跨平台、高性能的 RPC 框架，它可以在任何环境下运行。在实际开发过程中，主要使用它来进行后端微服务的开发。

在 gRPC 框架中，客户端应用程序可以像本地对象那样直接调用另一台计算机上的服务器应用程序中的方法，从而更容易地创建分布式应用程序和服务。与许多 RPC 系统一样，gRPC 框架基于定义服务的思想，通过设置参数和返回类型来远程调用方法。在服务器端，实现这个接口并运行 gRPC 服务器以处理客户端调用。客户端提供方法（客户端与服务器端的方法相同）。

如图 5-14 所示，gRPC 的客户端和服务器端可以在各种环境中运行和相互通信，并且可以用 gRPC 支持的任何语言编写。因此，可以用 Go 语言创建一个 gRPC 服务器，同时供 PHP 客户端和 Android 客户端等多个客户端调用，从而突破开发语言的限制。

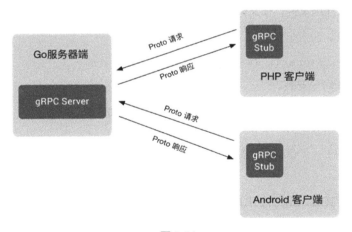

图 5-14

### 2. gRPC 的使用

接下来详细介绍如何使用 gRPC 框架搭建一个基础的 RPC 项目。

（1）安装 protobuf。

要使用 gRPC，必须先安装 protobuf。protobuf 的安装方法很简单。

直接进入官方网址,选择对应系统的版本进行下载,如图 5-15 所示。

图 5-15

下载完成后,解压该文件,在文件夹的根目录依次输入设置编译目录和 make 编译命令即可。

①设置编译目录。

```
$ ./configure --prefix=/usr/local/protobuf
```

②用 make 编译命令安装。

先执行 make 编译,在编译成功后再运行 install 命令,如下所示:

```
$ make
$ make install
```

③配置环境变量。

如果 make 安装完成,则可打开.bash_profile 文件并编辑,执行如下命令:

```
$ cd ~
$ vim .bash_profile
```

然后在打开的 bash_profile 文件末尾添加如下配置:

```
export PROTOBUF=/usr/local/protobuf
export PATH=$PROTOBUF/bin:$PATH
```

编辑完成后,通过 source 命令使文件生效:

```
$ source .bash_profile
```

编辑完成后，在命令行终端中输入如下命令即可返回版本信息，如图 5-16 所示。

```
$ protoc --version
```

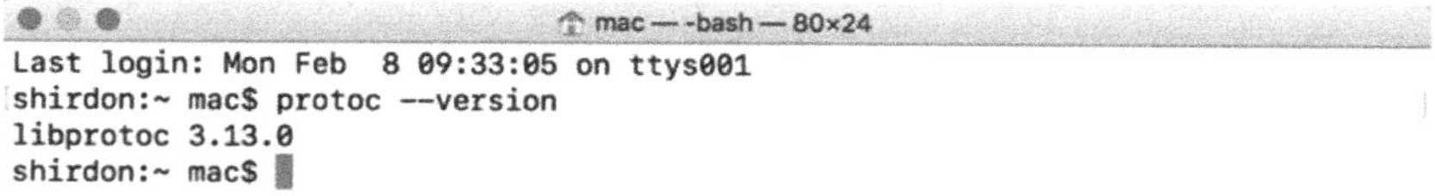

```
● ● ●                    ⌂ mac — -bash — 80×24
Last login: Mon Feb  8 09:33:05 on ttys001
shirdon:~ mac$ protoc --version
libprotoc 3.13.0
shirdon:~ mac$
```

图 5-16

（2）安装 Go 语言 protobuf 包。

在安装完 protobuf 的开发环境后，还要安装 Go 语言对应的 protobuf 包。方法很简单，在命令行终端中输入如下命令：

```
$ go get -u github.com/golang/protobuf/proto
$ go get -u github.com/golang/protobuf/protoc-gen-go
```

在 "go get" 命令执行完后，进入刚才下载的目录 src/github.com/golang/protobuf 中，复制 protoc-gen-go 文件夹到/usr/local/bin/目录中：

```
$ cp -r protoc-gen-go  /usr/local/bin/
```

配置好环境变量后，Go 语言 protobuf 开发环境就搭建完毕了。

（3）定义 protobuf 文件。

接下来就是定义 protobuf 文件。首先，新建一个名为 programmer.proto 的文件，代码如下：

代码 chapter5/protobuf/programmer.proto　　protobuf 文件的代码

```
// 指定语法格式，注意 proto3 不再支持 proto2 的 required 和 optional
syntax = "proto3";
package  proto;      // 指定生成包的名称为 programmer.pb.go，防止命名冲突

// service 定义开放调用的服务
service  ProgrammerService {
  // rpc 定义服务内的 GetProgrammerInfo 远程调用
  rpc  GetProgrammerInfo (Request) returns (Response) {
  }
}

// message 对应生成代码的 struct，用于定义客户端请求的数据格式
message  Request {
  //[修饰符] 类型 字段名 = 标识符;
  string  name = 1;
}
```

```
// 定义服务器端响应的数据格式
message  Response {
  int32  uid = 1;
  string  username = 2;
  string  job = 3;
  // repeated 修饰符表示字段是可变数组，即 slice 类型
  repeated  string  goodAt = 4;
}
```

然后通过 protoc 命令编译 proto 文件，在 programmer.proto 文件所在目录中生成对应的 go 文件。运行如下命令：

```
$ protoc --go_out=plugins=grpc:. ./programmer.proto
```

如果运行成功，则在同一个目录中生成一个名为 programmer.pb.go 的文件。

（3）服务器端代码编写。

首先应该明确实现的步骤：

①实现 GetProgrammerInfo 接口；

②使用 gRPC 建立服务，监听端口；

③将实现的服务注册到 gRPC 中。

服务器端的示例代码如下。

**代码 chapter5/grpc-server.go    用 gRPC 实现的服务器端的示例代码**

```
package main

import (
    "fmt"
    "log"
    "net"
    // 导入生成的 protobuf 包
    pb "gitee.com/shirdonl/goWebActualCombat/chapter5/protobuf"
    "golang.org/x/net/context"
    "google.golang.org/grpc"
)

//定义服务结构体
type ProgrammerServiceServer struct{}

func (p *ProgrammerServiceServer) GetProgrammerInfo(ctx context.Context,
req *pb.Request) (resp *pb.Response, err error) {
    name := req.Name
    if name == "shirdon" {
```

```
        resp = &pb.Response{
            Uid: 6,
            Username: name,
            Job: "CTO",
            GoodAt: []string{"Go","Java","PHP","Python"},
        }
    }
    err = nil
    return
}

func main() {
    port := ":8078"
    l, err := net.Listen("tcp", port)
    if err != nil {
        log.Fatalf("listen error: %v\n", err)
    }
    fmt.Printf("listen %s\n", port)
    s := grpc.NewServer()
    // 将 ProgrammerService 注册到 gRPC 中
    // 注意第 2 个参数 ProgrammerServiceServer 是接口类型的变量，需要取地址传参
    pb.RegisterProgrammerServiceServer(s, &ProgrammerServiceServer{})
    s.Serve(l)
}
```

在写好服务器端代码后，在文件所在目录下打开命令行终端，输入如下命令启动服务器端：

```
$ go run grpc-server.go
```

（4）客户端代码编写。

服务器端启动后，就实现了一个利用 gRPC 创建的 RPC 服务。但无法直接调用它，还需要实现一个调用服务器端的客户端，代码如下。

代码 chapter5/grpc-client.go　　用 gRPC 实现的客户端的示例代码

```
package main

import (
    "fmt"
    pb "gitee.com/shirdonl/goWebActualCombat/chapter5/protobuf"
    "golang.org/x/net/context"
    "google.golang.org/grpc"
    "log"
)

func main() {
    conn, err := grpc.Dial(":8078", grpc.WithInsecure())
```

```
    if err != nil {
        log.Fatalf("dial error: %v\n", err)
    }

    defer conn.Close()

    // 实例化 ProgrammerService
    client := pb.NewProgrammerServiceClient(conn)

    // 调用服务
    req := new(pb.Request)
    req.Name = "shirdon"
    resp, err := client.GetProgrammerInfo(context.Background(), req)
    if err != nil {
        log.Fatalf("resp error: %v\n", err)
    }

    fmt.Printf("Recevied: %v\n", resp)
}
```

在写好客户端代码后，在文件所在目录下打开命令行终端，输入如下命令启动客户端：

```
$ go run grpc-client.go
```

如果客户端调用服务器端的方法成功，则输出如下内容：

```
Recevied: uid:6 username:"shirdon" job:"CTO" goodAt:"Go" goodAt:"Java"
goodAt:"PHP" goodAt:"Python"
```

至此我们已经介绍了使用 gRPC 进行简单微服务开发的方法。Go 语言已经提供了良好的 RPC 支持。通过 gRPC，可以很方便地开发分布式的 Web 应用程序。

## 5.4 小结

本章介绍了 Go Socket 编程、Go RPC 编程、微服务，最后通过 gRPC 框架构建了一个简易的微服务。本章能让读者系统地学习 Go 高级网络编程的方法和技巧。

# 第 6 章
# Go 文件处理

书籍是青年人不可分离的生命伴侣和导师。

——高尔基

念高危，则思谦冲而自牧；惧满盈，则思江海下百川。

——魏征：《谏太宗十思疏》

本章将详细介绍操作目录与文件、处理 XML 文件和 JSON 文件、处理正则表达式、处理日志的各种方法和技巧。

## 6.1 操作目录与文件

### 6.1.1 操作目录

Go 语言对文件和目录的操作，主要是通过 os 包和 path 包实现的。下面介绍 os 包和 path 包中的一些常用函数。

#### 1. 创建目录

Go 语言创建目录，主要使用 Mkdir()、MkdirAll()两个函数。其中，Mkdir()函数的定义如下：

```
func Mkdir(name string, perm FileMode) error
```

其中，name 为目录名字，perm 为权限设置码。比如 perm 为 0777，表示该目录对所有用户可读写及可执行。

例如，创建一个名为"test"的目录，perm 权限为 0777 的示例如下：

代码 chapter6/mkdir1.go　　用 Mkdir()函数创建一个名为"test"的目录

```go
package main

import (
    "fmt"
    "os"
)

func main() {
    //创建一个名为"test"的目录, 权限为 0777
    err := os.Mkdir("test", 0777)
    if err != nil {
        fmt.Println(err)
    }
}
```

MkdirAll()函数的定义如下：

```go
func MkdirAll(path string, perm FileMode) error
```

其中，path 为目录的路径（例如"dir1/dir2/dir3"），perm 为权限设置码。

用 MkdirAll()函数创建目录的示例如下。

代码 chapter6/mkdir2.go　　用 MkdirAll()函数创建目录的示例

```go
package main

import (
    "fmt"
    "os"
)

func main() {
    //根据 path 创建多级子目录, 例如 dir1/dir2/dir3
    err :=os.MkdirAll("dir1/dir2/dir3", 0777)
    if err != nil {
        fmt.Println(err)
    }
}
```

在 Web 开发中，多级目录使用得比较多的地方是上传文件。例如我们可以创建一个形如"static/upload/2020/10/1"的多级目录来保存上传的文件。用 MkdirAll()函数创建多级目录的示例如下。

代码 chapter6/mkdir3.go　　用 MkdirAll()函数创建多级目录的示例

```go
package main

import (
```

```
        "fmt"
        "os"
        "time"
)

func main() {
    uploadDir := "static/upload/" + time.Now().Format("2006/01/02/")
    err := os.MkdirAll(uploadDir , 777)
    if err!=nil{
        fmt.Println(err)
    }
}
```

### 2. 重命名目录

在 Go 语言的 os 包中有一个 Rename()函数用来对目录和文件进行重命名。该函数也可以用于移动一个文件。该函数的定义如下：

```
func Rename(oldpath, newpath string) error
```

其中，参数 oldpath 为旧的目录名或多级目录的路径，参数 newpath 为新目录的路径。如果newpath 已经存在，则替换它。其使用示例如下。

**代码  chapter6/rename.go　　　Rename()函数的使用示例**

```
package main

import (
    "fmt"
    "log"
    "os"
)

func main() {
    //创建一个名为 "dir_name1" 的目录，权限为 0777
    err := os.Mkdir("dir_name1", 0777)
    if err != nil {
        fmt.Println(err)
    }
    oldName := "dir_name1"
    newName := "dir_name2"
    //将 dir_name1 重命名为 dir_name2
    err = os.Rename(oldName, newName)
    if err != nil {
        log.Fatal(err)
    }
}
```

### 3. 删除目录

Go 语言删除目录的函数的定义如下：

```
func Remove(name string) error
```

其中，参数 name 为目录的名字。Remove()函数有一个局限性：当目录下有文件或者其他目录时会出错。

如果要删除多级子目，则可以使用 RemoveAll()函数，其定义如下：

```
func RemoveAll(path string) error
```

其中，参数 path 为要删除的多级子目录。如果 path 是单个名称，则该目录下的子目录将全部被删除。用 Remove()函数删除名为 dir1 的目录的示例如下。

**代码 chapter6/remove.go    用 Remove()函数删除名为 dir1 的目录的示例**

```go
package main

import (
    "log"
    "os"
)

func main() {
    err := os.Remove("dir1")
    if err != nil {
        log.Fatal(err)
    }
}
```

在文件所在目录下打开命令行终端，输入如下命令：

```
$ go run remove.go
```

如果在 dir1 目录下有子文件或者子目录，则报错如下：

```
2020/09/09 09:47:53 remove dir1: directory not empty
exit status 1
```

接下来我们使用 RemoveAll()函数来删除多级目录。

**代码 chapter6/removeall.go    用 RemoveAll()函数删除多级目录的示例**

```go
package main

import (
    "log"
    "os"
)
```

```go
func main() {
    //创建多级子目录
    os.MkdirAll("test1/test2/test3", 0777)
    //删除 test1 目录及其子目录
    err := os.RemoveAll("test1")
    if err != nil {
        log.Fatal(err)
    }
}
```

#### 4. 遍历目录

在 Go 语言的 path/filepath 包中，提供了 Walk()函数来遍历目录，其定义如下：

```go
func Walk(root string, walkFn WalkFunc) error
```

其中，参数 root 为遍历的初始根目录，参数 walkFn 为自定义函数（例如，显示所有文件夹、子文件夹、文件、子文件）。用 Walk()函数遍历目录的示例如下。

代码　chapter6/filewalk.go　　　用 Walk()函数遍历目录的示例

```go
package main

import (
    "fmt"
    "os"
    "path/filepath"
)

func scan(path string, f os.FileInfo, err error) error {
    fmt.Printf("Scaned: %s\n", path)
    return nil
}

func main() {
    //根据 path 创建多级子目录，例如 dir1/dir2/dir3
    err :=os.MkdirAll("test_walk/dir2/dir3", 0777)
    if err != nil {
        fmt.Println(err)
    }
    root := `./test_walk`
    err = filepath.Walk(root, scan)
    fmt.Printf("filepath.Walk() returned %v\n", err)
}
```

在文件所在目录下打开命令行终端，在其中输入如下命令：

```
$ go run filewalk.go
```

Walk()函数会遍历目录，返回值如图 6-1 所示。

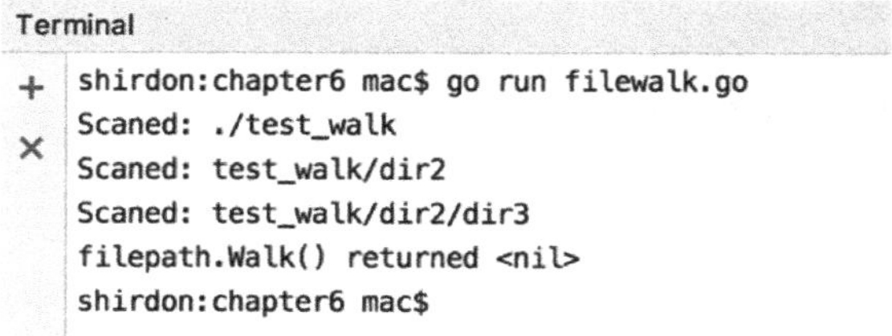

```
Terminal
+   shirdon:chapter6 mac$ go run filewalk.go
    Scaned: ./test_walk
×   Scaned: test_walk/dir2
    Scaned: test_walk/dir2/dir3
    filepath.Walk() returned <nil>
    shirdon:chapter6 mac$
```

图 6-1

## 6.1.2　创建文件

Go 语言 os 包中提供了 Create()函数来创建文件，其定义如下：

```
func Create(name string) (*File, error)
```

其中，参数 name 为文件名字的字符串，返回值为指针型文件描述符。

用 Create()函数创建一个名为 name 的文件，默认采用模式 0666。如果文件已存在，则它会被重置为空文件。如果成功，则返回的文件描述符对象可用于文件的读写。其使用示例如下。

代码 **chapter6/create.go**　　用 Create()函数创建文件的示例

```go
package main

import (
    "fmt"
    "os"
)

func main() {
    //创建文件
    //Create()函数会根据传入的文件名创建文件，默认权限是 0666
    fp, err := os.Create("./demo.txt") // 如果文件已存在，则将文件清空
    fmt.Println(fp, err)
    fmt.Printf("%T", fp)               // *os.File 文件的指针类型

    if err != nil {
        fmt.Println("文件创建失败。")
        //创建文件失败的原因有：
        //1.路径不存在  2.权限不足  3.打开文件数量超过上限  4.磁盘空间不足等
        return
    }

    // defer 延迟调用
```

```
    defer fp.Close() //关闭文件，释放资源
}
```

## 6.1.3 打开与关闭文件

在 Go 语言的 os 包中提供了 Open()函数和 OpenFile()函数用来打开文件。在 Open()、OpenFile()函数使用完毕后，都需要调用 Close()方法来关闭文件。

### 1. Open()函数

文件的打开使用 os 包中的 Open()函数，其定义如下：

```
func Open(name string) (file *File, err Error)
```

其中参数 name 为文件名字的字符串，返回值为文件描述符对象。

文件关闭用 Close()方法，其定义如下：

```
func (f *File) Close() error
```

其中，参数 f 为文件描述符指针；Close()方法可使文件不能用于读写，它的返回值为可能出现的错误。Open()函数的使用示例如下。

代码 chapter6/open1.go　　Open()函数的使用示例

```
package main

import (
    "fmt"
    "os"
)

func main() {
    // 打开文件
    file, err := os.Open("open.txt")
    if err != nil {
        fmt.Printf("打开文件出错：%v\n", err)
    }
    fmt.Println(file)
    // 关闭文件
    err = file.Close()
    if err != nil {
        fmt.Printf("关闭文件出错：%v\n", err)
    }
}
```

如果在代码所在文件夹中没有名为 open.txt 的文件，则报如下错误：

```
打开文件出错：open open.txt: no such file or directory
```

```
<nil>
关闭文件出错: invalid argument
```

### 2. OpenFile()函数

OpenFile()函数比 Open()函数更加强大，可以定义文件的名字、文件打开方式，以及文件权限设置。其定义如下：

```
func OpenFile(name string, flag int, perm uint32) (file *File, err Error)
```

其中，name 为文件的名字，flag 参数为打开的方式（可以是只读、读写等），perm 是权限模式，形如 0777。其使用示例如下。

代码 chapter6/open2.go  OpenFile()函数的使用示例

```go
package main

import (
    "fmt"
    "os"
)

func main() {
    // 以读写方式打开文件
    fp, err := os.OpenFile("./open.txt", os.O_CREATE|os.O_APPEND, 0666)

    if err != nil {
        fmt.Println("文件打开失败。")
        return
    }

    // defer 延迟调用
    defer fp.Close()  //关闭文件，释放资源
}
```

对比 Open()函数和 OpenFile()函数发现，在 Open()函数的内部实现中其实调用了 OpenFile()函数，OpenFile()函数更具灵活性。

## 6.1.4 读写文件

### 1. 读文件

读文件有如下两种函数。

（1）用带缓冲方式读取。

这种方式使用 bufio 包中的 NewReader()函数。其定义如下：

```
func NewReader(rd io.Reader) *Reader
```

该函数的使用示例如下。

**代码 chapter6/read1.go　　NewReader()函数的使用示例**

```go
package main

import (
    "bufio"
    "fmt"
    "io"
    "os"
)

func main() {
    // 打开文件
    file, err := os.Open("read.txt")
    if err != nil {
        fmt.Printf("打开文件出错: %v\n", err)
    }
    // 及时关闭文件句柄
    defer file.Close()
    // bufio.NewReader(rd io.Reader) *Reader
    reader := bufio.NewReader(file)
    // 循环读取文件的内容
    for {
        line, err := reader.ReadString('\n')      // 读到一个换行符就结束
        if err == io.EOF {                         // io.EOF 表示文件的末尾
            break
        }
        // 输出内容
        fmt.Print(line)
    }
}
```

（2）直接读取到内存。

如果想将文件直接读取到内存中，则可使用 io/ioutil 包中的 ReadFile()函数，其定义如下：

```go
func ReadFile(filename string) ([]byte, error)
```

其中参数 filename 为文件名。ReadFile()函数的使用示例如下。

**代码 chapter6/read2.go　　ReadFile()函数的使用示例**

```go
package main

import (
    "fmt"
    "io/ioutil"
```

```
)

func main() {
    //用 io/ioutil.ReadFile()函数一次性将文件读取到内存中
    filePath := "read2.txt"
    content, err := ioutil.ReadFile(filePath)
    if err != nil {
        // log.Fatal(err)
        fmt.Printf("读取文件出错: %v", err)
    }
    fmt.Printf("%v\n", content)
    fmt.Printf("%v\n", string(content))
}
```

### 2. 写文件

Go 语言中 os 包中提供了一个名为 File 的对象来处理文件，该对象有 Write()、WriteAt()、WriteString() 3 种方法可以用于写文件。

（1）Write()方法。

Write()方法用于写入 [ ]byte 类型的信息到文件中，其定义如下：

```
func (file *File) Write(b []byte) (n int, err Error)
```

其使用示例如下。

**代码 chapter6/write1.go    Write()方法的使用示例**

```
package main

import (
    "fmt"
    "os"
)

func main() {
    file, err := os.OpenFile("write1.txt", os.O_CREATE|os.O_RDWR, 0666)
    if err != nil {
        fmt.Println(err)
    }
    defer file.Close()

    content := []byte("你好世界! ")
    if _, err = file.Write(content); err != nil {
        fmt.Println(err)
    }
    fmt.Println("写入成功! ")
}
```

（2）WriteAt()方法。

WriteAt()方法用于在指定位置开始写入[ ]byte 类型的信息，其定义如下：

```
func (file *File) WriteAt(b []byte, off int64) (n int, err Error)
```

该方法表示从基本输入源的偏移量 off 处开始，将 len(p)个字节读取到 p 中。它返回读取的字节数 n（0 ≤ n ≤ len(p)），以及任何遇到的错误。其使用示例如下。

代码 chapter6/write2.go　　　WriteAt()方法的使用示例

```go
package main

import (
    "fmt"
    "os"
)

func main() {
    file, err := os.Create("writeAt.txt")
    if err != nil {
        panic(err)
    }
    defer file.Close()
    file.WriteString("Go Web 编程实战派——从入门到精通")
    n, err := file.WriteAt([]byte("Go 语言 Web"), 24)
    if err != nil {
        panic(err)
    }
    fmt.Println(n)
}
```

输出结果如下：

```
11
```

（3）WriteString()方法。

WriteString()方法用于将字符串写入文件，其定义如下：

```
func (file *File) WriteString(s string) (ret int, err Error)
```

其中参数 s 为 string 类型的字符串。该方法的使用示例如下。

代码 chapter6/write3.go　　　WriteString()方法的使用示例

```go
package main

import (
    "os"
)
```

```go
func main() {
    file, err := os.Create("WriteString.txt")
    if err != nil {
        panic(err)
    }
    defer file.Close()
    file.WriteString("Go Web 编程实战派从入门到精通")
}
```

WriteString()方法的本质上是对 Write()方法的调用。WriteString()方法的返回值就是 Write()方法的返回值。WriteString()的方法体如下：

```go
func (f *File) WriteString(s string) (n int, err error) {
    return f.Write([]byte(s))
}
```

WriteString()方法和 Write()方法的区别是参数的形式：WriteString()方法的参数是字符串，Write()方法的参数是[ ]byte(s)。WriteString()方法和 Write()方法的使用示例如下。

**代码 chapter6/write4.go      WriteString()方法和 Write()方法的使用示例**

```go
package main

import (
    "fmt"
    "os"
)

func main() {
    //新建文件
    fout, err := os.Create("./write4.txt")
    if err != nil {
        fmt.Println(err)
        return
    }
    defer fout.Close()
    for i := 0; i < 5; i++ {
        outstr := fmt.Sprintf("%s:%d\r\n", "Hello Go", i) //Sprintf格式化
        // 写入文件
        fout.WriteString(outstr)                //string信息
        fout.Write([]byte("i love go\r\n"))  //byte 类型
    }
}
```

## 6.1.5　移动与重命名文件

Go 语言的移动和重命名可以通过 Rename()函数实现，其参数既可以是目录，也可以是文件。其定义如下：

```
func Rename(oldpath, newpath string) error
```

其中，参数 oldpath 为旧的目录或文件，参数 newpath 为移动与重命名后的目录或文件。Rename()函数的使用示例如下。

**代码 chapter6/rename2.go　　Rename()函数的使用示例**

```
package main

import (
    "fmt"
    "os"
)

func main() {
    //创建一个名为 "test_rename.txt" 的空文件
    _, err := os.Create("./test_rename.txt") // 如果文件已存在，则将文件清空
    if err != nil {
        fmt.Println(err)
    }
    //创建一个名为 "test_rename" 的目录，权限为 0777
    err = os.Mkdir("test_rename", 0777)
    //将 test_rename.txt 移动到 test_rename 目录下，并将其重命名为 test_rename_new.txt
    err                       =                os.Rename("./test_rename.txt",
"./test_rename/test_rename_new.txt")
    if err != nil {
        fmt.Println(err)
        return
    }
}
```

## 6.1.6　删除文件

和删除目录一样，在 Go 语言中删除文件也可以通过 Remove()函数和 RemoveAll()函数来实现。

### 1. Remove()函数

Remove()函数用于删除指定的文件或目录。如果出错，则返回*PathError 类型的错误。其定义如下：

```
func Remove(name string) error
```

### 2. RemoveAll()函数

RemoveAll()函数用于删除指定的文件或目录及它的所有下级对象。它会尝试删除所有内容，除非遇到错误并返回。如果参数 path 指定的对象不存在，则 RemoveAll()函数会返回 nil，而不返回错误。其定义如下：

```
func RemoveAll(path string) error
```

用 Remove()函数及 RemoveAll()函数删除文件的示例如下：

**代码  chapter6/remove_file.go      用 Remove()函数及 RemoveAll()函数删除文件的示例**

```go
package main

import (
    "fmt"
    "os"
)

func main() {
    //创建一个名为"test_rename"的目录，权限为 0777
    err := os.Mkdir("test_remove", 0777)
    if err != nil {
        fmt.Println(err)
    }
    fmt.Println("created dir:test_remove")
    //创建一个名为"test_remove1.txt"的空文件
    _, err = os.Create("./test_remove/test_remove1.txt") // 如果文件已存在，
则将其清空
    if err != nil {
        fmt.Println(err)
    }
    fmt.Println("created file:test_remove1.txt")
    _, err = os.Create("./test_remove/test_remove2.txt")
    if err != nil {
        fmt.Println(err)
    }
    fmt.Println("created file:test_remove2.txt")
    _, err = os.Create("./test_remove/test_remove3.txt")
    if err != nil {
        fmt.Println(err)
    }
    fmt.Println("created file:test_remove3.txt")
    err = os.Remove("./test_remove/test_remove1.txt")
    if err != nil {
        fmt.Printf("removed ./test_remove/test_remove1.txt err : %v\n", err)
    }
```

```
        fmt.Println("removed file:./test_remove/test_remove1.txt")
        err = os.RemoveAll("./test_remove")
        if err != nil {
            fmt.Printf("remove all ./test_remove err : %v\n", err)
        }
        fmt.Println("removed all files:./test_remove")
}
```

## 6.1.7　复制文件

在 Go 语言中，可以使用 io 包的 Copy()函数来实现文件复制功能。其定义如下：

```
func Copy(dst Writer, src Reader) (written int64, err error)
```

其中，参数 dst 为源文件指针，参数 src 为目标文件指针。

代码　chapter6/copy1.go　　用 Copy()函数复制文件的示例

```
package main

import (
    "fmt"
    "io"
    "os"
)

func main() {
    //创建一个名为 test_copy1.zip 的文件
    _, err := os.Create("./test_copy1.zip") // 如果文件已存在，则将其清空
    if err != nil {
        fmt.Println(err)
    }
    //打开文件 test_copy1.zip，获取文件指针
    srcFile, err := os.Open("./test_copy1.zip")
    if err != nil {
        fmt.Printf("open file err = %v\n", err)
        return
    }

    defer srcFile.Close()

    //打开文件要复制的新文件名 test_copy2.zip，获取文件指针
    dstFile, err := os.OpenFile("./test_copy2.zip", os.O_WRONLY|os.O_CREATE,
0755)
    if err != nil {
        fmt.Printf("open file err = %v\n", err)
        return
```

```
    }

    defer dstFile.Close()

    //通过 Copy()函数复制数据
    result, err := io.Copy(dstFile, srcFile)

    if err == nil {
        fmt.Println("复制成功, 复制的字节数为: ", result)
    }
}
```

除此之外, 我们还可以自己封装一个函数: 先通过使用 os 包中的 os.Open()和 os.Create() 函数获取文件句柄(文件指针), 然后通过文件句柄(文件指针)的 Read()和 Write()方法, 按照字的节读取和写入来实现复制文件的功能。

在项目开发中, 可以把复制文件封装成一个公共函数, 以便在以后每次需要用到该功能时直接调用封装好的函数。对于较大文件, 可以自定义一个名为 DoCopy()的函数, 示例如下。

代码 chapter6/copy2.go    自定义一个名为 DoCopy()的函数

```go
package main

import (
    "fmt"
    "io"
    "log"
    "os"
)

//自定义复制函数
func DoCopy(srcFileName string, dstFileName string) {
    //打开源文件
    srcFile, err := os.Open(srcFileName)
    if err != nil {
        log.Fatalf("源文件读取失败,err:%v\n", err)
    }
    defer func() {
        err = srcFile.Close()
        if err != nil {
            log.Fatalf("源文件关闭失败,err:%v\n", err)
        }
    }()

    //创建目标文件, 稍后会向这个目标文件写入复制的内容
    distFile, err := os.Create(dstFileName)
```

```
    if err != nil {
        log.Fatalf("目标文件创建失败,err:%v\n", err)
    }
    defer func() {
        err = distFile.Close()
        if err != nil {
            log.Fatalf("目标文件关闭失败,err:%v\n", err)
        }
    }()
    //定义指定长度的字节切片，每次最多读取指定长度
    var tmp = make([]byte, 1024*4)
    //循环读取并写入
    for {
        n, err := srcFile.Read(tmp)
        n, _ = distFile.Write(tmp[:n])
        if err != nil {
            if err == io.EOF {
                return
            } else {
                log.Fatalf("复制过程中发生错误,错误err:%v\n", err)
            }
        }
    }
}


func main() {
    //创建一个.zip文件
    _, err := os.Create("./test.zip") // 如果文件已存在，则将其清空
    if err != nil {
        fmt.Println(err)
    }
    //复制一个名为test2.zip的文件
    DoCopy("./test.zip", "./test2.zip")
}
```

在文件所在目录下打开命令行终端，输入如下命令：

```
$ go run copy2.go
```

如果执行成功，则在文件所在目录下会复制出一个名为 test2.zip 的文件。

## 6.1.8 修改文件权限

### 1. Linux 中的文件权限

（1）Linux 中的文件权限有以下设定：

- 文件的权限类型一般包括读、写、执行（对应字母为 r、w、x）。
- 权限的属组有拥有者、群组、其他组这 3 种。每个文件都可以针对这 3 个属组（粒度），设置不同的 r、w、x（读、写、执行）权限。
- 通常情况下，一个文件只能归属于一个用户和组。如果其他的用户想具有这个文件的权限，则可以将该用户加入具备权限的群组。一个用户可以同时归属于多个组。

（2）十位二进制表示法。

在 Linux 中，常用十位二进制表示法来表示一个文件的权限，形式如下：

```
-rwxrwxrwx (777)
```

以上权限表示所有用户（拥有者、所在群组的用户、其他组的用户）都有这个文件的读、写、执行权限。

①在十位二进制表示法中，第 1 位表示的是文件的类型，类型可以是下面几个中的一个：

- d：目录（directory）；
- -：文件（regular file）；
- s：套字文件（socket）；
- p：管道文件（pipe）或命名管道文件（named pipe）；
- l：符号链接文件（symbolic link）；
- b：该文件是面向块的设备文件（block-oriented device file）；
- c：该文件是面向字符的设备文件（character-oriented device file）。

②在十位二进制表示法中，后 9 位每个位置的意义（代表某个属组的某个权限）都是固定的。如果我们将各个位置权限的有无用二进制数 1 和 0 来代替，则只读、只写、只执行权限可以用 3 位二进制数表示：

```
r-- = 100
-w- = 010
--x = 001
--- = 000
```

转换成八进制数，则为 r=4, w=2, x=1, -=0（这也就是在用数字设置权限时，为何 4 代表读，2 代表写，1 代表执行）。

可以将所有的权限用二进制形式表现出来，并进一步转变成八进制数字：

```
rwx = 111 = 7
rw- = 110 = 6
r-x = 101 = 5
r-- = 100 = 4
-wx = 011 = 3
-w- = 010 = 2
--x = 001 = 1
--- = 000 = 0
```

由上可以看出，每个属组的所有的权限都可以用 1 位八进制数表示，每个数字都代表不同的权限（权值）。如最高的权限为是 7，则代表可读、可写、可执行。

### 2. 修改文件权限

在 Go 语言中，可使用 os.Chmod()方法来修改文件的权限。该方法是对操作系统权限控制的一种封装，其定义如下：

```
func (f *File) Chmod(mode FileMode) error
```

其中参数 f 为文件指针。如果出错，则返回底层错误类型*PathError 。用 Chmod()方法修改文件权限的示例如下。

**代码 chapter6/copy2.go　　用 Chmod()方法修改文件权限的示例**

```go
package main

import (
    "fmt"
    "os"
)

func main() {
    //Create()函数会根据传入的文件名创建文件，默认权限是 0666
    fp, err := os.Create("./chmod1.txt") // 如果文件已存在，则将其清空
    // defer 延迟调用
    defer fp.Close() //关闭文件，释放资源
    if err != nil {
        fmt.Println("文件创建失败。")
    }
    fileInfo, err := os.Stat("./chmod1.txt")
    fileMode := fileInfo.Mode()
    fmt.Println(fileMode)
    os.Chmod("./chmod1.txt", 0777)//通过 chmod 重新赋权限（-rwxrwxrwx）
    fileInfo, err =os.Stat("./chmod1.txt")
    fileMode = fileInfo.Mode()
    fmt.Println(fileMode)
}
```

在文件所在目录下打开命令行终端，输入如下命令：

```
$ go run chmod.go
```

如果执行成功，则输出如下内容：

```
-rw-r--r--
-rwxrwxrwx
```

## 6.1.9 文件链接

### 1. 硬链接

Go 语言支持生成文件的软链接和硬链接。生成硬链接使用 Link()函数，在 Go 1.4 以后版本中，增加了对本地 Windows 系统中硬链接的支持。其定义如下：

```
func Link(oldname, newname string) error
```

其中，参数 oldname 为旧文件名字，参数 newname 为新文件名字。Link()函数的使用示例如下：

**代码 chapter6/link1.go    Link()函数的使用示例**

```
package main

import (
    "fmt"
    "os"
)

func main() {
    //创建文件
    //Create()函数会根据传入的文件名创建文件，默认权限是 0666（-rw-r--r--）
    fp, err := os.Create("./link1.txt") // 如果文件已存在，则将其清空
    // defer 延迟调用
    defer fp.Close() //关闭文件，释放资源
    if err != nil {
        fmt.Println("文件创建失败。")
    }
    err = os.Link("link1.txt", "link2.txt")
    if err != nil {
        fmt.Println("err:", err)
    }
}
```

### 2. 软链接

Go 语言中，生成软链接使用 Symlink()函数。其定义如下：

```
func Symlink(oldname, newname string) error
```

Symlink()函数的使用示例如下。

**代码 chapter6/link2.go　　Symlink()函数的使用示例**

```
package main

import (
    "fmt"
    "os"
)

func main() {
    // 创建文件
    // Create()函数会根据传入的文件名创建文件，默认权限是 0666
    fp, err := os.Create("./link2.txt") // 如果文件已存在，会将其清空
    // defer 延迟调用
    defer fp.Close() //关闭文件，释放资源
    if err != nil {
        fmt.Println("文件创建失败。")
    }
    //创建名为 link3.txt 的软链接
    err = os.Symlink("link2.txt", "link3.txt")
    if err != nil {
        fmt.Println("err:", err)
    }
}
```

## 6.2　处理 XML 文件

XML（eXtensible Markup Language，可扩展标记语言）是一种数据表示格式，可以描述非常复杂的数据结构，常用于传输和存储数据。本节主要讲解在 Go 语言中使用 xml 包解析和生成 XML。关于 XML 规范的知识，请读者自行查阅相关资料学习，这里不做详细介绍。

### 6.2.1　解析 XML 文件

Go 语言提供了 xml 包用于解析和生成 XML。xml 包中提供一个名为 Unmarshal()函数来解析 XML，该函数的定义如下：

```
func Unmarshal(data []byte, v interface{}) error
```

其中，data 接收的是 XML 数据流，v 是需要输出的结构（如将其定义为 interface，则可以把 XML 转换为任意的格式）。Go 在解析 XML 中的数据时，最主要的是处理 XML 到结构体的转换问

题，结构体和 XML 都有类似树结构的特征。Go 解析 XML 到结构体会遵循以下原则：

- 如果结构体的一个字段是 string 或者[ ]byte 类型，且它的 tag 含有",innerxml"，则 Unmarshal()函数会将此字段所对应的元素内所有内嵌的原始 xml 累加到该结构体中对应的字段中。

- 如果在结构体中有一个被称为 XMLName，且类型为 xml.Name 的字段，则在解析时会保存这个元素的名字到该结构体中对应的字段中。

- 如果在某个结构体字段的 tag 定义中含有 XML 结构中元素的名称，则解析时会把相应的元素值赋值给该结构体中对应的字段。

- 如果在某个结构体字段的 tag 定义中含有",attr"，则解析时会将该结构所对应的元素与字段同名的属性的值赋值给该结构体中对应的字段。

- 如果某个结构体字段的 tag 定形了形如"c>d>e"的字符串，则解析时会将 xml 结构 c 下面的 d 下面的 e 元素的值赋值给该结构体中对应的字段。

- 如果某个结构体字段的 tag 定义了"–"，则不会为该字段解析匹配任何 xml 数据。

- 如果结构体字段后面的 tag 定义了",any"，且它的子元素不满足其他的规则，则匹配到这个字段。

- 如果某个 XML 元素包含一条或者多条注释，则这些注释将被累加到第 1 个 tag 含有",comments"的字段中。这个字段的类型可能是[ ]byte 或 string。如果没有这样的字段，则注释会被抛弃。

接下来我们建立一个自动保障程序作为示例。如果服务出错，则自动给指定人发送邮件。

（1）新建一个名为 default.xml 的配置文件，其内容如下：

```xml
<?xml version="1.0" encoding="UTF-8"?>
<config>
    <smtpServer>smtp.163.com</smtpServer>
    <smtpPort>25</smtpPort>
    <sender>test@163.com</sender>
    <senderPassword>123456</senderPassword>
    <receivers flag="true">
        <user>shirdonliao@gmail.com</user>
        <user>wangwu@163.com</user>
    </receivers>
</config>
```

以上代码是一个 xml 配置文件，该配置以 config 为 root 标签，包含 xml 属性文本（比如 smtpServer 标签）、嵌套 xml（ receivers 标签）、xml attribute 属性文本（ receivers 标签的 flag），以及类似数组的多行配置（ user 标签）。数据类型有字符串和数字两种类型。

（2）读取 default.xml 配置文件，并解析打印到命令行终端：

**代码 chapter6/xml_parse.go　读取 default.xml 配置文件并解析打印到命令行终端**

```go
package main

import (
    "encoding/xml"
    "fmt"
    "io/ioutil"
    "os"
)

type EmailConfig struct {
    XMLName  xml.Name `xml:"config"`
    SmtpServer string `xml:"smtpServer"`
    SmtpPort int `xml:"smtpPort"`
    Sender string `xml:"sender"`
    SenderPassword string `xml:"senderPassword"`
    Receivers EmailReceivers `xml:"receivers"`
}

type EmailReceivers struct {
    Flag string `xml:"flag,attr"`
    User []string `xml:"user"`
}

func main() {
    file, err := os.Open("email_config.xml")
    if err != nil {
        fmt.Printf("error: %v", err)
        return
    }
    defer file.Close()
    data, err := ioutil.ReadAll(file)
    if err != nil {
        fmt.Printf("error: %v", err)
        return
    }
    v := EmailConfig{}
    err = xml.Unmarshal(data, &v)
    if err != nil {
        fmt.Printf("error: %v", err)
        return
    }

    fmt.Println(v)
    fmt.Println("SmtpServer is : ",v.SmtpServer)
```

```
        fmt.Println("SmtpPort is : ",v.SmtpPort)
        fmt.Println("Sender is : ",v.Sender)
        fmt.Println("SenderPasswd is : ",v.SenderPassword)
        fmt.Println("Receivers.Flag is : ",v.Receivers.Flag)
        for i,element := range v.Receivers.User {
            fmt.Println(i,element)
        }
    }
```

（3）以上代码运行结果如下：

```
{{ config} smtp.163.com 25 test@163.com 123456 {true [shirdonliao@gmail.com
test99999@qq.com]}}
SmtpServer is :  smtp.163.com
SmtpPort is :  25
Sender is :  test@163.com
SenderPasswd is :  123456
Receivers.Flag is :  true
0 shirdonliao@gmail.com
1 test99999@qq.com
```

## 6.2.2   生成 XML 文件

6.2.1 节介绍了如何解析 XML 文件。如果要生成 XML 文件，在 Go 语言中又该如何实现呢？这时就需要用到 xml 包中的 Marshal()和 MarshalIndent()这两个函数。这两个函数主要的区别是：MarshalIndent()函数会增加前缀和缩进，而 Marshal()则不会。这两个函数的定义如下：

```
func Marshal(v interface{}) ([]byte, error)
func MarshalIndent(v interface{}, prefix, indent string) ([]byte, error)
```

两个函数的第 1 个参数都用来生成 XML 文件的结构定义数据，都是返回生成的 XML 文件。生成 XML 文件的示例如下。

**代码  chapter6/xml_write.go     生成 XML 文件的示例**

```
package main

import (
    "encoding/xml"
    "fmt"
    "os"
)

type Languages struct {
    XMLName xml.Name `xml:"languages"`
    Version string `xml:"version,attr`
    Lang []Language `xml:"language"`
```

```
}

type Language struct {
    Name string `xml:"name"`
    Site string `xml:"site`
}

func main() {
    v := &Languages{Version: "2"}
    v.Lang = append(v.Lang, Language{"JAVA", "https://www.java.com/"})
    v.Lang = append(v.Lang, Language{"Go", "https://golang.org/"})
    output, err := xml.MarshalIndent(v, " ", " ")
    if err != nil {
        fmt.Printf("error %v", err)
        return
    }
    file, _ := os.Create("languages.xml")
    defer file.Close()
    file.Write([]byte(xml.Header))
    file.Write(output)
}
```

上面的代码会生成一个名为 languages.xml 的文件，其内容如下：

```
<?xml version="1.0" encoding="UTF-8"?>
 <languages>
  <Version>2</Version>
  <language>
   <name>JAVA</name>
   <Site>https://www.java.com/</Site>
  </language>
  <language>
   <name>Go</name>
   <Site>https://golang.org/</Site>
  </language>
 </languages>
```

下面再分析一下 Go 语言代码。xml.MarshalIndent()函数和 xml.Marshal()函数输出的信息都是不带 XML 头的。为了生成正确的 XML 文件，需要使用 XML 包预定义的 Header 变量，所以需要加上 file.Write([]byte(xml.Header))这行代码。

Marshal()函数接收的参数 v 是 interface{}类型的，即它可以接受任意类型的参数。那么 xml 包是根据什么规则来生成相应的 XML 文件的呢？

xml 包会根据如下规则来生成相应的 XML 文件：

- 如果 v 是 array 或者 slice，则输出每一个元素，类似 value。
- 如果 v 是指针，则会输出 Marshal 指针指向的内容。如果指针为空，则什么都不输出。
- 如果 v 是 interface，则处理 interface 所包含的数据。
- 如果 v 是其他数据类型，则输出这个数据类型所拥有的字段信息。

在生成的 XML 文件中，元素的名字又是根据什么决定的呢？元素名按照如下优先级从结构体中获取：

- 如果 v 是结构体，则 XMLName 的 tag 中定义的名称优先被获取。
- 类型为 xml.Name、名为 XMLName 的字段的值被优先被获取。
- 通过结构体中字段的 tag 来获取。
- 通过结构体的字段名来获取。
- marshall 的类型名称。

我们应如何设置结构体中字段的 tag 信息，以控制最终 XML 文件的生成呢？设置规则如下：

- XMLName 不会被输出。
- tag 中含有"–"的字段不会被输出。
- 如果 tag 中含有"name,attr"，则会以 name 作为属性名，以字段值作为值输出为这个 XML 元素的属性。
- 如果 tag 中含有",attr"，则会以这个结构体的字段名作为属性名输出为 XML 元素的属性，类似上一条，只是这个 name 默认是字段名了。
- 如果 tag 中含有",chardata"，则输出为 XML 元素的 character data，而非 element。
- 如果 tag 中含有",innerxml"，则它会被原样输出，而不会进行常规的编码过程。
- 如果 tag 中含有",comment"，则它将被当作 XML 元素的注释来输出，而不会进行常规的编码过程。字段值中不能含有"––"字符串。
- 如果 tag 中含有"omitempty"，若该字段的值为空值，则该字段就不会被输出到 XML 中。其中空值包括 false，0，nil 指针，nil 接口，任何长度为 0 的 array、slice、map 或 string。
- 如果 tag 中含有"c>d>e"，则会循环输出这 3 个元素，其中 c 包含 d，d 包含 e。例如如下代码：

```
Ip string   `xml:"address>ip"`
Port string   `xml:"address>port"`
<address>
<ip>127.0.0.1</ip>
<port>8080</port>
</address>
```

# 6.3 处理 JSON 文件

## 6.3.1 读取 JSON 文件

### 1. JSON 简介

JSON（JavaScript Object Notation，JavaScript 对象表示法）是一种基于文本、独立于语言的轻量级数据交换格式。JSON 文件的格式如下：

```
var json = {
    键 ：值,
    键 ：值,
    ...
}
```

JSON 文件中的键用双引号（""）括起来，值可以是任意类型的数据。示例如下：

```
{
    "user_id": "888",
    "user_info": {
        "user_name": "jack",
        "age": "18"
    }
}
```

### 2. Go 解析 JSON 文件

Go 解析 JSON 文件主要使用 encoding/json 包，解析 JSON 文件主要分为两部：①文件的读取；② JSON 文件的解析处理。

如下示例演示配置文件的解析过程。

（1）新建一个 JSON 文件，名字为 json_parse.json，其内容如下：

```
{
  "port":"27017",
  "mongo":{
    "mongoAddr":"127.0.0.1",
    "mongoPoolLimit":500,
    "mongoDb":"my_db",
    "mongoCollection":"table1"
  }
}
```

（2）定义配置文件解析后的结构体：

```go
type MongoConfig struct {
    MongoAddr       string
    MongoPoolLimit int
    MongoDb         string
    MongoCollection     string
}
```

JSON 文件解析的完整示例如下。

**代码 chapter6/json_parse.go    JSON 文件解析的完整示例**

```go
package main

import (
    "encoding/json"
    "fmt"
    "io/ioutil"
)

//定义配置文件解析后的结构
type MongoConfig struct {
    MongoAddr       string
    MongoPoolLimit int
    MongoDb         string
    MongoCollection     string
}

type Config struct {
    Port  string
    Mongo MongoConfig
}

func main() {
    JsonParse := NewJsonStruct()
    v := Config{}
    JsonParse.Load("./json_parse.json", &v)
    fmt.Println(v.Port)
    fmt.Println(v.Mongo.MongoDb)
}

type JsonStruct struct {
}

func NewJsonStruct() *JsonStruct {
    return &JsonStruct{}
}
```

```
func (js *JsonStruct) Load(filename string, v interface{}) {
    //ReadFile()函数会读取文件的全部内容，并将结果以[]byte类型返回
    data, err := ioutil.ReadFile(filename)
    if err != nil {
        return
    }

    //读取的数据为 JSON 格式，需要进行解码
    err = json.Unmarshal(data, v)
    if err != nil {
        return
    }
}
```

## 6.3.2　生成 JSON 文件

要生成 JSON 文件，则首先需要定义结构体，然后把定义的结构体实例化，再调用 encoding/json 包的 Marshal()函数进行序列化操作。

Marshal()函数的定义如下：

```
func Marshal(data interface{}) ([]byte,    error)
```

Go 语言序列化生成 JSON 文件的示例如下。

**代码 chapter6/json_write.go　　Go 语言序列化生成 JSON 文件的示例**

```
package main

import (
    "encoding/json"
    "fmt"
    "os"
)

type User struct {
    UserName string
    NickName string `json:"nickname"`
    Email    string
}

func main() {
    user := &User{
        UserName: "Jack",
        NickName: "Ma",
        Email:    "xxxxx@qq.com",
    }
```

```
    data, err := json.Marshal(user)
    if err != nil {
        fmt.Printf("json.Marshal failed,err:", err)
        return
    }

    fmt.Printf("%s\n", string(data))

    file, _ := os.Create("json_write.json")
    defer file.Close()
    file.Write(data)
}
```

以上代码的运行结果如下：

```
[root@chapter6]# go run json_write.go
{"UserName":"Jack","nickname":"Ma","Email":"xxxxx@qq.com"}
```

## 6.4 处理正则表达式

### 6.4.1 正则表达式简介

#### 1. 正则表达式简史

正则表达式的"鼻祖"或许可一直追溯到科学家对人类神经系统工作原理的早期研究。Warren McCulloch 和 Walter Pitts 这两位神经生理方面的美国科学家，研究出了一种用数学方式来描述神经网络的新方法。他们创造性地将神经系统中的神经元描述成了小而简单的自动控制元，从而作出了一项伟大的工作革新。

在 1951 年，一位名叫 Stephen Kleene 的数学科学家在 Warren McCulloch 和 Walter Pitts 工作的基础之上，发表了一篇题为《神经网事件的表示法》的论文，引出了"正则表达式"的概念。

随后，Ken Thompson 发现可以将正则表达式应用于计算搜索算法。Ken Thompson 是 UNIX 的主要发明人。正则表达式的第 1 个实用应用程序就是 UNIX 中的 QED 编辑器。从那时起直至现在，正则表达式都是基于文本的编辑器和搜索工具中的一个重要部分。

目前，正则表达式已经在很多软件中得到广泛的应用。在包括 *nix（Linux、UNIX 等）、HP 等操作系统。在 Java、PHP、C#等开发语言，以及很多的应用软件中都可以看到正则表达式的影子。

### 2. 正则表达式特点

正则表达式具有以下特点：

（1）灵活性、逻辑性和功能性非常强。

（2）可以迅速地用极简单的方式实现字符串的复杂控制。

（3）对于刚接触的人来说，比较晦涩难懂。

正则表达式极大地提高了文本处理能力，应用十分广泛。表单输入验证、文本的提取、数据分析等都非常依赖正则表达式，我们日常使用的各种文本处理软件几乎都支持正则表达式。例如著名的 WPS Office、Microsoft Word、Visual Studio 等编辑器，都使用了正则表达式来处理文本内容。

### 3. 正则表达式的语法规则

正则表达式是由普通字符（例如字符 a ~ z、A ~ Z、0 ~ 9 等）和及特殊字符（又被称为"元字符"）组成的文字模式。"模式"是指在搜索文本时要匹配的一个或多个字符串。正则表达式作为一个模板，会将某个字符模式与所搜索的字符串进行匹配。

（1）普通字符。

普通字符包括所有大写和小写字母、所有数字、所有标点符号和一些其他符号。普通字符包括可打印字符和非打印字符。非打印字符是指在计算机中那些确确实实存在但是不能够被显示或者打印出来的字符。

非打印字符也可以是正则表达式的组成部分。表 6-1 中列出了非打印字符。

表 6-1

| 字　符 | 描　述 |
| --- | --- |
| \cx | 匹配由 x 指明的控制字符。例如，\cM 匹配一个 Control+M 或回车符。x 的值必须为 A~Z 或 a~z 之一，否则将 c 视为一个原义的"c"字符 |
| \f | 匹配一个换页符。等价于 \x0c 和 \cL |
| \n | 匹配一个换行符。等价于 \x0a 和 \cJ |
| \r | 匹配一个回车符。等价于 \x0d 和 \cM |
| \s | 匹配任何空白字符，包括空格、制表符、换页符等。等价于 [ \f\n\r\t\v] |
| \S | 匹配任何非空白字符。等价于 [^ \f\n\r\t\v] |
| \t | 匹配一个制表符。等价于 \x09 和 \cI |
| \v | 匹配一个垂直制表符。等价于 \x0b 和 \cK |

（2）特殊字符。

所谓特殊字符是指一些有特殊含义的字符，例如"*.txt"中的"*"，（它表示任何字符串）。如果要查找文件名中有"*"的文件，则需要对"*"进行转义，即在其前加一个反斜杠（\），形如"ls \*.txt"。

若要匹配这些特殊字符，则必须首先使字符"转义"，即将反斜杠字符（\）放在它们前面。表6-2 列出了正则表达式中的特殊字符。

表 6-2

| 特别字符 | 描　　述 |
|---|---|
| $ | 匹配输入字符串的结尾位置。如果设置了 RegExp 对象的 Multiline 属性，则"$"也匹配"\n"或"\r"。要匹配"$"字符本身，则必须使用"\$" |
| ( ) | 标记一个子表达式的开始和结束位置。子表达式可以获取供以后使用。要匹配这些字符，则必须使用"\("和"\)" |
| * | 匹配前面的子表达式零次或多次。要匹配"*"字符，则必须使用"\*" |
| + | 匹配前面的子表达式一次或多次。要匹配"+"字符，则必须使用"\+" |
| . | 匹配除换行符"\n"之外的任何单字符。要匹配"."，则必须使用"\." |
| [ | 标记一个中括号表达式的开始。要匹配"["，则必须使用"\[" |
| ? | 匹配前面的子表达式零次或一次，或指明一个非贪婪限定符。要匹配"?"字符，则必须使用"\?" |
| \ | 将下一个字符标记为特殊字符、原义字符、向后引用、八进制转义符。例如，"n"匹配字符"n"，"\n"匹配换行符，序列"\\"匹配"\"，而"\("则匹配"(" |
| ^ | 匹配输入字符串的开始位置，除非在方括号表达式中使用，此时它表示不接受该字符集合。要匹配"^"字符本身，则必须使用"\^" |
| { | 标记限定符表达式的开始。要匹配"{"，则必须使用"\{" |
| \| | 指明两项之间的一个选择。要匹配"\|"，则必须使用"\\|" |

（3）限定符。

限定符用来指定正则表达式的一个给定组件必须要出现多少次才能满足匹配。限定符一共有 6 种，见表 6-3。

表 6-3

| 限 定 符 | 描　　述 |
|---|---|
| * | 匹配前面的子表达式零次或多次。例如，zo* 能匹配"z"及"zoo"。"*"等价于"{0,}" |
| + | 匹配前面的子表达式一次或多次。例如，"zo+"能匹配"zo"及"zoo"，但不能匹配"z"。"+"等价于"{1,}" |
| ? | 匹配前面的子表达式零次或一次。例如，"do(es)?"可以匹配"do"、"does"中的"does"、"doxy"中的"do"。"?"等价于"{0,1}" |
| {n} | n 是一个非负整数。匹配确定的 *n* 次。例如，"o{2}"不能匹配"Bob"中的"o"，但是能匹配"food"中的两个"o" |

| 限 定 符 | 描　　　述 |
| --- | --- |
| {n,} | n 是一个非负整数。至少匹配 n 次。例如，"o{2,}"不能匹配"Bob"中的"o"，但能匹配"foooood"中的所有 o。"o{1,}"等价于"o+"，而"o{0,}"则等价于"o*" |
| {n,m} | m 和 n 均为非负整数，其中 n ≤ m。最少匹配 n 次，且最多匹配 m 次。例如，"o{1,3}"将匹配"fooooood"中的前 3 个 o。"o{0,1}"等价于"o?"。注意，在逗号和两个数之间不能有空格 |

例如，下面的正则表达式匹配编号为任何位数的章节标题：

`/Chapter [1-9][0-9]*/`

限定符出现在范围表达式之后，因此它应用于整个范围表达式。在本例中只指定 0 ～ 9 的数字（包括 0 和 9）。

这里不使用限定符（+），因为在第 2 个位置或后面的位置不一定需要有一个数字。也不使用限定符（?），因为它将章节编号限制到只有两位数。需要至少匹配 Chapter 和空格字符后面的一个数字。

**💡提示**

限定符（*）、（+）和（?）都是贪婪的，因为它们会尽可能多地匹配文字，只要在它们的后面加上一个限定符（?）就可以实现非贪婪或最小匹配。

例如，可以搜索 HTML 文档，以查找括在 <H1> 标记内的章节标题。该文本在文档中如下：

`<H1>6.4.1 正则表达式</H1>`

下面的表达式匹配从开始小于符号（<）到关闭 H1 标记的大于符号（>）之间的所有内容。

`/<.*>/`

如果只需要匹配开始的 <H1> 标记，则下面的"非贪心"表达式只匹配 <H1>：

`/<.*?>/`

在限定符（*）、（+）或（?）之后放置（?），则该表达式从"贪心"表达式转换为"非贪心"表达式或者最小匹配。

（4）定位符。

定位符能够将正则表达式固定到行首或行尾。定位符还能够创建这样的正则表达式：这些正则表达式出现在一个单词内、在一个单词的开头或者一个单词的结尾。

定位符用来描述字符串或单词的边界，（^）和（$）分别指字符串的开始与结束，\b 描述单词的前或后边界，\B 表示非单词边界。正则表达式的定位符见表 6-4。

表 6-4

| 定位符 | 描　　述 |
| --- | --- |
| ^ | 匹配输入字符串开始的位置。如果设置了 RegExp 对象的 Multiline 属性，则（^）还会与 \n 或 \r 之后的位置匹配 |
| $ | 匹配输入字符串结尾的位置。如果设置了 RegExp 对象的 Multiline 属性，则（$）还会与 \n 或 \r 之前的位置匹配 |
| \b | 匹配一个字边界，即字与空格间的位置 |
| \B | 非字边界匹配 |

**提示**

不能将限定符与定位点一起使用。由于在紧靠换行或者字边界的前面或后面不能有一个以上位置，因此不允许诸如"^*"之类的表达式。

（5）选择。

可以用圆括号将所有选择项括起来，相邻的选择项之间用 | 分隔。但用圆括号会有一个副作用——相关的匹配会被缓存。可用"?:"放在第 1 个选项前来消除这种副作用。

其中"?:"是非捕获元之一，还有两个非捕获元是"?="和"?!"。这两个还有更多的含义，前者为正向预查，从任何开始匹配圆括号内的正则表达式模式的位置来匹配搜索字符串；后者为负向预查，从任何开始不匹配该正则表达式模式的位置来匹配搜索字符串。

（6）反向引用。

给一个正则表达式的模式或部分模式两边添加圆括号，将导致相关匹配被存储到一个临时缓冲区中，所捕获的每个子匹配都按照在正则表达式模式中从左到右出现的顺序存储。缓冲区编号从 1 开始，最多可存储 99 个捕获的子表达式。每个缓冲区都可以使用"\n"访问，其中 n 为一个标识特定缓冲区的一位或两位十进制数。

可以使用非捕获元字符"?:""?="或"?!"来重写捕获，忽略对相关匹配的保存。

反向引用的最简单的、最有用的应用之一，是提供查找文本中两个相同的相邻单词的匹配项的能力。以下面的句子为例：

Do you love love golang web web ?

上面的句子很显然有多个重复的单词。如果能设计一种方法定位该句子，而不必查找每个单词的重复出现，那该有多好啊！下面的正则表达式使用单个子表达式来实现这一点：

```
/\b([a-z]+) \1\b/gi
```

在以上表达式中，"[a-z]+"指的是包括一个或多个字母的字符串。正则表达式的后面部分"\1\b/gi"是对以前捕获的子匹配项的引用。"\1"用于指定第 1 个子匹配项。字边界元字符确保只检测整个单词。否则，诸如"go is good"或"we love web"之类的词组将不能正确地被此表达式识别。

正则表达式后面的全局标记（g）指示，将该表达式应用到输入字符串中，这样能够查找到尽可能多的匹配。表达式的结尾处的（i）标记表示"不区分大小写"。多行标记指定换行符的两边可能出现潜在的匹配。

反向引用还可以将通用资源指示符（URI）分解为其组件。例如，我们想将下面的 URI 分解为协议（FTP、HTTP 等）、域地址和页/路径：

http://www.shirdon.com:80/html/test-parse.html

则可以通过下面的正则表达式实现：

```
/(\w+):\/\/([^/:]+)(:\d*)?([^# ]*)/
```

以上第 1 个括号子表达式用于捕获 Web 地址的协议部分。该子表达式匹配在冒号和两个正斜杠（://）前面的任何单词。

第 2 个括号子表达式用于捕获地址的域地址部分。子表达式匹配（/）或（:）之外的一个或多个字符。

第 3 个括号子表达式用于捕获端口号（如果指定了的话）。该子表达式匹配冒号后面的零个或多个数字。只能重复一次该子表达式。

第 4 个括号子表达式用于捕获 Web 地址指定的路径和（/）或页信息。该子表达式能匹配不包括（#）或空格字符的任何字符序列。

将正则表达式应用到上面的 URI，则各子匹配项包含下面的内容：

- 第 1 个括号子表达式包含"http"。
- 第 2 个括号子表达式包含"www.shirdon.com"。
- 第 3 个括号子表达式包含":80"。
- 第 4 个括号子表达式包含"html/test-parse.html"。

（7）运算符优先级。

正则表达式从左到右进行计算，并遵循优先级顺序，这与算术表达式非常类似。相同优先级的从左到右进行运算，不同优先级的运算先高后低。表 6-5 中罗列了常见运算符。提示：从上往下，优先级递减。

表 6-5

| 运算符 | 描　述 |
|---|---|
| \ | 转义符 |
| (), (?:), (?=), [] | 圆括号和方括号 |
| *, +, ?, {n}, {n,}, {n,m} | 限定符 |
| ^, $, \任何字符 | 定位点和序列（即位置和顺序） |
| \| | 替换，“或”操作。字符具有高于替换运算符的优先级，使得"m\|food"匹配"m"或"food"。若要匹配"mood"或"food"，则必须使用括号创建子表达式，从而产生"(m\|f)ood" |

## 6.4.2　使用 Go 正则表达式

Go 语言中使用 regexp 包来处理正则表达式。下面介绍 regexp 包的使用方法和技巧。

### 1. regexp 包的常用函数

（1）获取正则对象。

regexp 包提供了 Compile()函数和 MustCompile()函数来编译一个正则表达式，如果成功则返回 Regexp 对象。Compile()函数的定义如下：

```
func Compile(expr string) (*Regexp, error)
```

MustCompile()函数与 Compile()函数类似，它们的差异是：失败时 MustCompile()函数会宕机，而 Compile()函数则不会。MustCompile()函数的定义如下：

```
func MustCompile(str string) *Regexp
```

Compile()函数和 MustCompile()函数的使用示例如下：

```
reg,err := regexp.Compile(`\d+`)
reg := regexp.MustCompile(`\d+`)
```

（2）匹配检测。

regexp 包提供了 MatchString()方法和 Match()方法，来测试字符串是否匹配正则表达式。它们的定义如下：

```
func (re *Regexp) MatchString(s string) bool
func (re *Regexp) Match(b []byte) bool
```

MatchString()方法和 Match()方法的使用示例如下：

```
text := "Hello Gopher, Hello Go Web"
reg := regexp.MustCompile(`\w+`)
fmt.Println(reg.MatchString(text))
//是否匹配字符串
```

```
//.匹配任意一个字符，*匹配零个或多个，优先匹配更多（贪婪）
match, _ := regexp.MatchString("H(.*)d!", "Hello World!")
fmt.Println(match) //true
match, _ = regexp.Match("H(.*)d!", []byte("Hello World!"))
fmt.Println(match) //true
//通过 Compile 来使用一个优化过的正则对象
r, _ := regexp.Compile("H(.*)d!")
fmt.Println(r.MatchString("Hello World!")) //true
// true
```

（3）查找。

regexp 包提供了 FindString()、FindAllString()、FindAll()等方法来查找字符和字符串。

①FindString()方法用于查找匹配指定模式的字符串，返回左侧第一个匹配的结果。其定义如下:

```
func (re *Regexp) FindString(s string) string
```

②FindAllString()方法用于查找匹配指定模式的字符串数组，会返回多个匹配的结果。其中 n 用于限定查找数量，−1 表示不限制。其定义如下:

```
func (re *Regexp) FindAllString(s string, n int) []string
```

FindAllString()方法的使用示例如下:

```
text := "Hello Gopher, Hello Go Web"
reg := regexp.MustCompile(`\w+`)
fmt.Println(reg.FindAllString(text))
// [Hello Gopher Hello]
```

③FindAll()方法用于在 [ ]byte 中进行查找，返回 [ ][ ]byte。其定义如下:

```
func (re *Regexp) FindAll(b []byte, n int) [][]byte
```

④FindStringSubmatch()方法用于查找满足匹配的最左边的最短匹配字符串，如果匹配成功，则返回正则表达式的子匹配项。其定义如下:

```
func (re *Regexp) FindStringSubmatch(s string) []string
```

FindStringSubmatch()方法的使用示例如下:

```
re := regexp.MustCompile(`who(o*)a(a|m)i`)
fmt.Printf("%q\n", re.FindStringSubmatch("-whooooaai-"))
fmt.Printf("%q\n", re.FindStringSubmatch("-whoami-"))
```

输出如下:

```
["whooooaai" "ooo" "a"]
["whoami" "" "m"]
```

⑤FindAllStringSubmatch()方法用于查找满足匹配的最左边的最短匹配字符串，如果匹配成功，则返回正则表达式的子匹配项。其中参数 n 用于选择匹配的长度，−1 表示匹配到末尾。其定义如下：

```
func (re *Regexp) FindAllStringSubmatch(s string, n int) [][]string
```

FindAllStringSubmatch()方法的使用示例如下：

```
re := regexp.MustCompile(`w(a*)i`)
fmt.Printf("%q\n", re.FindAllStringSubmatch("-wi-", -1))
fmt.Printf("%q\n", re.FindAllStringSubmatch("-waaai-", -1))
fmt.Printf("%q\n", re.FindAllStringSubmatch("-wi-wai-", -1))
fmt.Printf("%q\n", re.FindAllStringSubmatch("-waai-wi-", -1))
```

输出如下：

```
[["wi" ""]]
[["waaai" "aaa"]]
[["wi" ""] ["wai" "a"]]
[["waai" "aa"] ["wi" ""]]
```

（4）查找匹配位置。

regexp 包提供了 FindStringIndex()、FindIndex()、FindAllStringIndex()方法来获取匹配正则子字符串的位置。

①FindIndex()方法用于查找匹配的开始位置和结束位置。如果匹配成功，则返回包含最左侧匹配结果的起止位置的切片。其定义如下：

```
func (re *Regexp) FindIndex(b []byte) (loc []int)
```

②FindAllIndex()方法用于查找所有匹配的开始位置和结束位置。其使用示例如下：

```
//如果 n 小于 0，则返回全部，否则返回指定长度
all_index := re.FindAllIndex([]byte(data), -1);
fmt.Println(all_index);
ret, _ := regexp.Compile("a(.*)g(.*)");
```

如果匹配成功，则返回包含最左侧匹配结果的起止位置的切片。其定义如下：

```
func (re *Regexp) FindStringIndex(s string) (loc []int)
```

③FindStringIndex()方法用于查找第 1 次匹配指定子字符串的索引的起始索引和结束索引。如果匹配成功，则返回包含最左侧匹配结果的起止位置的切片。其定义如下：

```
func (re *Regexp) FindStringIndex(s string) (loc []int)
```

④FindAllStringIndex()方法用于返回包含最左侧匹配结果的起止位置的切片。其定义如下：

```
func (re *Regexp) FindAllStringIndex(s string, n int) [][]int
```

使用示例如下：

```
text := "Hello Gopher, Hello Shirdon"
reg := regexp.MustCompile("llo")
fmt.Println(reg.FindStringIndex(text))
fmt.Println(r.FindAllStringIndex("Hello World!", -1)) //[[0 12]]
//查找第一次匹配的索引的起始索引和结束索引，而不是匹配的字符串
fmt.Println(r.FindStringIndex("Hello World! world")) //[0 12]
```

（5）替换。

regexp 包提供了 ReplaceAllString()、ReplaceAll() 方法来替换字符，它们的定义如下：

```
func (re *Regexp) ReplaceAllString(src, repl string) string
func (re *Regexp) ReplaceAll(src, repl []byte) []byte
```

替换时可以使用反向引用 $1、$2 来引用匹配的子模式内容，示例如下。

```
re := regexp.MustCompile(`Go(\w+)`)
fmt.Println(re.ReplaceAllString("Hello Gopher, Hello GoLang", "Java$1"))


re := regexp.MustCompile(`w(a*)i`)
fmt.Printf("%s\n", re.ReplaceAll([]byte("-wi-waaaaai-"), []byte("T")))
// $1 表示匹配的第一个子串，这是 wi 的中间无字符串，所以$1 为空
// 然后使用空去替换满足正则表达式的部分
fmt.Printf("%s\n", re.ReplaceAll([]byte("-wi-waaaaai-"), []byte("$1")))
// "$1W"等价与"$(1W)"，如果值为空，则将满足条件的部分完全替换为空
fmt.Printf("%s\n", re.ReplaceAll([]byte("-wi-waaaaai-"), []byte("$1W")))
// ${1}匹配(x*)
fmt.Printf("%s\n", re.ReplaceAll([]byte("-wi-waaaaai-"),
[]byte("${1}W")))
```

（6）分割。

strings 包提供了 Split()、SplitN()、SplitAfter()、SplitAfterN() 这 4 个函数来处理正则分割字符串。

①Split()函数的定义如下：

```
func Split(s, sep string) []string
```

其中，s 为被正则分割的字符串，sep 为分隔符。Split()函数的使用示例如下：

**代码 chapter6/reg2.go　　　Split()函数的使用示例**

```
package main

import (
    "fmt"
    "strings"
```

```
)

func main() {
    s := "I_Love_Go_Web"
    res := strings.Split(s, "_")
    for value := range res {
        fmt.Println(value)
    }
}
```

②SplitN()函数的定义如下：

```
func SplitN(s, sep string, n int) []string
```

其中，s 为正则分割字符串，sep 为分隔符，n 为控制分割的片数，−1 为不限制。如果匹配，则函数会返回一个字符串切片。SplitN()函数的使用示例如下：

**代码 chapter6/reg2.go    SplitN()函数的使用示例**

```
package main

import (
    "fmt"
    "strings"
)

func main() {
    value := "a|b|c|d"
    // 分割成 3 部分
    result := strings.SplitN(value, "|", 3)
    for v := range(result) {
        fmt.Println(result[v])
    }
}
```

③SplitAfter()函数的定义如下：

```
func SplitAfter(s, sep string)
```

④SplitAfterN()函数的定义如下：

```
func SplitAfterN(s, sep string, n int) []string
```

以上 4 个函数都是通过 sep 参数对传入对字符串参数 s 进行分割的，返回类型为[ ]string。如果 sep 为空，则相当于分成一个 UTF−8 字符。在以上 4 个函数中，Split(s, sep)和 SplitN(s, sep, −1)等价；SplitAfter(s, sep)和 SplitAfterN(s, sep, −1)等价。

Split()函数和 SplitAfter()函数有啥区别呢？这两个函数的示例如下：

```
fmt.Printf("%q\n", strings.Split("i,love,go", ","))
fmt.Printf("%q\n", strings.SplitAfter("i,love,go", ","))
["i" "love" "go"]
["i," "love," "go"]
```

从上面示例可以看到，Split()函数会将参数 s 中的 sep 参数部分去掉，而 SplitAfter()函数会保留 sep 参数部分。

以上 4 种分割字符串函数使用的示例如下。

**代码 chapter6/reg4.go　　4 种分割字符串函数的使用示例**

```go
package main

import (
    "fmt"
    "strings"
)

func main() {
    s := "I_Love_Go_Web"
    res := strings.Split(s, "_")
    for i := range res {
        fmt.Println(res[i])
    }
    res1 := strings.SplitN(s, "_", 2)
    for i := range res1 {
        fmt.Println(res1[i])
    }
    res2 := strings.SplitAfter(s, "_")
    for i := range res2 {
        fmt.Println(res2[i])
    }
    res3 := strings.SplitAfterN(s, "_", 2)
    for i := range res3 {
        fmt.Println(res3[i])
    }
}
```

代码运行结果如图 6-2 所示。

```
Terminal
shirdon:chapter6 mac$ go run reg4.go
I
Love
Go
Web
I
Love_Go_Web
I_
Love_
Go_
Web
I_
Love_Go_Web
shirdon:chapter6 mac$
```

图 6-2

### 2. regexp 包常见应用示例

（1）匹配电话号码。

匹配电话号码的示例如下。

**代码 chapter6/reg6.go　　匹配电话号码的示例**

```go
package main

import (
    "fmt"
    "regexp"
)

func main() {
    res2 := findPhoneNumber("13688888888")
    fmt.Println(res2) // true

    res2 = findPhoneNumber("02888888888")
    fmt.Println(res2) // false

    res2 = findPhoneNumber("123456789")
    fmt.Println(res2) // false
}

func findPhoneNumber(str string) bool {
    // 创建一个正则表达式匹配规则对象
    reg := regexp.MustCompile("^1[1-9]{10}")
    // 利用正则表达式匹配规则对象匹配指定字符串
    res := reg.FindAllString(str, -1)
    if (res == nil) {
        return false
```

```
        }
        return true
    }
```

（2）匹配 Email。

匹配 Email 的示例如下。

**代码　chapter6/reg7.go　　匹配 Email 的示例**

```
package main

import (
    "fmt"
    "regexp"
)

func main() {
    res := findEmail("8888@qq.com")
    fmt.Println(res) // true

    res = findEmail("shir?don@qq.com")
    fmt.Println(res) // false

    res = findEmail("8888@qqcom")
    fmt.Println(res) // false
}
func findEmail(str string) bool {
    reg                                                                    :=
regexp.MustCompile("^[a-zA-Z0-9_]+@[a-zA-Z0-9]+\\.[a-zA-Z0-9]+")
    res := reg.FindAllString(str, -1)
    if (res == nil) {
        return false
    }
    return true
}
```

## 6.5　【实战】从数据库中导出一个 CSV 文件

本节讲解如何从数据库中导出一个 CSV 文件。

（1）打开数据库，新建一个名为 user 的表并插入示例数据，SQL 语句如下：

```
DROP TABLE IF EXISTS `user`;
CREATE TABLE `user` (
  `uid` int(10) NOT NULL AUTO_INCREMENT,
```

```
    `name` varchar(30) DEFAULT '',
    `phone` varchar(20) DEFAULT '',
    `email` varchar(30) DEFAULT '',
    `password` varchar(100) DEFAULT '',
    PRIMARY KEY (`uid`)
) ENGINE=InnoDB AUTO_INCREMENT=3 DEFAULT CHARSET=utf8 COMMENT='用户表';

BEGIN;
INSERT    INTO    `user`    VALUES    (1,    'shirdon',    '18888888888',
'shirdonliao@gmail.com', '');
INSERT INTO `user` VALUES (2, 'barry', '18788888888', 'barry@163.com', '');
COMMIT;
```

（2）定义一个 User 结构体。

根据本节之前创建的 user 表，定义一个 User 结构体来存储数据库返回的数据：

```
type User struct {
    Uid    int
    Name   string
    Phone  string
    Email  string
    Password string
}
```

（3）编写一个名为 queryMultiRow()的查询函数，用于从数据库中获取用户数据：

```
// 查询多条数据
func queryMultiRow() ([]User){
    rows, err := db.Query("select uid,name,phone,email from `user` where
uid > ?", 0)
    if err != nil {
        fmt.Printf("query failed, err:%v\n", err)
        return nil
    }
    // 关闭 rows, 释放持有的数据库连接
    defer rows.Close()
    // 循环读取结果集中的数据
    users := []User{}
    for rows.Next() {
        err := rows.Scan(&u.Uid, &u.Name, &u.Phone, &u.Email)
        users = append(users, u)
        if err != nil {
            fmt.Printf("scan failed, err:%v\n", err)
            return nil
        }
    }
}
```

```
    return users
}
```

（4）编写导出函数，将数据写入指定文件：

```
//导出 CSV 文件
func ExportCsv(filePath string, data [][]string) {
    fp, err := os.Create(filePath) //创建文件句柄
    if err != nil {
        log.Fatalf("创建文件["+filePath+"]句柄失败,%v", err)
        return
    }
    defer fp.Close()
    fp.WriteString("\xEF\xBB\xBF") //写入 UTF-8 BOM
    w := csv.NewWriter(fp)          //创建一个新的写入文件流
    w.WriteAll(data)
    w.Flush()
}
```

（5）编写 main()函数，导出数据：

```
func main() {
    //设置导出的文件名
    filename := "./exportUsers.csv"

    //从数据库中获取数据
    users := queryMultiRow()
    //定义 1 个二维数组
    column := [][]string{{"手机号", "用户 UID", "Email", "用户名"}}
    for _, u := range users {
        str :=[]string{}
        str = append(str,u.Phone)
        str = append(str,strconv.Itoa(u.Uid))
        str = append(str,u.Email)
        str = append(str,u.Name)
        column = append(column,str)
    }
    //导出
    ExportCsv(filename, column)
}
```

完整代码见本书配套资源中的 "chapter6/exportCsv.go"。

在文件所在目录下打开命令行终端，输入如下命令来导出文件：

```
$ go run exportCsv.go
```

如果运行正常，则会导出一个名为 "exportUsers.csv" 的文件。用 WPS 打开，如图 6-3 所示。

图 6-3

# 6.6 处理 Go 日志记录

在实战开发中，经常需要创建日志文件来记录日志。在 Go 语言中，输出日志需要使用 log 包。Go 语言 log 包中，提供了 3 类函数来处理日志，分别是：

- Print 类函数，用于处理一般的日志，进程退出代码为 0 即正常；
- Panic 类函数，用于处理意外的日志，进程退出代码为 2；
- Fatal 类函数，用于处理致命的日志，进程退出代码为 1。

下面各列举 Print 类、Panic 类、Fatal 类这 3 类函数中的 1 个函数进行示例。

## 1. Print 类函数

Print 类函数中，以 Print()函数为例，其使用示例如下。

代码 chapter6/log1.go    Print()函数的使用示例

```go
package main

import (
    "log"
)

func main() {
    no := []int{6, 8}
    log.Print("Print NO. ", no, "\n")
    log.Println("Println NO.", no)
    log.Printf("Printf NO. with item [%d,%d]\n", no[0], no[1])
}
```

程序运行结果如下：

```
2020/12/14 21:16:58 Print NO. [6 8]
2020/12/14 21:16:58 Println NO. [6 8]
2020/12/14 21:16:58 Printf NO. with item [6,8]
```

### 2. Panic 类函数

Panic 类函数中，以 Panicln()函数为例，其使用示例如下：

**代码  chapter6/log2.go**　　　Panicln()函数的使用示例

```go
package main

import (
    "log"
)

func main() {
    no := []int{6, 8}
    log.Panicln("Println NO.", no)
}
```

以上程序运行结果如图 6-4 所示。

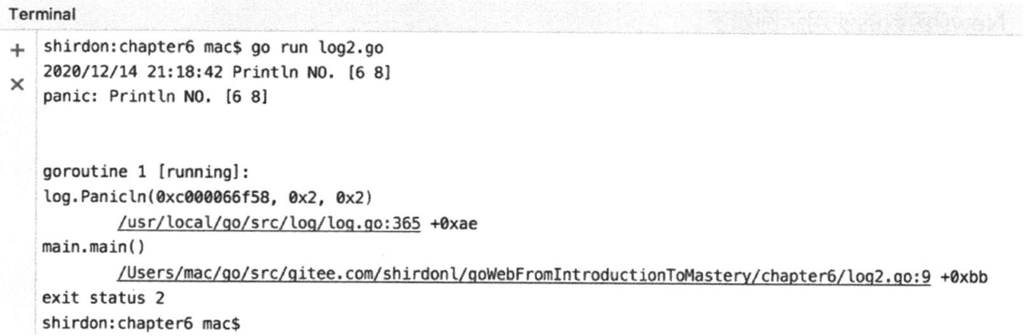

```
Terminal
+   shirdon:chapter6 mac$ go run log2.go
×   2020/12/14 21:18:42 Println NO. [6 8]
    panic: Println NO. [6 8]


    goroutine 1 [running]:
    log.Panicln(0xc000066f58, 0x2, 0x2)
            /usr/local/go/src/log/log.go:365 +0xae
    main.main()
            /Users/mac/go/src/qitee.com/shirdonl/goWebFromIntroductionToMastery/chapter6/log2.go:9 +0xbb
    exit status 2
    shirdon:chapter6 mac$
```

图 6-4

### 3. Fatal 类函数

Fatal 类函数中，以 Fatalln()函数为例，其使用示例如下。

**代码  chapter6/log3.go**　　　Fatalln()函数的使用示例

```go
package main

import (
    "log"
)
```

```
func main() {
    no := []int{6, 8}
    log.Fatalln("Println NO.", no)
}
```

程序运行结果如下：

```
2020/12/14 21:24:08 Println NO. [6 8]
exit status 1
```

除上面 3 种方式外，也可以自定义 Logger 类型。log.Logger 提供了 New()函数用来创建对象。New()函数的定义如下：

```
func New(out io.Writer, prefix string, flag int) *Logger
```

该函数一共有 3 个参数：

- 参数 out 用于输出位置，是一个 io.Writer 对象。该对象可以是一个文件，也可以是实现了该接口的对象。通常我们可以用它来指定日志输出到哪个文件。
- 参数 prefix，用于设置日志级别。可以将其置为"[Info]" "[Warning]"等来帮助区分日志级别。
- 参数 flags 是一个选项，用于显示日志开头的部分。

New()函数的使用示例如下。

**代码 chapter6/log4.go　　New()函数的使用示例**

```
package main

import (
    "log"
    "os"
)

func main() {
    fileName := "New.log"
    logFile, err := os.Create(fileName)
    defer logFile.Close()
    if err != nil {
        log.Fatalln("open file error")
    }
    debugLog := log.New(logFile, "[Info]", log.Llongfile)
    debugLog.Println("Info Level Message")
    debugLog.SetPrefix("[Debug]")
    debugLog.Println("Debug Level Message")
}
```

运行代码，会创建一个名为 New.log 的文件。该文件的内容如下：

```
[Info]/Users/mac/go/src/gitee.com/shirdonl/goWebActualCombat/chapter6/log4.go:16: Info Level Message
[Debug]/Users/mac/go/src/gitee.com/shirdonl/goWebActualCombat/chapter6/log4.go:18: Debug Level Message
```

## 6.7　小结

本章通过"操作目录与文件""处理 XML 文件""处理 JSON 文件""处理正则表达式""【实战】从数据库中导出一个 csv 文件""处理 Go 日志记录"6 节的讲解，系统地介绍了 Go 语言文件开发的各种方法和技巧。

# 第 7 章
## Go 并发编程

不怀疑不能见真理，所以我希望大家都取怀疑态度，不要为已成的学说所压倒。

——李四光

人的智慧掌握着三把钥匙，一把开启数字，一把开启字母，一把开启音符。知识、思想、幻想就在其中。

——雨果

## 7.1 并发与并行

### 1. 并发

并发（Concurrent）是指，同一时刻在 CPU 中只能有一条指令执行，多个进程指令被快速地轮换执行。从宏观来看，是多个进程同时执行。但从微观来看，这些进程并不是同时执行的，只是把时间分成若干段，多个进程快速交替地执行。

在操作系统中进程的并发就是：CPU 把一个时间段划分成几个时间片段（时间区间），进程在这几个时间区间之间来回切换处理的过程。由于 CPU 处理的速度非常快，只要时间间隔处理得当，就可让用户感觉是多个进程同时在进行，如图 7-1 所示。

### 2. 并行

并行（Parallel）是指，在同一时刻有多条指令在多个处理器上同时执行。如果系统有一个以上 CPU，当一个 CPU 在执行一个进程时，另一个 CPU 可以执行另一个进程，两个进程互不抢占 CPU 资源，可以同时进行。这种方式被称为"并行"（Parallel）。

其实决定进程并行的因素不是 CPU 的数量，而是 CPU 的核心数量。比如一个 CPU 多个核也可以并行，如图 7-2 所示。

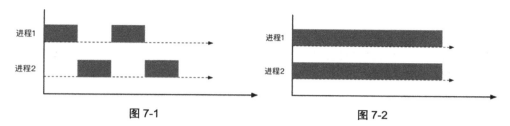

图 7-1　　　　　　　　　　　　　图 7-2

所以，并发是指在一段时间内宏观上多个进程同时运行，并行是指在某一时刻真正有多个进程在运行。

> **提示**
>
> *严格意义上来说，并行的多个任务是真实的同时执行。而并发只是交替地执行，一会儿运行任务一，一会儿又运行任务二，系统不停地在两者间切换。但对于外部观察者来说，即使多个任务是串行并发的，也会有多个任务并行执行的错觉。*

### 3. 并发和并行的区别

- 并发偏重于多个任务交替执行，而多个任务之间有可能还是串行的。并发是逻辑上的同时发生（simultaneous）。
- 并行是物理上的同时发生。其偏重点在于"同时执行"。

> **提示**
>
> *并行和串行都是通讯中数据传输的方式，二者有着本质的不同。*
> *①并行通讯：同一时刻，可以传输多个 bit 位的信号，有多少个信号位就需要多少根信号线。*
> *②串行通讯：同一时刻，只能传输 1 个 bit 位的信号，只需要一根信号线。*

并发和并行可以通过排队购票的例子来理解。如图 7-3 所示，假如有两排人在火车站购买火车票，只有一个窗口。这时就需要两排轮流在一个购票窗口购票，这就类似并发的概念。

另外一种可能是：有两排人在火车站购买火车票，每排各自在一个窗口分别购买。对窗口来说，在同一时刻每个窗口只处理一排的人购票行为，这就类似并行的概念，如图 7-4 所示。

图 7-3　　　　　　　　　　　　　图 7-4

# 7.2 进程、线程和协程

### 1. 进程（Process）

进程是计算机中的程序关于某数据集合上的一次运行活动，是系统进行资源分配和调度的基本单位，是操作系统结构的基础。

### 2. 线程（Thread）

线程有时被称为轻量级进程（Lightweight Process，LWP），是程序执行流的最小单元。一个标准的线程由线程 ID、当前指令指针（PC）、寄存器集合和堆栈组成。

另外，线程是进程中的一个实体，是被系统独立调度和分派的基本单位。线程自己不拥有系统资源，只拥有一点儿在运行中必不可少的资源，但它可与同属一个进程的其他线程共享进程所拥有的全部资源。

线程拥有自己独立的栈和共享的堆，共享堆，不共享栈。线程的切换一般也由操作系统调度。

> 📖 提示
> 对操作系统而言，线程是最小的执行单元，进程是最小的资源管理单元。无论是进程还是线程，都是由操作系统所管理的。

线程具有 5 种状态：初始化、可运行、运行中、阻塞、销毁。

线程之间是如何进行协作的呢？最经典的例子是"生产者/消费者"模式。即若干个生产者线程向队列中增加数据，若干个消费者线程从队列中消费数据，如图 7-5 所示。

图 7-5

### 3. 协程（Coroutines）

协程是一种比线程更加轻量级的一种函数。正如一个进程可以拥有多个线程一样，一个线程可以拥有多个协程。协程不是被操作系统内核所管理的，而是完全由程序所控制的，即在用户态执行。这样带来的好处是：性能有大幅度的提升，因为不会像线程切换那样消耗资源。

📝 **提示**

协程不是进程也不是线程，而是一个特殊的函数。这个函数可以在某个地方被"挂起"，并且可以重新在挂起处外继续运行。所以说，协程与进程、线程相比并不是一个维度的概念。

　　一个进程可以包含多个线程，一个线程也可以包含多个协程。简单来说，在一个线程内可以有多个这样的特殊函数在运行，但是有一点必须明确的是：一个线程中的多个协程的运行是串行的。如果是多核 CPU，那多个进程或一个进程内的多个线程是可以并行运行的。但是在一个线程内协程却绝对是串行的，无论 CPU 有多少个核。毕竟协程虽然是一个特殊的函数，但仍然是一个函数。一个线程内可以运行多个函数，但这些函数都是串行运行的。当一个协程运行时，其他协程必须被挂起。

　　进程、线程和协程之间的关系如图 7-6 所示。

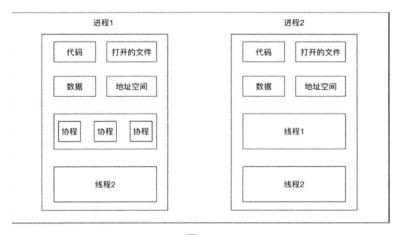

图 7-6

### 4. 进程、线程、协程的对比

进程、线程、协程的对比如下：

* 协程既不是进程也不是线程，协程仅是一个特殊的函数。协程、进程和线程不是一个维度的。
* 一个进程可以包含多个线程，一个线程可以包含多个协程。
* 虽然一个线程内的多个协程可以切换，但是这多个协程是串行执行的，某个时刻只能有一个线程在运行，没法利用 CPU 的多核能力。
* 协程与进程一样，也存在上下文切换问题。
* 进程的切换者是操作系统，切换时机是根据操作系统自己的切换策略来决定的，用户是无感的。进程的切换内容包括页全局目录、内核栈和硬件上下文，切换内容被保存在内存中。进程切换过程采用的是"从用户态到内核态再到用户态"的方式，切换效率低。

- 线程的切换者是操作系统，切换时机是根据操作系统自己的切换策略来决定的，用户是无感的。线程的切换内容包括内核栈和硬件上下文。线程切换内容被保存在内核栈中。线程切换过程采用的是"从用户态到内核态再到用户态"的方式，切换效率中等。

- 协程的切换者是用户（编程者或应用程序），切换时机是用户自己的程序来决定的。协程的切换内容是硬件上下文，切换内存被保存在用户自己的变量（用户栈或堆）中。协程的切换过程只有用户态（即没有陷入内核态），因此切换效率高。

## 7.3 Go 并发模型简介

Go 实现了两种并发模型：

（1）大家普遍认知的多线程共享内存模型。Java 或者 C++等语言中的多线程就是多线程共享内存模型。

（2）Go 语言特有的，也是 Go 语言推荐的 CSP（Communicating Sequential Processes）并发模型。

CSP 并发模型并不是一个新的概念，而是在 1970 年左右就已经被提出的概念。不同于传统的多线程通过共享内存来通信，CSP 并发模型的理念是"不通过共享内存来通信，而通过通信来共享内存"。

Java、C++、Python 这类语言，它们的线程间通信都是通过共享内存的方式来进行的。非常典型的方式就是，在访问共享数据（例如数组、Map、结构体或对象）时，通过锁来访问。因此衍生出了一种方便操作的数据结构——线程安全的数据结构。例如 Java 中名为"java.util.concurrent"的包中的数据结构就是一种"线程安全的数据结构"。Go 中也实现了传统的线程并发模型，主要是通过 sync 包来实现的，详细内容会在 7.5 节中讲解。

Go 的 CSP 并发模型，是通过 goroutine 和通道（channel）来实现的。goroutine 是 Go 语言中并发的执行单位。初学者可能会觉得它有点抽象，其实它与"协程"类似，可以将其理解为"协程"。

通道是 Go 语言中各个 goroutine 之间的通信机制。通俗地讲，它就是各个 goroutine 之间通信的"管道"，有点类似于 UNIX 中的管道。

生成一个 goroutine 的方式非常的简单——在函数前加上 go 关键字即可：

```
go foo()
```

通道的使用也很方便，发送数据用"channel <- data"，接收数据用"<-channel"。在通信过程中，发送数据"channel <- data"和接收数据"<-channel"必然会成对出现。因为，这

边发送，那边接收，两个 goroutine 之间才会实现通信。而且不管传还是取必阻塞，直到另外的 goroutine 传或者取为止。

goroutine 和通道的简单示例如下：

代码 chapter7/goroutine.go　　goroutine 和通道的简单示例

```
package main

import "fmt"

func main() {

    messages := make(chan string)

    go func() { messages <- "ping" }()

    msg := <-messages
    fmt.Println(msg)
}
```

关于 goroutine 和通道，本节只是简单介绍，7.4 节会详细讲解。

## 7.4　用 goroutine 和通道实现并发

### 7.4.1　goroutine 简介

#### 1. goroutine

Go 语言的并发机制运用起来非常简便：只需要通过 go 关键字来开启 goroutine，和其他编程语言相比这种方式更加轻量。

开启一个 goroutine 的形式如下：

```
go foo(a, b, c)
```

在函数 foo(a, b, c) 之前加上 go 关键字，就开启了一个新的 goroutine。函数名可以是包含 func 关键字的匿名函数：

```
//创建一个匿名函数并开启 goroutine
go func(param1, param2) {
}(val1, val2)
```

开启 goroutine 的示例如下。

代码 chapter7/goroutine1.go  开启 goroutine 的示例

```go
package main

import (
    "fmt"
    "time"
)

func Echo(s string) {
    for i := 0; i < 3; i++ {
        time.Sleep(100 * time.Millisecond)
        fmt.Println(s)
    }
}

func main() {
    go Echo("go")
    Echo("web program")
}
```

执行以上代码后会看到，输出的"go"和"web program"是没有固定先后顺序。因为它们是两个 goroutine 在并发执行：

```
web program
go
web program
go
go
web program
```

通过上面的示例可以看到，利用 go 关键字很方便地实现并发编程。多个 goroutine 运行在同一个进程中，共享内存数据。Go 语言遵循"不通过共享内存来通信，而通过通信来共享内存"原则。

**2. goroutine 的调度**

goroutine 的调度方式是协同式的。在协同式调度中没有"时间片"的概念。为了并行执行 goroutine，调度器会在以下几个时刻对其进行切换：

- 在通道发送或者接收数据且造成阻塞时。
- 在一个新的 goroutine 被创建时。
- 在可以造成系统调用被阻塞时，如在进行文件操作时。

goroutine 在多核 CPU 环境下是并行的。如果代码块在多个 goroutine 中执行，则会实现代码的并行。在被调用的函数返回时，这个 goroutine 也自动结束。需要注意的是，如果这个函数有返回值，则该返回值会被丢弃。看下面的代码：

```
func Add(a, b int) {
    c := a+ b
    fmt.Println(c)
}

func main() {
    for i:=0; i<5; i++ {
        go Add(i, i)
    }
}
```

执行上面的代码会发现，屏幕什么也没打印出来，程序就退出了。对于上面的例子，main()函数启动了 5 个 goroutine，这时程序就退出了，而被启动的执行 Add()函数的 goroutine 没来得及执行。

如果要让 main()函数等待所有 goroutine 退出后再返回，则需要知道 goroutine 是何时退出的。但如何知道 goroutine 都退出了呢? 这就引出了多个 goroutine 之间通信的问题。7.4.2 节会探究多个 goroutine 之间是如何通过通道进行通信的。

## 7.4.2  通道

### 1. 通道的定义

通道（channel）是用来传递数据的一个数据结构。Go 语言提倡使用通信来代替共享内存。当一个资源需要在 goroutine 之间共享时，通道在 goroutine 之间架起了一个管道，并提供了确保同步交换数据的机制。

在声明通道时，需要指定将要被共享的数据的类型。可以通过通道共享内置类型、命名类型、结构类型和引用类型的值或者指针。

Go 语言中的通道是一种特殊的类型。在任何时候，同时只能有一个 goroutine 访问通道进行发送和接收数据，如图 7-7 所示。

图 7-7

在地铁站、火车站、机场等公共场所人很多的情况下，大家养成了排队的习惯。目的是避免拥挤、插队导致低效的资源使用和交换。代码与数据也是如此，多个 goroutine 为了争抢数据，势必造成执行的低效率。

使用队列的方式是最高效的，通道是一种与队列类似的结构。通道总是遵循"先入先出（First In First Out）"的规则，从而保证收发数据的顺序。

**2. 通道的声明**

通道本身需要用一个类型进行修饰，就像切片类型需要标识元素类型。通道的元素类型就是在其内部传输的数据类型。通道的声明形式如下：

```
var channel_name chan type
```

说明如下。

- channel_name：保存通道的变量。
- type：通道内的数据类型。
- chan：类型的空值是 nil，声明后需要配合 make 后才能使用。

**3. 创建通道**

通道是引用类型，需要使用 make()函数进行创建，格式如下：

```
通道实例 := make(chan 数据类型)
```

说明如下。

- 数据类型：通道内传输的元素类型。
- 通道实例：通过 make()函数创建的通道句柄。

创建通道的示例如下：

```
ch1 := make(chan string)      // 创建一个字符串类型的通道
ch2 := make(chan interface{}) // 创建一个空接口类型的通道，可以存放任意格式
type Signal struct{ /* 一些字段 */ }
ch3 := make(chan *Signal )    // 创建 Signal 指针类型的通道，可以存放*Signal
```

**4. 用通道发送数据**

在通道创建后，就可以使用通道发送和接收数据了。

（1）用通道发送数据的格式。

用通道发送数据使用特殊的操作符"<-"，格式如下：

```
通道变量 <- 通道值
```

说明如下。

- 通道变量：通过 make()函数创建好的通道实例。
- 通道值：可以是变量、常量、表达式或者函数返回值等。通道值的类型必须与 ch 通道中的元素类型一致。

（2）通过通道发送数据的例子。

在使用 make() 函数创建一个通道后，就可以使用 "<-" 向通道发送数据了。代码如下：

```
ch := make(chan interface{}) // 创建一个空接口通道
ch <- 6          // 将 6 放入通道中
ch <- "love"   // 将 love 字符串放入通道中
```

（3）发送将持续阻塞直到数据被接收。

在把数据往通道中发送时，如果接收方一直都没有接收，则发送操作将持续阻塞。Go 程序在运行时能智能地发现一些永远无法发送成功的语句并做出提示。示例代码如下。

**代码 chapter7/channel.go　　发送将持续阻塞直到数据被接收的示例**

```
package main

func main() {
    // 创建一个字符串通道
    ch := make(chan string)
    // 尝试将 sleep 通过通道发送
    ch <- "sleep"
}
```

运行代码，报错：

```
fatal error: all goroutines are asleep - deadlock!
```

错误的意思是：在运行时发现所有的 goroutine（包括 main() 函数对应的 goroutine）都处于等待状态，即所有 goroutine 中的通道并没有形成发送和接收的状态。

#### 5. 用通道接收数据

通道接收同样使用 "<-" 操作符。用通道接收数据有如下特性：

- 通道的发送和接收操作在不同的两个 goroutine 间进行。由于通道中的数据在没有接收方接收时会持续阻塞，所以通道的接收必定在另外一个 goroutine 中进行。
- 接收将持续阻塞直到发送方发送数据。
- 如果在接收方接收时，通道中没有发送方发送数据，则接收方也会发生阻塞，直到发送方发送数据为止。
- 通道一次只能接收 1 个数据元素。

通道的数据接收一共有以下 4 种写法。

（1）阻塞接收数据。

阻塞模式在接收数据时，将接收变量作为 "<-" 操作符的左值，格式如下：

```
data := <-ch
```

执行该语句将会阻塞，直到接收到数据并赋值给 data 变量。

（2）非阻塞接收数据。

在使用非阻塞方式从通道接收数据时，语句不会发生阻塞，格式如下：

```
data, ok := <-ch
```

- data：接收到的数据。在未接收到数据时，data 为通道类型的零值。
- ok：是否接收到数据。

非阻塞的通道接收方法，可能造成高的 CPU 占用，因此使用非常少。如果需要实现接收超时检测，则需要配合 select 和计时器进行，可以参见后面的内容。

（3）接收任意数据，忽略掉接收的数据。

利用下面这写法，通道在接收到数据后会将其忽略掉：

```
<-ch
```

执行该语句会发生阻塞，直到接收到数据，但接收到的数据会被忽略。这个方式实际上只是通过通道在 goroutine 间阻塞收发，从而实现并发同步。

使用通道做并发同步的示例如下。

**代码 chapter7/chan1.go　　　使用通道做并发同步的示例**

```go
package main

import (
    "fmt"
)
func main() {
    ch := make(chan string) // 构建一个通道
    go func() {                     // 开启一个并发匿名函数
        fmt.Println("开始 goroutine") // 通过通道通知 main()函数的 goroutine
        ch <- "signal"
        fmt.Println("退出 goroutine")
    }()
    fmt.Println("等待 goroutine")
    <-ch // 等待匿名 goroutine
    fmt.Println("完成")
}
```

执行代码，输出如下：

```
等待 goroutine
开始 goroutine
退出 goroutine
完成
```

（4）循环接收数据。

通道的数据接收可以借用 for-range 语句进行多个元素的接收操作。格式如下：

```
for data := range ch {
}
```

通道 ch 是可以被遍历的，遍历的结果就是接收到的数据，数据类型就是通道的数据类型。通过 for 遍历获得的变量只有一个，即上面例子中的 data。遍历通道数据的示例如下。

**代码 chapter7/channel-receive.go**　　**遍历通道数据的示例**

```go
package main

import (
    "fmt"
    "time"
)
func main() {
    ch := make(chan int)            // 构建一个通道
    go func() {                     // 开启一个并发匿名函数
        for i := 6; i <= 8; i++ {   // 从 6 循环到 8
            ch <- i                 // 发送 6～ 8 之间的数值
            time.Sleep(time.Second) // 每次发送完时等待
        }
    }()

    for receive := range ch {       // 遍历接收通道数据
        fmt.Println(receive)        // 打印通道数据
        if receive == 8 {           // 当遇到数据 8 时，退出接收循环
            break
        }
    }
}
```

执行代码，输出如下：

```
6
7
8
```

通道可用于在两个 goroutine 之间通过传递一个指定类型的值来同步运行和通讯。操作符 "<-" 用于指定通道的方向、发送和接收。如果未指定方向，则为双向通道。

```
ch <- v    // 把 v 发送到通道 ch 中
v := <-ch  // 从 ch 接收数据，并把值赋给 v
```

📭**提示**

默认情况下，通道是不带缓冲区的。在发送方发送数据的同时必须有接收方相应地接收数据。

以下示例通过两个 goroutine 来计算数字之和。

**代码 chapter7/chan2.go**　　**用两个 goroutine 计算数字之和的示例**

```go
package main

import (
    "fmt"
)

func Sum(s []int, ch chan int) {
    sum := 0
    for _, v := range s {
        sum += v
    }
    ch <- sum            // 把 sum 发送到通道 ch 中
}

func main() {
    s := []int{6, 7, 8, -9, 1, 8}
    ch := make(chan int)
    go Sum(s[:len(s)/2], ch)
    go Sum(s[len(s)/2:], ch)
    a, b := <-ch, <-ch   // 从通道 ch 中接收
    fmt.Println(a, b, a+b)
}
```

输出结果为：

```
0 21 21
```

### 6. 通道缓冲区

通道可以设置缓冲区——通过 make()函数的第 2 个参数指定缓冲区的大小。示例如下：

```go
ch := make(chan int, 66)
```

带缓冲区的通道，允许发送方的数据发送和接收端的数据获取处于异步状态。即发送方发送的数据可以放在缓冲区中，等待接收端去接收数据，而不是立刻需要接收端去接收数据。

不过由于缓冲的大小是有限的，所以还是必须有接收端来接收数据的，否则缓冲区一满，数据发送方就无法再发送数据了。

> **提示**
>
> 如果通道不带缓冲，则发送方会阻塞，直到接收方从通道中接收了数据。如果通道带缓冲，则发送方会阻塞，直到发送的值被复制到缓冲区中；如果缓冲区已满，则意味着需要等待直到某个接收方接收了数据。接收方在有值可以接收之前，会一直阻塞。

代码  chapter7/chan3.go　　设置缓冲区的示例

```go
package main

import "fmt"

func main() {
    //定义一个可以存储整数类型的、带缓冲的通道
    ch := make(chan int, 3)
    // 因为 ch 是带缓冲的通道，所以可以同时发送多个数据，而不用立刻去同步接收数据
    ch <- 6
    ch <- 7
    ch <- 8
    // 接收这 3 个数据
    fmt.Println(<-ch)
    fmt.Println(<-ch)
    fmt.Println(<-ch)
}
```

输出结果为：

```
6
7
8
```

### 7. select 多路复用

在 UNIX 中，select()函数用来监控一组描述符，该机制常被用于实现高并发的 Socket 服务器程序。Go 语言直接在语言级别支持 select 关键字，用于处理异步 I/O 问题。其用法示例如下：

```go
select {
    case <- ch1:
    // 如果 ch1 通道发送成功，则该 case 会接收到数据

    case ch2 <- 1:
    // 如果 ch2 接收数据成功，则该 case 会收到数据

    default:
    // 默认分支
}
```

select 默认是阻塞的，只有当监听的通道中有发送或接收可以进行时才会运行。当多个通道都准备好后，select 会随机地选择一个操作（发送或接收）来执行。

Go 语言没有对通道提供直接的超时处理机制，但可以利用 select 来间接实现，例如：

```
timeout := make(chan bool, 1)

go func() {
    time.Sleep(6)
    timeout <- true
}()

select {
    case <- ch:
    // 从 ch 通道中读取到了数据

    case <- timeout:
    // 没有从 ch 通道中读取到数据，但从 timeout 通道中读取到了数据
}
```

这样使用 select 就可以避免永久等待的问题。因为程序会在 "timeout" 通道中接收到一个数据后继续执行，无论对 ch 通道的接收是否还处于等待状态。

### 8. 遍历通道与关闭通道

Go 语言通过 range 关键字来实现遍历读取数据，类似于与数组或切片。格式如下：

```
v, ok := <-ch
```

如果通道接收不到数据，则 ok 的值是 false。这时就可以使用 close()函数来关闭通道。

通过 range 关键字实现遍历的示例如下。

**代码 chapter7/chan4.go    通过 range 关键字实现遍历的示例**

```
package main

import (
    "fmt"
)

func fibonacci(n int, ch chan int) {
    a, b := 0, 1
    for i := 0; i < n; i++ {
        ch <- a
        a, b = b, a+b
    }
    close(ch)
```

```
}

func main() {
    ch := make(chan int, 6)
    go fibonacci(cap(ch), ch)
    for j := range ch {
        fmt.Println(j)
    }
}
```

输出结果为：

```
0
1
1
2
3
5
```

# 7.5　用 sync 包实现并发

## 7.5.1　竞态

在 7.4 中学习了 Go 语言通过 goroutine 和通道实现并发，本节来探究 Go 语言如何用 sync 包实现并发。

Go 语言以构建高并发容易、性能优异而闻名。但是，伴随着并发的使用，可能发生可怕的数据争用的竞态问题。而一旦遇到竞态问题，由于不知道其什么时候发生，所以将产生难以发现和调试的错误。

下面是一个发生数据竞态的示例：

```
func main() {
    fmt.Println(getNumber())
}

func getNumber() int {
    var i int
    go func() {
        i = 6
    }()

    return i
}
```

在上面的示例中，getNumber()函数先声明一个变量 i，之后在 goroutine 中单独对 i 进行设置。而这时程序也正在从函数中返回 i，由于不知道 goroutine 是否已完成对 i 值的修改，所以将有两种操作发生：

（1）如果 goroutine 已完成对 i 值的修改，则最后返回的 i 值为 6；

（2）如果 goroutine 未完成对 i 值的修改，则变量 i 的值从函数返回，为默认值 0。

现在根据这两个操作中的哪一个先完成，输出的结果将是 0（默认整数值）或 6。这就是为什么将其称为数据竞态：从 getNumber()函数返回的值会根据（1）或（2）哪个操作先完成而得名。

为了避免竞态的问题，Go 提供了许多解决方案，比如通道阻塞、互斥锁等，会在接下来的几节中详细讲解。关于竞态的检查方法，会在 7.5.6 节中详细讲解。

## 7.5.2  互斥锁

### 1. 什么是互斥锁

（1）sync.Mutex 的定义。

在 Go 语言中，sync.Mutex 是一个结构体对象，用于实现互斥锁，适用于读写不确定的场景（即读写次数没有明显的区别，并且只允许有一个读或者写的场景）。所以该锁也称为"全局锁"。

sync.Mutex 结构体由两个字段 state 和 sema 组成。其中，state 表示当前互斥锁的状态，而 sema 用于控制锁状态的信号量。

Mutex 结构体的定义如下：

```
type Mutex struct {
    state int32
    sema uint32
}
```

（2）sync.Mutex 的方法。

sync.Mutex 结构体对象有 Lock()、Unlock()两个方法。Lock()方法用于加锁，Unlock()方法用于解锁。

在使用 Lock()方法加锁后，便不能再次对其进行加锁（如果再次加锁，则会造成死锁问题）。直到利用 Unlock()方法对其解锁后，才能再次加锁。

Mutex 结构体的 Lock()方法的定义如下：

```
func (m *Mutex) Lock()
```

Mutex 结构体的 Unlock()方法的定义如下：

```
func (m *Mutex) Unlock()
```

在用 Unlock()方法解锁 Mutex 时，如果 Mutex 未加锁，则会导致运行时错误。

**⟐ 提示**

Lock()和 Unlock()方法的使用注意事项如下：

①在一个 goroutine 获得 Mutex 后，其他 goroutine 只能等到这个 goroutine 释放该 Mutex。

②在使用 Lock()方法加锁后，不能再继续对其加锁，直到利用 Unlock()方法对其解锁后才能再加锁。

③在 Lock()方法之前使用 Unlock()方法，会导致 panic 异常。

④已经锁定的 Mutex 并不与特定的 goroutine 关联，可以利用一个 goroutine 对其加锁，再利用其他 goroutine 对其解锁。

⑤在同一个 goroutine 中的 Mutex 被解锁之前再次进行加锁，会导致死锁。

⑥该方法适用于读写不确定，并且只有一个读或者写的场景。

**2. 互斥锁的使用**

互斥锁的使用示例如下。

代码 chapter7/sync_mutex.go　　互斥锁的使用示例

```go
package main

import (
    "fmt"
    "sync"
    "time"
)

func main() {
    var mutex sync.Mutex
    wait := sync.WaitGroup{}
    fmt.Println("Locked")
    mutex.Lock()
    for i := 1; i <= 5; i++ {
        wait.Add(1)
        go func(i int) {
            fmt.Println("Not lock:", i)
            mutex.Lock()
            fmt.Println("Lock:", i)
            time.Sleep(time.Second)
            fmt.Println("Unlock:", i)
            mutex.Unlock()
            defer wait.Done()
```

```
        }(i)
    }
    time.Sleep(time.Second)
    fmt.Println("Unlocked")
    mutex.Unlock()
    wait.Wait()
}
```

输出结果为:

```
Locked
Not lock: 3
Not lock: 5
Not lock: 4
Not lock: 2
Not lock: 1
Unlocked
Lock: 5
Unlock: 5
Lock: 4
Unlock: 4
Lock: 2
Unlock: 2
Lock: 3
Unlock: 3
Lock: 1
Unlock: 1
```

### 7.5.3 读写互斥锁

#### 1. 什么是读写互斥锁

(1)读写互斥锁的定义。

在 Go 语言中,读写互斥锁(sync.RWMutex)是一个控制 goroutine 访问的读写锁。该锁可以加多个读锁或者一个写锁,其经常用于读次数远远多于写次数的场景。

RWMutex 结构体组合了 Mutex 结构体,其定义如下:

```
type RWMutex struct {
    w Mutex
    writerSem uint32
    readerSem uint32
    readerCount int32
    readerWait int32
}
```

（2）读写互斥锁的方法。

读写互斥锁有如下四个方法来进行读写操作。

①写操作的 Lock()和 Unlock()方法的定义如下：

```
func (*RWMutex) Lock()
func (*RWMutex) Unlock()
```

对于写锁，如果在添加写锁之前已经有其他的读锁和写锁，则 Lock()方法会阻塞，直到该写锁可用。写锁权限高于读锁，有写锁时优先进行写锁定。

②读操作的 Rlock()和 RUnlock()方法的定义如下：

```
func (*RWMutex) Rlock()
func (*RWMutex) RUnlock()
```

如果已有写锁，则无法加载读锁。在只有读锁或者没有锁时，才可以加载读锁。读锁可以加载多个，所以适用于"读多写少"的场景。

读写互斥锁在读锁占用的情况下，会阻止写，但不阻止读。即多个 goroutine 可以同时获取读锁（读锁调用 RLock()方法，而写锁调用 Lock()方法），会阻止任何其他 goroutine（无论读和写）进来，整个锁相当于由该 goroutine 独占。

sync.RWMutex 用于读锁和写锁分开的情况。

**📌 提示**

①RWMutex 是单写的读锁，该锁可以加多个读锁或者一个写锁。

②读锁占用的情况下会阻止写，不会阻止读。多个 goroutine 可以同时获取读锁。

③写锁会阻止其他 goroutine（无论读和写）进来，整个锁由该 goroutine 独占。

④该锁适用于"读多写少"的场景。

#### 2. 读写互斥锁的使用示例

读写互斥锁的使用示例如下。

代码 chapter7/sync_rwmutex2.go　　　读写互斥锁的使用示例

```go
package main

import (
    "fmt"
    "math/rand"
    "sync"
)
```

```go
var count int
var rw sync.RWMutex

func main() {
    ch := make(chan struct{}, 6)
    for i := 0; i < 3; i++ {
        go ReadCount(i, ch)
    }
    for i := 0; i < 3; i++ {
        go WriteCount(i, ch)
    }
    for i := 0; i < 6; i++ {
        <-ch
    }
}
func ReadCount(n int, ch chan struct{}) {
    rw.RLock()
    fmt.Printf("goroutine %d 进入读操作...\n", n)
    v := count
    fmt.Printf("goroutine %d 读取结束, 值为: %d\n", n, v)
    rw.RUnlock()
    ch <- struct{}{}
}
func WriteCount(n int, ch chan struct{}) {
    rw.Lock()
    fmt.Printf("goroutine %d 进入写操作...\n", n)
    v := rand.Intn(10)
    count = v
    fmt.Printf("goroutine %d 写入结束, 新值为: %d\n", n, v)
    rw.Unlock()
    ch <- struct{}{}
}
```

其执行结果如图 7-8 所示。

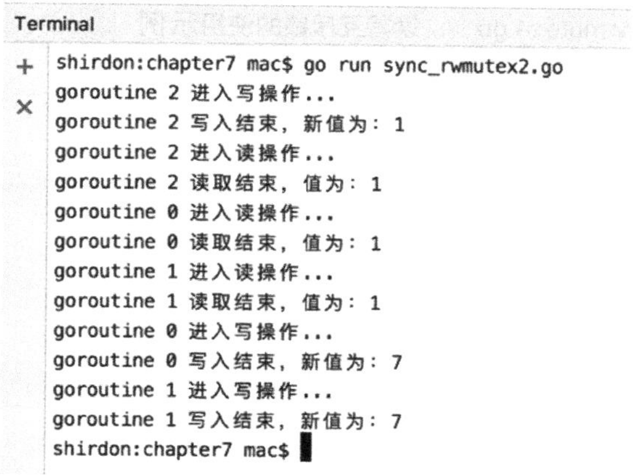

图 7-8

多个读操作可以同时读一个数据。虽然加了锁，但读都是不受影响的，即"读和写是互斥的，读和读不互斥"。多个读操作同时读一个数据的示例如下。

代码 chapter7/sync_rwmutex3.go　　多个读操作同时读一个数据的示例

```go
package main

import (
    "sync"
    "time"
)


var m *sync.RWMutex

func main() {
    m = new(sync.RWMutex)
    // 多个读操作同时读
    go Reading(1)
    go Reading(2)
    time.Sleep(2 * time.Second)
}
func Reading(i int) {
    println(i, "reading start")
    m.RLock()
    println(i, "reading")
    time.Sleep(1 * time.Second)
    m.RUnlock()
    println(i, "reading over")
}
```

由于读写互斥，所以在写开始后，读必须等写进行完才能继续。读写互斥锁的使用示例如下。

**代码 chapter7/sync_rwmutex4.go    读写互斥锁的使用示例**

```go
package main

import (
    "sync"
    "time"
)

var m *sync.RWMutex

func main() {
    m = new(sync.RWMutex)
    // 写时什么也不能干
    go Writing(1)
    go Read(2)
    go Writing(3)
    time.Sleep(2 * time.Second)
}
func Read(i int) {
    println(i, "reading start")
    m.RLock()
    println(i, "reading")
    time.Sleep(1 * time.Second)
    m.RUnlock()
    println(i, "reading over")
}
func Writing(i int) {
    println(i, "writing start")
    m.Lock()
    println(i, "writing")
    time.Sleep(1 * time.Second)
    m.Unlock()
    println(i, "writing over")
}
```

## 7.5.4  sync.Once 结构体

### 1. sync.Once 结构体的定义

在 Go 语言中，sync.Once 是一个结构体，用于解决一次性初始化问题。它的作用与 init()函数类似，其作用是使方法只执行一次。

sync.Once 结构体和 init()函数也有所不同：init()函数是在文件包首次被加载时才执行，且只执行一次；而 sync.Once 结构体是在代码运行中有需要时才执行，且只执行一次。

　　在很多高并发的场景中需要确保某些操作只执行一次，例如只加载一次配置文件、只关闭一次通道等。

　　sync.Once 结构体的定义如下：

```
type Once struct {
    done uint32
    m    Mutex
}
```

　　sync.Once 结构体内包含一个互斥锁和一个布尔值。互斥锁保证布尔值和数据的安全，布尔值用来记录初始化是否完成。这样就能保证初始化操作时是并发安全的，并且初始化操作也不会被执行多次。

### 2. sync.Once 的使用

　　sync.Once 结构体只有一个 Do()方法，该方法的定义如下：

```
func (o *Once) Do(f func())
```

　　下面通过 sync.Once.Do()方法来演示多个 goroutine 只执行打印一次的情景。

　　代码　chapter7/sync_once1.go　　　多个 goroutine 只执行一次打印的示例

```
package main

import (
    "fmt"
    "sync"
)

func main() {
    var once sync.Once
    onceBody := func() {
        fmt.Println("test only once, 这里只打印一次! ")     //打印
    }
    done := make(chan bool)
    for i := 0; i < 6; i++ {
        go func() {
            once.Do(onceBody)     //确保只被执行 1 次
            done <- true
        }()
    }
    for i := 0; i < 6; i++ {
        <-done
    }
}
```

接下来通过一个关闭通道的示例来加深理解。可以调用 close()方法来关闭通道，但如果关闭一个已经关闭过的通道，则会使程序宕机，因此可以借助 sync.Once.Do()方法，来保证通道在运行的过程中只被关闭 1 次。

在下面的代码中，开启了两个 goroutine 去执行 func2()函数，当 func2()函数执行完后，会调用 close()方法关闭参数所指的 ch2 通道。为了防止多个 goroutine 同时关闭同一个通道而产生错误，可以调用 sync.Once.Do()方法来关闭通道，这样就不会产生多次关闭通道而使得程序崩溃的错误。

**代码 chapter7/sync_once2.go 用 sync.Once.Do()函数关闭通道的示例**

```go
package main

import (
    "fmt"
    "sync"
)

var wg sync.WaitGroup
var once sync.Once

func func1(ch1 chan<- int) {
    defer wg.Done()
    for i := 0; i < 10; i++ {
        ch1 <- i
    }
    close(ch1)
}

func func2(ch1 <-chan int, ch2 chan<- int) {
    defer wg.Done()
    for {
        x, ok := <-ch1
        if !ok {
            break
        }
        ch2 <- 2 * x
    }

    once.Do(func() { close(ch2) }) // 确保某个操作只执行 1 次
}

func main() {
    ch1 := make(chan int, 10)
    ch2 := make(chan int, 10)
```

```
    wg.Add(3)

    go func1(ch1)
    go func2(ch1, ch2)
    go func2(ch1, ch2)

    wg.Wait()

    for ret := range ch2 {
        fmt.Println(ret)
    }
}
```

运行代码，会输出如图 7-9 所示的结果。

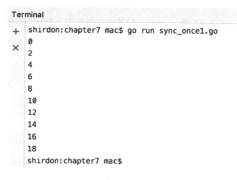

图 7-9

通过上面的返回值可以看出，在代码里执行了 3 次 goroutine，但实际上 goroutine 只被执行了 1 次。

## 7.5.5　同步等待组 sync.WaitGroup

### 1. 同步等待组 sync.WaitGroup 简介

在 Go 语言中，sync.WaitGroup 是一个结构体对象，用于等待一组线程的结束。

在 sync.WaitGroup 结构体对象中只有 3 个方法：Add()、Done()、Wait()。

（1）Add()方法的定义如下：

```
func (*WaitGroup) Add ( )
```

Add()方法向内部计数器加上 delta，delta 可以是负数。如果内部计数器变为 0，则 Wait()方法会将处于阻塞等待的所有 goroutine 释放。如果计数器小于 0，则调用 panic()函数。

> **提示**
>
> Add()方法加上正数的调用应在 Wait()方法之前，否则 Wait()方法可能只会等待很少的 goroutine。一般来说，Add()方法应在创建新的 goroutine 或者其他应等待的事件之前调用。

（2）Done()方法的定义如下：

```
func (wg *WaitGroup) Done()
```

Done()方法会减少 WaitGroup 计数器的值，一般在 goroutine 的最后执行。

（3）Wait()方法的定义如下：

```
func (wg *WaitGroup) Wait()
```

Wait()方法会阻塞，直到 WaitGroup 计数器减为 0。

（4）Add()、Done()、Wait()对比。

在以上 3 个方法中，Done()方法是 Add(-1)方法的别名。简单来说，使用 Add()方法添加计数；使用 Done()方法减掉一个计数，如果计数不为 0，则会阻塞 Wait()方法的运行。一个 goroutine 调用 Add()方法来设定应等待的 goroutine 的数量。每个被等待的 goroutine 在结束时应调用 Done()方法。同时，在主 goroutine 里可以调用 Wait()方法阻塞至所有 goroutine 结束。

**2. 同步等待组 sync.WaitGroup 的使用示例**

用 sync.WaitGroup 实现等待某个 goroutine 结束的示例如下。

代码 chapter7/sync_waitgroup1.go　　　用 sync.WaitGroup 实现等待某个 goroutine 结束

```go
package main

import (
    "fmt"
    "sync"
    "time"
)

func main() {
    var wg sync.WaitGroup

    wg.Add(1)
    go func() {
        defer wg.Done()
        fmt.Println("1 goroutine sleep ...")
        time.Sleep(2)
        fmt.Println("1 goroutine exit ...")
    }()
```

```
    wg.Add(1)
    go func() {
        defer wg.Done()
        fmt.Println("2 goroutine sleep ...")
        time.Sleep(4)
        fmt.Println("2 goroutine exit ...")
    }()

    fmt.Println("Waiting for all goroutine ")
    wg.Wait()
    fmt.Println("All goroutines finished!")
}
```

正常运行输出如下：

```
Waiting for all goroutine
1 goroutine sleep ...
2 goroutine sleep ...
1 goroutine exit ...
2 goroutine exit ...
All goroutines finished!
```

Add() 和 Done() 方法的使用一定要配对，否则可能发生死锁。所报的错误信息如下：

```
Waiting for all goroutine
1 goroutine sleep ...
1 goroutine exit ...
2 goroutine sleep ...
2 goroutine exit ...
fatal error: all goroutines are asleep - deadlock!
```

用 sync.WaitGroup 实现等待 goroutine 组结束的示例如下。

**代码 chapter7/sync_waitgroup2.go**　　**用 sync.WaitGroup 实现等待 goroutine 组结束**

```
package main

import (
    "fmt"
    "sync"
    "time"
)

func main() {
    testFunc := func(wg *sync.WaitGroup, id int) {
        defer wg.Done()
        fmt.Printf("%v goroutine start ...\n", id)
        time.Sleep(2)
```

```
        fmt.Printf("%v goroutine exit ...\n", id)
    }

    var wg sync.WaitGroup
    const N = 3
    wg.Add(N)
    for i := 0; i < N; i++ {
        go testFunc(&wg, i)
    }

    fmt.Println("Waiting for all goroutine")
    wg.Wait()
    fmt.Println("All goroutines finished!")
}
```

输出如下：

```
2 goroutine start ...
0 goroutine start ...
2 goroutine exit ...
1 goroutine start ...
0 goroutine exit ...
1 goroutine exit ...
All goroutines finished!
```

无论运行多少次，都能保证"All goroutines finished！"这一句在最后一行输出。这说明，Wait()方法会等所有 goroutine 都结束后自己才返回。

## 7.5.6　竞态检测器

7.5.1 节中已经简单介绍了竞态。在实战开发中，尽管会尽可能仔细，但是还会出现并发错误。Go 语言提供了一个精致且易于使用的竞态分析工具——竞态检测器。

使用竞态检测器的方法很简单：把"-race"命令行参数加到"go build, go run, go test"命令中即可。形式如下：

```
$ go run -race main.go
```

该方法是在程序运行时进行检测。它会让编译器为应用或测试构建一个修订后的版本。

竞态检测器会检测事件流，找到那些有问题的代码。在使用一个 goroutine 将数据写入一个变量时，如果在过程中没有任何同步的操作，这时有另一个 goroutine 也对该变量进行写入操作，则这时就存在对共享变量的并发访问——数据竞态。竞态检测器会检测出所有正在运行的数据竞态。

📑 提示

竞态检测器只能检测到那些在运行时发生的竞态，无法用来保证肯定不会发生竞态。

模拟非法竞态访问数据的示例代码如下。

**代码 chapter7/race.go 模拟非法竞态访问数据的示例**

```go
package main

import "fmt"

func main() {
    c := make(chan bool)
    m := make(map[string]string)
    go func() {
        m["a"] = "one"     // 第 1 个冲突访问
        c <- true
    }()
    m["b"] = "two"         // 第 2 个冲突访问
    <-c
    for k, v := range m {
        fmt.Println(k, v)
    }
}
```

如果通过"go run race.go"命令正常运行以上这段代码，则不会有任何报错。但以上代码实际上存在竞态的问题，运行"go run -race race.go"命令则会报错，如图 7-10 所示。

```
Terminal
shirdon:chapter7 mac$ go run -race race.go
==================
WARNING: DATA RACE
Write at 0x00c00011c180 by goroutine 7:
  runtime.mapassign_faststr()
      /usr/local/go/src/runtime/map_faststr.go:202 +0x0
  main.main.func1()
      /Users/mac/go/src/gitee.com/shirdonl/goWebActualCombat/chapter7/race.go:17 +0x5d

Previous write at 0x00c00011c180 by main goroutine:
  runtime.mapassign_faststr()
      /usr/local/go/src/runtime/map_faststr.go:202 +0x0
  main.main()
      /Users/mac/go/src/gitee.com/shirdonl/goWebActualCombat/chapter7/race.go:20 +0xcb

Goroutine 7 (running) created at:
  main.main()
      /Users/mac/go/src/gitee.com/shirdonl/goWebActualCombat/chapter7/race.go:16 +0x9c
==================
b two
a one
Found 1 data race(s)
exit status 66
```

图 7-10

通过以上输出可以发现，上面的代码存在一个数据的竞态。建议：①在开发环境中应多运行 race 命令进行竞态检测；②在项目达到一定阶段后，也可以运行 race 命令进行竞态检测。

# 7.6  用 Go 开发并发的 Web 应用

## 7.6.1  【实战】开发一个自增整数生成器

在 Python 和 PHP 中，使用 yield 关键字来让一个函数成为生成器。在 Go 语言中，则可以使用通道来创建生成器。

下面是一个创建自增整数生成器的示例：直到主线向通道索要数据，才添加数据到通道。

**代码  chapter7/generator.go**     创建自增整数生成器的示例

```go
package main

import "fmt"

//生成自增的整数
func IntegerGenerator() chan int{
    var ch chan int = make(chan int)

    // 开启 goroutine
    go func() {
        for i := 0; ; i++ {
            ch <- i  // 直到通道索要数据才把 i 添加进通道
        }
    }()

    return ch
}

func main() {

    generator := IntegerGenerator()

    for i:=0; i < 100; i++ {  //生成100个自增的整数
        fmt.Println(<-generator)
    }
}
```

## 7.6.2  【实战】开发一个并发的消息发送器

在大流量的 Web 应用中，消息数据往往比较大。这时应该将消息部署成为一个独立的服务，消息服务只负责返回某个用户的新的消息提醒。开发一个并发的消息发送器的示例如下。

**代码 chapter7/notification.go　　开发一个并发的消息发送器的示例**

```go
package main

import "fmt"

func SendNotification(user string) chan string {

    //此处省略查询数据库获取新消息
    //声明一个通道来保存消息
    notifications := make(chan string, 500)

    // 开启一个通道
    go func() {
        // 将消息放入通道
        notifications <- fmt.Sprintf("Hi %s, welcome to our site!", user)
    }()

    return notifications
}

func main() {
    barry := SendNotification("barry")        // 获取 barry 的消息
    shirdon := SendNotification("shirdon")     // 获取 shirdon 的消息

    // 将获取的消息返回
    fmt.Println(<-barry)
    fmt.Println(<-shirdon)
}
```

## 7.6.3　【实战】开发一个多路复合计算器

上面的例子使用一个通道作为返回值。其实可以把多个通道的数据合并到一个通道中，不过这样的话，需要按顺序输出返回值（先进先出）。如下，假设要计算很复杂的一个运算 $1 + x$，可以分为 3 路计算，最后统一在一个通道中取出结果。

**代码 chapter7/multi-channel-recombination.go　　多路复合计算器的示例**

```go
package main

import (
    "fmt"
    "math/rand"
    "time"
)
//这个函数可以用来处理比较耗时的事情，比如计算
```

```go
func doCompute(x int) int {
    time.Sleep(time.Duration(rand.Intn(10)) * time.Millisecond) //模拟计算
    return 1 + x // 假如 1 + x 是一个很费时的计算
}

// 每个分支开出 1 个 goroutine 来做计算，并把计算结果发送到各自通道中
func branch(x int) chan int{
    ch := make(chan int)
    go func() {
        ch <- doCompute(x)
    }()
    return ch
}

func Recombination(chs... chan int) chan int {
    ch := make(chan int)

    for _, c := range chs {
        // 注意此处要明确传值
        go func(c chan int) {ch <- <- c}(c) // 复合
    }

    return ch
}

func main() {
    //返回复合后的结果
    result := Recombination(branch(10), branch(20), branch(30))

    for i := 0; i < 3; i++ {
        fmt.Println(<-result)
    }
}
```

## 7.6.4 【实战】用 select 关键字创建多通道监听器

可以用 select 关键字来监测各个通道的数据流动情况。

如下的代码是用 select 关键字创建多通道监听器：先开启一个 goroutine，然后用 select 关键字来监视各个通道数据输出并收集数据到通道。

代码 chapter7/channel-listener.go　　用 select 关键字创建多通道监听器

```go
package main

import "fmt"

func foo(i int) chan int {
    ch := make(chan int)
    go func() { ch <- i }()
    return ch
}

func main() {
    ch1, ch2, ch3 := foo(3), foo(6), foo(9)

    ch := make(chan int)

    // 开启 1 个 goroutine 监视各个通道数据输出，并收集数据到通道 ch 中
    go func() {
        for {
            // 监视通道 ch1、ch2、ch3 的输出，并其全部输入通道 ch 中
            select {
            case v1 := <-ch1:
                ch <- v1
            case v2 := <-ch2:
                ch <- v2
            case v3 := <-ch3:
                ch <- v3
            }
        }
    }()

    // 阻塞主线，取出通道 ch 中的数据
    for i := 0; i < 3; i++ {
        fmt.Println(<-ch)
    }
}
```

有了 select，把在多路复合代码文件 chapter7/multi-channel-recombination.go 中的 Recombination()函数再优化一下，这样就不用开多个 goroutine 来接收数据了。代码如下：

```go
func Recombination(branches ... chan int) chan int {
    ch := make(chan int)

    //select 会尝试着依次取出各个通道中的数据
    go func() {
```

```
        for i := 0; i < len(branches); i++ {
            select {
            case v1 := <-branches[i]:
                ch <- v1
            }
        }
    }()

    return ch
}
```

在使用 select 时，有时需要做超时处理。示例如下：

```
//timeout 是一个计时通道，如果到时间了则会发一个信号出来
timeout := time.After(1 * time.Second)
for isTimeout := false; !isTimeout; {
    select { // 监视通道 ch1、ch2、ch3、timeout 中的数据输出
    case v1 := <-ch1:
        fmt.Printf("received %d from ch1", v1)
    case v2 := <-ch2:
        fmt.Printf("received %d from ch2", v2)
    case v3 := <-ch3:
        fmt.Printf("received %d from ch3", v3)
    case <-timeout:
        isTimeout = true // 超时
    }
}
```

## 7.6.5 【实战】用无缓冲通道阻塞主线

通道的一个很常用的应用，它使用无缓冲通道来阻塞主线，等待 goroutine 结束。这样就不必再使用 timeout 来做超时处理。用无缓冲通道来阻塞主线的示例如下。

代码 chapter7/channel-quit.go　　用无缓冲通道来阻塞主线的示例

```
package main

import (
    "fmt"
)

func main() {

    ch, quit := make(chan int), make(chan int)

    go func() {
        ch <- 8    // 添加数据
```

```
        quit <- 1  // 发送完成信号
    }()

    for isQuit := false; !isQuit; {
        // 监视通道 ch 的数据输出
        select {
        case v := <-ch:
            fmt.Printf("received %d from ch", v)
        case <-quit:
            isQuit = true      // 通道 quit 有输出，关闭 for 循环
        }
    }
}
```

## 7.6.6 【实战】用筛法求素数

用筛法求素数的基本思想是：把从 1 开始的、某个范围内的正整数从小到大顺序排列；1 不是素数，首先把它筛掉；在剩下的数中最小的数是素数，去掉它的倍数；依次类推，直到筛子为空时结束。如有如下整数：

1 2 3 4 5 6 7 8 9 10

11 12 13 14 15 16 17 18 19 20

21 22 23 24 25 26 27 28 29 30

1 不是素数，去掉。在剩下的数中 2 最小，是素数，需要去掉 2 的倍数。余下的数是：

3 5 7 9 11 13 15 17 19 21 23 25 27 29

在剩下的数中，3 最小，是素数，需要去掉 3 的倍数。如此下去直到所有的数都被筛完。最终求出的素数如下：

2 3 5 7 11 13 17 19 23 29

用 Go 语言通道来实现筛法求素数的示例如下。

代码 chapter7/channel-filter.go    用 Go 语言通道来实现筛法求素数的示例

```
package main

import "fmt"

//生成自增的整数
func IntegerGenerator() chan int {
    var ch chan int = make(chan int)

    go func() {    // 开出 1 个 goroutine
```

```go
        for i := 2; ; i++ {
            ch <- i  // 直到通道索要数据，才把 i 添加进通道
        }
    }()

    return ch
}

func Filter(in chan int, number int) chan int {
    //输入一个整数队列，筛出是 number 的倍数的数
    //将不是 number 的倍数的数放入输出队列中
    out := make(chan int)

    go func() {
        for {
            i := <-in // 从输入中取 1 个数

            if i%number != 0 {
                out <- i // 将数放入输出通道
            }
        }
    }()

    return out
}

func main() {
    const max = 100              // 找出 100 以内的所有素数
    numbers := IntegerGenerator() // 初始化一个整数生成器
    number := <-numbers          // 从生成器中抓取一个整数(2)，作为初始化整数

    for number <= max {          // 用 number 作为筛子，当筛子超过 max 时结束筛选
        fmt.Println(number)                 // 打印素数（筛子是一个素数）
        numbers = Filter(numbers, number) // 筛掉 number 的倍数
        number = <-numbers                  // 更新筛子
    }
}
```

## 7.6.7 【实战】创建随机数生成器

通道可以用作生成器，也可以用作随机数生成器。用 Go 开发一个随机 0/1 生成器的示例如下。

代码 chapter7/rand-generator.go    用 Go 开发一个随机 0/1 生成器的示例

```go
package main
```

```go
import "fmt"

func randGenerator() chan int {
    ch := make(chan int)

    go func() {
        for {
            //select 会尝试执行各个 case，如果都可以执行则随机选其中一个执行
            select {
            case ch <- 0:
            case ch <- 1:
            }
        }
    }()

    return ch
}

func main() {
    //初始化一个随机生成器
    generator := randGenerator()

    //测试，打印 10 个随机数 0 和 1
    for i := 0; i < 10; i++ {
        fmt.Println(<-generator)
    }
}
```

## 7.6.8　【实战】创建一个定时器

利用通道和 time 包制作一个定时器的示例如下。

代码 chapter7/timer.go　　利用通道和 time 包制作一个定时器

```go
package main

import (
    "fmt"
    "time"
)

func Timer(duration time.Duration) chan bool {
    ch := make(chan bool)

    go func() {
        time.Sleep(duration)
```

```go
        // 到时间啦
        ch <- true
    }()

    return ch
}

func main() {
    // 定时 5s
    timeout := Timer(5 * time.Second)

    for {
        select {
        case <-timeout:
            // 到 5s 了，退出
            fmt.Println("already 5s!")
            //结束程序
            return
        }
    }
}
```

## 7.6.9 【实战】开发一个并发的 Web 爬虫

一般来说，设计一个简单爬虫的思路如下。

（1）明确目标：要知道在哪个范围或者网站去搜索。

（2）爬：将所有的网站内容全部爬下来。

（3）取：去掉没用的数据。

（4）处理数据：按照想要的方式存储和使用。

下面通过实战开发一个并发的 Web 爬虫，来加深对并发爬虫的理解。

### 1. 分析目标网站的规律

我们的目标是爬取 GitHub 中 Go 语言的热门项目的页面数据。进入 GitHub 首页，搜索关键字 go，会得到链接地址，然后分析 URL 地址规律，根据 URL 地址规律进行爬虫的编写。

（1）进入 GitHub 首页，搜索关键字 go，得到的 URL 如下：

https://github.com/search?q=go&type=Repositories&p=1

（2）单击"下一页"链接，得到的地址如下：

https://github.com/search?p=2&q=go&type=Repositories

通过对比分析，可以看到，GitHub 的分页参数是 p。所以，通过改变参数 p 可以快速获取其他页面的数据，进而实现一个简单且快速的爬取。

## 2. 编写爬虫代码

（1）编写一个函数来获取某个 URL 页面的内容，这里定义一个名为 Get() 的函数。其代码如下：

```go
func Get(url string) (result string, err error) {
    resp, err1 := http.Get(url)
    if err != nil {
        err = err1
        return
    }
    defer resp.Body.Close()
    // 读取网页的body内容
    buf := make([]byte, 4*1024)
    for true {
        n, err := resp.Body.Read(buf)
        if err != nil {
            if err == io.EOF {
                fmt.Println("文件读取完毕")
                break
            } else {
                fmt.Println("resp.Body.Read err = ", err)
                break
            }
        }
        result += string(buf[:n])
    }
    return
}
```

（2）定义一个名为 SpiderPage() 的函数来循环不同的页面，并将获取的每个页面的内容分别保存到对应的文件中。函数如下：

```go
func SpiderPage(i int, page chan<- int) {
    url    :=    "https://github.com/search?q=go&type=Repositories&p=1"    +
strconv.Itoa((i-1)*50)
    fmt.Printf("正在爬取第%d个网页\n", i)
    //爬，将所有的网页内容爬取下来
    result, err := Get(url)
    if err != nil {
        fmt.Println("http.Get err = ", err)
        return
    }
    //把内容写入文件
```

```
        filename := "page"+strconv.Itoa(i) + ".html"
        f, err1 := os.Create(filename)
        if err1 != nil {
            fmt.Println("os.Create err = ", err1)
            return
        }
        //写内容
        f.WriteString(result)
        //关闭文件
        f.Close()
        page <- i
    }
```

（3）使用 go 关键字让其每个页面都单独运行一个 goroutine。单独定义一个名为 Run()的函数。该函数有两个参数，可以设置开始页数和结束页数。函数如下：

```
func Run(start, end int) {
    fmt.Printf("正在爬取第%d页到%d页\n", start, end)
    //因为很有可能爬虫还没有结束下面的循环就已经结束了，所以这里就需要将数据传入通道
    page := make(chan int)
    for i := start; i <= end; i++ {
        //将 page 阻塞
        go SpiderPage(i, page)
    }
    for i := start; i <= end; i++ {
        fmt.Printf("第%d个页面爬取完成\n", <-page) //这里直接将面码传给点位符，值
直接从管道里取出
    }
}
```

（4）通过 main()函数运行整个项目。main()函数的代码如下：

```
func main() {
    var start, end int
    fmt.Printf("请输入起始页数字>=1：> ")
    fmt.Scan(&start)
    fmt.Printf("请输入结束页数字：> ")
    fmt.Scan(&end)
    Run(start, end)
}
```

完整代码见本书配套资源中的"chapter7/crawer.go"。

在文件所在目录下，通过命令行启动服务。如果正常运行，则可以爬取相应的 GitHub 页面，并将文件保存在当前目录下。

## 7.7　小结

本章通过"并发与并行""进程、线程和协程""Go 并发模型简介""用 goroutine 和通道实现并发""用 sync 包实现并发""用 Go 开发并发的 Web 应用"6 节的讲解，系统地介绍了 Go 语言并发开发的各种方法和技巧。

第 8 章将进一步介绍 Go RESTful API 接口开发的方法和技巧。

# 第 8 章
# Go RESTful API 接口开发

人们赞美流星，是因为它燃烧着走完自己的全部路程。

——凌光

人的天职在勇于探索真理。

——哥白尼

## 8.1 什么是 RESTful API

REST（Representational State Transfer）是 Roy Fielding 在 2000 年创造的一个术语。它是一种通过 HTTP 设计松散耦合应用程序的架构风格，通常用于 Web 服务的开发。

**■ 提示**
*REST 没有强制执行任何有关"如何在较低级别实现它"的规则，它只是给出了设计指南，让开发者自己考虑具体的实现。*

在 REST 中，主要数据被称为资源（Resource）。从长远来看，拥有一个强大而一致的 REST 资源命名策略将是最佳的设计决策之一。

下面我们简单介绍一些基于 REST 的资源命名规范。

**1. 资源概述**

（1）资源可以是单例或集合。

资源可以是单例或集合。例如，一般来说，"users"表示一个集合资源，"user"表示一个单例资源。用 URI "/users"来识别"users"集合资源。用 URI "/users /{userId}"识别单个"用户"资源。

（2）资源也可以包含子集合资源。

资源也可以包含子集合资源。例如，在网上商城业务域中，可以使用 URN "/users /{userId} /accounts"来识别特定"用户"的子收集资源"账户"。类似地，子集合资源"帐户"内的单个资源"帐户"可以被标识为"/users /{userId} /accounts /{accountId}"。

（3）REST API 使用统一资源标识符（URI）来定位资源。

REST API 设计者应该创建 URI，将 REST API 的资源模型传达给潜在的客户端开发人员。如果资源命名良好，则 API 直观且易于使用。如果命名不好，则相同的 API 会难以使用和理解。

### 2. 使用名词表示资源

RESTful URI 应该引用作为事物（名词）的资源，而不是引用动作（动词），因为名词具有动词不具有的属性——类似于具有属性的资源。资源可以是系统的用户、用户账户、网络设备等。它们的资源 URI 可以设计为如下：

```
http://api.sample.com/resource/managed-resources
http://api.sample.com/resource/managed-resources/{resource-id}
http://api.sample.com/user/users/
http://api.sample.com/user/users/{id}
```

为了更清楚，我们将资源原型划分为四个类别（文档、集合、存储和控制器）。

（1）文档。

文档资源是一种类似于"对象实例"或"数据库记录"的单一概念。在 REST 中，开发者可以将其视为资源集合中的单个资源。文档的状态表示通常包括"具有值的字段"和"指向其他相关资源的链接"。使用"单数"（名词后不加 s）名称表示文档资源原型：

```
http://api.sample.com/resource/managed-resources/{resource-id}
http://api.sample.com/user/users/{id}
http://api.sample.com/user/users/admin
```

（2）集合。

集合资源是服务器管理的资源目录。用户可以建议将新资源添加到集合中。但是，要由集合来选择是否创建新资源。集合资源选择它想要包含的内容，并决定每个包含的资源的 URI。使用"复数"（名词后加 s）名称表示集合资源原型：

```
http://api.sample.com/resource/managed-resources
http://api.sample.com/user/users
http://api.sample.com/user/users/{id}/accounts
```

（3）存储。

存储是客户端管理的资源库。存储资源允许 API 客户端放入资源，并决定何时删除它们。存储永远不会生成新的 URI。相反，每个存储的资源都有一个在客户端最初放入存储时选择的 URI。使用"复数"（名词后加 s）名称表示存储资源原型：

```
http://api.sample.com/cart/users/{id}/carts
http://api.sample.com/song/users/{id}/playlists
```

（4）控制器。

控制器资源和可执行函数类似，带有参数和返回值、输入和输出。使用"动词"表示控制器原型：

```
http://api.sample.com/cart/users/{id}/cart/checkout
http://api.sample.com/song/users/{id}/playlist/play
```

### 3. 保持一致性

使用一致的资源命名约定和 URI 格式，可以保持资源命名的最小化、资源的最大可读性和可维护性。开发者可以通过以下设计来实现一致性。

（1）使用正斜杠（/）表示层次关系。

正斜杠（/）字符用于 URI 的路径部分，以指示资源之间的层次关系。例如：

```
http://api.sample.com/resource
http://api.sample.com/resource/managed-resources
http://api.sample.com/resource/managed-resources/{id}
http://api.sample.com/resource/managed-resources/{id}/scripts
http://api.sample.com/resource/managed-resources/{id}/scripts/{id}
```

（2）不要在 URI 中使用尾部正斜杠（/）。

作为 URI 路径中的最后一个字符，正斜杠（/）不会添加语义值，并可能导致混淆。最好完全放弃它们。示例如下：

```
http://api.sample.com/resource/managed-resources/    //不会添加语义值，并可能
导致混淆
http://api.sample.com/resource/managed-resources    //这个版本更好
```

（3）使用连字符（-）来提高 URI 的可读性。

要使开发者的 URI 易于扫描和解释，请使用连字符（-）字符来提高长路径段中名称的可读性。

```
http://api.sample.com/inventory/managed-entities/{id}/product-cup-big   //
更可读
http://api.sample.com/inventory/managedEntities/{id}/productCupBig    // 不
推荐
```

（4）不要使用下画线（_）。

可以使用下画线代替连字符作为分隔符（-）。但是在某些字体中，下画线（_）字符不能被完全显示。为避免这种混淆，请使用连字符（-），而不是下画线（_）：

```
http://api.sample.com/inventory/managed-entities/{id}/product-cup  //不容
易出错
http://api.sample.com/inventory/managed_entities/{id}/product_cup  //容易
出错
```

（5）在 URI 中使用小写字母。

如方便，URI 路径中应始终首选小写字母。RFC 3986 将 URI 定义为区分大小写，但方案和主机组件除外。例如：

```
http://api.sample.org/my-docs/doc1      //1.正确形式
http://api.sample.ORG/my-docs/doc1      //2.URI 小写，正确形式
http://api.sample.org/My-Docs/doc1      //3.错误形式
```

在上面的例子中，第 1 行和第 2 行的 URI 都是小写，但第 3 行不是，因为第 3 行使用的是首字母大写的 My-Docs。

（6）不要使用文件扩展名。

文件扩展名看起来很糟糕，不会增加任何优势。删除它们可以减少 URI 的长度，没理由保留它们。除上述原因外，如果想使用文件扩展来突出显示 API 的媒体类型，则开发者可以通过 Content-Type 标头中的媒体类型来确定如何处理正文的内容。

```
http://api.sample.com/resource/managed-resources.json  //不要使用文件扩展名
http://api.sample.com/resource/managed-resources       //这是正确的 URL 类型
```

### 4. 切勿在 URI 中使用 CRUD 函数的名称

URI 用于唯一标识资源，不应该将其应用于指示执行 CRUD 功能。应使用 HTTP 请求方法来指示执行具体的 CRUD 功能。

```
HTTP GET http://api.sample.com/resource/managed-resources  //获取所有资源
HTTP POST http://api.sample.com/resource/managed-resources  //创建新资源
HTTP GET http://api.sample.com/resource/managed-resources/{id}  //根据指定
ID 获取资源
HTTP PUT http://api.sample.com/resource/managed-resources/{id}  //根据指定
ID 更新资源
HTTP DELETE http://api.sample.com/resource/managed-resources/{id}  //根据
指定 ID 删除资源
```

### 5. 使用查询参数过滤 URI 集合

某些时候需要根据属性对资源进行排序、过滤或限制。为此，请不要创建新的 API，而是在资源集合 API 中启用排序、过滤和分页功能，并将输入的参数作为查询的参数进行传递。例如：

```
http://api.sample.com/resource/managed-resources
http://api.sample.com/resource/managed-resources?region=CN
http://api.sample.com/resource/managed-resources?region=CN&brand=XYZ
http://api.sample.com/resource/managed-resources?region=CN&brand=XYZ&sor
t=installation-date
```

REST 资源命名规范仅仅是一个参考。在实际开发中，并不一定要按照以上的规则进行设计，读者可以根据自身的具体情况进行设计，毕竟适合自身实际的规范才是最好的规范。

## 8.2 Go 流行 Web 框架的使用

本节将介绍当前流行的 Gin 和 Beego 框架的一些使用方法和技巧，以提升读者实际开发的效率。

### 8.2.1 为什么要用框架

软件系统随着业务的发展会变得越来越复杂，不同领域的业务所涉及的知识、内容、问题非常多。如果每次都从头开发，则将是一个漫长的过程，且并不一定能做好。而且，在团队协作开发时，如果没有统一的标准，则重复的功能可能会到处都是。由于没有统一调用规范，我们往往很难看懂其他人写的代码，在出现 Bug 或二次开发维护时无从下手。

一个成熟的框架，提供了模板化的代码。框架会帮开发者实现了很多基础性的功能，开发者只需要专心实现所需要的业务逻辑即可。很多底层功能功能，也可以不用做太多的考虑，因为框架已帮开发者实现了。这样整个团队的开发效率可以显著提升。另外，对于团队成员的变动，也不用太过担心，框架的代码规范让开发者能轻松看懂其他开发者所写的代码。

> **提示**
>
> 编程有一个准则——Don't Repeat Yourself（不要重复你的代码）。这个准则的核心概念是：如果有一些出现重复的代码，则应该把这些代码提取出来封装成一个方法。
> 随着时间的积累，有了一批方法，可以把它们整合成工具类。如果工具类形成了规模，则可以把它们整合成类库。类库更系统，功能更全。不仅不要自己重复造项目中已有的"轮子"，也不要造别人已经造好的"轮子"，直接使用已有的"轮子"即可。

框架也是一样的，是为了让开发者不必总是写相同代码而诞生的，是为了让开发者专注于业务逻辑而诞生的。框架把开发者程序设计中不变的部分抽取出来形成一个库，让开发者专注于与业务有关的代码。

### 8.2.2 Gin 框架的使用

Gin 是 Go 语言最流行的轻量级 Web 框架之一。其因为生态丰富、简洁强大，在很多公司都被广泛应用。本节介绍 Gin 框架的实现原理和使用方法。

## 1. Gin 框架简介

Gin 是一个用 Go 语言编写的 Web 框架。Gin 框架拥有很好的性能，其借助高性能的 HttpRouter 包，运行速度得到了极大提升。目前的 Gin 框架是 1.x 版本。

## 2. Gin 框架安装与第一个 Gin 示例

（1）安装。

下载并安装 Gin：

```
$ go get -u github.com/gin-gonic/gin
```

（2）第一个 Gin 示例。

安装完成后，让我们开启 Gin 之旅。

**代码 chapter8/gin/gin-hello.go　　第一个 Gin 示例**

```go
package main

import (
    "github.com/gin-gonic/gin"
)

func main() {
    // 创建一个默认的路由引擎
    r := gin.Default()
    // GET: 请求方式; /hello: 请求的路径
    // 当客户端以 GET 方法请求/hello 路径时，会执行后面的匿名函数
    r.GET("/hello", func(c *gin.Context) {
        // c.JSON: 返回 JSON 格式的数据
        c.JSON(200, gin.H{
            "message": "Hello world!",
        })
    })
    // 启动 HTTP 服务，默认在 0.0.0.0:8080 启动服务
    r.Run()
}
```

运行以上代码，然后使用浏览器打开 "127.0.0.1:8080/hello" 即可看到一串 JSON 字符串。

## 3. Gin 路由和控制器

路由是指：一个 HTTP 请求找到对应的处理器函数的过程。处理器函数主要负责执行 HTTP 请求和响应任务。如下代码中的 goLogin()函数就是 Gin 的处理器函数：

```go
r := gin.Default()
r.POST("/user/login", goLogin)
```

```
// 处理器函数
func goLogin(c *gin.Context) {
    name := c.PostForm("name")
    password := c.PostForm("password")
    // 通过请求上下文对象 Context，直接给客户端返回一个字符串
    c.String(200, "username=%s,password=%s", name,password)
}
```

（1）路由规则。

一条路由规则由 HTTP 请求方法、URL 路径、处理器函数这 3 部分组成。

① HTTP 请求方法。

常用的 HTTP 请求方法有 GET、POST、PUT、DELETE 这 4 种。关于 HTTP 请求方法，在第 2 章中详细讲解过，这里不再赘述。

② URL 路径。

Gin 框架的 URL 路径有以下 3 种写法。

1）静态 URL 路径，即不带任何参数的 URL 路径。形如：

```
/users/shirdon
/user/1
/article/6
```

2）带路径参数的 URL 路径，URL 路径中带有参数，参数由英文冒号":"跟着 1 个字符串定义。形如：

```
定义参数:id
```

以上形式可以匹配 /user/1、/article/6 这类的 URL 路径。

3）带星号（*）模糊匹配参数的 URL 路径。

星号（*）代表匹配任意路径的意思。必须在 * 号后面指定一个参数名，之后可以通过这个参数获取 * 号匹配的内容。例如"/user/*path"可以通过 path 参数获取 * 号匹配的内容，例如 /user/1、/user/shirdon/comment/1 等。

③ 处理器函数。

Gin 框架的处理器函数的定义如下：

```
func HandlerFunc(c *gin.Context)
```

处理器函数接受 1 个上下文参数。可以通过上下文参数获取 HTTP 的请求参数，返回 HTTP 请求的响应。

（2）分组路由。

在做 API 开发时，如果要支持多个 API 版本，则可以通过分组路由来处理 API 版本。Gin 的分组路由示例如下：

```
func main() {
    router := gin.Default()

    // 创建 v1 组
    v1 := router.Group("/v1")
    {
        v1.POST("/login", login)
    }
    // 创建 v2 组
    v2 := router.Group("/v2")
    {
        v2.POST("/login", login)
    }
    router.Run(":8080")
}
```

上面的例子将会注册下面的路由信息：

```
/v1/login
/v2/login
```

### 4. Gin 处理请求参数

（1）获取 GET 请求参数。

Gin 获取 GET 请求参数的常用方法如下：

```
func (c *Context) Query(key string) string
func (c *Context) DefaultQuery(key, defaultValue string) string
func (c *Context) GetQuery(key string) (string, bool)
```

（2）获取 POST 请求参数。

Gin 获取 POST 请求参数的常用方法如下：

```
func (c *Context) PostForm(key string) string
func (c *Context) DefaultPostForm(key, defaultValue string) string
func (c *Context) GetPostForm(key string) (string, bool)
```

其使用方法示例如下：

```
func Handler(c *gin.Context) {
    //获取 name 参数，通过 PostForm 获取的参数值是 String 类型
    name := c.PostForm("name")
```

```
// 跟 PostForm 的区别是：可以通过第 2 个参数设置参数默认值
name := c.DefaultPostForm("name", "shirdon")

//获取 id 参数，通过 GetPostForm 获取的参数值也是 String 类型
id, ok := c.GetPostForm("id")
if !ok {
    // ...参数不存在
}
}
```

（3）获取 URL 路径参数。

Gin 获取 URL 路径参数是指，获取 /user/:id 这类路由绑定的参数。/user/:id 绑定了 1 个参数 id。获取 URL 路径参数的函数如下：

```
func (c *Context) Param(key string) string
```

其使用示例如下：

```
r := gin.Default()
    r.GET("/user/:id", func(c *gin.Context) {
    // 获取 URL 参数 id
    id := c.Param("id")
})
```

（4）将请求参数绑定到结构体。

前面获取参数的方式都是逐个进行参数的读取，比较麻烦。Gin 支持将请求参数自动绑定到一个结构体对象，这种方式支持 GET/POST 请求，也支持 HTTP 请求体中内容为 JSON 或 XML 格式的参数。下面例子是将请求参数绑定到 User 结构体：

```
// 定义 User 结构体
type User struct {
    Phone  string `json:"phone" form:"phone"`
    Age string `json:"age" form:"age"`
}
```

在上面代码中，通过定义结构体字段的标签，来定义请求参数和结构体字段的关系。下面对 User 结构体的 Phone 字段的标签进行说明，见表 8-1。

表 8-1

| 标　　签 | 说　　明 |
|---|---|
| json:"phone" | 数据为 JSON 格式，并且 json 字段名为 phone |
| form:"phone" | 表单参数名为 phone |

在实际开发中，可以根据自己的需要选择支持的数据类型。下面看一下控制器代码如何使用 User 结构体：

```
r.POST("/user/:id", func(c *gin.Context) {
    u := User{}
    if c.ShouldBind(&u) == nil {
        log.Println(u.Phone)
        log.Println(u.Age)
    }
    // 返回 1 个字符串
    c.String(200, "Success")
})
```

#### 5. Gin 生成 HTTP 请求响应

接下来探究一下如何在 Gin 中生成 HTTP 请求响应。Gin 支持以字符串、JSON、XML、文件等格式生成 HTTP 请求响应。gin.Context 上下文对象支持多种返回处理结果。下面分别介绍不同的响应方式。

（1）以字符串方式生成 HTTP 请求响应。

通过 String()方法生成字符串方式的 HTTP 请求响应。String()方法的定义如下：

```
func (c *Context) String(code int, format string, values ...interface{})
```

该方法的使用示例如下：

```
func Handler(c *gin.Context)  {
    c.String(200, "加油！")
    c.String(200,"hello%s, 欢迎%s", "一起学！Go","Le's Go!")
}
```

（2）以 JSON 格式生成 HTTP 请求响应。

在实际开发 API 接口时，常用的格式就是 JSON。以 JSON 格式生成 HTTP 请求响应的示例如下：

```
// 定义 User 结构体
type User struct {
    Name  string `json:"name"`
    Email string `json:"email"`
}
// Handler 控制器
func(c *gin.Context) {
    //初始化 user 对象
    u := &User{
        Name:  "Shirdon",
        Email: "shirdonliao@gmail.com",
    }
    //返回结果：{"name":"Shirdon", "email":"shirdonliao@gmail.com"}
```

```
        c.JSON(200, u)
    }
```

（3）以 XML 格式生成 HTTP 请求响应。

定义一个 User 结构体，默认结构体的名字就是 XML 的根节点名字。以 XML 格式生成 HTTP 请求响应的示例如下：

```
type User struct {
    Name  string `xml:"name"`
    Email string `xml:"email"`
}
// Handler 控制器
func(c *gin.Context) {
    //初始化 user 对象
    u := &User{
        Name:  "Shirdon",
        Email: "shirdonliao@gmail.com",
    }
    //返回结果：
    //<?xml version="1.0" encoding="UTF-8"?>
//<User><name>Shirdon</name><email>shirdonliao@gmail.com</email></User>
    c.XML(200, u)
}
```

（4）以文件格式生成 HTTP 请求响应。

接下来介绍 Gin 如何直接返回一个文件，这可以用来做文件下载。通过 File()方法直接返回本地文件，参数为本地文件地址。其示例如下：

```
func(c *gin.Context) {
    //通过 File()方法直接返回本地文件，参数为本地文件地址
    c.File("/var/www/gin/test.jpg")
}
```

（5）设置 HTTP 响应头。

Gin 中提供了 Header()方法来设置 HTTP 响应头。默认采用 key/value 方式，支持设置多个 Header。其使用示例如下：

```
func(c *gin.Context) {
    c.Header("Content-Type", "text/html; charset=utf-8")
    c.Header("site","shirdon")
}
```

### 6. Gin 渲染 HTML 模版

Gin 默认使用 Go 语言内置的 html/template 包处理 HTML 模版，这在第 2 章已经做了详细的介绍，这里不再赘述。

### 7. Gin 处理静态文件

在 Gin 中，如果项目中包含 JS、CSS、JPG 之类的静态文件，如何访问这些静态文件呢？下面例子介绍如何访问静态文件：

```
func main() {
    router := gin.Default()
    router.Static("/assets", "/var/www/gin/assets")
    router.StaticFile("/favicon.ico", "./static/favicon.ico")

    // 启动服务
    router.Run(":8080")
}
```

### 8. Gin 处理 cookie

第 3 章介绍过，在 Go 语言 net/http 包中内置了 cookie 处理机制。Gin 主要通过上下文对象提供的 SetCookie() 和 Cookie() 两个方法操作 cookie，这两个函数都是对 Go 语言 net/http 包中 http.SetCookie() 方法的重新封装而已，其实质是一样的。

（1）设置 cookie。

Gin 使用 SetCookie() 方法设置 cookie。SetCookie() 方法的定义如下：

```
func (c *Context) SetCookie(name, value string, maxAge int, path, domain
string, secure, httpOnly bool)
```

SetCookie() 方法的使用示例如下：

```
router := gin.Default()
router.GET("/cookie", func(c *gin.Context) {
    // 设置 cookie
    c.SetCookie("my_cookie", "cookievalue", 3600, "/", "localhost", false,
true)
})
```

（2）读取 cookie。

Gin 使用 Cookie() 方法读取 cookie。使用示例如下：

```
func Handler(c *gin.Context) {
    // 根据 cookie 名字读取 cookie 值
    data, err := c.Cookie("my_cookie")
    if err != nil {
```

```
        // 直接返回 cookie 值
        c.String(200,data)
        return
    }
    c.String(200,"not found!")
}
```

（3）删除 cookie。

通过将 SetCookie()方法的 MaxAge 参数设置为-1，以达到删除 cookie 的目的。示例如下：

```
func Handler(c *gin.Context) {
    // 设置 cookie，将 MaxAge 设置为-1 表示删除 cookie
    c.SetCookie("my_cookie", "cookievalue", -1, "/", "localhost", false,
true)
    c.String(200,"删除 cookie 示例")
}
```

### 9. Gin 文件上传

Gin 使用 SaveUploadedFile()方法实现文件上传。其使用示例代码如下。

**代码 chapter8/gin/gin-fileupload.go      用 SaveUploadedFile（）方法实现文件上传**

```
package main

import (
    "fmt"
    "github.com/gin-gonic/gin"
    "log"
    "net/http"
)

func main() {
    router := gin.Default()
    // 设置文件上传大小限制，默认是 32MB
    router.MaxMultipartMemory = 64 << 20 // 64 MB

    router.POST("/upload", func(c *gin.Context) {
        // file 是表单字段名字
        file, _ := c.FormFile("file")
        // 打印上传的文件名
        log.Println(file.Filename)

        // 将上传的文件保存到./data/shirdon.jpg 文件中
        c.SaveUploadedFile(file, "./data/shirdon.jpg")
```

```
        c.String(http.StatusOK, fmt.Sprintf("'%s' uploaded!",
file.Filename))
    })
    router.Run(":8086")
}
```

上传文件的 HTML 代码如下。

**代码 chapter8/gin/upload.html　上传文件的 HTML 代码**

```html
<!doctype html>
<html lang="en">
<head>
    <meta charset="utf-8">
    <title>Gin 上传文件示例</title>
</head>
<body>
<h1>上传文件示例</h1>
<form action="http://127.0.0.1:8086/upload" method="post"
enctype="multipart/form-data">
    文件: <input type="file" name="file"><br><br>
    <input type="submit" value="上传">
</form>
</body>
</html>
```

### 10. Gin 中间件

在 Gin 中，中间件（Middleware）是指可以拦截 HTTP 请求-响应生命周期的特殊函数。在请求-响应生命周期中可以注册多个中间件。每个中间件执行不同的功能，一个中间件执行完，才轮到下一个中间件执行。中间件的常见应用场景如下：

- 请求限速；
- API 接口签名处理；
- 权限校验；
- 统一错误处理。

如果想拦截所有请求，则可以开发一个中间件函数来实现。Gin 支持设置全局中间件和针对路由分组的中间件。在设置全局中间件后，会拦截所有请求。通过分组路由设置的中间件，仅对这个分组下的路由起作用。

（1）使用中间件。

在 Gin 中，用 Use()方法来使用中间件。示例如下：

```go
func main() {
    r := gin.New()
```

```
    // 通过 Use()方法设置全局中间件
    // 设置日志中间件，主要用于打印请求日志
    r.Use(gin.Logger())
    // 设置 Recovery 中间件，主要用于拦截 panic 错误，不至于导致程序"崩掉"
    r.Use(gin.Recovery())
    // ...
}
```

（2）自定义中间件。

下面通过一个例子介绍如何自定义一个中间件：

```
package main

// 导入 gin 包
import (
    "github.com/gin-gonic/gin"
    "log"
    "time"
)

// 自定义一个日志中间件
func Logger() gin.HandlerFunc {
    return func(c *gin.Context) {
        t := time.Now()
        // 可以通过上下文对象，设置一些依附在上下文对象里面的键/值数据
        c.Set("example", "hi!这是一个中间件数据")
        // 在这里处理请求到达处理器函数之前的逻辑

        // 调用下一个中间件，或者处理器的处理函数，具体得看注册了多少个中间件
        c.Next()

        // 在这里可以处理返给客户端之前的响应逻辑
        latency := time.Since(t)
        log.Print(latency)

        // 例如，查询请求状态码
        status := c.Writer.Status()
        log.Println(status)
    }
}

func main() {
    r := gin.New()
    // 注册上面自定义的日志中间件
    r.Use(Logger())
```

```
r.GET("/hi", func(c *gin.Context) {
    // 在查询之前在日志中间件中注入的键值数据
    example := c.MustGet("example").(string)

    // 打印
    log.Println(example)
})

// 启动服务器端：0.0.0.0:8080
r.Run(":8080")
}
```

### 11. Gin 处理 session

在 Gin 中，可以依赖 "github.com/gin-contrib/sessions" 包中的中间件处理 session。"github.com/gin-contrib/sessions" 包中的中间件支持 cookie、MemStore、Redis、Memcached、MongoDB 等存储引擎。

下面介绍 session 的常见用法。

（1）安装 "github.com/gin-contrib/sessions" 包：

```
$ go get github.com/gin-contrib/sessions
```

（2） "github.com/gin-contrib/sessions" 包中 session 的用法示例如下：

```
package main

import (
    // 导入 "github.com/gin-contrib/sessions" 包
    "github.com/gin-contrib/sessions"
    // 导入 session 存储引擎
    "github.com/gin-contrib/sessions/cookie"
    // 导入 gin 框架包
    "github.com/gin-gonic/gin"
)

func main() {
    r := gin.Default()
    // 创建基于 cookie 的存储引擎，password123456 参数是用于加密的密钥
    store := cookie.NewStore([]byte("password123456"))
    // 设置 session 中间件，参数 my_session 指的是 session 的名字，也是 cookie 的名字
    // store 是前面创建的存储引擎，可以将其替换成其他存储引擎
    r.Use(sessions.Sessions("my_session", store))

    r.GET("/hello", func(c *gin.Context) {
```

```
        // 初始化 session 对象
        session := sessions.Default(c)

        // 通过 session.Get()函数读取 session 值
        // session 是键值对格式数据，因此需要通过 key 查询数据
        if session.Get("hello") != "world" {
            // 设置 session 数据
            session.Set("hello", "world")
            // 删除 session 数据
            session.Delete("shirdon")
            // 保存 session 数据
            session.Save()
            // 删除整个 session
            // session.Clear()
        }

        c.JSON(200, gin.H{"hello": session.Get("hello")})
    })
    r.Run(":8000")
}

func Handler(c *gin.Context) {
    // 根据 cookie 名字读取 cookie 值
    data, err := c.Cookie("my_cookie")
    if err != nil {
        // 直接返回 cookie 值
        c.String(200, data)
        return
    }
    c.String(200, "not found!")
}
```

（3）基于 Redis 存储引擎的 session。

如果想将 session 数据保存到 Redis 中，则只要将 session 的存储引擎改成 Redis 即可。下面是使用 Redis 作为存储引擎的例子。

①安装 Gin 的 Redis 存储引擎包：

```
$ go get github.com/gin-contrib/sessions/redis
```

②基于 Redis 存储引擎的 session 的示例如下：

```
package main

import (
    "github.com/gin-contrib/sessions"
```

```
    "github.com/gin-contrib/sessions/redis"
    "github.com/gin-gonic/gin"
)

func main() {
    r := gin.Default()
    // 初始化基于Redis的存储引擎
    store, _ := redis.NewStore(10, "tcp", "localhost:6379", "",
[]byte("passord"))
    r.Use(sessions.Sessions("mysession", store))

    r.GET("/incr", func(c *gin.Context) {
        session := sessions.Default(c)
        var count int
        v := session.Get("count")
        if v == nil {
            count = 0
        } else {
            count = v.(int)
            count++
        }
        session.Set("count", count)
        session.Save()
        c.JSON(200, gin.H{"count": count})
    })
    r.Run(":8000")
}
```

## 8.2.3　Beego 框架的使用

### 1. Beego 框架概述

Beego 是用 Go 语言开发的高效的 HTTP 框架，可以用来快速开发 API、Web 应用及后端服务等各种应用。Beego 是一个 RESTful 的框架，主要设计灵感来源于 Tornado、Sinatra 和 Flask 这 3 个框架。它还结合了 Go 语言自身的一些特性（接口、结构体嵌入等）。

（1）Beego 架构简介。

Beego 是基于多个独立模块构建的，是一个高度解耦的框架。最初在设计 Beego 时就考虑到了功能模块化，用户即使不适用 Beego 的 HTTP 逻辑，也可以独立使用这些模块（例如可以使用 cache 模块来处理缓存逻辑，使用日志模块来记录操作信息，使用 config 模块来解析各种格式的文件）。

Beego 各模块的功能及使用方法会在接下来逐一介绍。

（2）Beego 的执行逻辑。

既然 Beego 是基于模块构建的，那么它的执行逻辑是怎么样的呢？Beego 是一个典型的 MVC 框架，其执行逻辑如图 8-1 所示。

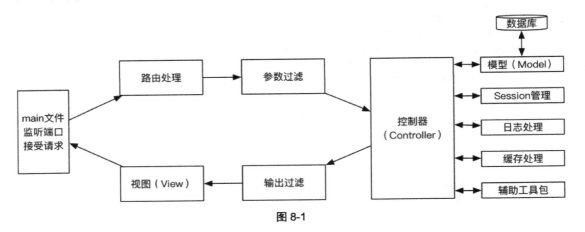

图 8-1

执行逻辑可以拆分为以下几段：

①main 文件监听启动端口接收请求。

②请求经过路由和参数过滤功能被转发给绑定 URL 的控制器处理。

③控制器（Controller）调用 Model、Session 管理、日志处理、缓存处理模块，以及辅助工具包进行相应的业务处理。其中，模型（Model）通过 ORM 直接操作数据库。

④业务处理完成，返回响应或视图（View）给请求方。

（3）Beego 项目基本结构如下所示。在实际的项目中，可能有增减或改动。

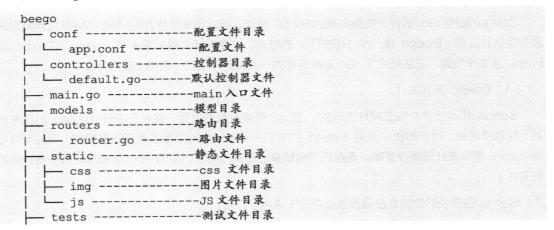

```
beego
├── conf ----------------配置文件目录
│   └── app.conf ----------配置文件
├── controllers --------控制器目录
│   └── default.go--------默认控制器文件
├── main.go -------------main 入口文件
├── models -------------模型目录
├── routers ------------路由目录
│   └── router.go --------路由文件
├── static -------------静态文件目录
│   ├── css ------------css 文件目录
│   ├── img ------------图片文件目录
│   └── js -------------JS 文件目录
├── tests --------------测试文件目录
```

```
|   └── default_test.go --默认测试文件
└── views ---------------视图目录
    └── index.tpl --------默认视图文件
```

## 2. Beego 安装

（1）安装 Beego 核心包。

方法如下：

```
$ go get github.com/astaxie/beego
```

（2）安装 Beego orm 包。

Beego 的 orm 包用于操作数据库，它是一个独立的模块，需要单独安装。最新开发版把 orm 包移动到了 client 目录下面，所以安装使用如下命令：

```
$ go get github.com/astaxie/beego/client/orm
```

之前的稳定版本安装使用如下命令：

```
$ go get github.com/astaxie/beego/orm
```

如果以上稳定版本命令无法下载 orm 包，则使用 "go get github.com/astaxie/beego/client/orm" 命令下载安装。

> **提示**
>
> 必须安装 MySQL 驱动程序，orm 包才能工作。安装方法如下：
>
> ```
> $ go get github.com/go-sql-driver/mysql
> ```

（3）安装 bee 工具包。

bee 工具包是 beego 开发的辅助工具，用于快速创建项目、运行项目及打包项目。安装方法如下：

```
$ go get github.com/beego/bee
```

## 3. 创建并运行 Beego 第 1 个项目

（1）使用 bee 创建项目。

安装好 bee 工具包后，直接选择一个目录，打开命令行终端输入：

```
$ bee new beego
```

命令行终端会返回如下信息，如果最后是 "New application successfully created!"，则代表项目创建成功：

```
2020/11/30 14:11:58 INFO    ▶ 0001 Getting bee latest version...
2020/11/30 14:12:00 WARN    ▶ 0002 Update available 2.0.0 ==> 1.12.3
2020/11/30 14:12:00 WARN    ▶ 0003 Run `bee update` to update
2020/11/30 14:12:00 INFO    ▶ 0004 Your bee are up to date
2020/11/30 14:12:00 INFO    ▶ 0005 generate new project support go modules.
2020/11/30 14:12:00 INFO    ▶ 0006 Creating application...
       ...//此处日志较长，省略输出值
2020/11/30 14:12:00 SUCCESS ▶ 0007 New application successfully created!
```

（2）运行项目。

在项目创建成功后，会生成一个名为 "beego" 的项目目录，可以通过 bee 工具运行项目。进入刚才创建好的项目根目录下，运行 "bee run" 命令：

```
$ cd ./beego
$ bee run
```

如果运行成功，则命令行终端会输出如下：

```
_____
| ___ \
| |_/ /  ___   ___
| ___ \ / _ \ / _ \
| |_/ /|  __/|  __/
\____/  \___| \___|  v2.0.0
2020/11/30 14:33:21 INFO    ▶ 0001 Using 'beego' as 'appname'
2020/11/30 14:33:21 INFO    ▶ 0002 Initializing watcher...
2020/11/30 14:33:23 SUCCESS ▶ 0003 Built Successfully!
2020/11/30 14:33:23 INFO    ▶ 0004 Restarting 'beego'...
2020/11/30 14:33:23 SUCCESS ▶ 0005 './beego' is running...
 2020/11/30 14:33:23.629 [W]  init global config instance failed. If you donot
use this, just ignore it. open config/app.conf: no such file or directory
 2020/11/30 14:33:23.977 [I] [parser.go:413]  generate router from comments
 2020/11/30  14:33:23.978  [I]  [server.go:241]    http  server  Running  on
http://:8080
```

通过浏览器访问 http://localhost:8080，可以看到 "Welcome to Beego" 页面，如图 8-2 所示。

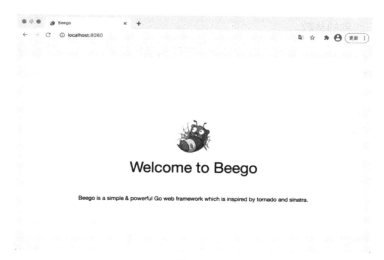

图 8-2

### 4. Beego 参数配置

（1）Beego 默认参数。

在默认情况下，conf/app.conf 就是默认的配置文件。该文件的内容形式如下：

```
#应用名称
appname = beego
#HTTP 服务器端口
httpport = 8080
#运行模式，常用的运行模式有 dev、test、prod
runmode = dev
```

（2）Beego 自定义参数。

也可以自定义参数配置，然后通过 beego.AppConfig 对象的方法读取配置。例如，在 app.conf 增加下面自定义配置：

```
# 下面是关于 MySQL 数据库的配置参数
mysql_user = "root"
mysql_password = "123456"
mysql_host = "127.0.0.1:3306"
mysql_dbname = "beego"
```

下面是读取配置的代码：

```
beego.AppConfig.String("mysql_user")
beego.AppConfig.String("mysql_password")
beego.AppConfig.String("mysql_host")
beego.AppConfig.String("mysql_dbname")
```

（3）不同运行级别的参数。

在 Beego 中，runmode 参数可以被设置为不同的运行级别，一般用来区分不用的运行环境，例如 dev、test 等。如果希望数据库配置在不同环境中账号密码都不一样，则可以使用如下配置方式：

```
# 配置运行级别
runmode ="dev"
[dev]
mysql_user = "root"
mysql_password = "123456"
mysql_host = "127.0.0.1:3306"
mysql_dbname = "beego"
[test]
mysql_user = "root"
mysql_password = "123456"
mysql_host = "25.95.251.68:3306"
mysql_dbname = "beego"
[prod]
mysql_user = "root"
mysql_password = "123456"
mysql_host = "162.18.66.1:3306"
mysql_dbname = "beego"
```

上面的例子，为 dev、test、prod 这 3 个环境配置了不同的数据库参数。在通过 beego.App Config 读取参数时，由 runmode 决定读取哪个环境的参数。

（4）使用多个配置文件。

在实际项目中，一般都使用多个配置文件管理配置，多个配置文件也方便模块化管理配置。例如，新建一个名为 mysql.conf 的配置文件，用来保存数据库配置。该文件的内容如下：

```
[dev]
mysql_user = "root"
mysql_password = "123456"
mysql_host = "127.0.0.1:3306"
mysql_dbname = "beego"
```

在 conf/app.conf 主配置文件中，通过 "include" 命令将 MySQL 配置文件包含进去：

```
AppName = beego
HttpPort = 8080
runmode = dev
# 包含 MySQL 配置文件
include "mysql.conf"
```

这种通过 "include" 命令包含其他配置文件的方式，跟把所有配置都写在一个配置文件的效果是一样的。区别就是：在使用多个配置文件时，各个模块的配置更加清晰。

📝 提示

无论是使用 "include" 命令包含配置文件，还是直接将所有配置都写在一个配置文件，读取配置的方式是一样的。

### 5. Beego 控制器

（1）路由配置。

Beego 提供两种设置处理器函数的路由配置的方式。

①直接绑定处理器函数。

直接绑定处理器函数，就是直接将一个 URL 路由和一个函数绑定起来。示例如下：

```
// 将 URL 和一个匿名函数绑定起来，这个 URL 的 GET 请求由这个匿名函数处理
beego.Get("/",func(ctx *context.Context){
    ctx.Output.Body([]byte("hi beego"))
})
// 定义一个处理器函数
func Index(ctx *context.Context){
    ctx.Output.Body([]byte("欢迎访问 beego"))
}
// 将 URL /index 路由和 Index()函数绑定起来，由 Index()函数处理这个 URL 的 POST 请求
beego.Post("/index", Index)
```

下面是 Beego 支持的常用基础函数：

```
beego.Get(router, beego.FilterFunc)
beego.Post(router, beego.FilterFunc)
beego.Any(router, beego.FilterFunc)
```

其中 beego.Any()函数用于处理任意 HTTP 请求，可以根据不同的 HTTP 请求方法选择用不同的函数设置路由。

② 绑定一个控制器对象。

Beego 默认支持 RESTful 风格。RESTful 路由使用 beego.Router()函数设置。示例如下：

```
//    "/" 的所有 HTTP 请求方法都由 MainController 控制器的对应函数处理
beego.Router("/", &controllers.MainController{})
// "/user" 的所有 HTTP 请求方法都由 UserController 控制器的对应函数处理
// 例如：GET /user 请求由 Get()函数处理，POST /user 请求由 Post()函数处理
beego.Router("/user", &controllers.UserController{})
```

③ URL 路由方式。

上面介绍了设置处理器函数的方式设置路由，下面介绍 Beego 支持的 URL 路由方式。

1）固定路由。

前面介绍的 URL 路由例子都属于固定路由方式。固定路由是指 URL 规则是固定的一个 URL。示例如下：

```
beego.Router("/user", &controllers.UserController{})
```

2）正则路由。

正则路由比较灵活。一个正则路由代表的是一序列的 URL。正则路由更像是一种 URL 模板。URL 正则路由示例如下：

```
/user/:id
/user/:id([0-9]+)
/user/:username([\w]+)
/list_:cat([0-9]+)_:page([0-9]+).html
/api/*
```

在 Controller 对象中，可以通过下面的方式获取 URL 路由匹配的参数：

```
this.Ctx.Input.Param(":id")
```

3）自动路由。

自动路由是指，通过反射获取控制器的名字和控制器实现的所有函数名字，自动生成 URL 路由。使用自动路由，需要用 beego.AutoRouter()函数注册控制器。示例如下：

```
beego.AutoRouter(&controllers.UserController{})
```

然后可以通过如下形式访问路由：

```
/user/login    //调用 UserController 中的 Login()方法
```

除前缀两个 "/:Controller/:Method" 形式的匹配外，对于剩下的 URL，Beego 会自动将它们解析为参数保存在 this.Ctx.Input.Params 中。

4）路由命名空间。

路由命名空间（namespace），一般用来做 API 接口开发版本处理。示例如下：

```
// 创建版本 2 的名字空间
ns2 := beego.NewNamespace("/v2",
    beego.NSNamespace("/user",
        // URL 路由: /v2/user/info
        beego.NSRouter("/info", &controllers.User2Controller{}),
    ),
)
//注册 namespace
beego.AddNamespace(ns2)
```

通过 NewNamespace()函数可以创建多个命名空间，NSNamespace()函数可以无限嵌套命名空间。从上面的例子可以看出来，命名空间的作用其实就是定义 URL 路由的前缀。如果一个命名空间定义 URL 路由为"/user"，则这个命名空间下面定义的所有路由的前缀都是以"/user"开头的。

下面是命名空间支持的常用路由设置函数：

```
NewNamespace(prefix string, funcs ...interface{})
NSNamespace(prefix string, funcs ...interface{})
NSPost(rootpath string, f FilterFunc)
```

这些路由设置函数的参数，跟前面的路由设置函数类似，区别是：命名空间的函数名前面多了 NS 前缀。

（2）控制器函数。

控制器函数是指处理用户请求的函数。Beego 框架支持 beego.FilterFunc()函数和控制器函数两种处理用户请求的函数。

① beego.FilterFunc()函数。

beego.FilterFunc()是最简单的请求处理函数，其定义如下：

```
type FilterFunc func(*context.Context)
```

即只要定义一个函数，并且接收一个 Context 参数，则这个函数就可以作为处理用户请求的函数。示例如下：

```
func DoLogin(ctx *context.Context) {
    // 省去处理请求的逻辑
    // 通过 Context 获取请求参数，返回请求结果
}
```

有了处理函数，就可以将处理函数跟一个 URL 路由绑定起来。示例如下：

```
beego.Get("/user/login", DoLogin)
```

② 控制器函数。

控制器函数是 Beego 的 RESTful API 的实现方式。在 Beego 的设计中，控制器就是一个嵌套了 beego.Controller 的结构体对象。示例如下：

```
// 定义一个新的控制器
type UserController struct {
    // 嵌套 beego 基础控制器
    beego.Controller
}
```

在第 1 章介绍过，结构体嵌套类似于其他高级语言中的"继承"特性。嵌套了 beego.Controller 控制器，就拥有了 beego.Controller 定义的属性和方法。

（3）获取请求参数。

基础控制器 beego.Controller，提供了多种读取请求参数的函数。

下面分别介绍各种获取参数的场景。

① 默认获取参数方式。

基础控制器 beego.Controller 提供了形如"GetXXX()"的一系列函数来获取参数，其中"XXX"是指返回不同的数据类型，比如 GetInt()等函数。示例如下：

```
// 处理 GET 请求
func (this *UserController) Get() {
    // 获取参数，返回 int 类型
    id ,_:= this.GetInt("uid")

    // 获取参数，返回 string 类型。如果参数不存在，则返回 none 作为默认值
    username := this.GetString("username", "none")

    // 获取参数，返回 float 类型。如果参数不存在，则返回 0
    balance, _ := this.GetFloat("balance", 0)
}
```

下面是常用的获取参数的函数定义：

```
GetString(key string, def ...string) string
GetInt(key string, def ...int) (int, error)
GetBool(key string, def ...bool) (bool, error)
```

默认情况下，用户请求的参数都是字符串类型。如果要转换成其他类型，则有类型转换失败的可能性。因此除 GetString()函数外，其他形如"GetXXX"的函数都返回两个值：第 1 个值是需要获取的参数值；第 2 个值是 error，表示是数据类型转换是否失败。

② 绑定结构体方式。

针对 POST 请求的表单数据，Beego 支持直接将表单数据绑定到一个结构体变量。示例如下：

```
// 定义一个结构体用来保存表单数据
type UserForm struct {
    // 忽略掉 Id 字段
    Id    int         `form:"-"`
    // 表单字段名为 name
    Name  string      `form:"name"`
    Phone string      `form:"phone"`
}
```

如果表单的字段跟结构体的字段（小写）同名，则不需要设置 form 标签。表单的 HTML 代码示例如下：

```
<form action="/user" method="POST">
    手机号: <input name="phone" type="text" /><br/>
    用户名: <input name="name" type="text" />
<input type="submit" value="提交" />
</form>
```

表单对应的控制器函数代码示例如下:

```
func (this *UserController) Post() {
    // 定义保存表单数据的结构体对象
    u := UserForm{}
    // 通过 ParseForm()函数, 将请求参数绑定到结构体变量
    if err := this.ParseForm(&u); err != nil {
        //省去处理代码
    }
}
```

📣 提示

用 struct 绑定请求参数的方式, 仅适用于 POST 请求。

③ 处理 JSON 请求参数。

一般在接口开发时, 有时会将 JSON 请求参数保存在 HTTP 请求的请求体中。这时就不能使用绑定结构体方式获取 JSON 数据, 需要直接读取请求体的内容, 然后格式化数据。

处理 JSON 参数的步骤如下:

- 在 app.conf 配置文件中添加一行: CopyRequestBody=true。
- 通过 this.Ctx.Input.RequestBody 语句获取 HTTP 请求中请求体的内容。
- 通过 json.Unmarshal()函数反序列化 JSON 字符串, 将 JSON 参数绑定到结构体变量。

JSON 请求参数的示例如下:

首先, 定义结构体用于保存 JSON 数据:

```
type UserForm struct {
    // 忽略掉 Id 字段
    Id    int           `json:"-"`
    // JSON 字段名为 username
    Name  string        `json:"name"`
    Phone string        `json:"phone"`
}
```

然后, 编写控制器代码如下:

```
func (this *UserController) Post() {
    // 定义保存 JSON 数据的结构体对象
```

```
    u := UserForm{}

    // 获取请求体内容
    body := this.Ctx.Input.RequestBody

    // 反序列 JSON 数据，将结果保存至 u
    if err := json.Unmarshal(body, &u); err == nil {
        // 解析参数失败
    }
}
```

> 📎 **提示**
>
> 如果请求参数是 XML 格式，则 XML 的参数会被保存在请求体中。

（4）响应请求。

在处理完用户的请求后，通常会返回 HTML 代码，然后浏览器就可以显示 HTML 内容。除返回 HTML 外，在 API 接口开发中，还可以返回 JSON、XML、JSONP 格式的数据。

下面分别介绍用 Beego 返回不同数据类型的处理方式。

> 📎 **提示**
>
> 如果使用 Beego 开发 API，则需要在 app.conf 中设置 AutoRender = false，以禁止自动渲染模板，否则 Beego 每次处理请求都会尝试渲染模板，如果模板不存在则会报错。

① 返回 JSON 数据。

下面是返回 JSON 数据的例子：

```
type User struct {
    // - 表示忽略 Id 字段
    Uid      int    `json:"-"`
    Username string `json:"username"`
    Phone    string `json:"phone"`
}

func (this *UserController) Get() {
    // 定义需要返给客户端的数据
    user := User{1, "shirdon", "13888888888"}

    // 将需要返回的数据赋值给 JSON 字段
    this.Data["json"] = &user

    // 将 this.Data["json"]的数据序列化成 JSON 字符串，然后返给客户端
    this.ServeJSON()
}
```

📌 **提示**

请参考第 6 章 Go 处理 JSON 文件的内容，了解详细的 JSON 文件的处理方式。

② 返回 XML 数据。

下面是返回的 XML 数据的处理方式，跟 JSON 类似。

```
type User struct {
    // - 表示忽略 Id 字段
    Uid      int    `xml:"-"`
    Username string `xml:"name"`
    Phone    string `xml:"phone"`
}

func (this *UserController) Get() {
    // 定义需要返给客户端的数据
    user := User{1, "shirdon", "13888888888"}

    // 将需要返回的数据赋值给 XML 字段
    this.Data["xml"] = &user

    // 将 this.Data["xml"] 的数据序列化成 XML 字符串, 然后返给客户端
    this.ServeXML()
}
```

📌 **提示**

请参考第 6 章 Go 处理 XML 文件的内容，了解详细的 XML 文件的处理方式。

③ 返回 JSONP 数据。

返回 JSONP 数据，与返回 JSON 数据方式类似。示例如下：

```
func (this *UserController) Get() {
    // 定义需要返给客户端的数据
    user := User{1, "shirdon", "13888888888"}

    // 将需要返回的数据赋值给 JSONP 字段
    this.Data["jsonp"] = &user

    // 将 this.Data["jsonp"] 的数据序列化成 JSONP 字符串, 然后返给客户端
    this.ServeJSONP()
}
```

④ 返回 HTML 代码。

如果开发的是网页，则通常需要返回 HTML 代码。在 Beego 项目中，HTML 视图部分使用的

是模板引擎技术渲染 HTML 代码，然后将结果返给浏览器。示例如下：

```
func (c *MainController) Get() {
    // 设置模板参数
    c.Data["name"] = "shirdon"
    c.Data["email"] = "shirdonliao@gmail.com"

    // 需要渲染的模板，Beego 会渲染这个模板然后返回结果
    c.TplName = "index.html"
}
```

⑤ 添加响应头。

为 HTTP 请求添加 Header 的示例如下：

```
// 通过 this.Ctx.Output.Header 设置响应头
this.Ctx.Output.Header("Cache-Control", "no-cache, no-store,
must-revalidate")
```

### 6. Beego 模型

在 Beego 中，模型默认使用 Beego ORM 对进行数据库相关操作。在 4.4.3 节中已经详细介绍过，这里不再赘述。

### 7. Beego 模板

Beego 的视图（View）模板引擎是基于 Go 原生的模板库（html/template）进行开发的，在第 2 章已经学习过。在这里通过示例简要地再复习一下。Beego 的模板默认支持"tpl"和"html"后缀名。

（1）模板基础示例。

新建一个名为 index.html 的模板文件，其代码如下。

**代码 chapter8/beego/views/user/index.html　　HTML 模板文件**

```
<!DOCTYPE html>
<html lang="en">
<head>
    <meta charset="UTF-8">
    <title>Title</title></head>
<body>
<h1>用户个人信息:</h1>
<p>
    用户名: {{.user.Username}} <br/>
    注册时间: {{.user.Phone}}
</p>
</body>
</html>
```

下面看控制器如何渲染这个模板文件。

```
// 处理 GET 请求
func (this *UserController) Get() {
    // 初始化模板渲染需要的数据
    user := &User{1, "shirdon", "13888888888"}

    this.Data["user"] = user

    // 设置要渲染的模板路径，即 views 目录下面的相对路径
    // 如果不设置 TplName，则 Beego 就按照 "<控制器名字>/<方法名>.tpl" 格式去查找模
板文件
    this.TplName = "user/index.html"

    // 如果关闭了自动渲染，则需要手动调用渲染函数。Beego 默认是开启自动渲染的
    this.Render()
}
```

📌 **提示**

在 app.conf 配置文件中配置 AutoRender 参数为 true 或者 false，表示是否开启自动渲染。

（2）模板标签冲突。

默认情况下，模板引擎使用 "{{ 模板表达式 }}" 作为模板标签。假如前端开发使用的是 React、Angular 之类的框架，则会因为这些前端框架也使用 "{{ 模板表达式 }}" 作为模板标签而造成冲突。可以通过修改 Go 模板引擎的默认标签，来解决模板标签冲突问题。示例如下：

```
// 修改 Go 的模板标签
beego.TemplateLeft = "<<<"
beego.TemplateRight = ">>>"
```

修改后的模板表达式：

```
<<<.user.phone>>>
```

### 8. Beego 处理 session

Beego 内置的 session 模块，在 Beego 的设计中可以自由配置。目前 session 模块支持 Memory、cookie、File、MySQL、Redis 等常用的存储引擎。

（1）session 基本配置。

在 app.conf 配置文件中加入如下配置，然后重启 Beego 程序即可生效。

首先打开 session，这一步是必须的，否则 Beego 默认不会开启 session：

```
sessionon = true
```

设置 session id 的名字，这个通常都是保存在客户端 cookie 里面：

```
sessionname = "beegosessionID"
```

设置 Session 的过期时间，默认 3600s：

```
sessiongcmaxlifetime = 3600
```

设置 session id 的过期时间，因为 session id 是保存在 cookie 中的：

```
SessionCookieLifeTime = 3600
```

（2）session 读写例子。

下面是在控制器函数中操作 session 的例子：

```
// 下面是一个简单计数器的例子，通过 session 的 count 字段累计访问量
func (this *MainController) Get() {
    // 读取 session 数据
    v := this.GetSession("count")
    if v == nil {
        // 写入 session 数据
        this.SetSession("count", int(1))
        this.Data["num"] = 0
    } else {
        this.SetSession("count", v.(int)+1)
        this.Data["num"] = v.(int)
    }
    this.TplName = "user/index.html"
}
```

在 Beego 的 session 包中，数据的读写函数如下。

- SetSession(name string, value interface{})：设置 session 值；
- GetSession(name string) interface{}：读取 session 值；
- DelSession(name string)：删除指定的 session 值；
- SessionRegenerateID()：生成新的 session id；
- DestroySession()：销毁 session。

（3）配置 session 的存储引擎。

session 的存储引擎默认是 Memory，即 session 数据默认保存在运行 Beego 程序的机器内存中。下面分别介绍常用 session 存储引擎的配置方式。

① 将 session 数据保存到文件中。

```
# 设置 session, 保存到文件中
sessionprovider = "file"
# 设置 session 数据的保存目录
```

```
sessionproviderconfig = "./data/session"
```

② 将 session 数据保存到 Redis 中。

安装 Beego 的 Redis 驱动程序：

```
$ go get github.com/astaxie/beego/session/redis
```

通过 import 语句导入 Redis 驱动程序：

```
import _ "github.com/astaxie/beego/session/redis"
```

修改 conf/app.conf 配置如下：

```
# 设置 session 的存储引擎
sessionprovider = "redis"
# Redis 存储引擎配置
# Redis 配置格式：Redis 地址,Redis 连接池最大连接数,Redis 密码
# Redis 连接池和 Redis 密码配置，没有保持为空
sessionproviderconfig = "127.0.0.1:6379,1000,123456"
```

### 9. Beego 项目部署

（1）项目打包。

之前介绍过 bee 工具，在项目根目录执行下面命令即可完成项目打包：

```
$ bee pack
```

在打包完成后，在当前目录下会生成一个 “.gz” 后缀的压缩包。

（2）独立部署。

独立部署是指直接将上面得到的压缩包上传到服务器，解压缩后直接运行 Go 程序。

进入项目目录下，打开命令行终端输入如下命令即可：

```
$ nohup ./beepkg &
```

（3）Beego 热更新。

热更新是指，在不中断服务的情况下完成程序升级。Beego 项目默认已经实现了热更新。下面介绍 Beego 如何实现热更新。

首先在 app.conf 配置文件中打开热更新配置：

```
Graceful = true
```

假设目前老版本的程序正在运行，进程 ID 是 2367。现在将新版本的 Beego 程序压缩包上传到服务器中，解压缩，直接覆盖老的文件。

然后触发 Beego 程序热更新，具体命令如下：

```
kill -HUP 进程 ID
```

上面这个命令的意思是给指定进程发送一个 HUB 信号，Beego 程序在接收到这个信号后就开始处理热更新操作。如果老版本的进程 ID 是 8689，则命令如下：

```
kill -HUP 8689
```

执行命令后就完成了热更新操作。

## 8.3 【实战】用 Gin 框架开发 RESTful API

下面使用 Gin 框架来进行 RESTful API 的实战开发。

### 8.3.1 路由设计

为了巩固前面所学的 Gin 框架知识，这里继续采用 Gin 框架。Gin 框架的路由的用法和 HttpRouter 包很类似，路由的代码设计如下：

```
router := gin.Default()
v2 := router.Group("/api/v2/user")
{
    v2.POST("/", createUser)//用 POST 方法创建新用户
    v2.GET("/", fetchAllUser)// 用 GET 方法获取所有用户
    v2.GET("/:id", fetchUser)// 用 GET 方法获取某一个用户，形如：/api/v2/user/1
    v2.PUT("/:id", updateUser)// 用 PUT 方法更新用户，形如：/api/v2/user/1
    v2.DELETE("/:id",deleteUser)//用 DELETE 方法删除用户，形如：/api/v2/user/1
}
```

### 8.3.2 数据表设计

创建一张表来记录用户的基本信息，包括用户 ID、手机号、用户名、密码。为了简单明了，这里只创建一张表。登录数据库，创建一个名为 users 的表，其 SQL 语句如下：

```
CREATE TABLE `users` (
 `id` int(10) unsigned NOT NULL AUTO_INCREMENT,
 `phone` varchar(255) DEFAULT NULL,
 `name` varchar(255) DEFAULT NULL,
 `password` varchar(255) DEFAULT NULL,
 PRIMARY KEY (`id`)
) ENGINE=InnoDB AUTO_INCREMENT=39 DEFAULT CHARSET=utf8;
```

### 8.3.3 模型代码编写

下面根据 users 表创建对应的模型结构体 User，以及响应返回的结构体 UserRes。这里单独

定义响应返回的结构体 UserRes，目的是为了只返回某一些特定的字段值。比如 User 结构体默认会返回结构体的全部字段，包括 Password 字段（这个是不能直接返给前端的）。为了简洁，直接将两个结构体一起定义，代码如下：

```
type (
    //数据表的结构体类
    User struct {
        ID       uint   `json:"id"`
        Phone    string `json:"phone"`
        Name     string `json:"name"`
        Password string  `json:"password"`
    }

    //响应返回的结构体
    UserRes struct {
        ID    uint   `json:"id"`
        Phone string `json:"phone"`
        Name  string `json:"name"`
    }
)
```

## 8.3.4　逻辑代码编写

下面根据定义的路由，分别编写代码。

### 1. 用 POST 请求创建用户

根据路由 v2.POST("/", createUser)，编写一个名为 createUser() 的处理器函数来创建用户。代码如下：

```
//创建新用户
func createUser(c *gin.Context) {
    phone := c.PostForm("phone")   //获取 POST 请求参数 phone
    name := c.PostForm("name")     //获取 POST 请求参数 name
    user := User{
        Phone:    phone,
        Name:     name,
        //用户密码，这里可以动态生成，为了演示固定一个数字
        Password: md5Password("666666"),
    }
    db.Save(&user)        //保存到数据库
    c.JSON(
        http.StatusCreated,
        gin.H{
            "status": http.StatusCreated,
```

```
            "message": "User created successfully!",
            "ID":        user.ID,
        })    //返回状态到客户端
}
```

## 2. 用 GET 请求获取所有用户

下面根据路由 v2.GET("/", fetchAllUser)，编写一个名为 fetchAllUser()的处理器函数来获取所有的用户。代码如下：

```
//获取所有用户
func fetchAllUser(c *gin.Context) {
    var user []User              //定义一个数组去数据库中接收数据
    var _userRes []UserRes   //定义一个响应数组，用于返回数据到客户端

    db.Find(&user)

    if len(user) <= 0 {
        c.JSON(
            http.StatusNotFound,
            gin.H{
                "status": http.StatusNotFound,
                "message": "No user found!",
            })
        return
    }

    //循环遍历，追加到响应数组
    for _, item := range user {
        _userRes = append(_userRes,
            UserRes{
                ID:     item.ID,
                Phone: item.Phone,
                Name:  item.Name,
            })
    }
    c.JSON(http.StatusOK,
        gin.H{"status":
        http.StatusOK,
            "data": _userRes,
        })//返回状态到客户端
}
```

## 3. 用 GET 请求获取某个用户

下面根据路由 v2.GET("/:id", fetchUser)，编写一个名为 fetchUser()的处理器函数来获取某

个用户。代码如下:

```
//获取单个用户
func fetchUser(c *gin.Context) {
    var user User  //定义 User 结构体
    ID := c.Param("id")    //获取参数 id

    db.First(&user, ID)

    if user.ID == 0 {    //如果用户不存在，则返回响应
        c.JSON(http.StatusNotFound,
            gin.H{"status": http.StatusNotFound, "message": "No user
found!"})
        return
    }

    //返回响应结构体
    res := UserRes{ID: user.ID, Phone: user.Phone, Name: user.Name}
    c.JSON(http.StatusOK, gin.H{"status": http.StatusOK, "data": res})
}
```

### 4. 用 PUT 请求更新某个用户

下面根据路由 v2.PUT("/:id", updateUser)，编写一个名为 updateUser()的处理器函数来更新某个用户。代码如下:

```
//更新用户
func updateUser(c *gin.Context) {
    var user User    //定义 User 结构体
    userID := c.Param("id")    //获取参数 id
    db.First(&user, userID)    //查找数据库

    if user.ID == 0 {
        c.JSON(http.StatusNotFound,
            gin.H{"status": http.StatusNotFound, "message": "No user
found!"})
        return
    }

    //更新对应的字段值
    db.Model(&user).Update("phone", c.PostForm("phone"))
    db.Model(&user).Update("name", c.PostForm("name"))
    c.JSON(http.StatusOK,
        gin.H{"status": http.StatusOK, "message": "Updated User
successfully!"})
}
```

### 5. 用 DELETE 请求删除某个用户

下面根据路由 v2.DELETE("/:id", deleteUser)，编写一个名为 deleteUser() 的处理器函数来删除某个用户。代码如下：

```go
// 删除用户
func deleteUser(c *gin.Context) {
    var user User                 //定义 User 结构体
    userID := c.Param("id")       //获取参数 id

    db.First(&user, userID)       //查找数据库

    if user.ID == 0 {             //如果数据库不存在，则返回
        c.JSON(http.StatusNotFound,
            gin.H{"status": http.StatusNotFound, "message": "No user
found!"})
        return
    }

    //删除用户
    db.Delete(&user)
    c.JSON(http.StatusOK,
        gin.H{"status": http.StatusOK, "message": "User deleted
successfully!"})
}
```

完整代码见本书配套资源中的"chapter8/restful/main.go"。

在文件所在目录下打开命令行终端，输入运行命令：

```
$ go run main.go
```

在服务器端启动后，就可以模拟 RESTful API 请求了。浏览器返回的结果如图 8-3 所示。

图 8-3

## 8.4　【实战】用 Go 开发 OAuth 2.0 接口

### 8.4.1　OAuth 2.0 简介

#### 1. 什么是 OAuth 2.0

OAuth 是一个开放标准，该标准允许用户让第三方应用访问该用户在某个网站上存储的私密资源（如头像、照片、视频等），而在这个过程中，无须将用户名和密码提供给第三方应用。

OAuth 2.0 是 OAuth 协议的下一个版本，但不向下兼容 OAuth 1.0。传统的 Web 开发登录认证一般都是基于 session 的，但是在前后端分离的架构中继续使用 session 就会有许多不便。因为，移动端（例如，Android、iOS、微信小程序等）要么不支持 cookie（例如微信小程序），要么使用非常不便。对于这些问题，使用 OAuth 2.0 认证都能解决。

OAuth 2.0 简单说就是一种授权机制。数据的所有者告诉系统，同意授权第三方应用进入系统获取这些数据。系统从而产生一个短期的进入令牌（token），用来代替密码，供第三方应用使用。更详细的 OAuth 介绍，可进入 OAuth 官方网站查看。

#### 2. OAuth 2.0 令牌与密码

令牌（token）与密码（password）的作用是一样的，都可以进入系统，但是有 3 点差异。

- 令牌是短期的，到期会自动失效，用户自己无法修改。密码一般长期有效，用户不修改就不会发生变化。
- 令牌可以被数据所有者撤销，会立即失效。密码一般不允许被他人撤销。
- 令牌有权限范围（scope）。对于网络服务来说，只读令牌就比读写令牌更安全。密码一般是完整权限。

上面的这些设计，保证了令牌既可以让第三方应用获得权限，同时又随时可控，不会危及系统安全。这就是 OAuth 2.0 的优点。

#### 3. OAuth 2.0 四种模式

OAuth 2.0 协议一共支持 4 种不同的授权模式。

- 授权码模式：常见的第三方平台登录功能基本都使用的是这种模式。
- 简化模式：该模式是不需要客户端服务器参与，而是直接在浏览器中向授权服务器申请令牌（token）。如果网站是纯静态页面，则一般可以采用这种方式。
- 密码模式：该模式是用户把用户名和密码直接告诉客户端，客户端使用这些信息向授权服务器申请令牌（token）。这需要用户对客户端高度信任，例如客户端应用和服务提供商是同一家公司，做前后端分离登录就可以采用这种模式。

- 客户端模式：该模式是指客户端使用自己的名义，而不是用户的名义，向服务提供者申请授权。严格来说，客户端模式并不能算作 OAuth 协议的一种解决方案。

在实际开发中，在这 4 种模式中，一般采用授权码模式比较安全，其次是密码模式（不建议使用），其他两种更不推荐。

## 8.4.2　用 Go 开发 OAuth 2.0 接口的示例

下面是用 Go 开发 OAuth 2.0 接口的示例。该示例使用 GitHub OAuth 2.0 进行身份验证，并使用 Web 界面构建一个在本地端口 8087 上运行的 Go 应用程序。本节示例采用的是 OAuth 2.0 授权码模式。

OAuth 2.0 授权码模式的接入流程如下：

（1）客户端请求自己的服务器端。

（2）服务器端发现用户没有登录，则将其重定向到认证服务器。

（3）认证服务器展示授权页面，等待用户授权。

（4）用户单击确认授权，授权页面请求认证服务器，获取授权码。

（5）客户端获取授权页面返回的授权码。

（6）客户端将授权码上报给服务器端。

（7）服务器端拿着授权码去认证服务器交换 token：服务器端通过 access_token 去认证服务器获取用户资料，如 openid、用户昵称、性别等信息。

以上接入流程如图 8-4 所示。

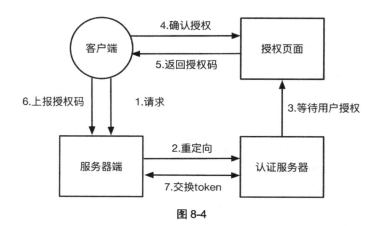

图 8-4

### 1. GitHub OAuth 应用注册

一个应用要实现 OAuth 授权登录，则需要先到相应的第三方网站进行登记，让第三方知道是谁在请求。登录 GitHub 官网，访问 https://github.com/settings/applications/new 页面进行 OAuth 应用注册，如图 8-5 所示。

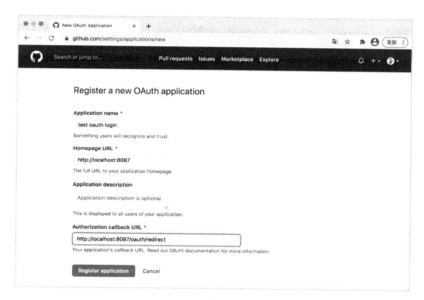

图 8-5

注册完成后，会获得客户端 ID（Client ID）和客户端密码（Client secrets）。利用客户端 ID 和客户端密码就可以开发和测试了。

### 2. HTML 代码编写

接下来开始创建应用程序的第一部分——登录页面。这是一个简单的 HTML 页面，其中包含用户应单击以使用 GitHub 进行身份验证的链接。GitHub 授权登录页面的 HTML 代码如下。

代码 chapter8/oauth2.0/login.html　　GitHub 授权登录页面的 HTML 代码

```html
<!DOCTYPE HTML>
<html>
<body>
<a href="https://github.com/login/oauth/authorize?client_id=
0218d29d446601da5c02&redirect_uri=http://localhost:8087/oauth/redirect">
    Login by GitHub
</a>
</body>
</html>
```

以上 a 标签里的链接由 3 个关键部分组成。

- 第 1 部分,https//github.com/login/oauth/authorize 是 GitHub 的 OAuth 2.0 流程的 OAuth 网关。所有 OAuth 提供商都有一个网关 URL,必须将该网址发送给用户才能继续。
- 第 2 部分,client_id=0218d29d446601da5c02 是应用在登记后获取的客户端编号。
- 第 3 部分,redirect_uri=http://localhost:8087/oauth/redirect 是应用注册登记时填写的回调地址。

然后还需要编写一个欢迎页面,用于将登录成功后的用户名展示出来,其 HTML 代码如下。

代码 chapter8/oauth2.0/hello.html　　GitHub 授权登录成功后的欢迎页面的 HTML 代码

```html
<!DOCTYPE HTML>
<html lang="en">
<head>
    <meta charset="UTF-8">
    <meta name="viewport" content="width=device-width, INItial-scale=1.0">
    <meta http-equiv="X-UA-Compatible" content="ie=edge">
    <title>Hello</title>
</head>
<body>
</body>
<script>
    //获取 URL 参数
    function getQueryVariable(variable) {
        var query = window.location.search.substring(1);
        var vars = query.split("&");
        for (var i = 0; i < vars.length; i++) {
            var pair = vars[i].split("=");
            if (pair[0] == variable) {
                return pair[1];
            }
        }
        return (false);
    }
    // 获取 access_token
    const token = getQueryVariable("access_token");
    // 调用用户信息接口
    fetch('https://api.github.com/user', {
        headers: {
            Authorization: 'token ' + token
        }
    })
    // 解析请求的 JSON
```

```
    .then(res => res.json())
    .then(res => {
        // 返回用户信息
        const nameNode = document.createTextNode(`Hi, ${res.name}, Welcome to
login our site by GitHub!`)
        document.body.appendChild(nameNode)
    })
</script>
</html>
```

### 3. Go 代码编写

在 HTML 代码编写好后，需要以服务的方式提供上面制作的 HTML 代码的 Go 文件。

（1）编写两个处理器来解析 HTML 模板：

```
http.HandleFunc("/login", login)
http.HandleFunc("/hello", hello)
```

在登录页面中单击"Login by GitHub"链接后，将被重定向到 OAuth 页面以向 GitHub 提交授权申请，如图 8-6 所示。

图 8-6

用户使用 GitHub 进行身份验证后，会被重定向到之前指定的重定向 URL。服务提供商还会添加一个请求令牌到 URL。

在当前例子中，GitHub 增加了 code 参数，所以重定向 URL 实际上是这样的——http://localhost:8087/oauth/redirect?code=0218d29d446601da5c02，其中 0218d29d446601da5c02 为请求令牌的值。需要用这个请求令牌及客户机密钥来获取访问令牌（access token），这是实际用于获取用户信息的令牌。

（2）通过对 https://github.com/login/oauth/access_token 进行 POST 请求调用来获取此访问令牌。Go 语言代码如下：

```
httpClient := http.Client{}
http.HandleFunc("/oauth/redirect", func(w http.ResponseWriter, r
*http.Request) {
    err := r.ParseForm()
    if err != nil {
        fmt.Fprintf(os.Stdout, "could not parse query: %v", err)
        w.WriteHeader(http.StatusBadRequest)
```

```
    }
    code := r.FormValue("code")

    reqURL := fmt.Sprintf("https://github.com/login/oauth/access_token?" +
        "client_id=%s&client_secret=%s&code=%s", clientID, clientSecret,
code)
    req, err := http.NewRequest(http.MethodPost, reqURL, nil)
    if err != nil {
        fmt.Fprintf(os.Stdout, "could not create HTTP request: %v", err)
        w.WriteHeader(http.StatusBadRequest)
    }
    req.Header.Set("accept", "application/json")

    res, err := httpClient.Do(req)
    if err != nil {
        fmt.Fprintf(os.Stdout, "could not send HTTP request: %v", err)
        w.WriteHeader(http.StatusInternalServerError)
    }
    defer res.Body.Close()

    var t AccessTokenResponse
    if err := json.NewDecoder(res.Body).Decode(&t); err != nil {
        fmt.Fprintf(os.Stdout, "could not parse JSON response: %v", err)
        w.WriteHeader(http.StatusBadRequest)
    }

    w.Header().Set("Location", "/hello.html?access_token="+t.AccessToken)
    w.WriteHeader(http.StatusFound)
})
```

完整代码见本书配套资源中的 "chapter8/oauth2.0/main.go"。

（3）在代码所在目录下打开命令行终端启动服务器端：

```
$ go run main.go
```

如果配置正确，则会跳转到欢迎页面，如图 8-7 所示。

Hi, ShirdonLiao, Welcome to login our site by GitHub!

图 8-7

# 8.5　小结

本章通过对"什么是 RESTful API""Go 流行 Web 框架的使用""【实战】用 Gin 框架开发 RESTful API""【实战】用 Go 开发 OAuth 2.0 接口"这 4 节的介绍，让读者进一步学习 Go 高级 Web 实战开发，熟悉整个 App 后端接口的开发流程，从而快速上手实战项目。

第 9 章进入本书最核心的 B2C 电子商务网站的开发，让读者进一步向 Go Web 开发的"精通"级别迈进。

# 第 4 篇 Go Web 项目实战

本篇的主要目的是让读者能够进行大型电商项目的实战开发。对于任何一门编程语言，要想成为高手，项目实战是必需的步骤。

本篇第 9 章介绍了一个 B2C 电子商务系统从零开始到开发完成的全过程。第 10 章讲解了如何运用 Docker 对开发好的项目进行实战部署。

希望通过本篇地讲解，真正地帮助读者向"Go Web 高手"迈进。让我们开启实战之旅吧！

# 第 9 章

# 【实战】开发一个 B2C 电子商务系统

治学有三大原则：广见闻，多阅读，勤实验。

——戴布劳格利

读书以过目成诵为能，最是不济事。

——郑板桥

## 9.1　需求分析

本章将系统讲解如何使用 Go 语言开发一个 B2C 电子商务系统。

### 1. 功能需求

- 前台：电商网站用户能感知和操作的功能。
- 后台：管理系统，用来管理各种数据。

### 2. 运行环境需求

- 硬件环境：CPU 在 1GHZ 及以上，内存在 2GB 及以上，存储空间在 10GB 以上。
- 软件环境：支持 Windows7/Windows8/Windows10、Mac OS X、Linux 系统运行。

### 3. 性能需求

- 数据精确度：价格单位保留到分。

- 适应性：购物流程要简单明了，产品图片要清楚，产品信息描述准确。
- 用户体验：页面大气、用户界面交互良好、页面响应速度快。

## 9.2 系统设计

### 9.2.1 确定系统架构

根据需求分析，前台的功能结构如图 9-1 所示。

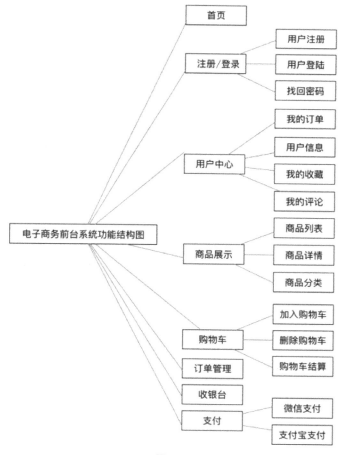

图 9-1

后台的功能结构如图 9-2 所示。

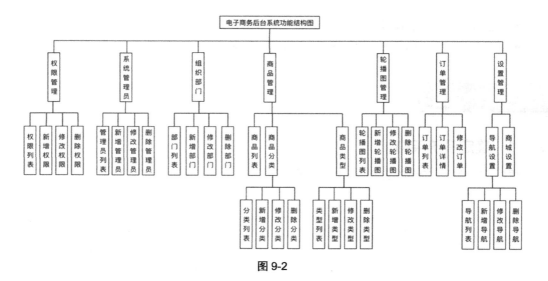

图 9-2

## 9.2.2 制定系统流程

本系统项目采用电子商务系统的通用流程。同时本系统支持"不登录直接加入购物车"（在结算时再进行登录判断，然后使用微信和支付宝支付）。系统的流程图如图 9-3 所示：

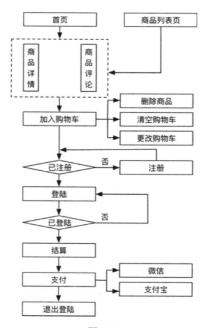

图 9-3

# 9.3　设计软件架构

### 1. 框架选择

虽然 Go 语言运行一个 Web 应用比较简单，但在实战开发中，为了提升效率往往会使用框架。第 8 章介绍过目前流行的开源框架 Beego 和 Gin。

相比之下，Beego 框架具有以下优点：

（1）它提供了完整的模块化的 Web 处理包，不用花较多时间在底层框架的设计上，开发效率较高。

（2）用它搭建 Web 服务器端非常方便，文档比较丰富，比较容易入门。

（3）它的用户量也相对较多。

所以综合考虑，本章采用 Beego 框架作为服务器端的基础框架。

前端框架也有很多，综合考虑，本书用 HTML 5+CSS+jQuery 进行架构。数据库采用 MySQL 和 Redis。

### 2. 软件架构

最终架构如图 9-4 所示。

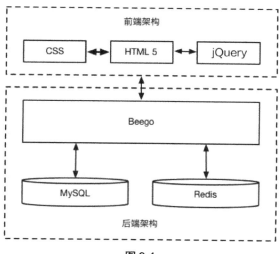

图 9-4

# 9.4 设计数据库与数据表

在创建数据库之前，请读者先在自己的开发环境中安装 MySQL、Redis 数据库，安装好后进行数据库和数据表的创建。

## 1. 创建数据库

打开命令行终端，登录数据库：

```
mysql -uroot -p
```

然后创建一个名为 shop 的数据库：

```
mysql> create database shop;
```

## 2. 创建数据表

进入 shop 数据库：

```
mysql> use shop;
```

然后创建数据表，部分数据表如下。

（1）商品表：

```
DROP TABLE IF EXISTS `product`;
CREATE TABLE `product` (
  `id` int(11) NOT NULL AUTO_INCREMENT,
  `title` varchar(100) DEFAULT '' COMMENT '标题',
  `sub_title` varchar(100) DEFAULT '' COMMENT '子标题',
  `product_sn` varchar(50) DEFAULT '',
  `cate_id` int(10) DEFAULT '0' COMMENT '分类id',
  `click_count` int(10) DEFAULT '0' COMMENT '点击数',
  `product_number` int(10) DEFAULT '0' COMMENT '商品编号',
  `price` decimal(10,2) DEFAULT '0.00' COMMENT '价格',
  `market_price` decimal(10,2) DEFAULT '0.00' COMMENT '市场价格',
  `relation_product` varchar(100) DEFAULT '' COMMENT '关联商品',
  `product_attr` varchar(100) DEFAULT '' COMMENT '商品属性',
  `product_version` varchar(100) DEFAULT '' COMMENT '商品版本',
  `product_img` varchar(100) DEFAULT '' COMMENT '商品图片',
  `product_gift` varchar(100) DEFAULT '',
  `product_fitting` varchar(100) DEFAULT '',
  `product_color` varchar(100) DEFAULT '' COMMENT '商品颜色',
  `product_keywords` varchar(100) DEFAULT '' COMMENT '关键词',
  `product_desc` varchar(50) DEFAULT '' COMMENT '描述',
  `product_content` varchar(100) DEFAULT '' COMMENT '内容',
```

```
  `is_delete` tinyint(4) DEFAULT '0' COMMENT '是否删除',
  `is_hot` tinyint(4) DEFAULT '0' COMMENT '是否热门',
  `is_best` tinyint(4) DEFAULT '0' COMMENT '是否畅销',
  `is_new` tinyint(4) DEFAULT '0' COMMENT '是否新品',
  `product_type_id` tinyint(4) DEFAULT '0' COMMENT '商品类型编号',
  `sort` int(10) DEFAULT '0' COMMENT '商品分类',
  `status` tinyint(4) DEFAULT '0' COMMENT '商品状态',
  `add_time` int(10) DEFAULT '0' COMMENT '添加时间',
  PRIMARY KEY (`id`)
) ENGINE=InnoDB AUTO_INCREMENT=4 DEFAULT CHARSET=utf8 COMMENT='商品表';
```

（2）购物车表：

```
DROP TABLE IF EXISTS `cart`;
CREATE TABLE `cart` (
  `id` int(11) NOT NULL AUTO_INCREMENT COMMENT '主键',
  `title` varchar(250) DEFAULT '' COMMENT '标题',
  `price` decimal(10,2) DEFAULT '0.00',
  `goods_version` varchar(50) DEFAULT '' COMMENT '版本',
  `num` int(11) DEFAULT '0' COMMENT '数量',
  `product_gift` varchar(100) DEFAULT '' COMMENT '商品礼物',
  `product_fitting` varchar(100) DEFAULT '' COMMENT '商品搭配',
  `product_color` varchar(50) DEFAULT '' COMMENT '商品颜色',
  `product_img` varchar(150) DEFAULT '' COMMENT '商品图片',
  `product_attr` varchar(100) DEFAULT '' COMMENT '商品属性',
  PRIMARY KEY (`id`)
) ENGINE=InnoDB DEFAULT CHARSET=utf8 COMMENT='购物车表';
```

由于篇幅的关系，这里只展示了部分数据表，完整代码见本书配套资源中的"chapter9/shop.sql"。

## 9.5 搭建系统基础架构

### 1. 公共文件创建

我们创建一个名为 LeastMall 的项目。该项目以 Beego 为基础，在项目根目录下加了一个 common 包，将一些公共方法封装在该包中，同时修改 conf 包里的 app.conf 配置文件。加入 common 包后的目录结构如下：

```
LeastMall
├── common --------------公共文件目录
│      └── backendAuth.go---后台权限认证文件
│      ├── frontendAuth.go--前台权限认证文件
```

```
|       ├──── utils.go ---------常用工具包文件
├── conf ---------------配置文件目录
|       └── app.conf ---------配置文件
├── controllers ---------控制器目录
|       └── default.go -------默认控制器
├── main.go ------------项目启动文件
├── models ------------模型目录
├── routers ------------路由目录
|       └── router.go --------路由文件
├── static ---------------静态目录
|       ├── css -------------css目录
|       ├── img -------------图片目录
|       └── js --------------js目录
├── tests ---------------测试目录
|       └── default_test.go----测试文件
└── views ---------------视图目录
        └── index.tpl ---------默认模板文件
```

（1）项目启动文件代码的编写。

项目启动文件用于初始化项目、加载配置、注册模型及启动项目。其代码如下。

**代码 LeastMall/main.go    项目启动文件的代码**

```go
package main

import (
    "encoding/gob"
    "gitee.com/shirdonl/LeastMall/common"
    "gitee.com/shirdonl/LeastMall/models"
    _ "gitee.com/shirdonl/LeastMall/routers"
    "github.com/astaxie/beego"
    "github.com/astaxie/beego/plugins/cors"
    _ "github.com/astaxie/beego/session/redis"
)

func main() {
    //添加方法到map，用于前端HTML代码调用
    beego.AddFuncMap("timestampToDate", common.TimestampToDate)
    models.DB.LogMode(true)
    beego.AddFuncMap("formatImage", common.FormatImage)
    beego.AddFuncMap("mul", common.Mul)
    beego.AddFuncMap("formatAttribute", common.FormatAttribute)
    beego.AddFuncMap("setting", models.GetSettingByColumn)

    //后台配置允许跨域
    beego.InsertFilter("*", beego.BeforeRouter, cors.Allow(&cors.Options{
```

```
        AllowOrigins: []string{"127.0.0.1"},
        AllowMethods: []string{
            "GET",
            "POST",
            "PUT",
            "DELETE",
            "OPTIONS"},
        AllowHeaders: []string{
            "Origin",
            "Authorization",
            "Access-Control-Allow-Origin",
            "Access-Control-Allow-Headers",
            "Content-Type"},
        ExposeHeaders: []string{
            "Content-Length",
            "Access-Control-Allow-Origin",
            "Access-Control-Allow-Headers",
            "Content-Type"},
        AllowCredentials: true, //是否允许 cookie
    }))
    //注册模型
    gob.Register(models.Administrator{})
    //关闭数据库
    //defer models.DB.Close()
    //配置 Redis 用于存储 session
    beego.BConfig.WebConfig.Session.SessionProvider = "redis"
    //docker-compose 请设置为 redisServiceHost
    //beego.BConfig.WebConfig.Session.SessionProviderConfig          =
"redisServiceHost:6379"

    //本地启动，请设置如下
    beego.BConfig.WebConfig.Session.SessionProviderConfig          =
"127.0.0.1:6379"
    beego.Run()
}
```

（2）公共包 common 代码的编写。

在公共包 common 中定义一个名为 utils.go 的工具包文件，来封装一些公共方法（例如时间转换、生成订单号、格式化图片等方法），供项目其他模块调用。公共工具包的代码如下。

代码　LeastMall/common/utils.go　　公共工具包的代码

```
package common

import (
"crypto/md5"
```

```go
    "encoding/hex"
    "fmt"
    "github.com/astaxie/beego"
    "github.com/gomarkdown/markdown"
    "github.com/hunterhug/go_image"
  _ "github.com/jinzhu/gorm"
    "io/ioutil"
    "math/rand"
    "path"
    "regexp"
    "strconv"
    "strings"
    "time"
)

//将时间戳转换为日期格式
func TimestampToDate(timestamp int) string {

    t := time.Unix(int64(timestamp), 0)

    return t.Format("2006-01-02 15:04:05")
}

//获取当前时间戳
func GetUnix() int64 {
    fmt.Println(time.Now().Unix())
    return time.Now().Unix()
}

//获取时间戳的 Nano 时间
func GetUnixNano() int64 {
    return time.Now().UnixNano()
}

func GetDate() string {
    template := "2006-01-02 15:04:05"
    return time.Now().Format(template)
}

//Md5 加密
func Md5(str string) string {
    m := md5.New()
    m.Write([]byte(str))
    return string(hex.EncodeToString(m.Sum(nil)))
}
```

```go
//验证邮箱
func VerifyEmail(email string) bool {
    pattern := `\w+([-+.]\w+)*@\w+([-.]\w+)*\.\w+([-.]\w+)*`  //匹配电子邮箱
    reg := regexp.MustCompile(pattern)
    return reg.MatchString(email)
}

//获取日期
func FormatDay() string {
    template := "20060102"
    return time.Now().Format(template)
}

//生成订单号
func GenerateOrderId() string {
    template := "200601021504"
    return time.Now().Format(template) + GetRandomNum()
}

//发送验证码
func SendMsg(str string) {
    // 短信验证码需要到相关网站申请
    // 目前先固定一个值
    ioutil.WriteFile("test_send.txt", []byte(str), 06666)
}

//重新裁剪图片
func ResizeImage(filename string) {
    extName := path.Ext(filename)
    resizeImage := strings.Split(beego.AppConfig.String("resizeImageSize"), ",")

    for i := 0; i < len(resizeImage); i++ {
        w := resizeImage[i]
        width, _ := strconv.Atoi(w)
        savepath := filename + "_" + w + "x" + w + extName
        err := go_image.ThumbnailF2F(filename, savepath, width, width)
        if err != nil {
            beego.Error(err)
        }
    }
}

//格式化图片
```

```go
func FormatImage(picName string) string {
    ossStatus, err := beego.AppConfig.Bool("ossStatus")
    if err != nil {
        //判断目录前面是否有"/"
        flag := strings.Contains(picName, "/static")
        if flag {
            return picName
        }
        return "/" + picName
    }
    if ossStatus {
        return beego.AppConfig.String("ossDomain") + "/" + picName
    } else {
        flag := strings.Contains(picName, "/static")
        if flag {
            return picName
        }
        return "/" + picName
    }
}

//格式化级标题
func FormatAttribute(str string) string {
    md := []byte(str)
    htmlByte := markdown.ToHTML(md, nil, nil)
    return string(htmlByte)
}

//计算乘法
func Mul(price float64, num int) float64 {
    return price * float64(num)
}

//封装一个生产随机数的方法
func GetRandomNum() string {
    var str string
    for i := 0; i < 4; i++ {
        current := rand.Intn(10) //0-9  "math/rand"
        str += strconv.Itoa(current)
    }
    return str
}
```

（3）公共配置文件 app.conf 的编写。

Beego 框架自带一个名为 app.conf 文件用于项目配置，我们将配置做修改，内容如下。

**代码 LeastMall/conf/app.conf    公共配置文件的代码**

```
appname = LeastMall
httpport = 8080
runmode = dev
adminPath=backend
excludeAuthPath="/,/welcome,/login/loginout"
#配置 session
sessionon=true
sessiongcmaxlifetime=3600
sessionName=""
#配置网站主域
domain="127.0.0.1"
#如果是 docker-compose 运行，则请设置为 mysqlServiceHost
#domain="mysqlServiceHost"
#配置 MySQL 数据库数据
mysqladmin="root"
mysqlpwd="a123456"
mysqldb="shop"


ossDomin="http://oss-cn-shanghai.aliyuncs.com"
ossStatus=false
resizeImageSize=200,400
enableRedis=yes
#配置 Redis 数据库数据
redisKey=""
redisConn=":6379"
#如果是 docker-compose 运行，则请设置为 redisServiceHost
#redisConn="redisServiceHost:6379"
redisDbNum="0"
redisPwd=""
redisTime=3600


#为响应设置安全 cookie
secureCookie="least123"
copyrequestbody = true
```

## 2. 模型创建

在数据表创建好后，需要创建数据表对应的模型文件来访问数据库。模型文件创建完毕后的目录结构如下：

```
LeastMall
//省略以上部分目录或文件
├── main.go
├── models
```

```
|       ├── Address.go --------------用户地址模型
|       ├── Administrator.go --------后台管理员模型
|       ├── Auth.go -----------------后台权限管理模型
|       ├── Banner.go --------------焦点图模型
|       ├── Cache.go ---------------缓存模型
|       ├── Captcha.go -------------验证码模型
|       ├── Cart.go ----------------购物车模型
|       ├── Cookie.go --------------Cookie 模型
|       ├── MySQLConnect.go --------MySQL 连接模型
|       ├── EsConnect.go -----------Elasticsearch 连接模型
|       ├── Menu.go ----------------导航按钮模型
|       ├── Order.go ---------------订单模型
|       ├── OrderItem.go -----------订单商品模型
|       ├── Product.go -------------商品模型
|       ├── ProductAttr.go ---------商品属性模型
|       ├── ProductCate.go----------商品分类模型
|       ├── ProductColor.go --------商品颜色模型
|       ├── ProductImage.go---------商品图片模型
|       ├── ProductItemAttr.go ------商品组合属性模型
|       ├── ProductType.go----------商品类型模型
|       ├── ProductTypeAttribute.go--商品类型属性模型
|       ├── Role.go ----------------后台角色模型
|       ├── RoleAuth.go ------------后台角色权限模型
|       ├── Setting.go -------------商城设置模型
|       ├── User.go ----------------用户模型
|       └── userSms.go -------------用户短信验证模型
├── routers
|   └── router.go
// 省略以下部分目录或文件
```

部分核心的模型代码如下。

（1）MySQL 连接模型。

MySQL 连接模型用于初始化 MySQL 连接。MySQL 初始化连接模型的代码如下。

代码 LeastMall/models/MySQLConnect.go    MySQL 初始化连接模型的代码

```
package models

import (
    "github.com/astaxie/beego"
    "github.com/jinzhu/gorm"
    _ "github.com/jinzhu/gorm/dialects/mysql"
)

var DB *gorm.DB
```

```
var err error

func init() {
    mysqladmin := beego.AppConfig.String("mysqladmin")
    mysqlpwd := beego.AppConfig.String("mysqlpwd")
    mysqldb := beego.AppConfig.String("mysqldb")
    DB, err =
gorm.Open("mysql", mysqladmin+":"+mysqlpwd+"@/"+mysqldb+"?charset=utf8" +
        "&parseTime=True&loc=Local")
    if err != nil {
        beego.Error(err)
        beego.Error("连接 MySQL 数据库失败")
    } else {
        beego.Info("连接 MySQL 数据库成功")
    }
}
```

（2）Redis 缓存模型。

缓存模型模型主要是对 Beego 包中的 Redis 包进行调用，从而实现 Redis 的配置的设置和数据的写入和输出。Redis 缓存模型的代码如下。

代码 LeastMall/models/Cache.go　　Redis 缓存模型的代码

```
package models

import (
    "encoding/json"
    "fmt"
    "time"

    "github.com/astaxie/beego"
    "github.com/astaxie/beego/cache"
    _ "github.com/astaxie/beego/cache/redis"
)

var redisClient cache.Cache
var enableRedis, _ = beego.AppConfig.Bool("enableRedis")
var redisTime, _ = beego.AppConfig.Int("redisTime")
var YzmClient cache.Cache

func init() {
    if enableRedis {
        config := map[string]string{
            "key":    beego.AppConfig.String("redisKey"),
            "conn":   beego.AppConfig.String("redisConn"),
            "dbNum":  beego.AppConfig.String("redisDbNum"),
```

```
                    "password": beego.AppConfig.String("redisPwd"),
            }
        bytes, _ := json.Marshal(config)

        redisClient, err = cache.NewCache("redis", string(bytes))
        YzmClient, _ = cache.NewCache("redis", string(bytes))
        if err != nil {
            beego.Error("连接 Redis 数据库失败")
        } else {
            beego.Info("连接 Redis 数据库成功")
        }

    }
}


type cacheDb struct{}

var CacheDb = &cacheDb{}
```

//写入数据的方法
```
func (c cacheDb) Set(key string, value interface{}) {
    if enableRedis {
        bytes, _ := json.Marshal(value)
        redisClient.
Put(key, string(bytes), time.Second*time.Duration(redisTime))
    }
}
```

//接收数据的方法
```
func (c cacheDb) Get(key string, obj interface{}) bool {
    if enableRedis {
        if redisStr := redisClient.Get(key); redisStr != nil {
            fmt.Println("在 Redis 里面读取数据...")
            redisValue, ok := redisStr.([]uint8)
            if !ok {
                fmt.Println("获取 Redis 数据失败")
                return false
            }
            json.Unmarshal([]byte(redisValue), obj)
            return true
        }
        return false
    }
    return false
}
```

（3）购物车模型。

购物车模型用于保存购物车数据。购物车模型的代码如下。

代码 LeastMall/models/Cart.go　　购物车模型的代码

```go
package models

type Cart struct {
    Id             int
    Title          string
    Price          float64
    ProductVersion string
    Num            int
    ProductGift    string
    ProductFitting string
    ProductColor   string
    ProductImg     string
    ProductAttr    string
    Checked        bool `gorm:"-"` // 忽略本字段
}

func (Cart) TableName() string {
    return "cart"
}

//判断购物车里有没有当前数据
func CartHasData(cartList []Cart, currentData Cart) bool {
    for i := 0; i < len(cartList); i++ {
        if cartList[i].Id == currentData.Id &&
            cartList[i].ProductColor == currentData.ProductColor &&
            cartList[i].ProductAttr == currentData.ProductAttr {
            return true
        }
    }
    return false
}
```

由于篇幅的关系，这里只介绍了几个核心的模型。完整模型代码请查看本书配套资源"LeastMall/models"目录。

## 9.6　前台模块开发

下面分别对系统的各个页面模块进行设计与开发。在 controllers 控制器文件夹中，创建一个名为 frontend 的文件夹，用于保存商城前台的控制器代码。前台的控制器代码创建完毕后的项目目录层级如下：

```
LeastMall
// 省略以上部分目录或文件
├── controllers
│   ├── backend
│   └── frontend
│       ├──AddressController.go-----地址控制器
│       ├──AuthController.go-------用户权限控制器
│       ├──BaseController.go-------基础控制器
│       ├──BuyController.go--------结算控制器
│       ├──CartController.go-------购物车控制器
│       ├──IndexController.go------首页控制器
│       ├──PayController.go--------支付控制器
│       ├──ProductController.go----商品控制器
│       ├──SearchController.go-----搜索控制器
│       └──UserController.go-------用户控制器
├── main.go
// 省略以下部分目录或文件
```

前台模板文件的目录结构如下：

```
LeastMall
// 省略以上部分目录或文件
├── views
│   ├── backend
│   └── frontend
│       ├── auth ---------------------登录注册模板
│       │   ├── login.html -------------登录模板
│       │   ├── register_step1.html ----注册第1步模板
│       │   ├── register_step2.html ----注册第2步模板
│       │   └── register_step3.html ----注册第3步模板
│       ├── buy ---------------------收银台模块
│       │   ├── checkout.html ----------结算页面
│       │   └── confirm.html -----------确认页面
│       ├── cart --------------------购物车模块
│       │   ├── confirm.html -----------确认页面
│       │   ├── addcart_success.html ---成功加入购物车页面
│       │   └── cart.html---------------购物车页面
│       ├── index -------------------首页模块
│       │   └── index.html -------------首页页面
│       ├── product -----------------产品模块
│       │   ├── item.html --------------产品详情页面
│       │   └── list.html --------------产品列表页面
│       ├── public ------------------公共页面模块
│       │   ├── banner.html ------------公共banner页面
```

```
|        ├── page_footer.html -------公共 footer 页面
|        ├── page_header.html -------公共 header 页面
|        ├── user_left.html ---------公共左部页面
|     └── user ---------------------用户中心模块
|        ├── order.html -------------用户中心"我的订单"页面
|        ├── order_info.html --------用户中心"订单详情"页面
|        └── welcome.html -----------用户中心欢迎页面
// 省略以下部分目录或文件
```

下面将对项目的几个核心的模块进行详细讲解。

## 9.6.1　首页模块开发

### 1. 控制器代码编写

首页主要的功能有顶部导航、商品分类、banner 轮播、热门商品、最新商品、推荐商品等的展示，以及底部联系方式的展示。

（1）基础控制器代码编写。

因为顶部、左边侧边栏及底部是公用的，所以将公用部分代码写入基础控制器 BaseController.go 中。基础控制器的代码如下。

代码 LeastMall/controllers/frontend/BaseController.go　　基础控制器的代码

```go
package frontend

import (
    "fmt"
    "gitee.com/shirdonl/LeastMall/models"
    "net/url"
    "strings"


    "github.com/astaxie/beego"
    "github.com/jinzhu/gorm"
)


type BaseController struct {
    beego.Controller
}


func (c *BaseController) BaseInit() {
    //获取顶部导航
    topMenu := []models.Menu{}
    if hasTopMenu := models.CacheDb.
Get("topMenu", &topMenu); hasTopMenu == true {
        c.Data["topMenuList"] = topMenu
```

```go
    } else {
        models.DB.Where("status=1 AND position=1").
Order("sort desc").Find(&topMenu)
        c.Data["topMenuList"] = topMenu
        models.CacheDb.Set("topMenu", topMenu)
    }

    //左侧分类（预加载）
    productCate := []models.ProductCate{}

    if hasProductCate := models.CacheDb.Get("productCate",
        &productCate); hasProductCate == true {
        c.Data["productCateList"] = productCate
    } else {
        models.DB.Preload("ProductCateItem",
        func(db *gorm.DB) *gorm.DB {
            return db.Where("product_cate.status=1").
            Order("product_cate.sort DESC")
            }).Where("pid=0 AND status=1").Order("sort desc", true).
        Find(&productCate)
        c.Data["productCateList"] = productCate
        models.CacheDb.Set("productCate", productCate)
    }

    //获取中间导航的数据
    middleMenu := []models.Menu{}
    if hasMiddleMenu := models.CacheDb.Get("middleMenu",
        &middleMenu); hasMiddleMenu == true {
        c.Data["middleMenuList"] = middleMenu
    } else {
        models.DB.Where("status=1 AND position=2").Order("sort desc").
        Find(&middleMenu)

        for i := 0; i < len(middleMenu); i++ {
            //获取关联商品
            middleMenu[i].Relation = strings.
    ReplaceAll(middleMenu[i].Relation, ", ", ",")
            relation := strings.Split(middleMenu[i].Relation, ",")
            product := []models.Product{}
            models.DB.Where("id in (?)", relation).Limit(6).Order("sort
ASC").
                Select("id,title,product_img,price").Find(&product)
            middleMenu[i].ProductItem = product
        }
        c.Data["middleMenuList"] = middleMenu
```

```go
    models.CacheDb.Set("middleMenu", middleMenu)
}

//判断用户是否登录
user := models.User{}
models.Cookie.Get(c.Ctx, "userinfo", &user)
if len(user.Phone) == 11 {
    str := fmt.Sprintf(`<ul>
        <li class="userinfo">
            <a href="#">%v</a>

            <i class="i"></i>
            <ol>
                <li><a href="/user">个人中心</a></li>

                <li><a href="#">我的收藏</a></li>

                <li><a href="/auth/loginOut">退出登录</a></li>
            </ol>

        </li>
    </ul> `, user.Phone)
    c.Data["userinfo"] = str
} else {
    str := fmt.Sprintf(`<ul>
        <li><a href="/auth/login" target="_blank">登录</a></li>
        <li>|</li>
        <li><a href="/auth/registerStep1" target="_blank" >注册</a></li>
    </ul>`)
    c.Data["userinfo"] = str
}
urlPath, _ := url.Parse(c.Ctx.Request.URL.String())
c.Data["pathname"] = urlPath.Path
}
```

（2）首页控制器的代码编写。

首页控制器主要用于控制首页的展示。首页控制器的核心代码如下。

**代码 LeastMall/controllers/frontend/IndexController.go　首页控制器的核心代码**

```go
package frontend

import (
    "fmt"
    "gitee.com/shirdonl/LeastMall/models"
    "time"
```

```go
)

type IndexController struct {
    BaseController
}

func (c *IndexController) Get() {

    //初始化
    c.BaseInit()

    //开始时间
    startTime := time.Now().UnixNano()

    //获取轮播图
    banner := []models.Banner{}
    if hasBanner := models.CacheDb.Get("banner", &banner); hasBanner == true {
        c.Data["bannerList"] = banner
    } else {
        models.DB.Where("status=1 AND banner_type=1").
Order("sort desc").Find(&banner)
        c.Data["bannerList"] = banner
        models.CacheDb.Set("banner", banner)
    }

    //获取手机类商品列表
    redisPhone := []models.Product{}
    if hasPhone := models.CacheDb.Get("phone", &redisPhone); hasPhone == true {
        c.Data["phoneList"] = redisPhone
    } else {
        phone := models.GetProductByCategory(1, "hot", 8)
        c.Data["phoneList"] = phone
        models.CacheDb.Set("phone", phone)
    }
    //获取电视类商品列表
    redisTv := []models.Product{}
    if hasTv := models.CacheDb.Get("tv", &redisTv); hasTv == true {
        c.Data["tvList"] = redisTv
    } else {
        tv := models.GetProductByCategory(4, "best", 8)
        c.Data["tvList"] = tv
        models.CacheDb.Set("tv", tv)
    }

    //结束时间
```

```
endTime := time.Now().UnixNano()

    c.TplName = "frontend/index/index.html"
}
```

## 2. 模板文件编写

（1）公共头部模板代码编写。

为了减少代码重复，将公共头部模板文件独立成一个文件。公共头部模板的代码如下。

代码 LeastMall/views/frontend/public/page_header.html　　　公共头部模板的代码

```html
<!DOCTYPE html>
<html>
<head>
    <meta charset="UTF-8">
    <meta name="author" content="created by shirdon"/>
    <title>LeastMall 商城</title>
    <link rel="stylesheet"
type="text/css" href="/static/frontend/css/style.css">
    <link rel="stylesheet" href="/static/frontend/css/swiper.min.css">
    <script src="/static/frontend/js/jquery-1.10.1.js"></script>
    <script src="/static/frontend/js/swiper.min.js"></script>
    <script src="/static/frontend/js/base.js"></script>
</head>
<body>
<!-- start header -->
<header>
    <div class="top center">
      <div class="left fl">
          <ul>
          {{range $key,$value := .topMenuList}}
              <li><a href=
"{{$value.Link}}" {{if eq $value.IsOpennew 2}}
target="_blank" {{end}}>{{$value.Title}}</a>
              </li>
          {{end}}
              <div class="clear"></div>
          </ul>
      </div>
      <div class="right fr">
          <div class="cart fr"><a href="/cart">购物车</a>
          </div>
          <div class="fr">
          {{str2html .userinfo}}
          </div>
```

```
            <div class="clear"></div>
        </div>
        <div class="clear"></div>
    </div>
</header>
<!--end header -->
```

（2）公共页脚模板代码编写。

同样，为了减少代码重复，将公共页脚模板文件独立成一个文件。公共页脚模板的代码如下。

**代码 LeastMall/views/frontend/public/page_footer.html　　公共页脚模板的代码**

```
<footer class="mt20 center">
    <div class="mt20">LeastMall 商城|隐私政策</div>
    <div>
LeastMall 商城 蜀 ICP 证 xxxxxxx 号 蜀 ICP 备 xxxxxxxxx 号 蜀公网安备 xxxxxxxxxx 号
</div>
</footer>
```

（3）首页商品列表代码编写。

首页商品列表的核心代码如下。

**代码 views/frontend/index/index.html　　首页商品列表的核心代码**

```
<!-- 手机 -->

<div class="category_item w">
    <div class="title center">手机</div>
    <div class="main center">
        <div class="category_item_left">
            <img src="static/frontend/image/shouji.jpg" alt="手机">
        </div>
        <div class="category_item_right">
        {{range $key,$value := .phoneList}}
            <div class="hot fl">
                <div class="newproduct">
<span style="background:#fff"></span></div>
                <div class="tu"><a href="item_{{$value.Id}}.html">
<img src="{{$value.ProductImg | formatImage}}"></a>
                </div>
                <div                              class="secondkill"><a
href="">{{$value.Title}}</a></div>
                <div class="product">{{$value.Price}}元</div>
                <div class="comment">372 人评价</div>
                <div class="floatitem">
                    <a href="">
                        <span>{{substr $value.SubTitle 0 20}}</span>
```

```
                    </a>
                </div>
            </div>
        {{end}}
        </div>
    </div>
</div>


<!-- 电视 -->
<div class="category_item w">
    <div class="title center">电视</div>
    <div class="main center">
        <div class="category_item_left">
            <img src="static/frontend/image/peijian1.jpg" alt="手机">
        </div>
        <div class="category_item_right">
        {{range $key,$value := .tvList}}
            <div class="hot fl">
                <div class="newproduct">
<span style="background:#fff"></span></div>
                <div class="tu"><a
href="item_{{$value.Id}}.html"><img
src="{{$value.ProductImg | formatImage}}"></a>
                </div>
                <div                          class="secondkill"><a
href="">{{$value.Title}}</a></div>
                <div class="product">{{$value.Price}}元</div>
                <div class="comment">372 人评价</div>
                <div class="floatitem">
                    <a href="">
                        <span>{{$value.SubTitle}}</span>
                    </a>
                </div>
            </div>
        {{end}}
        </div>
    </div>
</div>
{{template "../public/page_footer.html" .}}
```

在模板开发完成后，在项目根目录下通过“bee run”命令启动项目。在浏览器中输入
http://127.0.0.1:8080，返回的首页效果如图 9-5 所示。

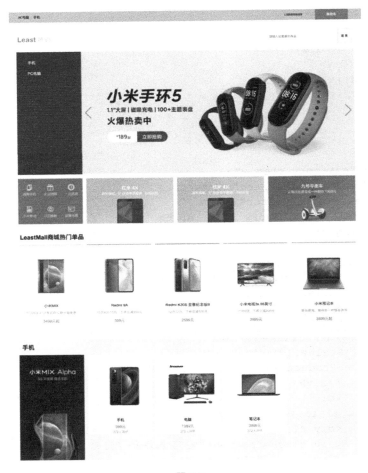

**图 9-5**

## 9.6.2 注册登录模块开发

### 1. 注册模块代码编写

注册模块的流程分为 3 步：

（1）通过输入手机号和图形验证码，通过后单击进入下一步。

（2）发送短信验证码，输入正确验证码后进入下一步。

（3）填写注册密码，两次输入必须一致。如果在前端验证码符合输入要求后单击"注册"按钮，则会将用户数据保存到用户表中。

由于篇幅限制，这里只给出有代表性的几个程序块。包括输入验证、验证码验证、短信验证这 3

个部分。

注册模块第 1 步的页面如图 9-6 所示。

**图 9-6**

（1）创建模板文件。

首先创建模版文件。该模板主要包括注册表单、DIV 标签、JS 验证输入这 3 部分。创建模板文件一共分为 3 步：

第 1 步：创建 register_step1.html 模板文件；

第 2 步：创建 register_step2.html 模板文件；

第 3 步：创建 register_step3.html 模板文件。

其中 register_step1.html 的核心代码如下。

代码　LeastMall/views/frontend/auth/register_step1.html　　register_step1.html 的核心代码

```html
<div class="regist">
    <div class="regist_center">
        <div class="logo">
            <img src="/static/frontend/image/logo_top.png" alt="My Go Mall">
        </div>
        <div class="regist_top">
            <h2>注册 LeastMall 账户</h2>
        </div>
        <div class="regist_main center">
            <input class="form_input" type="text" name="phone"
id="phone" placeholder="请填写正确的手机号"/>
            <div class="yzm">
                <input type="text" id="phone_code" name="phone_code"
```

```
placeholder="请输入图形验证码"/>
            {{create_captcha}}
        </div>
        <div class="error"></div>
        <div class="regist_submit">
            <button class="submit" id="registerButton">
                立即注册
            </button>
        </div>
        <br>
        <br>
        <div class="privacy_box">
            <div class="msg">
                <label class="n_checked now select-privacy">
                    <input type="checkbox" checked="true"/>
注册帐号即表示您同意并愿意遵守 LeastMall 商城
<a href=
"https://www.shirdon.com/leastmall/agreement/account/cn.html"
                        class="inspect_link "
title="用户协议" target="_blank">用户协议</a>和<a
                        href=
"https://www.shirdon.com/about/privacy/" class="inspect_link privacy link"
                        title=" 隐私政策 " target="_blank"> 隐私政策 </a>
                </label>
            </div>
        </div>
    </div>
</div>
</div>
```

register_step1.html 文件中 JS 部分的核心代码如下。

**代码** LeastMall/views/frontend/auth/register_step1.html register_step1.html 文件中 JS 部分的核心代码

```
$(function () {
    //发送验证码
    $("#registerButton").click(function () {
        //验证验证码是否正确
        var phone = $('#phone').val();
        var phone_code = $('#phone_code').val();
        var phoneCodeId = $("input[name='captcha_id']").val();

        var reg = /^[\d]{11}$/;
        if (!reg.test(phone)) {
            $(".error").html("Error: 手机号输入错误");
            return false;
```

```
        }
        if (phone_code.length < 4) {
            $(".error").html("Error: 图形验证码长度不合法")
            return false;
        }

        $.get('/auth/sendCode', {
            phone: phone,
            phone_code: phone_code,
            phoneCodeId: phoneCodeId
        }, function (response) {
            console.log(response)
            if (response.success == true) {
                //跳转到下一个页面
                location.href
= "/auth/registerStep2?sign=" + response.sign + "&phone_code=" + phone_code;
            } else {
                //改变验证码
                $(".error").html("Error: " + response.msg + ",请重新输入!")

                //改变验证码
                var captchaImgSrc = $(".captcha-img").attr("src")
                $("#phone_code").val("")
                $(".captcha-img").
attr("src", captchaImgSrc + "?reload=" + (new Date()).getTime())
            }
        })
    })
})
```

由于第 2 步、第 3 步的代码和第 1 步差别不大，这里不再赘述，读者可以在本书源代码的 "LeastMall/views/frontend/auth" 目录下查看。

（2）控制器代码编写。

注册控制器的代码在文件 AuthController.go 中，其中关于注册部分的内容如下。

①加载模板。

加载模板的方法很简单：直接将模板文件的相对路径赋值即可。加载模板控制器的核心代码如下。

代码 LeastMall/controllers/frontend/AuthController.go　　加载模板控制器的核心代码

```
//注册第 1 步
func (c *AuthController) RegisterStep1() {
    c.TplName = "frontend/auth/register_step1.html"
```

```go
    }

//注册第 2 步
func (c *AuthController) RegisterStep2() {
    sign := c.GetString("sign")
    phone_code := c.GetString("phone_code")
    //验证图形验证码是否正确
    sessionPhotoCode := c.GetSession("phone_code")
    if phone_code != sessionPhotoCode {
        c.Redirect("/auth/registerStep1", 302)
        return
    }
    userTemp := []models.UserSms{}
    models.DB.Where("sign=?", sign).Find(&userTemp)
    if len(userTemp) > 0 {
        c.Data["sign"] = sign
        c.Data["phone_code"] = phone_code
        c.Data["phone"] = userTemp[0].Phone
        c.TplName = "frontend/auth/register_step2.html"
    } else {
        c.Redirect("/auth/registerStep1", 302)
        return
    }
}

//注册第 3 步
func (c *AuthController) RegisterStep3() {
    sign := c.GetString("sign")
    sms_code := c.GetString("sms_code")
    sessionSmsCode := c.GetSession("sms_code")
    if sms_code != sessionSmsCode && sms_code != "5259" {
        c.Redirect("/auth/registerStep1", 302)
        return
    }
    userTemp := []models.UserSms{}
    models.DB.Where("sign=?", sign).Find(&userTemp)
    if len(userTemp) > 0 {
        c.Data["sign"] = sign
        c.Data["sms_code"] = sms_code
        c.TplName = "frontend/auth/register_step3.html"
    } else {
        c.Redirect("/auth/registerStep1", 302)
        return
    }
}
```

②发送短信验证码。

因为真实发送验证码需要单独购买短信套餐，所以如果读者想测试发送验证码，则需自行去相关平台购买。

发送短信验证码的核心部分，包括如下两步：①对接第三方短信接口；②限制短信发送的条数和频率。

发送短信验证码的核心代码如下。

代码 LeastMall/controllers/frontend/AuthController.go　　发送短信验证码的核心代码

```go
//发送验证码
func (c *AuthController) SendCode() {
    phone := c.GetString("phone")
    phone_code := c.GetString("phone_code")
    phoneCodeId := c.GetString("phoneCodeId")
    if phoneCodeId == "resend" {
        //判断 session 中的验证码是否合法
        sessionPhotoCode := c.GetSession("phone_code")
        if sessionPhotoCode != phone_code {
            c.Data["json"] = map[string]interface{}{
                "success": false,
                "msg":     "输入的图形验证码不正确,非法请求",
            }
            c.ServeJSON()
            return
        }
    }
    if !models.Cpt.Verify(phoneCodeId, phone_code) {
        c.Data["json"] = map[string]interface{}{
            "success": false,
            "msg":     "输入的图形验证码不正确",
        }
        c.ServeJSON()
        return
    }

    c.SetSession("phone_code", phone_code)
    pattern := `^[\d]{11}$`
    reg := regexp.MustCompile(pattern)
    if !reg.MatchString(phone) {
        c.Data["json"] = map[string]interface{}{
            "success": false,
            "msg":     "手机号格式不正确",
        }
    }
```

```
        c.ServeJSON()
        return
    }
    user := []models.User{}
    models.DB.Where("phone=?", phone).Find(&user)
    if len(user) > 0 {
        c.Data["json"] = map[string]interface{}{
            "success": false,
            "msg":       "此用户已存在",
        }
        c.ServeJSON()
        return
    }

    add_day := common.FormatDay()
    ip := strings.Split(c.Ctx.Request.RemoteAddr, ":")[0]
    sign := common.Md5(phone + add_day) //签名
    sms_code := common.GetRandomNum()
    userTemp := []models.UserSms{}
    models.DB.Where("add_day=?          AND          phone=?",          add_day,
phone).Find(&userTemp)
    var sendCount int
    models.DB.Where("add_day=? AND ip=?",
    add_day, ip).Table("user_temp").Count(&sendCount)
    //验证当前 IP 地址今天发送的次数是否符合要求
    if sendCount <= 10 {
        if len(userTemp) > 0 {
            //验证当前手机号今天发送的次数是否符合要求
            if userTemp[0].SendCount < 5 {
                common.SendMsg(sms_code)
                c.SetSession("sms_code", sms_code)
                oneUserSms := models.UserSms{}
                models.DB.Where("id=?", userTemp[0].Id).Find(&oneUserSms)
                oneUserSms.SendCount += 1
                models.DB.Save(&oneUserSms)
                c.Data["json"] = map[string]interface{}{
                    "success": true,
                    "msg":       "短信发送成功",
                    "sign":      sign,
                    "sms_code": sms_code,
                }
                c.ServeJSON()
                return
            } else {
                c.Data["json"] = map[string]interface{}{
```

```
                        "success": false,
                        "msg":      "当前手机号今天发送短信数已达上限",
                    }
                    c.ServeJSON()
                    return
                }

            } else {
                common.SendMsg(sms_code)
                c.SetSession("sms_code", sms_code)
                //发送验证码,并向 userTemp 写入数据
                oneUserSms := models.UserSms{
                    Ip:        ip,
                    Phone:     phone,
                    SendCount: 1,
                    AddDay:    add_day,
                    AddTime:   int(common.GetUnix()),
                    Sign:      sign,
                }
                models.DB.Create(&oneUserSms)
                c.Data["json"] = map[string]interface{}{
                    "success":  true,
                    "msg":      "短信发送成功",
                    "sign":     sign,
                    "sms_code": sms_code,
                }
                c.ServeJSON()
                return
            }
        } else {
            c.Data["json"] = map[string]interface{}{
                "success": false,
                "msg":      "此 IP 地址今天发送次数已经达到上限,明天再试",
            }
            c.ServeJSON()
            return
        }
    }
}
```

③验证短信验证码。

在发送验证码后,如果用户收到短信验证码,且将收到的验证码输入 form 表单输入框,则 Go 语言后端控制器会将用户输入的验证码与之前发送的验证码进行对比。如果一致,则验证通过,否则不通过。验证短信验证码的核心代码如下。

代码 LeastMall/controllers/frontend/AuthController.go    验证短信验证码的核心代码

```go
//验证验证码
func (c *AuthController) ValidateSmsCode() {
    sign := c.GetString("sign")
    sms_code := c.GetString("sms_code")

    userTemp := []models.UserSms{}
    models.DB.Where("sign=?", sign).Find(&userTemp)
    if len(userTemp) == 0 {
        c.Data["json"] = map[string]interface{}{
            "success": false,
            "msg":     "参数错误",
        }
        c.ServeJSON()
        return
    }

    sessionSmsCode := c.GetSession("sms_code")
    if sessionSmsCode != sms_code && sms_code != "5259" {
        c.Data["json"] = map[string]interface{}{
            "success": false,
            "msg":     "输入的短信验证码错误",
        }
        c.ServeJSON()
        return
    }

    nowTime := common.GetUnix()
    if (nowTime-int64(userTemp[0].AddTime))/1000/60 > 15 {
        c.Data["json"] = map[string]interface{}{
            "success": false,
            "msg":     "验证码已过期",
        }
        c.ServeJSON()
        return
    }

    c.Data["json"] = map[string]interface{}{
        "success": true,
        "msg":     "验证成功",
    }
    c.ServeJSON()
}
```

④执行注册操作。

如果之前的 3 步都验证通过, 则可以单击第③步的"完成注册"按钮。当用户单击"完成注册"按钮时，系统会调用 JS 的 submit 提交事件，通过 ajax 执行注册操作。执行注册方法的核心代码如下。

代码　LeastMall/controllers/frontend/AuthController.go　　执行注册方法的核心代码

```go
//执行注册操作
func (c *AuthController) GoRegister() {
    sign := c.GetString("sign")
    sms_code := c.GetString("sms_code")
    password := c.GetString("password")
    rpassword := c.GetString("rpassword")
    sessionSmsCode := c.GetSession("sms_code")
    if sms_code != sessionSmsCode && sms_code != "5259" {
        c.Redirect("/auth/registerStep1", 302)
        return
    }
    if len(password) < 6 {
        c.Redirect("/auth/registerStep1", 302)
    }
    if password != rpassword {
        c.Redirect("/auth/registerStep1", 302)
    }
    userTemp := []models.UserSms{}
    models.DB.Where("sign=?", sign).Find(&userTemp)
    ip := strings.Split(c.Ctx.Request.RemoteAddr, ":")[0]
    if len(userTemp) > 0 {
        user := models.User{
            Phone:    userTemp[0].Phone,
            Password: common.Md5(password),
            LastIp:   ip,
        }
        models.DB.Create(&user)

        models.Cookie.Set(c.Ctx, "userinfo", user)
        c.Redirect("/", 302)
    } else {
        c.Redirect("/auth/registerStep1", 302)
    }
}
```

## 2. 登录模块代码编写

用户登录页面如图 9-7 所示。

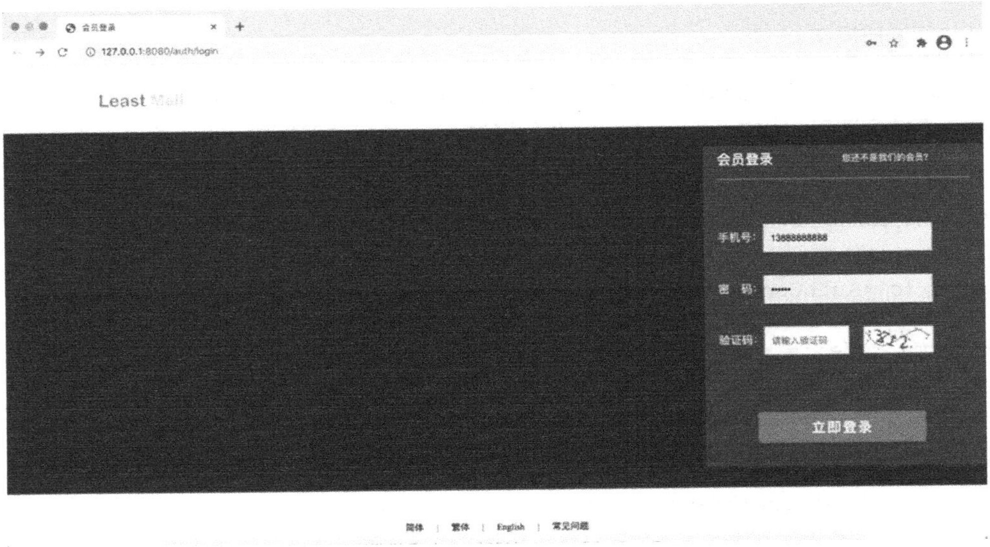

图 9-7

用户登录页面的编码过程如下。

（1）模板代码编写。

和注册一样，登录也是前台 HTML 模板通过 ajax 方式发送登录请求来实现登录。登录页面模板的核心代码如下。

代码 LeastMall/views/frontend/auth/login.html　　　登录页面模板的核心代码

```html
<div class="login">
    <div class="login_center">
        <div class="login_top">
            <div class="left fl">会员登录</div>
            <div class="right fr">您还不是我们的会员？
<a href="/auth/registerStep1" target="_self">立即注册</a></div>
            <div class="clear"></div>
            <div class="xian center"></div>
        </div>
        <div class="login_main center">
            <input type="hidden" id="prevPage" value="{{.prevPage}}">
            <div class="username">
手机号:<input class="inputclass" id="phone" type="text" name="phone"
placeholder="请输入你的用户名"/></div>
            <div class="username">
密  码:<input class="inputclass"
id="password" type="password" name="password"
placeholder="请输入你的密码"/></div>
```

```
                <div class="username">
                    <div class="left fl">
验证码: <input class="verificode" id="phone_code" type="text"
name="phone_code" placeholder="请输入验证码"/></div>
                    <div class="right fl">
                    {{create_captcha}}
                    </div>
                    <div class="clear"></div>
                </div>
            </div>
            <div class="error">
            </div>
            <div class="login_submit">
                <input class="submit" type="button" id="goLogin" value="立即登录
">
            </div>
        </div>
</div>
```

写好 HTML 部分后，需要通过 JS 验证前台用户输入，同时发送 ajax 登录请求。登录页面的核心 JS 代码如下。

代码　LeastMall/views/frontend/auth/login.html　　登录页面的核心 JS 代码

```
$("#goLogin").click(function (e) {
    var phone = $('#phone').val();
    var password = $('#password').val();
    var phone_code = $('#phone_code').val();
    var phoneCodeId = $("input[name='captcha_id']").val();
    var prevPage = $("#prevPage").val();
    var reg = /^[\d]{11}$/;
    if (!reg.test(phone)) {
        alert('手机号输入错误');
        return false;
    }
    if (password.length < 6) {
        alert('密码长度不合法');
        return false;
    }
    if (phone_code.length < 4) {
        alert('验证码长度不合法');
        return false;
    }
    //ajax 请求
    $.post('/auth/goLogin', {
        phone: phone,
```

```
            password: password,
            phone_code: phone_code,
            phoneCodeId: phoneCodeId
    }, function (response) {
        console.log(response);
        if (response.success == true) {
            if (prevPage) {
                location.href = prevPage;
            } else {
                location.href = "/";
            }
        } else {
            //改变验证码
            $(".error").html("Error: " + response.msg + ",请重新输入!")
            //改变验证码
            var captchaImgSrc = $(".captcha-img").attr("src")
            $(".phone_code").val("")
            $(".captcha-img").attr("src", captchaImgSrc +
"?reload=" + (new Date()).getTime())
        }
    })
})
```

（2）控制器代码编写。

①执行登录。

前台模板发送登录后，Go 控制器会接收登录的表单数据，执行登录操作。登录页面控制器执行登录的代码如下。

**代码 LeastMall/controllers/frontend/AuthController.go    登录页面控制器执行登录的代码**

```go
//登录
func (c *AuthController) GoLogin() {
    phone := c.GetString("phone")
    password := c.GetString("password")
    photo_code := c.GetString("photo_code")
    photoCodeId := c.GetString("photoCodeId")
    identifyFlag := models.Cpt.Verify(photoCodeId, photo_code)
    if !identifyFlag {
        c.Data["json"] = map[string]interface{}{
            "success": false,
            "msg":      "输入的图形验证码不正确",
        }
        c.ServeJSON()
        return
    }
```

```
    password = common.Md5(password)
    user := []models.User{}
    models.DB.Where("phone=? AND password=?", phone, password).Find(&user)
    if len(user) > 0 {
        models.Cookie.Set(c.Ctx, "userinfo", user[0])
        c.Data["json"] = map[string]interface{}{
            "success": true,
            "msg":     "用户登录成功",
        }
        c.ServeJSON()
        return
    } else {
        c.Data["json"] = map[string]interface{}{
            "success": false,
            "msg":     "用户名或密码不正确",
        }
        c.ServeJSON()
        return
    }
}
```

②退出登录。

退出登录需要先清除本地 cookie 缓存，然后重定向到该页面的 referer 页面。登录页面控制器退出登录代码如下。

代码 LeastMall/controllers/frontend/AuthController.go  登录页面控制器退出登录的代码

```
//退出登录
func (c *AuthController) LoginOut() {
    models.Cookie.Remove(c.Ctx, "userinfo", "")
    c.Redirect(c.Ctx.Request.Referer(), 302)
}
```

## 9.6.3  用户中心模块开发

用户中心模块分为"欢迎页面""我的订单""用户信息""我的收藏""我的评论"5 个页面。其中"我的订单"页面的难度最大，具有代表性。接下来就以"我的订单"页面作为代表进行讲解，由于篇幅的原因，其他页面不再赘述。

"我的订单"页面的如图 9-8 所示。

图 9-8

### 1."我的订单"页面编写

（1）模板文件编写

如图 9-8 所示，在用户中心页面中单击左边的导航，右边会出现"我的订单"页面。订单分为"全部有效订单""待支付""已支付""待收货""已关闭"5 种状态。

每个订单右下角有 2 个按钮，分别是"去支付""订单详情"。如果该订单是没有支付的，则可以单击"去支付"按钮。单击后会通过<a>标签请求跳转到支付页面，支付页面会在 9.6.7 节进行讲解。单击"订单详情"按钮，也会通过<a>标签跳转到"订单详情"页面。

"我的订单"页面的模板文件的核心代码如下。

代码 LeastMall/views/frontend/user/order.html "我的订单"页面的模板文件的核心代码

```
<div class="rtcont fr">
    <h1>我的订单</h1>
    <div class="uc-content-box">
        <div class="box-hd">
            <div class="more clearfix">
                <ul class="filter-list J_orderType">
                    <li class="first active"><a href="/user/order">
全部有效订单</a></li>
                    <li><a href="/user/order?order_status=0">待支付</a></li>
                    <li><a href="/user/order?order_status=1">已支付</a></li>
                    <li><a href="/user/order?order_status=3">待收货</a></li>
                    <li><a href="/user/order?order_status=6">已关闭</a></li>
                </ul>
                <form id="J_orderSearchForm"
```

```
class="search-form clearfix" action="/user/order" method="get">
                <input class="search-text" type="search"
id="J_orderSearchKeywords" name="keywords"
                    autocomplete="off" placeholder="输入商品名称">
                <input type="submit" class="search-btn iconfont" value="
搜索">
            </form>
        </div>
    </div>
    {{if .order}}
    <div class="box-bd">
        <table class="table">
        {{range $key,$value := .order}}
            <tr>
                <td colspan="2">
                    <div class="order-summary">
                        <h2>
                        {{if eq $value.OrderStatus 0}}
                            已下单 未支付
                        {{else if eq $value.OrderStatus 1}}
                            已付款
                        {{else if eq $value.OrderStatus 2}}
                            已配货
                        {{else if eq $value.OrderStatus 3}}
                            已发货
                        {{else if eq $value.OrderStatus 4}}
                            交易成功
                        {{else if eq $value.OrderStatus 5}}
                            已退货
                        {{else if eq $value.OrderStatus 6}}
                            无效 已取消
                        {{end}}
                        </h2>
                    {{$value.AddTime | timestampToDate}} | {{$value.Name}}
订单号：{{$value.OrderId}} | 在线支付
                        实付金额：{{$value.AllPrice}} 元
                    </div>
                {{range $k,$v := $value.OrderItem}}
                    <div class="order-info clearfix">
                        <div class="col_pic">
                            <img src="/{{$v.ProductImg}}"/>
                        </div>
                        <div class="col_title">
                            <p>{{$v.ProductTitle}}</p>
```

```
                          <p>{{$v.ProductPrice}} 元  ×  {{$v.ProductNum}}
</p>
                          <p>合计：{{mul $v.ProductPrice $v.ProductNum}}
元</p>
                      </div>
                  </div>
              {{end}}
              </td>
              <td>
              {{if eq $value.OrderStatus 1}}
                  <span>
                  <a class="btn"
href="/user/orderinfo?id={{$value.Id}}">订单详情</a>
                      <br>
                      <br>
                      <a class="btn" href="#">申请售后</a>
                  </span>
              {{else}}
                  <span>
                  <a class="delete btn btn-primary" href=
"/buy/confirm?id={{$value.Id}}">去支付</a>
                      <br>
                      <br>
                      <a class="delete btn" href=
"/user/orderinfo?id={{$value.Id}}">订单详情</a>
                  </span>
              {{end}}
              </td>
          </tr>
      {{end}}
      </table>
      <div id="page" class="pagination fr"></div>
  </div>
{{else}}
  <p style="text-align:center; padding-top:100px;">没有查找到订单</p>
{{end}}
  </div>
</div>
```

（2）控制器代码编写。

"我的订单"页面主要用于展示订单列表，其控制器的逻辑如下：① 获取当前用户；② 获取当前用户下面的订单信息并分页；③ 获取搜索关键词；④ 获取筛选条件；⑤ 计算总数量。

"我的订单"页面控制器的核心代码如下。

**代码 LeastMall/controllers/frontend/UserController.go** "我的订单"页面控制器的核心代码

```go
func (c *UserController) OrderList() {
    c.BaseInit()
    //1.获取当前用户
    user := models.User{}
    models.Cookie.Get(c.Ctx, "userinfo", &user)
    //2.获取当前用户的订单信息并分页
    page, _ := c.GetInt("page")
    if page == 0 {
        page = 1
    }
    pageSize := 2
    //3.获取搜索关键词
    where := "uid=?"
    keywords := c.GetString("keywords")
    if keywords != "" {
        orderitem := []models.OrderItem{}
        models.DB.Where("product_title like ?", "%"+keywords+"%").Find(&orderitem)
        var str string
        for i := 0; i < len(orderitem); i++ {
            if i == 0 {
                str += strconv.Itoa(orderitem[i].OrderId)
            } else {
                str += "," + strconv.Itoa(orderitem[i].OrderId)
            }
        }
        where += " AND id in (" + str + ")"
    }
    //4.获取筛选条件
    orderStatus, err := c.GetInt("order_status")
    if err == nil {
        where += " AND order_status=" + strconv.Itoa(orderStatus)
        c.Data["orderStatus"] = orderStatus
    } else {
        c.Data["orderStatus"] = "nil"
    }
    //5.计算总数量
    var count int
    models.DB.Where(where, user.Id).Table("order").Count(&count)
    order := []models.Order{}
    models.DB.Where(where, user.Id).Offset((page - 1) * pageSize).Limit(pageSize).Preload("OrderItem").Order("add_time desc").Find(&order)

    c.Data["order"] = order
    c.Data["totalPages"] = math.Ceil(float64(count) / float64(pageSize))
```

```
    c.Data["page"] = page
    c.Data["keywords"] = keywords
    c.TplName = "frontend/user/order.html"
}
```

### 2."订单详情"页面编写

（1）模板文件编写

用户中心"订单详情"页面如图 9-9 所示。

图 9-9

"订单详情"页面的模版文件的核心代码如下。

代码 LeastMall/views/frontend/user/order_info.html "订单详情"页面的模版文件的核心代码

```html
<div class="box-bd">
    <div class="uc-order-item uc-order-item-finish">
        <div class="order-detail">
            <div class="order-summary">
                <div class="order-status">
                {{if eq .order.OrderStatus 0}}
                    已下单 未支付
                {{else if eq .order.OrderStatus 1}}
                    已付款
                {{else if eq .order.OrderStatus 2}}
                    已配货
                {{else if eq .order.OrderStatus 3}}
                    已发货
                {{else if eq .order.OrderStatus 4}}
                    交易成功
                {{else if eq .order.OrderStatus 5}}
```

```
                已退货
            {{else if eq .order.OrderStatus 6}}
                无效 已取消
            {{end}}
            //...此处省略若干代码
            </div>
        </div>
    </div>
</div>
```

（2）"订单详情"页面控制器编写

"订单详情"页面的控制器的主要逻辑是，根据订单号展示订单详情。"订单详情"页面的控制器代码如下。

**代码** LeastMall/controllers/frontend/UserController.go　　"订单详情"页面的控制器代码

```go
func (c *UserController) OrderInfo() {
    c.BaseInit()
    id, _ := c.GetInt("id")
    user := models.User{}
    models.Cookie.Get(c.Ctx, "userinfo", &user)
    order := models.Order{}
    models.DB.
Where("id=? AND uid=?", id, user.Id).Preload("OrderItem").Find(&order)
    c.Data["order"] = order
    if order.OrderId == "" {
        c.Redirect("/", 302)
    }
    c.TplName = "frontend/user/order_info.html"
}
```

## 9.6.4  商品展示模块开发

### 1. 模板代码编写

商品展示模块包括"商品列表展示"页面、"商品详情展示"页面、"商品分类展示"页面等。限于篇幅，这里只介绍"商品列表展示"页面。"商品列表展示"页面的代码如下。

**代码** LeastMall/views/frontend/product/list.html　　"商品列表展示"页面的代码

```html
{{template "../public/page_header.html" .}}
{{template "../public/banner.html" .}}
<script type="text/javascript" src=
"/static/backend/js/jqPaginator.js"></script>
<link rel="stylesheet" href="/static/backend/bootstrap/css/bootstrap.css">
<!-- start 单品 -->
```

```
<div class="singleproduct center">
    <div class="search-filter center">
        <ul class="item show-less" id="list_item_class">
            <span> 分类: </span>
        {{$currentId := .curretProductCate.Id}}
        {{range $key,$value := .subProductCate}}
        {{if eq $value.Id $currentId}}
        {{if eq $value.Link ""}}
            <li><a class="active" href=
"category_{{$value.Id}}.html">{{$value.Title}}</a></li>
        {{end}}
        {{else}}
        {{if eq $value.Link ""}}
            <li><a
href="category_{{$value.Id}}.html">{{$value.Title}}</a></li>
        {{end}}
        {{end}}
        {{end}}
        </ul>
    </div>
    <div class="main center mb20">
    {{range $key,$value := .productList}}
        <div class="star fl mb20"
style="border:2px solid #fff;width:230px;cursor:pointer;"
            onmouseout="this.style.border=
'2px solid #fff'" onmousemove="this.style.border='2px solid red'">
        <div class="sub_star">
            <a href="item_{{$value.Id}}.html" target="_blank">
                <img src=
"{{$value.ProductImg | formatImage}}" alt="{{$value.Title}}"/>
            </a>
        </div>
        <div class="brand"><a href=
"item_{{$value.Id}}.html" target="_blank">{{$value.Title}}</a></div>
        <div class="product">{{$value.Price}}元</div>
        </div>
    {{end}}
        <div class="clear"></div>
        <div id="pagination" class="pagination fr">
        </div>
    </div>
    <div class="clear"></div>
</div>

<!-- end 单品 -->
```

```
<script>
    $(function () {
        $('#pagination').jqPaginator({
            totalPages: {{.totalPages}},
            visiblePages: 10,
            currentPage: {{.page}},
            onPageChange: function (num, type) {
                console.log(num, type)
                if (type == "change") {
                    location.href
= "/category_{{.curretProductCate.Id}}.html?page=" + num;
                }
            }
        });
    })
</script>
{{template "../public/page_footer.html" .}}
</body>
</html>
```

### 2. 控制器代码编写

"商品展示"模块控制器的代码主要用于控制"商品列表展示"页面、"商品详情展示"页面、"商品分类展示"页面的展示。"商品列表展示"页面的控制器的核心代码如下。

代码 LeastMall/controllers/frontend/ProductController.go　　"商品列表展示"页面的控制器的核心代码

```
type ProductController struct {
    BaseController
}

func (c *ProductController) CategoryList() {
    //调用公共方法
    c.SuperInit()

    id := c.Ctx.Input.Param(":id")
    cateId, _ := strconv.Atoi(id)
    curretProductCate := models.ProductCate{}
    subProductCate := []models.ProductCate{}
    models.DB.Where("id=?", cateId).Find(&curretProductCate)

    //当前页
    page, _ := c.GetInt("page")
    if page == 0 {
        page = 1
    }
```

```go
    //每一页显示的数量
    pageSize := 5

    var tempSlice []int
    if curretProductCate.Pid == 0 {      //顶级分类
        //二级分类
        models.DB.Where("pid=?",
curretProductCate.Id).Find(&subProductCate)
        for i := 0; i < len(subProductCate); i++ {
            tempSlice = append(tempSlice, subProductCate[i].Id)
        }
    } else {
        //获取当前二级分类对应的同级分类
        models.DB.Where("pid=?",
curretProductCate.Pid).Find(&subProductCate)
    }
    tempSlice = append(tempSlice, cateId)
    where := "cate_id in (?)"
    product := []models.Product{}
    models.DB.Where(where, tempSlice).
Select("id,title,price,product_img,sub_title").
Offset((page - 1) * pageSize).
Limit(pageSize).
Order("sort desc").
Find(&product)
    //查询 product 表里面的数量
    var count int
    models.DB.Where(where, tempSlice).Table("product").Count(&count)

    c.Data["productList"] = product
    c.Data["subProductCate"] = subProductCate
    c.Data["curretProductCate"] = curretProductCate
    c.Data["totalPages"] = math.Ceil(float64(count) / float64(pageSize))
    c.Data["page"] = page

    //指定分类模板
    tpl := curretProductCate.Template
    if tpl == "" {
        tpl = "frontend/product/list.html"
    }

    c.TplName = tpl
}

func (c *ProductController) Collect() {
```

```go
    productId, err := c.GetInt("product_id")
    if err != nil {
        c.Data["json"] = map[string]interface{}{
            "success": false,
            "msg":     "传参错误",
        }
        c.ServeJSON()
        return
    }
    user := models.User{}
    ok := models.Cookie.Get(c.Ctx, "userinfo", &user)
    if ok != true {
        c.Data["json"] = map[string]interface{}{
            "success": false,
            "msg":     "请先登录",
        }
        c.ServeJSON()
        return
    }
    isExist := models.DB.First(&user)
    if isExist.RowsAffected == 0 {
        c.Data["json"] = map[string]interface{}{
            "success": false,
            "msg":     "非法用户",
        }
        c.ServeJSON()
        return
    }


    goodCollect := models.ProductCollect{}
    isExist = models.DB.
Where("user_id=? AND product_id=?", user.Id, productId).
First(&goodCollect)
    if isExist.RowsAffected == 0 {
        goodCollect.UserId = user.Id
        goodCollect.ProductId = productId
        goodCollect.AddTime = common.FormatDay()
        models.DB.Create(&goodCollect)
        c.Data["json"] = map[string]interface{}{
            "success": true,
            "msg":     "收藏成功",
        }
        c.ServeJSON()
    } else {
        models.DB.Delete(&goodCollect)
```

```go
        c.Data["json"] = map[string]interface{}{
            "success": true,
            "msg":      "取消收藏成功",
        }
        c.ServeJSON()
    }
}
```

## 9.6.5 购物车模块开发

购物车模块的主要逻辑是：在用户单击"加入购物车"按钮后，判断购物车中有没有数据；如果有当前商品数据，则会将购物车商品数量加 1；如果没有任何数据，则直接把当前数据写入 Cookie。"商品详情"页面如图 9-10 所示。

图 9-10

### 1. 加入购物车的开发

当用户单击"加入购物车"按钮时，会请求加入购物车的方法。加入购物车的核心代码如下。

代码 LeastMall/controllers/frontend/CartController.go　加入购物车的核心代码

```go
func (c *CartController) AddCart() {
    c.BaseInit()

    colorId, err1 := c.GetInt("color_id")
    productId, err2 := c.GetInt("product_id")

    product := models.Product{}
    productColor := models.ProductColor{}
```

```go
err3 := models.DB.Where("id=?", productId).Find(&product).Error
err4 := models.DB.Where("id=?", colorId).Find(&productColor).Error

if err1 != nil || err2 != nil || err3 != nil || err4 != nil {

    c.Ctx.Redirect(302, "/item_"+strconv.Itoa(product.Id)+".html")
    return
}
// 1.获取增加购物车的商品数据
currentData := models.Cart{
    Id:             productId,
    Title:          product.Title,
    Price:          product.Price,
    ProductVersion: product.ProductVersion,
    Num:            1,
    ProductColor:   productColor.ColorName,
    ProductImg:     product.ProductImg,
    ProductGift:    product.ProductGift,  //赠品
    ProductAttr:    "",                   //根据自己的需求拓展
    Checked:        true,                 //默认选中
}

//2.判断购物车中有没有数据（cookie）
cartList := []models.Cart{}
models.Cookie.Get(c.Ctx, "cartList", &cartList)
if len(cartList) > 0 { //购物车有数据
    //判断购物车中有没有当前数据
    if models.CartHasData(cartList, currentData) {
        for i := 0; i < len(cartList); i++ {
            if cartList[i].Id == currentData.Id &&
cartList[i].ProductColor == currentData.ProductColor &&
cartList[i].ProductAttr == currentData.ProductAttr {
                cartList[i].Num = cartList[i].Num + 1
            }
        }
    } else {
        cartList = append(cartList, currentData)
    }
    models.Cookie.Set(c.Ctx, "cartList", cartList)

} else {
    //3.如果购物车中没有任何数据，则直接把当前数据写入 cookie
    cartList = append(cartList, currentData)
    models.Cookie.Set(c.Ctx, "cartList", cartList)
}
```

```
    c.Data["product"] = product
    c.TplName = "frontend/cart/addcart_success.html"
}
```

成功加入购物车的页面如图 9-11 所示。

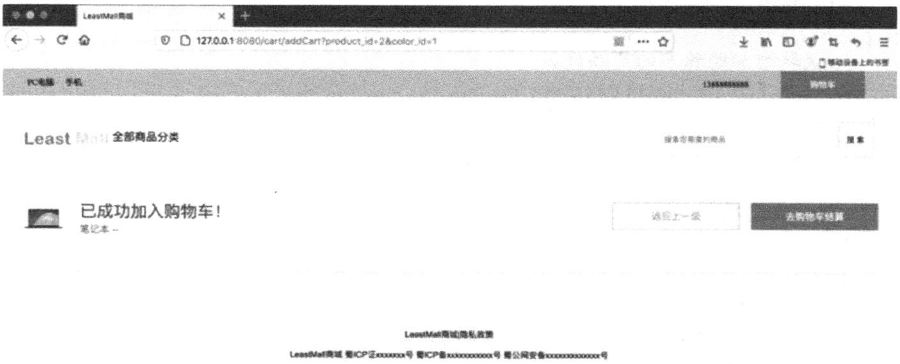

图 9-11

## 2."我的购物车"页面的开发

"我的购物车"页面如图 9-12 所示。

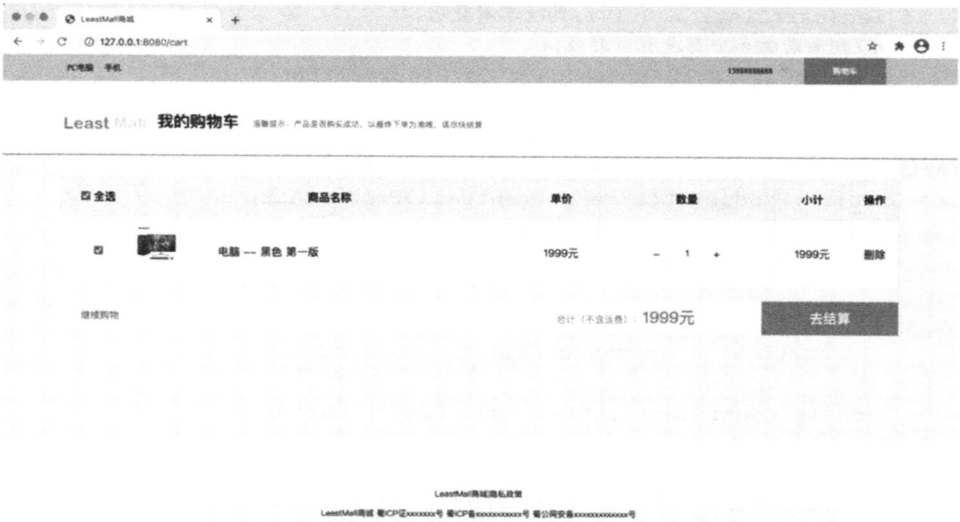

图 9-12

（1）创建模板文件。

如图 9-12 所示，"我的购物车"页面的主要功能是：①将加入购物车的商品展示出来，②对商品的数量进行修改、删除等操作。"我的购物车"页面的核心代码如下。

代码 LeastMall/views/frontend/cart/cart.html      "我的购物车"页面的核心代码

```html
<div class="cartdetail">
    <div class="cartdetail_sub center clearfix">
        <table class="table">
            <tr class="th">
                <th>
                    <input type="checkbox" id="checkAll"/>
                    全选
                </th>
                <th>
                    商品名称
                </th>
                <th>单价</th>
                <th>数量</th>
                <th>小计</th>
                <th>操作</th>
            </tr>
        {{range $key,$value := .cartList}}
            <tr class="cart_list">
                <td>
                    <input type="checkbox" product_id="{{$value.Id}}"
                            product_color="{{$value.ProductColor}}"
                    {{if eq $value.Checked true}} checked {{end}} />
                </td>
                <td>
                    <div class="col_pic">
                        <img src="{{$value.ProductImg | formatImage}}"/>
                    </div>
                    <div class="col_title">
                    {{$value.Title}} --
{{$value.ProductColor}} {{$value.ProductVersion}}
                    </div>
                </td>
                <td class="price">
                {{$value.Price}}元
                </td>
                <td>
                    <div class="cart_number">
                        <div class="input_left decCart" product_id="{{$value.Id}}"
                            product_color="{{$value.ProductColor}}">-
```

```
        </div>
        <div class="input_center">
            <input id="num" name="num" readonly="readonly"
                   type="text" value="{{$value.Num}}"/>
        </div>
        <div class="input_right incCart" product_id="{{$value.Id}}"
             product_color="{{$value.ProductColor}}">+
        </div>
    </div>
</td>
<td class="totalPrice">
{{mul $value.Price $value.Num}}元
</td>
<td>
    <span><a href="/cart/delCart?product_id={{$value.Id}}
    &product_color={{$value.ProductColor}}"
           class="delete"> 删除</a></span>
</td>
    </tr>
{{end}}
</table>
</div>
<div class="checkoutpage mt20 center">
    <div class="tishi fl ml20">
        <ul>
            <li><a href="./liebiao.html">继续购物</a></li>
        </ul>
    </div>
    <div class="checkout fr">
        <div class="checkoutproduct fl">合计（不含运费）：
<span id="allPrice">{{.allPrice}}元</span></div>
        <div class="gocheckout fr"><input class="jsan"
type="submit" name="checkout" id="checkout" value="去结算"/></div>
        <div class="clear"></div>
    </div>
    <div class="clear"></div>
</div>
</div>
```

（2）控制器代码编写。

①"我的购物车"页面控制器的代码编写。

"我的购物车"页面的控制器用于展示购物车中的商品，并动态计算商品总价。"我的购物车"页面的核心代码如下：

代码 LeastMall/controllers/frontend/CartController.go　　　"我的购物车"页面的核心代码

```go
//购物车展示
func (c *CartController) Get() {
    c.BaseInit()
    cartList := []models.Cart{}
    models.Cookie.Get(c.Ctx, "cartList", &cartList)

    var allPrice float64
    //执行计算总价
    for i := 0; i < len(cartList); i++ {
        if cartList[i].Checked {
            allPrice += cartList[i].Price * float64(cartList[i].Num)
        }
    }
    c.Data["cartList"] = cartList
    c.Data["allPrice"] = allPrice
    c.TplName = "frontend/cart/cart.html"
}
```

② 修改购物车控制器的代码。

当用户单击"修改购物车"按钮时，会通过 ajax 请求访问 Go 语言对应的控制器方法。当用户单击增加某个商品的数量时，会访问 IncCart()方法。当用户单击减少某个商品的数量时，会访问 DecCart()方法。

DecCart()方法和 IncCart()方法几乎一样，这里只展示 IncCart()方法的核心代码，该方法会将购物车信息先保存到 Cookie 缓存中。修改购物车控制器的核心代码如下。

代码 LeastMall/controllers/frontend/CartController.go　　　修改购物车控制器的核心代码

```go
func (c *CartController) IncCart() {
    var flag bool
    var allPrice float64
    var currentAllPrice float64
    var num int

    productId, _ := c.GetInt("product_id")
    productColor := c.GetString("product_color")
    productAttr := ""

    cartList := []models.Cart{}
    models.Cookie.Get(c.Ctx, "cartList", &cartList)
    for i := 0; i < len(cartList); i++ {
        if cartList[i].Id == productId &&
cartList[i].ProductColor == productColor &&
cartList[i].ProductAttr == productAttr {
```

```
                cartList[i].Num = cartList[i].Num + 1
                flag = true
                num = cartList[i].Num
                currentAllPrice = cartList[i].Price * float64(cartList[i].Num)
            }
            if cartList[i].Checked {
                allPrice += cartList[i].Price * float64(cartList[i].Num)
            }
        }

        if flag {
            models.Cookie.Set(c.Ctx, "cartList", cartList)
            c.Data["json"] = map[string]interface{}{
                "success":          true,
                "message":          "修改数量成功",
                "allPrice":         allPrice,
                "currentAllPrice": currentAllPrice,
                "num":              num,
            }

        } else {
            c.Data["json"] = map[string]interface{}{
                "success": false,
                "message": "传入参数错误",
            }
        }
        c.ServeJSON()
}
```

③删除购物车控制器的代码编写。

当用户选择某个商品后，单击"删除"按钮，就会将该商品从 Cookie 缓存中删除。删除购物车控制器的核心代码如下。

代码 LeastMall/controllers/frontend/CartController.go     删除购物车控制器的核心代码

```
func (c *CartController) DelCart() {
    productId, _ := c.GetInt("product_id")
    productColor := c.GetString("product_color")
    productAttr := ""

    cartList := []models.Cart{}
    models.Cookie.Get(c.Ctx, "cartList", &cartList)
    for i := 0; i < len(cartList); i++ {
        if cartList[i].Id == productId &&
cartList[i].ProductColor == productColor &&
cartList[i].ProductAttr == productAttr {
```

```
    //执行删除
    cartList = append(cartList[:i], cartList[(i + 1):]...)
    }
  }
  models.Cookie.Set(c.Ctx, "cartList", cartList)

  c.Redirect("/cart", 302)
}
```

## 9.6.6　收银台模块开发

当用户加入购物车完毕后，单击"去结算"按钮，会跳转到"确认订单"页面，如图 9-13 所示，其中包括收货地址管理、商品信息汇总展示、配送方式选择、是否开发票等。

图 9-13

### 1. 收货地址管理

（1）模板代码编写。

模板文件中关于收货地址管理的核心代码如下。

代码 LeastMall/views/frontend/buy/checkout.html    收货地址管理的核心代码

```html
<div class="section section-address">
   <div class="section-header clearfix">
      <h3 class="title">收货地址</h3>
      <div class="more">
      </div>
      <div class="mitv-tips hide" style=
"margin-left: 0;border: none;" id="J_bigproPostTip"></div>
   </div>
   <div class="section-body clearfix" id="J_addressList">
      <!-- addresslist begin -->
      <div id="addressList">
      {{range $key,$value := .addressList}}
         <div class="address-item J_addressItem
{{if eq $value.DefaultAddress 1}}selected{{end}}"
             data-id="{{$value.Id}}">
            <dl>
               <dt><em class="uname">{{$value.Name}}</em></dt>
               <dd class="utel">{{$value.Phone}}</dd>
               <dd class="uaddress">{{$value.Address}} </dd>
            </dl>
            <div class="actions">
               <a href="javascript:void(0);"
data-id="{{$value.Id}}" class="modify addressModify">修改</a>
            </div>
         </div>
      {{end}}
      </div>
      <!-- addresslist end -->
      <div class="address-item address-item-new"
id="J_newAddress" data-toggle="modal"
         data-target="#addModal">
         <i class="iconfont">+</i> 添加新地址
      </div>
   </div>
</div>
```

（2）控制器代码编写。

收货地址管理模块包括"地址列表展示""地址的增加、删除、修改 4 个操作"。由于篇幅的原因，这里只展示添加地址的操作。添加收货地址的控制器的代码如下。

代码位置：LeastMall/controllers/frontend/AddressController.go    添加收货地址的控制器的代码

```go
func (c *AddressController) AddAddress() {
   user := models.User{}
```

```go
        models.Cookie.Get(c.Ctx, "userinfo", &user)
        name := c.GetString("name")
        phone := c.GetString("phone")
        address := c.GetString("address")
        zipcode := c.GetString("zipcode")
        var addressCount int
        models.DB.Where("uid=?",
user.Id).Table("address").Count(&addressCount)
        if addressCount > 10 {
            c.Data["json"] = map[string]interface{}{
                "success": false,
                "message": "增加收货地址失败，收货地址数量超过限制",
            }
            c.ServeJSON()
            return
        }
        models.DB.Table("address").Where("uid=?", user.Id).
    Updates(map[string]interface{}{"default_address": 0})
        addressResult := models.Address{
            Uid:            user.Id,
            Name:           name,
            Phone:          phone,
            Address:        address,
            Zipcode:        zipcode,
            DefaultAddress: 1,
        }
        models.DB.Create(&addressResult)
        allAddressResult := []models.Address{}
        models.DB.Where("uid=?", user.Id).Find(&allAddressResult)
        c.Data["json"] = map[string]interface{}{
            "success": true,
            "result":  allAddressResult,
        }
        c.ServeJSON()
    }
```

## 2. 订单商品展示

（1）模板文件。

订单商品展示模板文件的核心代码如下。

**代码 LeastMall/views/frontend/buy/checkout.html　　订单商品展示模板文件的核心代码**

```html
<div class="section section-product">
    <div class="section-header clearfix">
        <h3 class="title">商品及优惠券</h3>
```

```html
        <div class="more">
            <a href="/cart" data-stat-id="4b8666e26639b521">
返回购物车<i class="iconfont"></i></a>
        </div>
    </div>
    <div class="section-body">
        <ul class="product-list" id="J_productList">
        {{range $key,$value := .orderList}}
            <li class="clearfix">
                <div class="col col-img">
                    <img src="{{$value.ProductImg | formatImage}}"
width="30" height="30"/>
                </div>
                <div class="col col-name">
                    <a href="#" target="_blank">
                    {{$value.Title}}--
{{$value.ProductColor}} {{$value.ProductVersion}}
                    </a>
                </div>
                <div class="col col-price">
                {{$value.Price}}元 x {{$value.Num}} </div>
                <div class="col col-status">
                </div>
                <div class="col col-total">
                {{mul $value.Price $value.Num}}元
                </div>
            </li>
        {{end}}
        </ul>
    </div>
</div>
```

（2）控制器的代码编写。

订单商品列表的核心逻辑如下：① 获取要结算的商品；② 计算总价；③ 判断结算页面中有没有要结算的商品；④ 获取收货地址；⑤ 防止重复提交订单，生成签名。

订单商品列表控制器的核心代码如下。

代码 LeastMall/controllers/frontend/CheckoutController.go　　订单商品列表控制器的核心代码

```go
func (c *CheckoutController) Checkout() {
    c.BaseInit()
    //1.获取要结算的商品
    cartList := []models.Cart{}
    orderList := []models.Cart{} //要结算的商品
    models.Cookie.Get(c.Ctx, "cartList", &cartList)
```

```go
var allPrice float64
//2.计算总价
for i := 0; i < len(cartList); i++ {
    if cartList[i].Checked {
        allPrice += cartList[i].Price * float64(cartList[i].Num)
        orderList = append(orderList, cartList[i])
    }
}
//3.判断结算页面中有没有要结算的商品
if len(orderList) == 0 {
    c.Redirect("/", 302)
    return
}

c.Data["orderList"] = orderList
c.Data["allPrice"] = allPrice

//4.获取收货地址
user := models.User{}
models.Cookie.Get(c.Ctx, "userinfo", &user)
addressList := []models.Address{}
models.DB.Where("uid=?", user.Id).
Order("default_address desc").Find(&addressList)
c.Data["addressList"] = addressList

//5.防止重复提交订单，生成签名
orderSign := common.Md5(common.GetRandomNum())
c.SetSession("orderSign", orderSign)
c.Data["orderSign"] = orderSign

c.TplName = "frontend/buy/checkout.html"
}
```

### 3. 支付确认页面

如果用户单击"支付"按钮，则会跳转一个支付确认页面，让用户选择支付方式。支付方式包括微信支付和支付宝支付两种，如图 9-14 所示。

图 9-14

（1）模板文件的编写。

支付确认页面模板文件的核心代码如下。

**代码 LeastMall/views/frontend/buy/confirm.html** 支付确认页面模板文件的核心代码

```html
<div class="page-main">
    <div class="checkout-box">
        <div class="section section-order">
            <div class="order-info clearfix">
                <div class="fl">
                    <h2 class="title">订单提交成功！请继续付款~</h2>
                    <p class="order-time" id="J_deliverDesc"></p>
                    <p class="order-time">请在<span class="pay-time-tip">
23 小时 59 分</span>内完成支付，超时后将取消订单</p>
                    <p class="post-info" id="J_postInfo">
                    收货信息：
{{.order.Name}} {{.order.Phone}}    {{.order.Address}} </p>
                </div>
                <div class="fr">
                    <p class="total">
                    应付总额：
<span class="money"><em>{{.order.AllPrice}}</em>元</span>
                    </p>
                    <br>
                    <br>
                    <a href="javascript:void(0);"
class="show-detail" id="J_showDetail"
```

```
                        data-stat-id="db85b2885a2fdc53">订单详情</a>
                </div>
            </div>
            <i class="iconfont icon-right">√</i>
            <div class="order-detail">
                <ul>
                    <li class="clearfix">
                        <div class="content">
                            <strong>订单号:
</strong> <span class="order-num">{{.order.OrderId}}</span>
                        </div>
                    </li>
                    <li class="clearfix">
                        <div class="content">
                            <strong>收货信息:
</strong>{{.order.Name}} {{.order.Phone}}    {{.order.Address}}
                        </div>
                    </li>
                    <li class="clearfix">
                        <div class="content">
                            <strong>商品名称: </strong>
                        {{range $key,$value:=.orderItem}}
                            <p>{{$value.ProductTitle}}
{{$value.ProductVersion}} {{$value.ProductColor}}
                                数量: {{$value.ProductNum}}
价格: {{$value.ProductPrice}}</p>
                        {{end}}
                        </div>
                    </li>
                    <li class="clearfix hide">
                        <div class="label">配送时间: </div>
                        <div class="content">
                            不限送货时间
                        </div>
                    </li>
                </ul>
            </div>
        </div>


        <div class="section section-payment">
            <div class="cash-title" id="J_cashTitle">
                选择以下支付方式付款
            </div>
            <div class="payment-box ">
                <div class="payment-body">
```

```
                        <ul class=
"clearfix payment-list J_paymentList J_linksign-customize">
                            <li id="weixinPay">
                                <img src="/static/frontend/image/weixinpay.png"
alt="微信支付"/>
                            </li>
                            <li id="alipay">
                                <a                          href="/alipay?id={{.order.Id}}"
target="_blank"><img
                                    src="/static/frontend/image/alipay.png"
alt="支付宝"/></a>
                            </li>
                        </ul>
                    </div>
                </div>
            </div>
        </div>
</div>
```

（2）控制器的代码编写。

支付确认页面的控制器的主要逻辑如下：① 获取用户信息；② 获取主订单信息；③ 判断当前数据是否合法；④ 获取主订单下面的商品信息。

支付确认页面控制器的核心代码如下。

**代码** LeastMall/controllers/frontend/CheckoutController.go　　**支付确认页面控制器的核心代码**

```go
func (c *CheckoutController) Confirm() {
    c.BaseInit()
    id, err := c.GetInt("id")
    if err != nil {
        c.Redirect("/", 302)
        return
    }
    //1.获取用户信息
    user := models.User{}
    models.Cookie.Get(c.Ctx, "userinfo", &user)

    //2.获取主订单信息
    order := models.Order{}
    models.DB.Where("id=?", id).Find(&order)
    c.Data["order"] = order
    //3.判断当前数据是否合法
    if user.Id != order.Uid {
        c.Redirect("/", 302)
        return
```

```
    }

    //4.获取主订单下面的商品信息
    orderItem := []models.OrderItem{}
    models.DB.Where("order_id=?", id).Find(&orderItem)
    c.Data["orderItem"] = orderItem

    c.TplName = "frontend/buy/confirm.html"
}
```

### 9.6.7 支付模块开发

在支付确认页面中提供了"微信支付""支付宝支付"两种支付方式。两种方式均采用二维码方式。这两种支付方式均需要用户提供申请，申请方式请访问对应的官网咨询。本文只提供相应的 Go 语言代码开发示例。

#### 1. 微信支付开发

微信支付的模板主要是生成支付二维码，需要确保微信支付各项配置正确才能正常显示，本书只提供示例，并没有配置相关真实参数，所以没有正常显示。读者自行配置申请好的配置信息即可正常显示。在支付确认页面，单击"微信支付"会弹出二维码弹框页面，如图 9-15 所示。

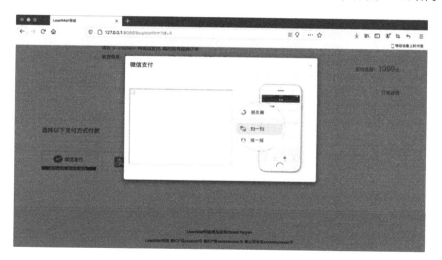

图 9-15

生成微信二维码的 Go 语言核心代码如下。

代码：LeastMall/controllers/frontend/PayController.go 生成微信二维码的 Go 语言核心代码

```
func (c *PayController) WxPay() {
    WxId, err := c.GetInt("id")
```

```go
    if err != nil {
        c.Redirect(c.Ctx.Request.Referer(), 302)
    }
    orderitem := []models.OrderItem{}
    models.DB.Where("order_id=?", WxId).Find(&orderitem)
    //1.配置基本信息
    account := wxpay.NewAccount(
        "xxxxxxx",//AppID
        "xxxxxxx",//商户号
        "xxxxxxx",//Appkey
        false,
    )
    client := wxpay.NewClient(account)
    var price int64
    for i := 0; i < len(orderitem); i++ {
        price = 1
    }
    //2.获取 IP 地址、订单号等信息
    ip := strings.Split(c.Ctx.Request.RemoteAddr, ":")[0]
    template := "202001021504"
    tradeNo := time.Now().Format(template)
    //3.调用微信统一下单接口
    params := make(wxpay.Params)
    params.SetString("body", "order——"+time.Now().Format(template)).
        SetString("out_trade_no", tradeNo+"_"+strconv.Itoa(WxId)).
        SetInt64("total_fee", price).
        SetString("spbill_create_ip", ip).
        SetString("notify_url", "http://xxxxxx/wxpay/notify").//配置的回调地址
        // SetString("trade_type", "APP") //App 端支付
        SetString("trade_type", "NATIVE")  //网站支付需要改为 NATIVE

    p, err1 := client.UnifiedOrder(params)
    beego.Info(p)
    if err1 != nil {
        beego.Error(err1)
        c.Redirect(c.Ctx.Request.Referer(), 302)
    }
    //4.获取 code_url 生成支付二维码
    var pngObj []byte
    beego.Info(p)
    pngObj, _ = qrcode.Encode(p["code_url"], qrcode.Medium, 256)
    c.Ctx.WriteString(string(pngObj))
}
```

如果用户完成支付，则微信会向回调地址发送 XML 格式消息，可能是支付成功或者是失败的消

息。微信支付回调方法的代码如下。

代码 LeastMall/controllers/frontend/PayController.go　　微信支付回调方法的代码

```go
func (c *PayController) WxPayNotify() {
    //1.获取表单传过来的 XML 数据，在配置文件里设置 copyrequestbody = true
    xmlStr := string(c.Ctx.Input.RequestBody)
    postParams := wxpay.XmlToMap(xmlStr)
    beego.Info(postParams)

    //2.校验签名
    account := wxpay.NewAccount(
        "xxxxxxxx",
        "xxxxxxxx",
        "xxxxxxxx",
        false,
    )
    client := wxpay.NewClient(account)
    isValidate := client.ValidSign(postParams)

    //3.XML 解析
    params := wxpay.XmlToMap(xmlStr)
    beego.Info(params)
    if isValidate == true {
        if params["return_code"] == "SUCCESS" {
            idStr := strings.Split(params["out_trade_no"], "_")[1]
            id, _ := strconv.Atoi(idStr)
            order := models.Order{}
            models.DB.Where("id=?", id).Find(&order)
            order.PayStatus = 1
            order.PayType = 1
            order.OrderStatus = 1
            models.DB.Save(&order)
        }
    } else {
        c.Redirect(c.Ctx.Request.Referer(), 302)
    }
}
```

## 2. 支付宝支付的开发

支付宝支付，通过直接跳转到支付宝支付地址进行支付，需要确保支付宝支付的各项配置正确才能支付成功。本书只提供示例，如果要进行支付测试，则需要到支付宝官方配置相应的沙箱环境。在支付确认页面，单击"支付宝支付"，则会跳转到支付宝支付 API。支付宝支付控制器的核心代码如下。

代码 LeastMall/controllers/frontend/PayController.go    支付宝支付控制器的核心代码

```go
func (c *PayController) Alipay() {
    AliId, err1 := c.GetInt("id")
    if err1 != nil {
        c.Redirect(c.Ctx.Request.Referer(), 302)
    }
    orderitem := []models.OrderItem{}
    models.DB.Where("order_id=?", AliId).Find(&orderitem)
    // 使用 RSA 签名验签工具生成的私钥
    var privateKey = "xxxxxxx"
    var client, err = alipay.New("2021001186696588", privateKey, true)
    // 加载应用公钥证书
    client.LoadAppPublicCertFromFile("certfile/certPublicKey.certfile")
    // 加载支付宝根证书
    client.LoadAliPayRootCertFromFile("certfile/alipayCert.certfile")
    // 加载支付宝公钥证书
    client.LoadAliPayPublicCertFromFile("certfile/alipayPubKey.certfile")

    // 将 key 的验证调整到初始化阶段
    if err != nil {
        fmt.Println(err)
        return
    }

    //计算总价格
    var TotalAmount float64
    for i := 0; i < len(orderitem); i++ {
        TotalAmount = TotalAmount + orderitem[i].ProductPrice
    }
    var p = alipay.TradePagePay{}
    p.NotifyURL = "xxxxxxx"
    p.ReturnURL = "xxxxxxx"
    p.TotalAmount = "0.01"
    p.Subject = "订单order——" + time.Now().Format("200601021504")
    p.OutTradeNo = "WF" +
time.Now().Format("200601021504") + "_" + strconv.Itoa(AliId)
    p.ProductCode = "FAST_INSTANT_TRADE_PAY"

    var url, err4 = client.TradePagePay(p)
    if err4 != nil {
        fmt.Println(err4)
    }
    var payURL = url.String()
    c.Redirect(payURL, 302)
}
```

# 9.7 后台模块开发

后台主要包括"登录模块""权限管理""导航管理""商品管理"等模块。除"登录模块"和"权限模块"外,其他模块的技术原理差别不大,基本是对数据库数据的增删改查。

由于篇幅限制,只讲解代表性的"登录模块""商品管理"模块。其他模块读者可以查看本商城项目的源代码学习。

## 9.7.1 登录模块开发

后台的登录页面需要用户输入管理员姓名和管理员密码,同时还要用户输入验证码,如图 9-16 所示,都正确后才能成功登录。

图 9-16

### 1. 模板代码编写

后台登录页面的主要功能是接收用户登录的表单输入。后台登录页面的模板代码如下。

代码 LeastMall/views/backend/login/login.html　　后台登录页面的模板代码

```
<!DOCTYPE HTML PUBLIC "-//W3C//DTD HTML 4.01 Transitional//EN"
        "http://www.w3.org/TR/html4/loose.dtd">
<html>
<head>
    <title>用户登录</title>
    <link rel="stylesheet" href="/static/backend/css/login.css">
</head>
<body>
```

```
<div class="container">
    <div id="login">
        <form action="/{{config "String" "adminPath" ""}}/login/gologin"
method="post" id="myform">
            <input type="hidden" name="ajaxlogin" id="ajaxlogin">
            <input type="hidden" name="ajaxcode" id="ajaxcode">
            <div class="l_title">LeastMall 商城后台管理</div>
            <dl>
                <dd>管理员姓名: <input class="text"
type="text" name="username" id="username"></dd>
                <dd>管理员密码: <input class="text"
type="password" name="password" id="password"></dd>
                <dd>验 证 码: <input id="verify" type="text" name="captcha">
                {{create_captcha}}
                </dd>
                <dd><input type="submit" class="submit" name="dosubmit"
value=""></dd>
            </dl>
        </form>
    </div>
</div>
</body>
</html>
```

## 2. 控制器代码编写

后台登录控制器的代码如下。

代码 LeastMall/controllers/backend/LoginController.go    后台登录控制器的代码

```go
package backend

import (
    "gitee.com/shirdonl/LeastMall/common"
    "gitee.com/shirdonl/LeastMall/models"
    "strings"
)

type LoginController struct {
    BaseController
}

func (c *LoginController) Get() {
    c.TplName = "backend/login/login.html"
}

func (c *LoginController) GoLogin() {
```

```
        var flag = models.Cpt.VerifyReq(c.Ctx.Request)
        if flag {
            username := strings.Trim(c.GetString("username"), "")
            password := common.Md5(strings.Trim(c.GetString("password"), ""))
            administrator := []models.Administrator{}
            models.DB.
Where("username=? AND password=? AND status=1", username, password).
Find(&administrator)
            if len(administrator) == 1 {
                c.SetSession("userinfo", administrator[0])
                c.Success("登录成功", "/")
            } else {
                c.Error("无登录权限或用户名密码错误", "/login")
            }
        } else {
            c.Error("验证码错误", "/login")
        }
    }

func (c *LoginController) LoginOut() {
    c.DelSession("userinfo")
    c.Success("退出登录成功,将返回登录页面! ", "/login")
}
```

## 9.7.2　商品模块开发

商品模块包括"商品列表""商品分类""商品类型"页面。"商品列表"页面如图 9-17 所示。

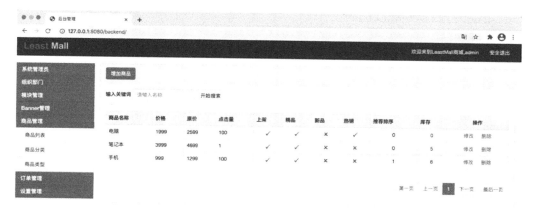

图 9-17

## 1．"商品列表"页面开发

（1）模板代码编写。

"商品列表"页面的模板文件的主要工作是，遍历控制器中返回的 productList 对象，并通过模版引擎将其渲染成 HTML 代码。"商品列表"页面的模板文件的核心代码如下。

**代码  LeastMall/views/backend/product/index.html**　　"商品列表"页面的模板文件的核心代码

```html
    <tbody>
{{range $key,$value := .productList}}
<tr>
    <td>{{$value.Title}}</td>
    <td>{{$value.Price}}</td>
    <td>{{$value.MarketPrice}}</td>
    <td>{{$value.ClickCount}}</td>
    <td class="text-center">
{{if eq $value.Status 1}}
      <img class="chStatus"
src="/static/backend/images/yes.gif" data-id="{{$value.Id}}"
        data-table="product" data-field="status"/>
{{else}}
      <img class="chStatus"
src="/static/backend/images/no.gif" data-id="{{$value.Id}}"
        data-table="product" data-field="status"/>
{{end}}
    </td>
    <td class="text-center">
{{if eq $value.IsBest 1}}
      <img class="chStatus"
src="/static/backend/images/yes.gif" data-id="{{$value.Id}}"
        data-table="product" data-field="is_best"/>
{{else}}
      <img class="chStatus"
src="/static/backend/images/no.gif" data-id="{{$value.Id}}"
        data-table="product" data-field="is_best"/>
{{end}}
    </td>
    <td class="text-center">
{{if eq $value.IsNew 1}}
      <img class="chStatus"
src="/static/backend/images/yes.gif" data-id="{{$value.Id}}"
        data-table="product" data-field="is_new"/>
{{else}}
      <img class="chStatus"
```

```
        src="/static/backend/images/no.gif" data-id="{{$value.Id}}"
            data-table="product" data-field="is_new"/>
    {{end}}
    </td>
    <td class="text-center">
    {{if eq $value.IsHot 1}}
        <img class="chStatus"
    src="/static/backend/images/yes.gif" data-id="{{$value.Id}}"
            data-table="product" data-field="is_hot"/>
    {{else}}
        <img class="chStatus"
    src="/static/backend/images/no.gif" data-id="{{$value.Id}}"
            data-table="product" data-field="is_hot"/>
    {{end}}
    </td>
    <td class="text-center">
    <span class="chSpanNum" data-id="{{$value.Id}}" data-table="product"
        data-field="sort">{{$value.Sort}}</span>
    </td>
    <td class="text-center">
    <span class="chSpanNum" data-id="{{$value.Id}}" data-table="product"
        data-field="product_number">{{$value.ProductNumber}}</span>
    </td>
    <td class="text-center">
        <a href="/{{config "String" "adminPath"
""}}/product/edit?id={{$value.Id}}"/>修改</a>
        <a class="delete"
            href=
    "/{{config "String" "adminPath" ""}}/product/delete?id={{$value.Id}}"/>删
除</a>
    </td>
</tr>
{{end}}
</tbody>
```

（2）控制器代码编写。

"商品列表"页面的控制器代码主要逻辑是：从请求中获取 page 页数和 keyword 关键字的参数值，然后将其传递给 Product 模型，通过 Product 模型从数据库中读取商品相关数据。"商品列表"页面的控制器的代码如下。

**代码** LeastMall/controllers/backend/ProductController.go    "商品列表"页面的控制器的代码

```
func (c *ProductController) Get() {
    page, _ := c.GetInt("page")
    if page == 0 {
```

```
        page = 1
    }
    pageSize := 5
    keyword := c.GetString("keyword")
    where := "1=1"
    if len(keyword) > 0 {
        where += " AND title like \"%" + keyword + "%\""
    }
    productList := []models.Product{}
    models.DB.Where(where).
Offset((page - 1) * pageSize).Limit(pageSize).Find(&productList)
    var count int
    models.DB.Where(where).Table("product").Count(&count)
    c.Data["productList"] = productList
    c.Data["totalPages"] = math.Ceil(float64(count) / float64(pageSize))
    c.Data["page"] = page
    c.TplName = "backend/product/index.html"
}
```

**2. "添加商品"页面的开发**

"添加商品"页面主要用来完成商品基本信息、商品属性、规格和包装、商品相册等信息的输入，并将商品图片上传到服务器中，将数据存储在数据库中。

基本信息包括商品标题、所属分类、商品图片、商品价格等属性。

（1）模板代码编写。

"添加商品"页面的模板代码主要是接收表单输入，比较核心的部分是使用富文本编辑器对文本进行处理。"添加商品"页面的核心代码如下。

**代码 LeastMall/views/backend/product/add.html    "添加商品"页面的核心代码**

```
//配置富文本编辑器
new FroalaEditor('#content', {
    height: 200,
    language: 'zh_cn',
    imageUploadURL: '/{{config "String" "adminPath" ""}}/product/goUpload'
});
```

批量上传图片，是通过调用后端"product/goUpload"接口进行上传。"添加商品"页面批量上传图片的核心代码如下。

**代码 LeastMall/views/backend/product/add.html    "添加商品"页面批量上传图片的核心代码**

```
$(function () {
    $('#photoUploader').diyUpload({
        url: '/{{config "String" "adminPath" ""}}/product/goUpload',
```

```
success: function (response) {
    console.info(response);
    var photoStr = '<input type="hidden" ' +
        'name="product_image_list" value=' +
        response.link + ' />';
    $("#photoList").append(photoStr)
},
error: function (err) {
    console.info(err);
}
});
})
```

"商品分类"和"商品类型"页面主要是对数据库进行增删改查操作，其原理和商品列表类似，在此不再赘述。读者可以通过查看源代码的方式进行学习。

## 9.8 小结

本章实战开发了一个 B2C 电子商务系统，包括"需求分析""系统设计""设计软件架构""设计数据库与数据表""搭建系统基础架构""前台模块开发""后台模块开发"这 7 节，系统地讲解了一个电子商务系统从零开始到开发完成的全过程。希望本章能真正帮助读者向"精通"迈进。

第 10 章将讲解如何用 Docker 对开发好的项目进行部署。

# 第 10 章
# 用 Docker 部署 Go Web 应用

虚假的学问比无知更糟糕。无知好比一块空地,可以耕耘和播种;虚假的学问就象一块长满杂草的荒地,几乎无法把草拔尽。

——康因

我扑在书上,就像饥饿的人扑在面包上一样。

——高尔基

本章将系统讲解如何进行 Web 应用的实战部署。希望通过本章能够帮助读者进行项目实战部署,对"从开发到部署"有更深刻的理解。

## 10.1 了解 Docker 组件及原理

毫无疑问,Docker 是近些年来最火热,甚至最具颠覆性的技术之一。国际上泛云计算相关的公司几乎都在某种程度上宣布支持并集成 Docker。

当前,国内众多泛云计算公司、互联网公司,甚至相对传统的 IT 厂商,也广泛使用了 Docker。这是为什么呢? 让我们一起来探寻 Docker 的奥秘吧。

### 10.1.1 什么是 Docker

Docker 是一个开源项目,诞生于 2013 年初,最初是 dotCloud 公司内部的一个业余项目。它基于 Google 公司推出的 Go 语言实现。项目后来加入了 Linux 基金会,遵从了 Apache 2.0 协议,项目代码在 GitHub 上进行维护。

Docker 自开源后受到广泛的关注和讨论,以至于 dotCloud 公司后来都改名为 Docker Inc.

Redhat 已经在其 RHEL6.5 中集中支持 Docker；Google 也在其 PaaS 产品中广泛应用 Docker。

　　Docker 项目的目标是实现轻量级的操作系统虚拟化。Docker 的基础是 Linux 容器（LXC）等技术。Docker 在 LXC 的基础上进行了进一步的封装，让用户不需要去关心容器的管理，使得操作更为简便。用户操作 Docker 的容器就像操作一个快速、轻量级的虚拟机一样简单。

　　容器与虚拟机有着类似的资源隔离和分配的优点，但它们拥有不同的架构方法，容器架构更加便携、高效。

### 1. 虚拟机架构

　　每个虚拟机都包括应用程序、必要的二进制文件和库，以及一个完整客户操作系统（Guest OS），尽管它们被分离，但它们仍共享并利用主机的硬件资源，共需要将近十几个 GB 的大小。虚拟机架构与容器架构的特性对比见表 10-1。

表 10-1　虚拟机架构与容器架构的特性对比

| 特　　性 | 虚拟机架构 | 容器架构 |
| --- | --- | --- |
| 启动 | 分钟级 | 秒级 |
| 性能 | 弱于原生 | 接近原生 |
| 硬盘使用 | 一般为 GB | 一般为 MB |
| 系统支持量 | 一般几十个 | 单机上千个容器 |

　　Docker 容器方式和传统虚拟机方式的不同之处：容器是在操作系统层面上实现虚拟化，直接复用本地主机的操作系统；而传统虚拟机方式则是在硬件层面实现虚拟化。

　　虚拟机架构简图如图 10-1 所示。

### 2. 容器架构

　　Docker 容器包括应用程序及其所有的依赖，但容器间共享内核，它们以独立的用户空间进程形式运行在主机操作系统上。Docker 容器不依赖任何特定的基础设施，可以运行在任何计算机、基础设施和云上。

　　Docker 的架构简图如图 10-2 所示。

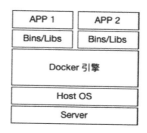

图 10-1　　　　　　　　　　图 10-2

## 10.1.2　为什么用 Docker

跟传统的虚拟机方式相比，Docker 容器方式在如下几个方面具有较大的优势。

**1. 更快速的交付和部署**

Docker 在整个开发周期中都可以完美地辅助开发者实现快速交付。Docker 允许开发者在装有应用和服务本地容器做开发。Docker 可以融入具体的开发流程中。

例如：开发者可以使用一个标准的镜像来构建一套开发容器；在开发完成之后，运维人员可以直接使用这个容器来部署代码。利用 Docker 可以快速创建容器，快速迭代应用程序，并让整个过程全程可见，使团队中的其他成员更容易理解应用程序是如何创建和工作的。Docker 容器很轻、很快。容器的启动时间是秒级的，能大量节约开发、测试、部署的时间。

**2. 高效的部署和扩容**

Docker 容器几乎可以在任意的平台上运行，包括物理机、虚拟机、公有云、私有云、个人电脑、服务器等。这种兼容性可以让用户把一个应用程序从一个平台直接迁移到另外一个平台。

Docker 的兼容性和轻量特性，可以很轻松地实现负载的动态管理，可以快速地扩容和方便地下线应用和服务。

**3. 更高的资源利用率**

Docker 对系统资源的利用率很高，一台主机上可以同时运行数千个 Docker 容器。一个容器除运行其中的应用程序需要消耗系统资源外，其他基本不消耗系统的资源。这使得应用的性能很高，同时系统的开销尽量小。如果用传统虚拟机方式运行 10 个不同的应用则需要启动 10 个虚拟机，而 Docker 只需要启动 10 个隔离的应用即可。

**4. 更简单的管理**

使用 Docker，只需要小小的修改，就可以替代未使用 Docker 时的大量更新工作。所有的修改都以增量的方式被分发和更新，从而实现自动化和高效管理。

## 10.1.3　Docker 引擎

Docker 引擎是 C/S 结构，主要组件如图 10-3 所示。

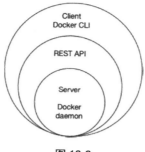

图 10-3

- Server：一个常驻进程。
- REST API：客户端和服务器端之间的交互协议。
- Client（Docker CLI）：用于管理容器和镜像，为用户提供统一的操作界面。

## 10.1.4　Docker 构架

Docker 客户端通过接口与服务器端进程通信，实现容器的构建、运行和发布。客户端和服务器端可以运行在同一台集群，也可以通过跨主机实现远程通信。Docker 的架构如 10-4 所示。

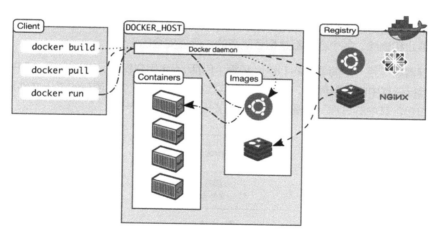

图 10-4

## 10.1.5　Docker 核心概念

Docker 中包含以下核心概念。

### 1. 镜像（Image）

镜像（Image）是一个只读的模板。例如：一个镜像可以包含一个完整的操作系统环境，其中仅安装了 MySQL 或用户需要的其他应用程序。

镜像可以用来创建 Docker 容器，一个镜像可以创建很多容器。Docker 提供了一个很简单的机制来创建镜像，或者更新现有的镜像。用户可以直接从其他人那里下载一个已经做好的镜像来直接使用。

**2. 仓库（Repository）**

仓库（Repository）是集中存放镜像文件的场所。容易把仓库和仓库注册服务器（Registry）混为一谈，不能严格区分它们。实际上，仓库注册服务器上往往存放着多个仓库，每个仓库中又包含了多个镜像，每个镜像有不同的标签（tag）。

仓库分为公开仓库（Public）和私有仓库（Private）两种形式。最大的公开仓库是 Docker Hub，存放了数量庞大的镜像供用户下载。当然，用户也可以在本地网络内创建一个私有仓库。

用户在创建了自己的镜像后，就可以使用 push 命令将它上传到公有或者私有仓库。这样下次在另外一台机器上使用这个镜像时，只需要从仓库上 pull 下来即可。

> 📌**提示**
> Docker 仓库的概念跟 Git 类似，注册服务器可以被理解为 GitHub 这样的托管服务器。

**3. 容器（Container）**

Docker 利用容器（Container）来运行应用程序。容器是从镜像创建的运行实例。它可以被启动、开始、停止和删除。每个容器都是相互隔离的、保证安全的平台。

可以把容器看作是一个简易版的 Linux 环境（包括 root 用户权限、进程空间、用户空间和网络空间等）和运行在其中的应用程序。一个运行态容器被定义为"一个可读写的统一文件系统 + 隔离的进程空间和包含其中的进程"。图 10-5 展示了一个运行中的容器。

图 10-5

正是文件系统隔离技术，使得 Docker 成为了一个非常有潜力的虚拟化技术。一个容器中的进程可能会对文件进行修改、删除和创建，这些改变都将作用于可读写层。

## 10.1.6　Docker 常用命令

**1. 获取镜像**

从仓库获取镜像的命令如下：

```
docker pull
```

例如，从仓库获取 centos 8 系统的命令如下：

```
$ docker pull centos:centos8
```

以上命令实际上相当于 "docker pull registry.hub.docker.com/centos:centos8" 命令，即从注册服务器 registry.hub.docker.com 中的 centos 仓库下载标记为 centos8 的镜像。

> **💡 提示**
>
> 有时官方仓库注册服务器下载速度较慢，这时可以从其他仓库下载。在从其他仓库下载时，需要指定完整的仓库注册服务器地址。

### 2. 查看镜像列表

查看镜像列表的命令如下：

```
docker images
```

以上命令会列出所有顶层（top-level）镜像。

> **💡 提示**
>
> 实际上，在这里没有办法区分一个镜像和一个只读层，所以提出了 top-level 镜像。只有在创建容器时使用的镜像，或者直接 pull 下来的镜像，才能被称为 "顶层（top-level）镜像"，并且每一个顶层镜像下面都隐藏了多个镜像层。

docker images 的使用示例如下。

在命令行终端中输入：

```
$ docker images
```

如图 10-6 所示，终端会输出本地的所有镜像信息。

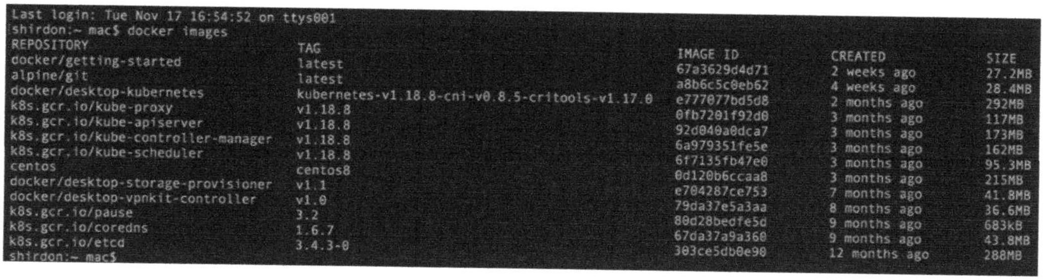

```
Last login: Tue Nov 17 16:54:52 on ttys001
shirdon:~ mac$ docker images
REPOSITORY                            TAG                                               IMAGE ID       CREATED        SIZE
docker/getting-started                latest                                            67a3629d4d71   2 weeks ago    27.2MB
alpine/git                            latest                                            a8b6c5c0eb62   4 weeks ago    28.4MB
docker/desktop-kubernetes             kubernetes-v1.18.8-cni-v0.8.5-critools-v1.17.0    e777077bd5d8   2 months ago   292MB
k8s.gcr.io/kube-proxy                 v1.18.8                                           0fb7201f92d0   3 months ago   117MB
k8s.gcr.io/kube-apiserver             v1.18.8                                           92d040a0dca7   3 months ago   173MB
k8s.gcr.io/kube-controller-manager    v1.18.8                                           6a979351fe5e   3 months ago   162MB
k8s.gcr.io/kube-scheduler             v1.18.8                                           6f7135fb47e0   3 months ago   95.3MB
centos                                centos8                                           0d120b6ccaa8   3 months ago   215MB
docker/desktop-storage-provisioner    v1.1                                              e704287ce753   7 months ago   41.8MB
docker/desktop-vpnkit-controller      v1.0                                              79da37e5a3aa   8 months ago   36.6MB
k8s.gcr.io/pause                      3.2                                               80d28bedfe5d   9 months ago   683kB
k8s.gcr.io/coredns                    1.6.7                                             67da37a9a360   9 months ago   43.8MB
k8s.gcr.io/etcd                       3.4.3-0                                           303ce5db0e90   12 months ago  288MB
shirdon:~ mac$
```

图 10-6

在图 10-6 列出的信息中，单独看 centos 镜像，可以看到一行信息包含如下几个字段信息：

- 来自于哪个仓库（REPOSITORY），比如 centos。
- 镜像的标记（TAG），比如 centos8。

- 镜像 ID 号（IMAGE ID），比如 0d120b6ccaa8。
- 创建时间（CREATED），比如 3 months ago。
- 镜像大小（SIZE），比如 215MB。

### 3. 利用 Dockerfile 来创建镜像

利用 Dockerfile 创建镜像的命令如下：

```
docker build [OPTIONS] PATH | URL | -
```

使用"docker commit"命令来扩展一个镜像比较简单，但不方便在一个团队中分享。可以使用"docker build"命令来创建一个新的镜像。

为此，首先需要创建一个 Dockerfile，包含一些如何创建镜像的指令。例如，新建一个名为 Dockerfile 的文件，其内容如下：

```
FROM nginx
RUN echo '这是一个nginx镜像' > /usr/share/nginx/html/index.html
```

编写完成 Dockerfile 后，可以使用"docker build"命令来生成镜像：

```
$ docker build -t httpd:1.0 .
```

其中，-t 标记用来添加 tag，指定新的镜像的用户信息；"."是 Dockerfile 所在的路径（当前目录），也可以替换为一个具体的 Dockerfile 的路径。注意，一个镜像不能超过 127 层。

在以上命令完成后，会生成一个名为"httpd:1.0"的镜像。可以用"docker images"命令查看该镜像信息，如图 10-7 所示。

```
denied: requested access to the resource is denied
shirdon:~ mac$ docker images
REPOSITORY            TAG                          IMAGE ID       CREATED        SIZE
httpd                 1.0                          ce72ab9d9ce6   11 hours ago   133MB
mygomall_golang       latest                       36f5cedb5198   22 hours ago   1.31GB
```

图 10-7

### 4. 上传镜像

用户可以通过"docker push"命令，把自己创建的镜像上传到仓库中来共享。

需要先登录到镜像仓库。其语法格式如下：

```
docker push [OPTIONS] NAME[:TAG]
```

例如，用户在 Docker Hub 上完成注册并登录后，可以推送自己的镜像到仓库中（该内容会在 10.1.5 节中进行详细讲解）。

上传镜像的示例如下：

```
$ docker push httpd:1.0
```

#### 5. 创建容器

创建一个新的容器但不启动它，使用"docker create"命令，其语法格式如下：

```
docker create [OPTIONS] IMAGE [COMMAND] [ARG...]
```

"docker create"命令为指定的镜像（image）添加了一个可读写层，构成了一个新的容器。注意，这个容器并没有运行。"docker create"命令提供了许多参数选项，可以指定名字、硬件资源、网络配置等。

接下来自定义创建一个名为 httpd 的容器，可以使用"仓库＋标签名"指定镜像，也可以使用镜像 ID 指定镜像，返回容器 ID。示例如下：

（1）用"仓库＋标签名"创建容器：

```
$ docker create -it --name test_create httpd:1.0
```

（2）用镜像 ID（image－id）创建容器：

```
$ docker create -it --name test_httpd ce72ab9d9ce6 bash
```

使用"docker ps"命令可以查看存在的容器列表，如不加参数则默认只显示当前运行的容器：

```
$ docker ps -a
```

这个功能在测试时十分方便。比如，用户可以放置一些程序到本地目录下，来查看容器是否正常工作（如果目录不存在，则 Docker 会自动创建它）。本地目录的路径必须是绝对路径。

#### 6. 启动容器

用"docker start"命令为容器文件系统创建一个进程隔离空间：

```
docker start <container-id>
```

> **💡 提示**
>
> 每一个容器只能有一个进程隔离空间。

其使用示例如下：

（1）通过名字启动容器：

```
$ docker start -i test_create
```

（2）通过容器 ID 启动容器：

```
$ start -i 1418db5f7688
```

#### 7. 进入容器

进入容器的命令格式如下：

```
docker exec <container-id>
```

进入容器的命令格式，如果增加"‐it"参数运行 bash 命令，则和登录到一个 Linux 系统类似，可以和容器进行 bash 命令行交互。

```
docker exec -it httpd bash
```

### 8. 停止容器

停止容器的命令格式如下：

```
docker stop <container-id>
```

### 9. 删除容器

删除容器的命令格式如下：

```
docker rm <container-id>
```

### 10. 运行容器。

运行容器的命令格式如下：

```
docker run <image-id>
```

例如，"docker run"命令就是"docker create"和"docker start"两个命令的组合，支持的参数也是一致的。可以增加"--rm"参数，实现在容器退出时自动删除该容器的数据。

其使用示例如下：

```
docker create -it --rm --name test_httpd httpd
```

### 11. 查看容器列表

查看容器列表的命令格式如下：

```
docker ps
```

该命令会列出所有运行中的容器。这隐藏了非运行态的容器，如果要找出这些容器，则需要增加"-a"参数。

### 12. 删除镜像

删除镜像的命令格式如下：

```
docker rmi <image-id>
```

### 13. 提交容器

提交容器的命令格式如下：

```
docker commit <container-id>
```

将容器的可读写层转换为只读层，这样就把一个容器转换成了不可变的镜像。

### 14. 镜像保存

镜像保存的命令格式如下：

```
docker save <image-id>
```

创建一个镜像的压缩文件，这个文件能够在另外一个主机的 Docker 上使用。和 export 命令不同，这个命令会为每一个层都保存它们的元数据。这个命令只能对镜像生效。其使用示例如下：

保存 centos 镜像到 centos_images.tar 文件：

```
$ docker save -o centos_images.tar centos:centos8
```

或者直接重定向：

```
$ docker save -o centos_images.tar centos:centos8 > centos_images.tar
```

### 15. 容器导出

容器导出的命令格式如下：

```
docker export <container-id>
```

"docker export" 命令会创建一个 tar 文件，并且移除元数据和不必要的层，将多个层整合成了一个层，只保存当前统一视角看到的内容。

### 16. 获取容器/镜像的元数据

获取容器/镜像的元数据的命令格式如下：

```
docker inspect <container-id> or <image-id>
```

该命令会提取出容器/镜像最顶层的元数据。

## 10.2　安装 Docker

可以在 Linux、Windows、Mac OS X 中安装 Docker。

### 10.2.1　Linux Docker 安装

在 get.docker.com 和 test.docker.com 上提供了 Docker 的便捷脚本，用于快速安装 Docker Engine-Community 的边缘版本和测试版本。脚本的源代码在 docker-install 仓库中。不建议在生产环境中使用这些脚本，在使用它们之前，应该了解潜在的风险：

- 脚本需要运行 root 或具有 sudo 特权。因此，在运行脚本之前，应仔细检查和审核脚本。这些脚本尝试检测 Linux 发行版和版本，并为我们配置软件包管理系统。此外，脚本不允许自定义任何安装参数。

- 这些脚本会安装软件包管理器的所有依赖项和建议，而无须进行确认。这可能会安装大量软件包，具体取决于主机的当前配置。
- 该脚本未提供 Docker 版本的选择项，而是默认安装在 edge 通道中发布的最新版本。
- 如果已使用其他机制将 Docker 安装在主机上，则不需要使用便捷脚本。

下面使用 get.docker.com 上的脚本在 Linux 上安装最新版本的 Docker Engine-Community。下载 Docker 的命令如下：

```
$ curl -fsSL https://get.docker.com -o get-docker.sh
$ sudo sh get-docker.sh
```

如果要让非 root 用户使用 Docker，则应考虑使用类似以下方式将用户添加到 docker 组：

```
$ sudo usermod -aG docker your-user
```

安装命令如下：

```
$ curl -fsSL https://get.docker.com | bash -s docker --mirror Aliyun
```

也可以使用 daocloud 的一键安装命令：

```
$ curl -sSL https://get.daocloud.io/docker | sh
```

## 10.2.2　Windows Docker 安装

Docker 并非一个通用的容器工具，它依赖已存在并运行的 Linux 内核环境。Docker 实质上是在已经运行的 Linux 上制造了一个隔离的文件环境，因此它执行的效率几乎等同于所部署的 Linux 主机。

因此，Docker 必须部署在 Linux 内核的系统上。如果想在其他系统上部署 Docker，则必须安装一个虚拟 Linux 环境。在 Windows 上部署 Docker 的方法是：先安装一个虚拟机，然后在虚拟机中安装 Linux 系统运行 Docker，如图 10-8 所示。

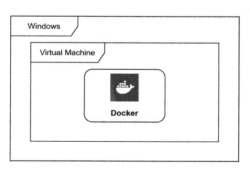

图 10-8

Docker Desktop 是 Docker 在 Windows 10 和 Mac OS X 操作系统上的官方安装版本，

该版本依然采用"先在虚拟机中安装 Linux，然后安装 Docker"的方法。

　　进入 Docker Desktop 官方下载地址页面，单击右下方的"Get Docker"按钮下载安装包，如图 10-9 所示。下载完成后，打开安装包，按照提示进行安装即可。

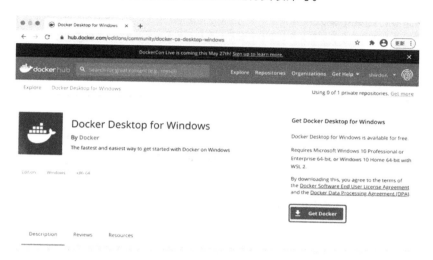

图 10-9

**提示**

此方法仅适用于 Windows 10 操作系统专业版、企业版、教育版和部分家庭版。

## 10.2.3　Mac OS X Docker 安装

　　和 Windows 10 类似，直接进入 Docker Desktop 官方下载页面，选择 Mac OS X 版本安装包进行下载安装。

　　在 Mac OS X 系统中也可以使用 Homebrew 来安装 Docker。Homebrew 的 Cask 已经支持 Docker for Mac，因此可以很方便地使用 "Homebrew Cask" 工具进行安装。

　　要正常使用如下命令，请确保已经安装了 Homebrew。打开一个命令行终端，输入如下命令：

```
$ brew cask install docker
Updating Homebrew...
==> Auto-updated Homebrew!
Updated 1 tap (homebrew/services).
No changes to formulae.
==> Downloading https://desktop.docker.com/mac/stable/48506/Docker.dmg
################################################################################
100.0%
==> Verifying SHA-256 checksum for Cask 'docker'.
```

```
==> Installing Cask docker
==> Moving App 'Docker.app' to '/Applications/Docker.app'.
docker was successfully installed!
```

在载入 Docker App 后,单击"Next"按钮,可能会询问你的 macOS 登录密码,输入即可。安装完成后在命令行终端中输入:

```
$ docker -v
Docker version 19.03.13, build 4484c46d9d
```

如果执行"docker -v"命令后能显示类似如上的版本信息,则说明已经安装成功,可以开始 Docker 之旅了。

## 10.3 【实战】用 Docker 运行一个 Go Web 应用程序

### 10.3.1 为什么使用 Docker 运行 Go Web 应用程序

大多数情况下,Go 应用程序会被编译成单个二进制文件。一个 Web 应用程序会包括模版和配置文件。当一个项目中有很多文件时,如果很多文件没有同步,则可能导致错误的发生。

Docker 可以为应用程序创建一个单独的可部署单元。这个单元被称为"容器"。容器包含该应用程序需要的所有东西:代码(或者二进制文件)、运行环境和系统工具盒系统库。

将所有必需的资源打包成一个单元,可以确保无论应用程序被部署到哪里都有完全相同的环境。这也有助于维护一个完全相同的开发和生产配置。Docker 可以避免文件没有同步(或者开发和生产环境之间存在差异)而导致的很多问题。

Go 应用程序被编译完成后是简单的二进制文件,直接运行即可。那么为什么还要用 Docker 运行一个 Go 应用程序呢? 如下是一些理由:

- Web 应用程序通常都有模版和配置文件,Docker 有助于保持这些文件与二进制文件的同步。
- Docker 可以确保在开发环境和生产环境中具有完全相同的配置。很多时候,应用程序可以在开发环境中正常工作,但在生产环境中却无法正常工作。使用 Docker,则会把你从对这些问题的担心中解放了出来。
- 在一个大型的团队中,主机、操作系统和所安装的软件可能存在很大的不同。Docker 提供了一种机制来确保一致的开发环境配置。这将提升团队的生产力,并且在开发阶段减少冲突和可避免问题的发生。

### 10.3.2 创建 Go Web 应用程序

在部署前,首先要创建好 Web 应用程序。在这里,为了简单只创建拥有两个文件的 Web 项目,创建好后的目录结构如下：

```
docker
├── Dockerfile --------------- Dockerfile 文件
├── main.go    ------------- - Go Web 启动文件
```

用 Go 语言搭建的简单服务器端代码如下。

**代码** chapter10/docker/main.go　**用 Go 语言搭建的简单的服务器端**

```go
package main

import (
    "fmt"
    "log"
    "net/http"
)

func hi(w http.ResponseWriter, r *http.Request) {
    fmt.Fprintf(w, "Hi, This server is built by Docker!")
}

func main() {
    http.HandleFunc("/", hi)
    if err := http.ListenAndServe(":8080", nil); err != nil {
        log.Fatal(err)
    }
}
```

Dockerfile 文件的内容会在 10.3.3 节详解。

## 10.3.3　用 Docker 运行一个 Go Web 应用程序

### 1. 创建 Dockerfile

在前面的讲解中，在项目的根目录创建了一个名为 Dockerfile 的文件。Dockerfile 文件的代码如下。

**代码** chapter10/docker/Dockerfile　　Dockerfile 文件的代码

```dockerfile
# 获取 golang
FROM golang:1.15

# 为镜像设置必要的环境变量
ENV GO115MODULE=on \
    CGO_ENABLED=0 \
    GOOS=linux \
    GOARCH=amd64 \
```

```
    GOPROXY="https://goproxy.cn,direct"

# 这个目录是项目代码, 放在 Linux 上
WORKDIR
/Users/mac/go/src/gitee.com/shirdonl/goWebActualCombat/chapter10/docker

# 将代码复制到容器中
COPY . .

# 将代码编译成二进制可执行文件, 可执行文件名为 app
RUN go build -o app .

# 声明服务器端口
EXPOSE 8080

# 启动容器时运行的命令
CMD ["./app"]
```

以上代码将 Go 语言代码编译成二进制可执行文件, 生成可执行文件名为 "app" 的容器, 并启动容器。

### 2. 创建镜像

在创建了 Dockerfile 文件后, 在 Dockerfile 文件所在目录下打开命令行终端, 运行如下的命令来创建镜像:

```
$ docker build -t web:v1 .
```

执行以上的命令将创建仓库名为 "web"、标签名为 "v1" 的镜像。

> 📖 **提示**
> 在团队开发中, 该镜像可以供任何获取并运行该镜像的人使用。这将确保团队能够使用一个统一的开发环境。

运行 "docker images" 命令来查看创建好的镜像列表, 如图 10-10 所示。

```
$ docker images
```

```
                                     ⚫ mac — -bash — 136×23
shirdon:~ mac$ docker images
REPOSITORY            TAG              IMAGE ID       CREATED          SIZE
web                   v1               70ca85898428   2 hours ago      857MB
httpd                 1.0              ce72ab9d9ce6   16 hours ago     133MB
```

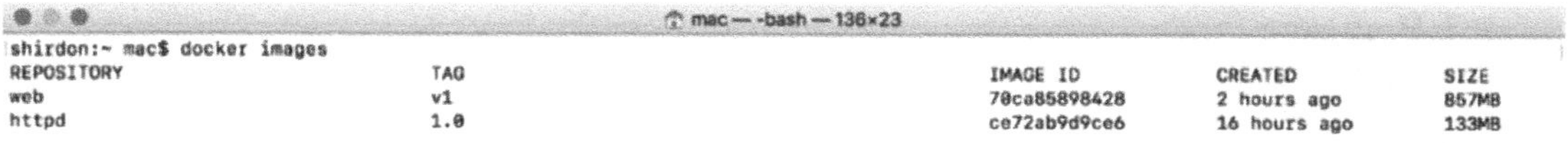

图 10-10

### 3. 运行容器

在镜像创建好后, 可以使用以下的命令启动容器:

```
$ docker run -it --rm --name myweb web:v1
```

执行以上的命令将启动 Docker 容器。如果启动成功，直接在浏览器中输入 "http://127.0.0.1:8080"，则运行效果如图 10-11 所示。

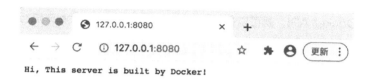

图 10-11

至此我们已经学习了在 Docker 中通过 Dockerfile 文件创建镜像并运行容器的全部流程。10.4 节将进一步学习如何通过 Docker-Compose 来进行多个镜像的一次性部署。

## 10.4　【实战】通过 Docker-Compose 快速部署

在 10.3 中，讲解了 Docker 通过 Dockerfile 文件创建镜像并运行容器的全部流程。但是在实战开发中，Web 项目一般包含了多个服务，比如 MySQL、Redis 等，如何进行快速部署呢？可以通过 Docker-Compose 来实现。

### 10.4.1　Docker-Compose 简介

Docker-Compose 是 Docker 官方的开源项目，负责实现对 Docker 容器集群的快速编排。Docker-Compose 的工程配置文件是默认名为 docker-compose.yml 的文件 。在整个文件中，可以通过环境变量 COMPOSE_FILE 或者 -f 参数对配置进行定义。

以下是一个通过配置 docker-compose.yml 文件实现 Redis 在 Docker 中运行的示例。

```
version: "3.9"
services:
  web:
    build: .
    ports:
      - "5000:5000"
    volumes:
      - .:/code
      - logvolume01:/var/log
    links:
      - redis
  redis:
    image: redis
```

```
volumes:
  logvolume01: {}
```

因为 Docker-Compose 是用 Python 语言编写的，所以可以通过 pip 命令安装 Docker-Compose。安装完成后，可以调用 Docker 服务提供的 API 来对容器进行管理。因此，只要操作平台支持 Docker API，就可以在其上利用 Docker-Compose 来进行编排管理。

> **提示**
>
> 由于篇幅的关系，关于 Docker-Compose 的安装方法及常用命令不再举例。感兴趣的读者可以通过访问 Docker-Compose 官网的文档进行学习。
>
> 值得注意的是，在 Windows 中使用时，一定要保证 Windows 是可以安装 Docker 的。

## 10.4.2　通过 Docker-Compose 实战部署

下面讲解如何把在第 9 章开发的 B2C 电子商务系统通过 Docker-Compose 进行实战部署。

为了完成部署，需要在 B2C 电子商务系统的基础上创建docker-compose.yml、Dockerfile 两个配置文件。最终该项目的目录结构如下：

```
LeastMall
├── certfile ------------------支付相关配置文件目录
├── common -------------------公共文件目录
├── conf ---------------------配置文件目录
│   └── app.conf -------------配置文件
├── controllers --------------控制器目录
├── models -------------------模型目录
├── routers ------------------路由目录
├── static -------------------静态文件目录
├── tests---------------------测试文件目录
├── vendor -------------------库文件目录
├── views --------------------视图文件目录
├── docker-compose.yml -------docker-compose.yml 配置文件
├── Dockerfile ---------------Dockerfile 配置文件
├── go.mod -------------------go mod 包管理文件
├── go.sum -------------------go.sum 文件
├── LICENSE ------------------开源声明文件
├── main.go ------------------项目入口文件
├── README.md ----------------项目介绍文件
├── test_send.txt ------------测试验证码文件
```

### 1. 创建 Dockerfile 文件

在商城项目的基础上新建一个名为"Dockerfile"的文件，用于生成 Go 语言项目的镜像。其文件内容如下：

```
# 获取 golang
FROM golang:1.15 as go

# 为镜像设置必要的环境变量
ENV GO115MODULE=on \
    CGO_ENABLED=0 \
    GOOS=linux \
    GOARCH=amd64 \
    GOPROXY="https://goproxy.cn,direct"

# 移动到工作目录: /Users/mac/go/src/gitee.com/shirdonl/LeastMall
# 这个目录是项目代码
WORKDIR /Users/mac/go/src/gitee.com/shirdonl/LeastMall

# 将代码复制到容器中
COPY . .

# 将的代码编译成二进制可执行文件，可执行文件名为 app
RUN go build -o app .

# 声明服务器端口
EXPOSE 8080

# 启动容器时运行的命令
CMD ["./app"]
```

### 2. 创建 docker-compose.yml 文件

除 Dockerfile 配置文件外，还需要新建一个名为 "docker-compose.yml" 的文件来配置多个容器。该文件的内容如下：

```
version: '3'
services:
  mysql:
    image: mysql:5.7
    command: --default-authentication-plugin=mysql_native_password
    container_name: mysql
    hostname: mysqlServiceHost
    network_mode: bridge
    ports:
    - "3306:3306"
    #restart: always
    restart: on-failure
    volumes:
    - ./mysql:/var/lib/mysql
    - ./my.cnf:/etc/mysql/conf.d/my.cnf
    - ./mysql/init:/docker-entrypoint-initdb.d/
    - ./shop.sql:/docker-entrypoint-initdb.d/shop.sql
```

```
        environment:
        - MYSQL_ROOT_PASSWORD=a123456
        - MYSQL_USER=root
        - MYSQL_PASSWORD=a123456
        - MYSQL_DATABASE=shop
      redis:
        image: redis:3
        container_name: redis
        hostname: redisServiceHost
        network_mode: bridge
        restart: on-failure
        ports:
        - "6379:6379"

      golang:
        build: .
        restart: on-failure
        network_mode: bridge
        ports:
        - "8080:8080"
        links:
        - mysql
        - redis
        volumes:
        - /Users/mac/go/src/gitee.com/shirdonl/LeastMall:/go
        tty: true
```

### 3. 构建容器

进入商城项目的根目录，运行"docker-compose up –d"命令构建容器，如图 10-12 所示。

图 10-12

在商城项目构建完成后，可以通过"docker-compose ps"命令查看是否构建成。如果 State 状态是 Up，则构建成功。通过"docker-compose ps"命令查看构建好的容器列表，如图 10-13 所示。

```
shirdon:MyGoMall mac$ docker-compose ps
        Name                    Command              State              Ports
mygomall_golang_1       ./app                        Up      0.0.0.0:8080->8080/tcp
mysql-dev               docker-entrypoint.sh --def ...  Up   0.0.0.0:3306->3306/tcp, 33060/tcp
redis-dev               docker-entrypoint.sh redis ...  Up   0.0.0.0:6379->6379/tcp
shirdon:MyGoMall mac$
```

图 10-13

在构建成功后，就可以通过浏览器访问的商城项目了，如图 10-14 所示。

图 10-14

💡 提示

由于网络的原因，"docker-compose up -d"命令可能会很慢，请自行通过查阅相关资料进行提速配置。

## 10.5 【实战】将 Docker 容器推送至服务器

### 10.5.1 到 Docker Hub 官网注册账号

在镜像构建成功后，只要有 Docker 环境就可以使用镜像了。但如果要快速将镜像整体发布到服务器，则可以将其推送到 Docker Hub 上去。如果是私有仓库，则需要付费才能开通仓库。公有仓库和私有仓库的使用方法是一样的。

为了方便读者查看作者的示例镜像，这里使用 Docker Hub 免费版的公有仓库。创建的镜像要符合 Docker Hub 的对于标签（tag）的要求，最后利用 "docker push" 命令推送镜像到公共仓库。不管是公有仓库还是私有仓库，都需要到 Docker Hub 官网上注册账号。

> **提示**
>
> 其他的用户也能直接获取公有仓库发布的镜像。如果项目涉及私有敏感数据，则最好自行付费使用私有仓库。

注册成功后可在本地进行登录：在本地 Linux 登录 Docker，然后输入注册好的用户名密码进行登录。

```
$ docker login
Login with your Docker ID to push and pull images from Docker Hub. If you
don't have a Docker ID, head over to https://hub.docker.com to create one.
Username: shirdon
Password:
Login Succeeded
```

### 10.5.2 同步本地和 Docker Hub 的标签（tag）

直接采用 10.1.3 节中创建好的镜像名，重新通过标签（tag）命令将其修改为规范的镜像：

```
$ docker tag web:v1 shirdon/httpd
```

查看修改后的规范镜像，结果如图 10-15 所示。

```
$ docker images
```

```
shirdon:~ mac$ docker images
REPOSITORY              TAG              IMAGE ID        CREATED        SIZE
shirdon/httpd           latest           70ca85898428    5 days ago     857MB
web                     v1               70ca85898428    5 days ago     857MB
```

图 10-15

### 10.5.3　推送镜像到 Docker Hub

推送镜像的规范是：

`docker push 注册用户名/镜像名`

将刚才创建的 shirdon/httpd 镜像通过命令行推送，示例如下，结果如图 10-16 所示。

```
$ docker push shirdon/httpd:latest
```

```
shirdon:~ mac$ docker push shirdon/httpd:latest
The push refers to repository [docker.io/shirdon/httpd]
09855df11fb2: Pushing [===========================================>]   18.3MB
f6f3d91905ee: Pushed
c893ef4f1f4f: Pushed
e58f7d4fbb5a: Mounted from library/golang
e688cd34e046: Mounted from library/golang
f8c12e32a9e6: Mounted from library/golang
712264374d24: Waiting
475b4eb79695: Waiting
f3be340a54b9: Waiting
114ca5b7280f: Waiting
```

图 10-16

> **提示**
> 有时推送到 Docker Hub 的速度很慢，需要耐心等待。

如果上传完毕，则会返回以"latest"开头的一个长字符串，如图 10-17 所示。

```
shirdon:~ mac$ docker push shirdon/httpd:latest
The push refers to repository [docker.io/shirdon/httpd]
09855df11fb2: Pushed
f6f3d91905ee: Pushed
c893ef4f1f4f: Pushed
e58f7d4fbb5a: Mounted from library/golang
e688cd34e046: Mounted from library/golang
f8c12e32a9e6: Mounted from library/golang
712264374d24: Pushed
475b4eb79695: Mounted from library/golang
f3be340a54b9: Mounted from library/golang
114ca5b7280f: Mounted from library/golang
latest: digest: sha256:829162e1851c91738b0048939e88077b69fa6c8223d42c64fcb6f2b7ed7417be size: 2421
shirdon:~ mac$
```

图 10-17

### 10.5.4　访问 Docker Hub 镜像

在推送成功后，就可以访问推送到 Docker Hub 的仓库地址了，如图 10-18 所示，这样其他的用户也可以使用我们推送的镜像了。

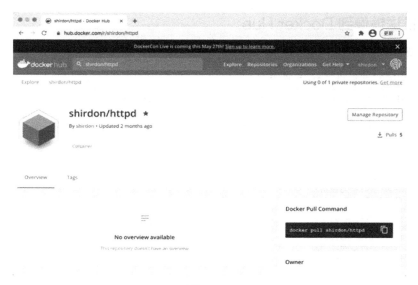

图 10-18

到此已经将创建的镜像发布到 Docker Hub 仓库中。接下来就是拉取镜像并发布到服务器。

## 10.5.5  使用发布的 Docker Hub 镜像

可以直接使用"docker pull"命令拉取镜像到对应的 Docker 环境服务器中，如图 10-19 所示。

```
$ docker pull shirdon/httpd
```

```
shirdon:~ mac$ docker pull shirdon/httpd
Using default tag: latest
latest: Pulling from shirdon/httpd
Digest: sha256:829162e1851c91738b0048939e88077b69fa6c8223d42c64fcb6f2b7ed7417be
Status: Downloaded newer image for shirdon/httpd:latest
docker.io/shirdon/httpd:latest
shirdon:~ mac$
```

图 10-19

在获得镜像后，就可以通过"docker run"命令启动镜像了：

```
$ docker run -it -d -p 8080:8080 shirdon/httpd
485da37c816e2e24c4976a17588a4e2841fed9fddc12550a7ccc1f83827bc3ed
```

以上表示启动镜像成功。通过"curl -i"命令测试，会返回如下值：

```
$ curl -i http://127.0.0.1:8080/
HTTP/1.1 200 OK
Date: Tue, 15 Dec 2020 07:29:26 GMT
```

```
Content-Length: 35
Content-Type: text/plain; charset=utf-8

Hi, This server is built by Docker
```

至此，Docker 将镜像发布到服务器的整个流程就完美结束了。在实际的云服务器线上部署时，用户通过命令行终端登录到对应的远端服务器，执行上述发布流程即可。

## 10.6　小结

本章通过"了解 Docker 组件及原理""安装 Docker""［实战］用 Docker 运行一个 Go Web 应用""用 Docker-Compose 部署""［实战］将 Docker 容器推送至服务器"这 5 节的逐步深入讲解，让读者掌握 Docker 容器的部署方法。

# 上京东搜"实战派"，看更多同类书